先驱体转化陶瓷纤维与复合材料丛书

陶瓷先驱体聚合物——聚碳硅烷

Advanced Preceramic Polymers—Polycarbosilanes

陶瓷纤维与先驱体研究室 著

邵长伟 王小宙 王 兵 宋永才 执笔

科 学 出 版 社

北 京

内 容 简 介

先驱体聚合物衍生陶瓷材料的研究已有四十余年的历史,先驱体转化技术已成为高性能陶瓷纤维及陶瓷基复合材料的主流制备技术。先驱体聚合物是先驱体转化技术的源头和根本,其中,聚碳硅烷是最早发展起来的碳化硅陶瓷先驱体,因碳化硅陶瓷纤维和碳化硅陶瓷基复合材料的重要应用价值而受到重视,其合成、结构与性能也受到国内外科研工作者的广泛关注。本书介绍了聚碳硅烷的合成方法、转化与应用,总结了国防科技大学陶瓷纤维与先驱体团队在聚碳硅烷合成、结构与性能方面三十余年的研究成果,主要介绍了聚碳硅烷的常压法、高压法及超临界流体法等合成技术,聚碳硅烷、超支化聚碳硅烷、含异质元素聚碳硅烷和高软化点聚碳硅烷的合成方法、组成结构与性质。

本书可作为从事陶瓷先驱体和高性能陶瓷材料教学和科研的院校师生、产品研发技术人员的参考资料。

图书在版编目(CIP)数据

陶瓷先驱体聚合物:聚碳硅烷/邵长伟等执笔. —北京:科学出版社,2020.10
(先驱体转化陶瓷纤维与复合材料丛书)
ISBN 978-7-03-059889-9

Ⅰ.①陶… Ⅱ.①邵… Ⅲ.①碳化硅陶瓷 Ⅳ.①TQ174.75

中国版本图书馆 CIP 数据核字(2020)第 180083 号

责任编辑:徐杨峰 / 责任校对:谭宏宇
责任印制:黄晓鸣 / 封面设计:殷 靓

科 学 出 版 社 出版
北京东黄城根北街 16 号
邮政编码:100717
http://www.sciencep.com
南京展望文化发展有限公司排版
江苏凤凰数码印务有限公司印刷
科学出版社发行 各地新华书店经销
*
2020 年 10 月第 一 版 开本:B5(720×1000)
2020 年 10 月第一次印刷 印张:21 3/4
字数:366 000

定价:160.00 元

从 书 序

在陶瓷基体中引入第二相复合形成陶瓷基复合材料，可以在保留单体陶瓷低密度、高强度、高模量、高硬度、耐高温、耐腐蚀等优点的基础上，明显改善单体陶瓷的本征脆性，提高其损伤容限，从而增强抗力、热冲击的能力，还可以赋予单体陶瓷新的功能特性，呈现出“1+1>2”的效应。以碳化硅（SiC）纤维为代表的陶瓷纤维在保留单体陶瓷固有特性的基础上，还具有大长径比的典型特征，从而呈现出比块体陶瓷更高的力学性能以及一些块体陶瓷不具备的特殊功能，是一种非常适合用于对单体陶瓷进行补强增韧的第二相增强体。因此，陶瓷纤维和陶瓷基复合材料已经成为航空航天、武器装备、能源、化工、交通、机械、冶金等领域的共性战略性原材料。

制备技术的研究一直是陶瓷纤维与陶瓷基复合材料研究领域的重要内容。1976 年，日本东北大学 Yajima 教授通过聚碳硅烷转化制备出 SiC 纤维，并于 1983 年实现产业化，从而开创了有机聚合物制备无机陶瓷材料的新技术领域，实现了陶瓷材料制备技术的革命性变革。多年来，由于具有成分可调且纯度高、可塑性成型、易加工、制备温度低等优势，陶瓷先驱体转化技术已经成为陶瓷纤维、陶瓷涂层、多孔陶瓷、陶瓷基复合材料的主流制备技术之一，受到世界各国的高度重视和深入研究。

20 世纪 80 年代初，国防科技大学在国内率先开展陶瓷先驱体转化制备陶瓷纤维与陶瓷基复合材料的研究，并于 1998 年获批设立新型陶瓷纤维及其复合材料国防科技重点实验室（Science and Technology on Advanced Ceramic Fibers and Composites Laboratory，简称 CFC 重点实验室）。三十多年来，CFC 重点实验室在陶瓷先驱体设计与合成、连续 SiC 纤维、氮化物透波陶瓷纤维及复合材料、纤维增强 SiC 基复合材料、纳米多孔隔热复合材料、高温隐身复合材料等方向取得一系列重大突破和创新成果，建立了以先驱体转化技术为核心的陶瓷纤维和陶瓷基复合材料制备技术体系。这些成果原创性强，丰富和拓展了先驱体转化技术领域的内涵，为我国新一代航空航天飞行器、高性能武器系统的发展提供了强有力的支撑。

CFC 重点实验室与科学出版社合作出版的"先驱体转化陶瓷纤维与复合材料丛书"，既是对实验室过去成绩的总结、凝练，也是对该技术领域未来发展的一次深入思考。相信这套丛书的出版，能够很好地普及和推广先驱体转化技术，吸引更多科技工作者以及应用部门的关注和支持，从而促进和推动该技术领域长远、深入、可持续的发展。

中国工程院院士
北京理工大学教授

2016 年 9 月 28 日

前　言

日本东北大学 Yajima 在聚碳硅烷转化制备碳化硅陶瓷纤维研究中的成功实践，开创了先驱体转化技术领域，构筑了有机聚合物到无机材料的桥梁。在 Yajima 工作的引领下，聚碳硅烷作为碳化硅陶瓷先驱体受到广泛关注，成为早期陶瓷先驱体研究的重点。在先驱体转化技术的发展历程中，围绕陶瓷纤维、陶瓷涂层、多孔陶瓷、陶瓷基复合材料等目标，科研工作者利用灵活多变的化学分子和化学反应，发展出了多种多样的元素有机聚合物，丰富了陶瓷先驱体的基因库。40 多年来，陶瓷先驱体的研究热点几番转变，但是聚碳硅烷始终受到国内外研发和应用人员的重视，仍在不断发展进步。

国防科技大学陶瓷纤维与先驱体团队于 20 世纪 80 年代初在国内最早开展先驱体转化技术研究，率先突破了聚碳硅烷的合成技术及其转化制备碳化硅纤维技术，1985 年成功获得了国产聚碳硅烷和碳化硅纤维，1990 年突破了聚碳硅烷吨级常压合成技术。此后，围绕碳化硅纤维和碳化硅复合材料，陶瓷纤维与先驱体团队在聚碳硅烷的合成方法与理化性质方面进行了持续研究，发展了常压法、高温法、超临界流体法等聚碳硅烷合成方法，研究了聚碳硅烷、含异质元素聚碳硅烷、高软化点聚碳硅烷和超支化聚碳硅烷的组成、结构及其性能。

本书由国防科技大学新型陶瓷纤维及其复合材料国防科技重点实验室策划，陶瓷纤维与先驱体团队负责撰写，主要执笔人员包括邵长伟、王小宙、王兵和简科等。本书共 7 章，第 1 章“绪论”由邵长伟执笔，主要概述陶瓷先驱体的发展，介绍聚碳硅烷的合成方法、转化与应用概况；第 2 章“常压法制备聚碳硅烷”由王小宙执笔，主要介绍由聚二甲基硅烷高温常压合成聚碳硅烷的工艺、组成结构与理化性能；第 3 章“高压法制备聚碳硅烷”由王小宙执笔，主要介绍由聚二甲基硅烷高温高压合成聚碳硅烷的工艺、合成过程和组成结构特点；第 4 章“超临界流体法合成聚碳硅烷”由简科执笔，主要介绍以超临界流体为介质进行聚碳硅烷合成的工艺、组成结构及其特点；第5章“超支化聚碳硅烷”由邵长伟执笔，主要介绍超支化聚碳硅烷的合成方法、氢化超支化聚碳硅烷和乙烯基超支化聚碳硅烷的合成、结构与性能；第6章“含异质元素PCS先驱体”由王兵执笔，主要介绍含有钛、锆、铪、铌、铝等金属元素聚碳硅烷的合成方法、组成结构与热解特性；第7章“高软化点聚碳硅烷”由邵长伟执笔，主要介绍常压合成工艺、桥联合成工艺制备高软化点聚碳硅烷研究结果。全书由邵长伟统稿并审校。

本书的内容覆盖了程祥珍、毛仙鹤、杨大祥、李永强等博士学位论文以及曹淑伟、牛加新、曹适意等硕士学位论文的全部或部分工作，这些研究工作是在国防科技大学陶瓷纤维与先驱体团队宋永才等多位教员的悉心指导和大力支持下完成的，有很多教员、学员参与其中并作出了重要贡献。在聚碳硅烷的研发和应用过程中，国防科技大学给予了长期支持，得到了中央军委装备发展部、国防科技工业局、科技部、国家自然科学基金委等资助，得到了中国航天科技集团、中国航天科工集团、中国科学院、哈尔滨工业大学、北京航空航天大学、西北工业大学等单位的支持，在此一并表示感谢。

本书可供从事陶瓷先驱体及高性能陶瓷材料教学和科研的院校师生、产品研发技术人员参考。由于研究水平有限，本书内容的系统性还不完备，研究深度有所欠缺，但希望通过本书的出版，及时总结凝练研究成果，促进国内陶瓷先驱体的研究发展和先驱体转化技术的推广应用，吸引更多科技工作者和科研管理人员的关注和支持，共同推动陶瓷先驱体技术领域的持续进步。

鉴于作者的学识和水平有限，书中难免存在不妥之处，敬请读者谅解和批评指正。

作　者

2020年8月

目　录

第1章　绪　　论

1.1　陶瓷先驱体概述

1.1.1　先驱体转化陶瓷的发展

聚碳硅烷的诞生与发现是高分子化学与材料发展的必然结果。1907年，美国化学家Baekeland合成出酚醛树脂，开启了人工合成高分子材料的新纪元。20世纪30年代，高分子化学逐步从有机化学、胶体化学中独立出来，形成了自成体系的基本理论。由此，人类社会开始由金属材料时代过渡到高分子材料时代。新的高分子材料不断被合成，从以C—C为主链的聚烯烃，发展到主链含有其他非金属元素的元素有机聚合物（如聚酰胺、聚酯、聚氨酯等高分子材料），同时诞生了一系列主链含硅原子的聚合物（如聚硅烷、聚硅氧烷、聚硅碳烷、聚硅氮烷等），如图1-1所示。这些不同结构的高分子材料不仅具有优异的加工成型能力，而且它们表现出多种多样的物理化学性质，并且应用于生产、生活以及高技术领域等方面。

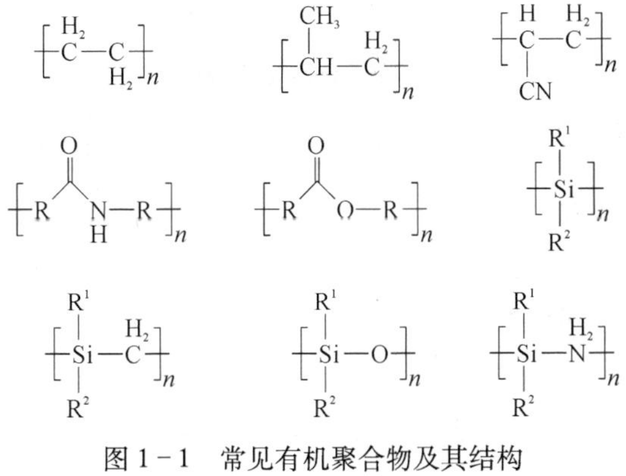

图1-1　常见有机聚合物及其结构

20世纪六七十年代，有些科学家开始尝试将含硅聚合物用于制备陶瓷材料[1]，Verbeek研制出陶瓷纤维[2]。随后，Yajima通过聚二甲基硅烷的裂解重排合成了聚碳硅烷，并成功制备出连续碳化硅(SiC)陶瓷纤维[3-4]，在当时引起了科研工作者的广泛关注，直接推动了先驱体转化陶瓷材料(polymer-derived ceramics, PDCs)的快速发展。先驱体转化法利用元素有机聚合物作为陶瓷先驱体的新思维，为制备陶瓷材料提供了一条崭新的、特殊的道路，不仅能够调控陶瓷材料的组成、结构和性能，而且能够制备其他方法难以获得的纤维、涂层等陶瓷材料，如图 1-2 所示。先驱体转化法制备的陶瓷材料，具有两个天然优势：一是有机聚合物优异的成型加工性能，能够适应于熔融、溶液状态的各种成型工艺，包括熔融挤出、注射成型、溶液涂膜、浸渍裂解、3D 打印等；二是有机聚合物的可设计性，能够通过目标陶瓷材料的组成结构来设计聚合物，直接获得大尺寸、高纯度、多组分而且均匀分布的陶瓷材料。另外，陶瓷先驱体一般在 800~1 500℃就可以实现无机化，低于其他固相合成温度，所制备的陶瓷材料往往处于无定形结构，在高温环境中的结构演变也不同于其他方法获得的陶瓷材料。这些优势和特点，使得先驱体转化法以及先驱体转化的陶瓷材料具有特殊的魅力。

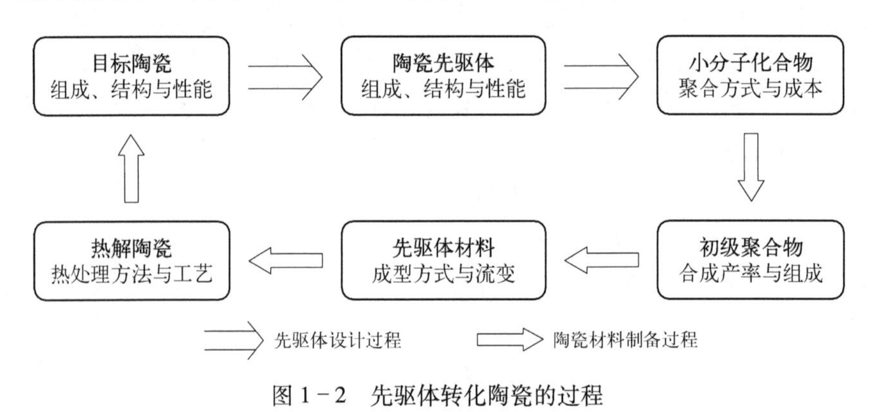

图 1-2　先驱体转化陶瓷的过程

先驱体转化法制备陶瓷主要有三步[5-7]。第一步，根据目标陶瓷设计所需的先驱体，并通过常规小分子化合物合成出这种聚合物；第二，通过化学、热、光或高能射线等方法，将先驱体聚合物进一步交联，形成具有网络结构、热固性的聚合物；第三步，将这种交联的先驱体在高温以及适宜的气氛或压力条件下进行热解无机化，获得目标陶瓷。依据目标陶瓷形态、组成结构、制备工艺等要求，陶瓷先驱体及其转化为陶瓷的过程可以进行灵活调控：如果通过纺丝制备陶瓷纤维，则需要对先驱体熔融体或溶液的黏度、流变进行调控；如果通过化学气相沉积制备涂层，则需要低沸点、高蒸汽压的先驱体。因此，陶瓷先驱体设计的基本原则主要有三点：① 先驱体的主要组成元素及其比例尽可能接近目标陶瓷；

② 先驱体具有适宜成型加工工艺的流变性(黏弹性)和溶解性;③ 先驱体具有潜在的、能够交联的活性基团,具备较高的裂解陶瓷产率。同时,基于制造成本的考虑,陶瓷先驱体合成工艺要尽可能简单易行,所采用的初始原料应廉价易得,从而利于产品的规模化应用。

1.1.2　陶瓷先驱体的发展

基于先驱体转化法的优越性,1980 年之后,陶瓷先驱体的合成与转化应用开始蓬勃发展起来,形成了多种多样的陶瓷先驱体[8]。其中,有机硅聚合物和有机硼聚合物是陶瓷先驱体的典型代表。通过组成元素和结构单位的设计,有机硅聚合物主要形成了聚硅氧烷、聚碳硅烷、聚硅氮烷、聚碳硅氮烷、聚硼硅氮烷等类型,有机硼聚合物也有聚碳硼烷、聚硼氮烷、聚硼硅烷等类型,主要结构如图 1-3 所示。

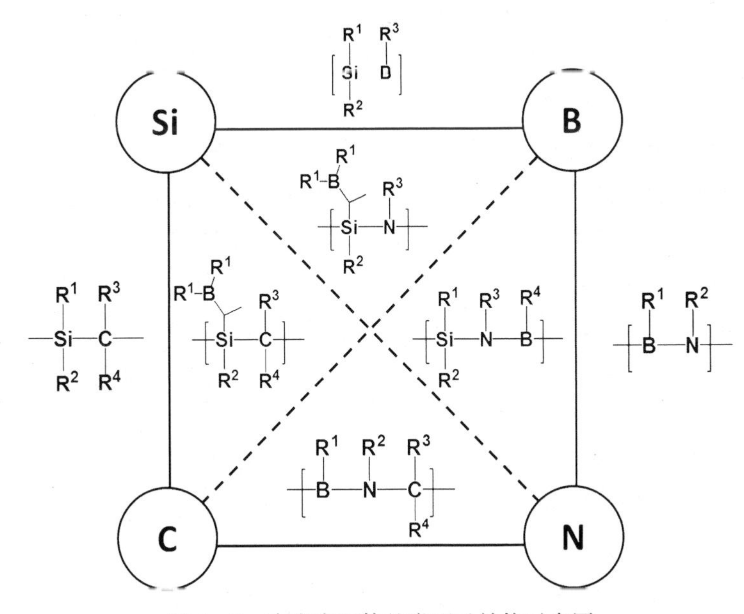

图 1-3　陶瓷先驱体的类型及结构示意图

通过主链结构和取代基变化,聚合物的组成结构及其理化性质随之而变化。主链上的原子主要以 Si、B、C、N 之间的共价键形成结合在一起,也会以共价键形式保留到最终陶瓷产物中。取代基主要是氢、烷基、乙烯基、苯基等基团,这些基团在热解无机化过程中一部分以小分子气体逸出,大部分将以碳化物或自由碳的形式保留在最终陶瓷产物中,取代基是调控陶瓷产物中碳含量的关键。先驱体的组成结构对先驱体转化工艺、过程和最终产物都有极为重要的先天作用,不仅影响最终陶瓷产物的组成,而且对陶瓷相的种类和分布等微结构有关键影响。因此,设计、合成与调控先驱体的组成结构也是研究人员最为关注的重要方向,通过梳理文献,我们看出陶瓷先驱体的发展脉络[9-14]。1975~1985年,陶瓷先驱体研究主要集中于SiC陶瓷的先驱体聚合物,针对聚碳硅烷的合成、改性和有机无机转化机理等方面进行了系统研究,1978年日本东北大学Yajima将聚碳硅烷先驱体转化制备连续碳化硅纤维的专利,转让给日本碳公司(Nippon Carbon)开发出Nicalon纤维并于1979年建成月产100 kg的生产线,由此可见连续碳化硅纤维在当时的重要性,也从实践上证明了陶瓷先驱体转化技术的极大优势,奠定了Yajima在先驱体转化陶瓷领域的开创者地位。Yajima以调控SiC纤维的化学计量和晶粒结构为基础,将含有Zr、Ti、Al等多种元素的聚碳硅烷用于制备SiC纤维,并由日本宇部兴产公司(Ube Industries)开发出Tyranno纤维。在这期间,研究者也采用其他方法合成聚碳硅烷或聚硅烷来制备SiC纤维。此后,研究方向逐步细化,基于高性能SiC纤维的要求,或是复合材料的要求,或是涂层或者功能材料的要求,聚碳硅烷的合成方法与改性研究一直持续到现在,但真正实现规模应用的产品并不多,使用Yajima的方法制备的聚碳硅烷仍然是SiC陶瓷的主要先驱体。

基于聚碳硅烷的巨大成功,1986~1995年,研究者开始研究氮化硅、氮化硼陶瓷的先驱体——聚硅氮烷和聚硼氮烷,他们主要是通过氯硅烷氨解聚合的方法合成以Si—N、B—N为骨架结构的聚合物,这些陶瓷先驱体被尝试用于制备高纯氮化硅纤维和氮化硼纤维。聚硅氮烷转化制备的氮化硅陶瓷是完全无定形的结构,微量的碳、氧、自由硅甚至微孔等杂质会影响其结构稳定性。在1 500℃以上氮化硅纤维容易形成微晶,并存在晶型转变,因陶瓷结构发生巨大变化而失去力学强度,因此这些氮化硅纤维并没有获得像碳化硅纤维同样的成功。而第三元素的存在则会抑制氮化硅的结晶,三元的SiCN陶瓷开始成为新的研究重点。通过取代基或者主链等引入各种含碳基团,主要形成了以Si—N主链和Si—N═C═N为主链的两类先驱体,这两类先驱体制备的SiCN陶瓷也具有显著不同的结构,富碳的程度和碳的存在形式都对其高温结构稳定性产生明显影响。通过先驱体结构的设计,三元SiCN陶瓷的组成结构能够大范围调控,其介电性能随之变化。高纯的氮化硅陶瓷是绝缘材料,具有透波功能,而SiCN陶瓷则有较强的电磁波损耗功能,具备吸波功能材料的性能。

随着人们对先驱体转化陶瓷认识的逐步深入,具有更高耐温性和特殊功能的陶瓷成为先驱体转化法的研究方向。1995年前后,研究重点逐步从碳化硅、氮化硅二元陶瓷先驱体、SiCN三元陶瓷先驱体,转移到Si—B—N、Si—B—C、

Si—B—N—C 等更加多元的陶瓷体系。尤其是进入2000年后,聚硼硅氮烷、聚硼氮烷在制备Si—B—N—C和BN陶瓷或陶瓷纤维上展现了巨大的应用潜力,德国拜耳公司制备出高强度和耐高温的SiBNC陶瓷纤维,引起人们的广泛关注。同时,随着纳米材料、功能材料的快速发展,结构功能一体化的陶瓷也引领陶瓷先驱体的发展,以含过渡金属取代基或者直接以过渡金属为主链元素的新型聚合物及其转化制备陶瓷材料研究也更加丰富。通过40多年的发展,先驱体转化法已经成为制备陶瓷材料,特别是陶瓷纤维材料的重要方法。陶瓷先驱体也逐步发展成熟,多种多样的先驱体分子构建了一个丰富的元素有机聚合物的数据库,为设计和制备陶瓷材料提供了重要的基础。

1.1.3 陶瓷先驱体的应用

1. 陶瓷先驱体的成型加工方法

陶瓷先驱体能够适应于多种加工成型的工艺,被用于制备各种形态的陶瓷材料,如图1-4所示[15]。通过涂膜、热压、浸渍、注射、喷雾、研磨和黏结等常规加工方法获得涂层、薄膜、块体以及复合材料,通过熔融纺丝、溶液纺丝制备出连续纤维或者结合静电、气流、离心等方式制备微纳米纤维,通过光刻、打印、模板等方式能够制备出微纳米三维陶瓷结构。陶瓷先驱体作为最基础的原材料,既

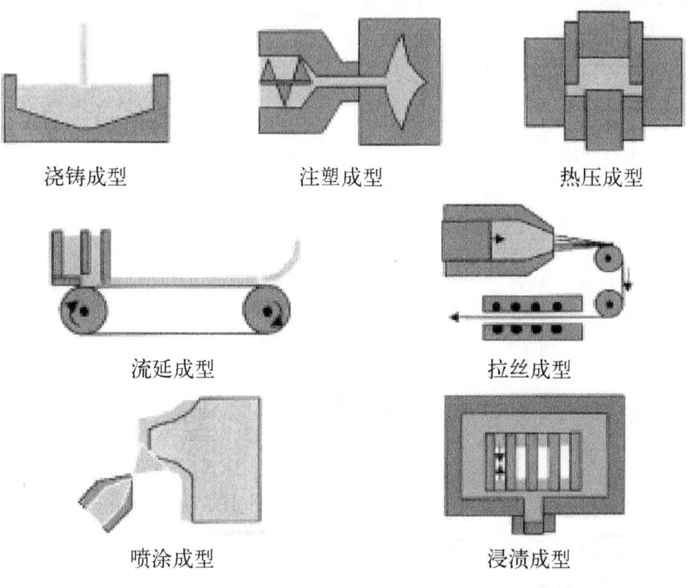

图1-4 陶瓷先驱体加工成型的主要方法[15]

具有有机聚合物良好的组成结构设计、灵活的加工成型等性能，又可以转化为从微纳米到数米的跨尺度陶瓷结构且保持组成结构的一致性。

2. 先驱体转化法制备非氧化物陶瓷纤维

先驱体转化法制备细直径连续陶瓷纤维具有先天的优势，也是最有价值且难以替代的方法。通过先驱体制备非氧化物陶瓷纤维一般分为四大过程（图 1－5）：第一步，合成出陶瓷先驱体，既要满足目标陶瓷的组成结构要求，又要满足制备工艺的要求，也就是要具有合适的流变性和潜在的交联基团；第二步，利用先驱体良好的粘弹性，通过熔融或溶液的形式纺成连续的聚合物纤维；第三步，通过合适的交联方式实现热塑性到热固性的转变，一般称为不熔化过程，这一过程是转化为高质量陶瓷纤维的关键步骤；第三步，通过适宜的无机化方式（包括温度、压力、气氛等）制备得到最终的陶瓷纤维。

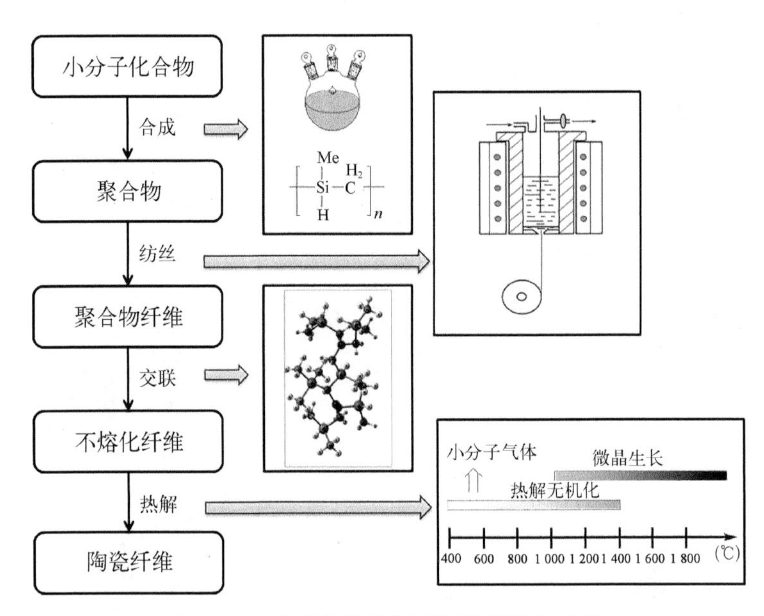

图 1－5　先驱体转化制备陶瓷纤维的过程

由于陶瓷先驱体的分子量一般都在 2 000～20 000，和其他化学纤维的分子量相比，其属于低聚物，并且陶瓷先驱体没有常见化学纤维所具备的柔性和弹性，而脆性和极低的强度是陶瓷先驱体纤维的显著特点。所以众多的陶瓷先驱体中，真正可以转化为陶瓷纤维的并不多。在聚碳硅烷转化制备碳化硅纤维获得成功之后，研究者不断尝试将陶瓷先驱体制成陶瓷纤维，且取得了很大进展[16],不仅研发出了多品种系列化的 SiC 纤维,还研制出多种类型的氮化硅纤维、SiCN 纤维、BN 纤维和 SiBNC 纤维(表 1-1),它们表现出了各自独特的性能。

表 1-1 氮化物陶瓷纤维

纤 维		SiNCO	Si—N	SiBNC
研制单位		Dow Corning(美国)	Tonen(日本)	Fraunhofer ISC(德国)
先驱体		HPZ	PHPS	PBSZ
单丝直径/μm		8~14	10	8~14
单丝强度/GPa		2.8	2.5	2.0~4.0
单丝强度/GPa		180	250	180~350
密度/($g \cdot cm^{-3}$)		2.4	2.5	1.8
元素组成	w(Si)%	59	59.3	29
	w(C)%	10	0	13
	w(N)%	28	39.5	44
	w(O)%	3	1.2	0.8~3.4
商品化		否	限制	暂未

陶瓷纤维是陶瓷基复合材料的关键原材料,也是其他高温复合材料不可或缺的增强体。由于制备工艺复杂,连续陶瓷纤维一般成本较高,因此其应用领域受到极大限制,难以在民用和工业领域获得规模化应用(主要局限于极端服役环境的航空航天装备的部件)。虽然世界范围内的研究人员研制出很多性能优异的陶瓷纤维,但是绝大多数纤维仅仅停留在实验室研究阶段。在非氧化物陶瓷纤维中,除了碳化硅纤维,也只有上述几种纤维进行了初步的工业化开发,一方面是制备工艺的难度和纤维综合性能的限制,另一方面是应用需求不多,研发机构和企业的动力不足。近几年在国际航空业巨头的带动下,碳化硅纤维在航空发动机上开始规模化应用,这也给碳化硅纤维注入了强大的发展动力。但是,其他的连续陶瓷纤维的发展仍然面临更大的挑战,距离成熟的商品仍然需要较长的时间,需要明确的、规模化的应用牵引。

3. “先驱体+3D 打印”制备陶瓷结构

聚合物先驱体增材制造是近年来陶瓷 3D 打印的新方向。聚合物先驱体具有表面张力小、黏合性强等性质,可通过溶解和熔融等方式从固体转化为液体,因而适用于多种增材制造方法。同时,聚合物先驱体具有组成结构可设计性强的优点,可通过调控分子组成、分子结构和分子量及分子量分布使其较好的适用于增材制造工艺。因此,通过聚合物先驱体增材制造可获得高分辨率、高性能和复杂构型/组成的构件,难点就是精细控制先驱体无机化的收缩,尤其是各相收缩不一致导致的结构崩塌。

2006 年，Kim 等采用改性的聚乙烯基硅氮烷为原料，通过双光子吸收交联工艺，首次制备了 3D 复杂结构的 SiCN 陶瓷微构件，其分辨率可低至 210 nm。图 1－6 为制备的 SiCN 陶瓷构件 SEM 图片[17]。

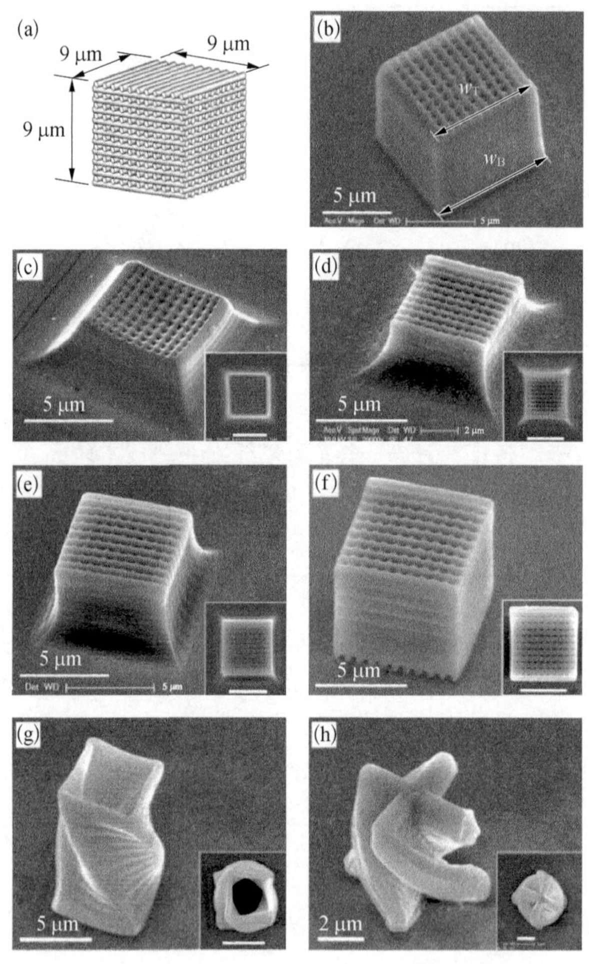

图 1－6　双光子交联打印制备的 SiCN 陶瓷微构件[17]

2016 年，Schaedler 等在 Science 上报道了利用带有活性基团的硅氧烷、硅氮烷、硅碳烷及含硫添加剂的先驱体混合物，使用 SLA 法成型出了蜂窝结构的陶瓷先驱体坯体，之后在 1 000℃下氩气气氛中热解，得到了可耐 1 700℃高温的 SiOC 先驱体转化陶瓷 $SiO_{1.34}C_{1.25}S_{0.15}$。该陶瓷的支架部分几乎完全致密(图 1－7)[18]。

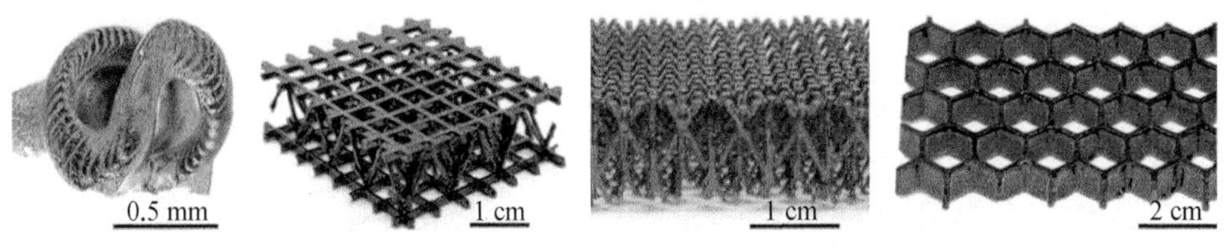

图1-7 利用SLA技术立体光刻成型制备SiOC陶瓷材料及构件[18]

Colombo在先驱体打印陶瓷方面进行了大量研究。2016年在*Advanced Materials*上报道了利用MK-TMSPM和SILRES MK两种商业硅氧烷为先驱体通过SLA方法打印SiOC陶瓷(图1-8)[19]。这种SiOC陶瓷构件密度为2.2 $g\cdot cm^{-3}$,孔隙率为(93.1±0.3)%,抗压强度为(0.686±0.105)MPa。

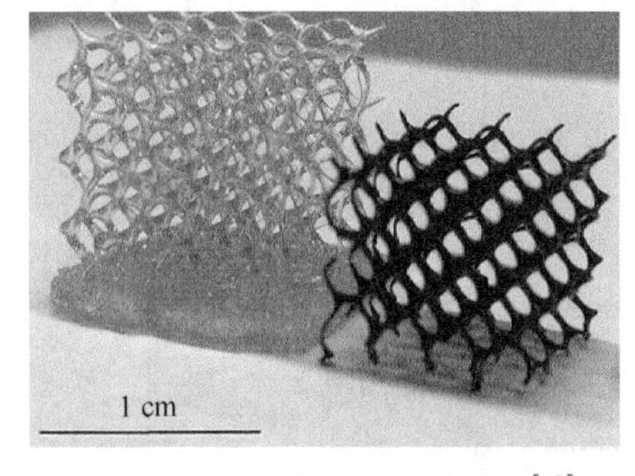

图1-8 3D打印SiOC陶瓷构件[19]

Colombo等以MK和交联后的MK(crMK)硅氧烷为原料,通过墨水直写打印(direct ink writing, DIW)的方式制备SiOC陶瓷构件(图1-9)[20]。相比于采用纯硅氧烷进行打印的构件,加入0.1%

图1-9 采用DIW法制备的SiOC(a、b、c)和GO/SiOC(d、e、f)陶瓷构件[20]

质量分数的 GO 可以更好地保持构件的形貌，并在一定程度上提高构件的强度。纯 SiOC 陶瓷构件的抗压强度为(2.51±0.97) MPa，而加入 GO 的 SiOC 陶瓷构件的抗压强度为(3.10±0.80) MPa。

从 3D 打印陶瓷材料体系上，最常用的聚合物先驱体主要有三种：聚硅氧烷、聚硅氮烷和聚碳硅烷，其相应的含铝或含硼聚合物也可以用于增材制造。此外，聚合物先驱体还可以与各种不同的填料混合制备不同种类的陶瓷。当与填料混合用于增材制造时，聚合物先驱体除可以作为原料外，还可以充当非牺牲型黏结剂，使初生构件也具有较高的强度等理化性能。显然，“先驱体+3D 打印”也将会进一步促进陶瓷先驱体的发展。

除了连续陶瓷纤维和 3D 打印陶瓷，先驱体转化技术已经广泛应用于陶瓷涂层、多孔陶瓷、微纳器件、微纳纤维、纳米复合材料，很多文章都综述了陶瓷先驱体研究与应用进展，为研究人员系统了解先驱体转化方法提供了很好的资料，本书不再一一赘述。

1.2　聚碳硅烷的合成方法

聚碳硅烷(polycarbosilane, PCS)是以 Si—C 键为主链的有机硅聚合物。由于方法各异，合成的先驱体也就各有特点。有些聚碳硅烷主链重复单元是 Si—C 结构，也有一些聚碳硅烷主链重复单元中可能含有部分的 Si—Si 或 C—C 键(图 1-10)。SiC 陶瓷纤维先驱体常见的合成方法有高温重排法、开环聚合法、脱氯缩聚直接合成法、硅氢化法、共聚法、电化学法、催化合成法等。依据这些方法的关键特征，聚碳硅烷的合成方法主要可以分为高温重排法、金属缩合法和催化聚合法等。另外，含有 Si—H 或者—CH ═CH$_2$键的聚碳硅烷往往容易进行化学改性，在聚合物结构中引入金属元素。下文简要介绍上述几种方法。

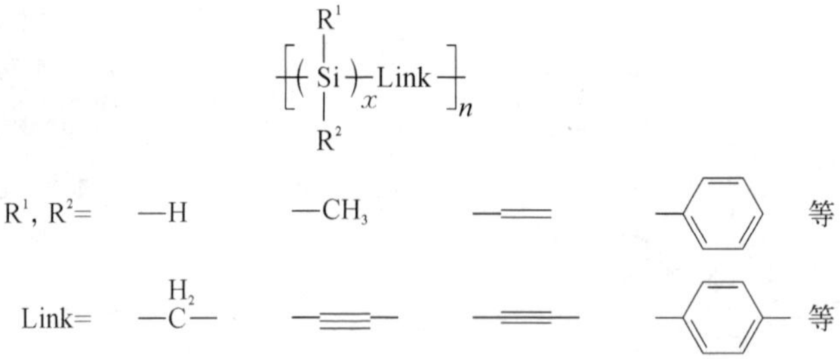

$$\left[\left(\underset{R^2}{\overset{R^1}{\mathrm{Si}}}\right)_x \mathrm{Link}\right]_n$$

R^1, R^2=　—H　—CH$_3$　—CH═CH$_2$　—C$_6$H$_5$　等

Link=　—C(H$_2$)—　—C≡C—　—CH═CH—　—C$_6$H$_4$—　等

图 1-10　聚碳硅烷的结构类型

1.2.1 高温重排法

高温重排法是由矢岛(Yajima)发展起来的,也被称为 Yajima 法。该法是采用硅烷化合物/聚合物为原料,在高温下裂解重排得到 PCS 的方法。Yajima 最早采用 Fritz 的方法于 700℃下,将四甲基硅烷(TMS)热解聚合而制得的聚碳硅烷 PC-TMS,合成产率只有 6.5%,数均分子量 M_n = 620。1975 年,Yajima 采用 Gilman 的方法,使用金属锂制得十二甲基环己硅烷[$(Me_2Si)_6$],再由 DMCHS 在高压釜中,在氩气保护下于 400℃经 48 h 的重排制得聚碳硅烷先驱体 PC-D。数均分子量 $M_n \approx 1500$,产率达 60%,可以进行熔融及干法纺丝。为了克服上述工艺制备成本的缺点,Yajima 使用金属钠代替金属锂,从二甲基二氯硅烷合成聚二甲基硅烷(图 1-11),产率达 80%。然后将 PDMS 裂解重排,合成了 Mark Ⅰ型、Mark Ⅱ型、Mark Ⅲ型 PCS,为聚碳硅烷先驱体及 SiC 纤维的工业化生产奠定了基础。

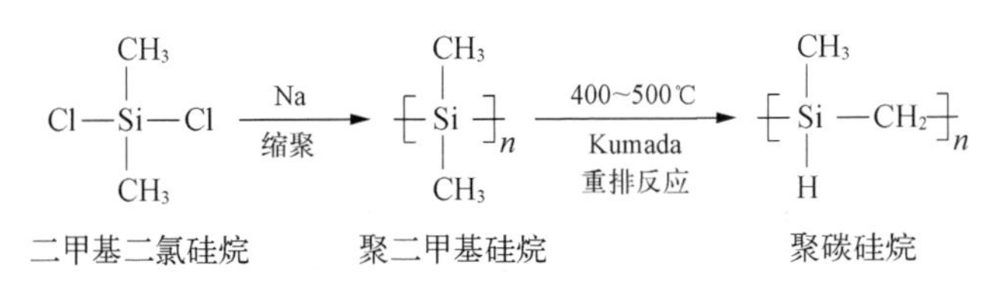

图 1-11 由二甲基二氯硅烷制备聚碳硅烷流程图

1. Mark Ⅰ型和 Mark Ⅱ型 PCS

Mark Ⅰ型和 Mark Ⅱ型两种 PCS 的合成,高温重排反应是在高压釜中进行。Mark Ⅰ型 PCS 通常是在 470℃,10 MPa 左右条件下反应数小时得到,故常记为 PCS-470。其制备过程为单体$(Me)_2SiCl_2$经 Wurtz 反应,制得原料 PDMS,在高压釜内加入 PDMS,抽真空置换氩气后,充入 1 MPa 氩气,然后边加热边搅拌,升温速率为 400℃/h,在 470℃保温 14 h,最终压力为 10.5 MPa,冷却后得到以 Si—C 键为主链的 PCS。产物为微黄褐色的黏性物质,可溶于正己烷等有机溶剂中。将该溶液溶解、过滤,通过旋转蒸发器除去溶剂,然后在 280℃下真空蒸馏除去小分子 PCS,得到清澈透明、有光泽的浅黄色块状料 PC-470,合成产率为 58.8%。分析表明,PC-470 由 Si—H、Si—CH_3、Si—CH_2—Si 等基团组成,实验式为 $SiC_{1.77}O_{0.035}H_{3.70}$,$M_n$ = 1750,C—H/Si—H = 11.2,SiC_3H/SiC_4 = 0.96。综合核磁共振和红外光谱分析结果,PCS 是一种含有环和链的平面梯状结构的聚合物(图 1-12)。

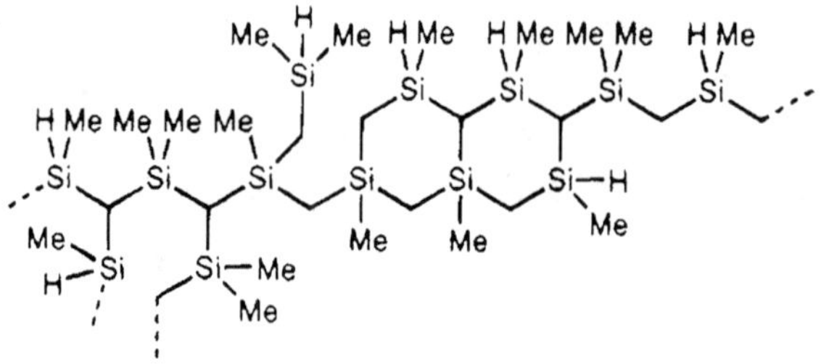

图 1－12　PCS 的分子结构

为了进一步改善 Mark Ⅰ型 PCS 的纺丝性能，Yajima 在合成 PDMS 的过程中引入了部分的$\left[Ph_2Si \right]_n$ 或 Ph_2SiCl_2，在高压釜中裂解重排，合成了含有苯基的 PCS，称之为 Mark Ⅱ型。由于引入了比甲基更稳定的苯基，能部分抑制脱氢缩合反应，从而使其分子结构具有更好的线性结构。因此，Mark Ⅱ型 PCS 的可纺性比 Mark Ⅰ型好，使 SiC 纤维的直径减小将近 30%，强度达到 3 GPa，杨氏模量达到 200 GPa。

2. Mark Ⅲ型 PCS

由于 Mark Ⅰ型、Mark Ⅱ型 PCS 的合成均需在高压釜中高温高压下进行，给工业化生产带来一定的困难。为使反应可以在常压下进行，Yajima 在 PDMS 中添加少量由二苯基二氯硅烷（diphenyldichlorosilane，DPDCS）与硼酸反应制成的聚硼硅氧烷（polyborodiphenysiloxane，PBDPSO）作引发剂，在常压 350℃ 反应一定时间即合成了 PCS，称之为 Mark Ⅲ型。合成产率为 48%，略低于 Mark Ⅰ法，但是陶瓷产率更高，达到 68%。

Mark Ⅲ型 PCS 最大优点是不使用高压釜，在常压下进行，合成温度较低。但是 PBDPSO 催化剂的合成过程复杂，由于合成温度较低，其中的 Si—Si 键转化不完全，还含有 Si—Si 键和$\left[(C_6H_5)_2SiO \right]_n$ 结构单元，稳定性较差，同时具有更多的支化结构，给纺丝和不熔化处理带来较大困难。因此，所制备的 SiC 纤维性能略低于 Mark Ⅰ法 SiC 纤维。进一步在反应体系中引入 $Ti(OR)_4$ 合成的含钛 PCS（polytitanocarbosilane，PTC），纺丝性能好且陶瓷产率高，在 1 300℃ 制备的 SiC 纤维比 Mark Ⅰ法和 Mark Ⅲ法制备的纤维强度更高。借鉴这种方法，很多硼/铝化合物也作为催化剂进行常压高温合成 PCS。

Yajima 法 PCS 除具有比较好的工艺性能外，还具有潜在的反应基团 Si—H，其反应活性比较适中，不仅不会在熔融纺丝的温度下交联，而且能通过空气、反应性气体、电子束或射线辐照等方法交联。另外一个重要优点是其室温稳定性，与空气和水都没有明显化学反应。因此，Yajima 法 PCS 成为唯一得到广泛应用并且工业化的先驱体，也是目前商品化 SiC 陶瓷纤维的先驱体。但是，这种方法还存在以下几个不足。① 生产成本高。从氯硅烷分子出发，需要经过钠缩合及其纯化合成聚二甲基硅烷，继而进行高温裂解重排，合成及分离纯化的工艺流程多，又使用了高压釜，因此，先驱体的生产成本很高。② 化学组成不完善。以聚二甲基硅烷重排得到的 PCS，元素组成的化学计量比 C/Si ≈ 2，导致其最终的陶瓷化产品显著富碳，影响了 SiC 纤维的纯度和抗氧化性能。③ 分子结构不理想。Yajima 法 PCS 是一种含有环和链的平面梯状结构的聚合物，纺丝性能还不是很理想，原丝强度极低，抗损伤能力弱，制备高质量束丝纤维的难度比较大。

3. KD 型 PCS

1980 年，国防科技大学组建 SiC 纤维研究团队之后，借鉴 Yajima 法，兼顾制备 SiC 纤维和工业化安全生产要求，提出了常压高温裂解重排法合成 PCS 的新途径。其合成过程为：以 $(Me)_2SiCl_2$ 和金属钠为原料，经 Wurtz 反应，制得原料 PDMS。将 PDMS 在 360℃ 以上裂解成为小分子液态聚硅烷（LPS），在常压下氮气中 450~470℃ 反应生成 PCS 先驱体（PCS－KD），合成产率 40%~50%，具有 PC－470 类似的化学结构。通过合成工艺调控，PCS 的性能可以在一定范围内调控，数均分子量在 1 500~2 500，软化点在 180~250℃，陶瓷产率在 50%~65%，这些 PCS－KD 都具有良好的熔融纺丝性能。该方法最大的优点是不需要高压设备，易于实现工业化。聚碳硅烷研制与碳化硅纤维研制两项成果获得 1986 年国防科工委技术进步一等奖。国防科技大学 1990 年建成了 1 吨级常压高温 PCS 合成设备，2000 年又建成了 5 吨级常压高温合成设备，2017 年和宁波众兴新材料有限公司合作建成了 40 吨级常压高温合成设备。国产化聚碳硅烷的研制成功，直接推动了我国 SiC 陶瓷纤维和陶瓷基复合材料的技术进步。

1.2.2 缩聚法

1. 镁或格氏（Grignard）试剂中介的缩聚合成

采用 Grignard 偶联法，以金属镁或者格氏试剂为中介，通过氯甲基三氯硅烷及其类似物，通过 Si—Cl 与 C—Cl 偶联形成聚合物。由于氯甲基三氯硅烷的活性官能团较多，合成的聚合物呈支化结构，大部分产物为液态，有利于液态形式的浸渍、涂膜等工艺。

以 Cl_3SiCH_2Cl、Mg 以及 Et_2O 为原料，通过格氏偶联反应，缩聚合生成氯化聚碳硅烷中间体；氯化聚碳硅烷在 $LiAlH_4$ 的还原作用下，合成出超支化聚碳硅烷（hydridopolycarbosilane, HPCS）；如果加入烯丙基溴化镁、乙烯基溴化镁或者乙炔基溴化镁等格氏试剂，则获得含有不饱和碳碳键的超支化聚碳硅烷，如图 1-13 所示。1991 年，Interrante 等首次报道了由氯甲基氯代硅烷经格氏试剂偶合反应，得到氯化 PCS，再经 $LiAlH_4$ 还原得到液态超支化 PCS[21]。其数均分子量为 745 左右且分布较宽，C∶Si 接近 1∶1，在 N_2 下 1 000℃热解陶瓷产率为 58%。随后，Interrante 等在氯化 PCS 生成后加入含不饱和烯基的格氏试剂进行偶联反应，将 C＝C 引入侧链，制备的 HPCS 可通过硅氢化反应进行交联，从而提高先驱体的陶瓷产率。在此基础上，美国 Starfire 公司研制的烯丙基的超支化 PCS(AHPCS)已经实现商业化生产，牌号 StarPCS SMP-10，主要性能指标为密度约为 1.0 g/cm^3，室温黏度为 40～100 mPa·s，180～400℃交联，交联后陶瓷产率 72%～78%，热解产物 C/Si 约为 1。同时，Starfire 公司形成了 SMP-500、SMP-730、SMP-800、SMP-877 等一系列产品牌号，陶瓷产率一般在 60%～70%之间，黏度和性能各不同。

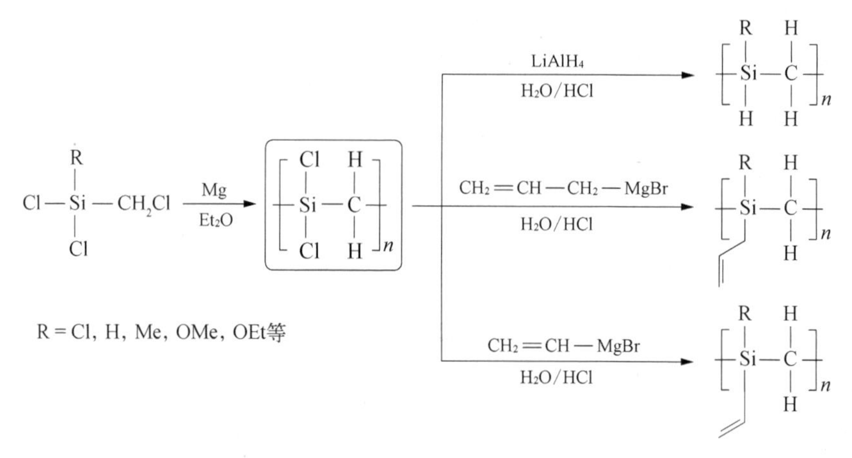

图 1-13　HPCS 合成方法

Grignard 试剂中介的偶联缩聚反应可以分步进行，也可以在一釜完成，操作简单，中间产物不需要提纯，其原料 Cl_3SiCH_2Cl 这类物质成本较低，同时可以采用 Cl_3SiCH_2Cl、$Cl_2SiMeCH_2Cl$、$Cl_3SiMeCHCl_2$ 等多种原料混合的方法，对其产物的组成和结构进行调节控制，以得到满足不同性能需求的产物，因而该方法有希望进行大批量生产，是目前研究最多也是最有前景的方法。

2. 金属钠中介的缩聚

金属钠,是 Wurtz 缩合反应最常用的脱氯金属。单纯的二氯硅烷缩合制备聚硅烷,通过引入卤代烷烃或卤代烷基,则会发生类似上述格氏试剂中介的缩聚反应,生成 Si—C 主链的聚合物。用二氯硅烷与二溴甲烷在二甲苯中用 Na 缩合反应直接得到 PCS(图 1-14)。所合成 PCS 的 $M_n = 8\,500$,合成产率达81%,核磁共振和元素分析表明其分子式为$\left[\mathrm{PhMeSi(CH_2)_{1.5}}\right]_n$,该聚合物在 1 100℃下陶瓷产率为 18.3%。即使采用三氯化铝催化以 Cl 取代其中 Ph,再用氢化铝锂将 Cl 还原为 H,这样的 PCS 陶瓷产率也只有 30%左右[22]。对于陶瓷先驱体来说还是太低,需要进一步在引入烯基以提高交联能力。

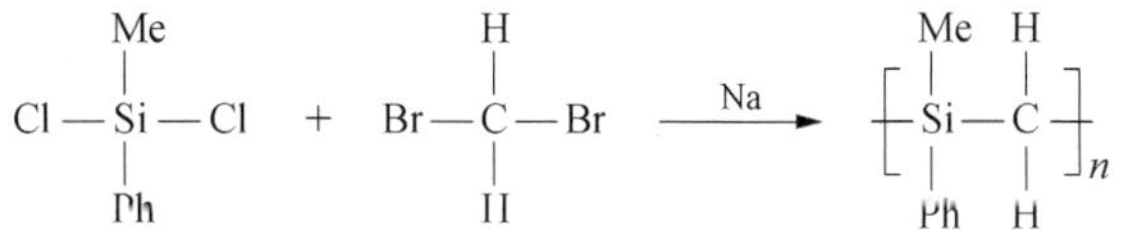

$$\mathrm{Cl{-}Si(Me)(Ph){-}Cl} + \mathrm{Br{-}CH_2{-}Br} \xrightarrow{\mathrm{Na}} \left[\mathrm{Si(Me)(Ph){-}CH_2}\right]_n$$

图 1-14　钠缩合合成 PCS

中国科学院化学研究所徐彩虹、李永明等采用金属钠以氯甲基甲基二氯硅烷($ClCH_2MeSiCl_2$)和甲基二氯硅烷($MeHSiCl_2$)直接缩合成含氯甲基的聚硅碳硅烷,通过金属钠的投料比(Na/Cl)来调控氯的剩余量,进一步加入乙烯基氯化镁以乙烯基取代氯原子,合成了含有乙烯基的聚硅碳硅烷[23](图 1-15)。Si—H 和乙烯基的含量对先驱体的分子量和陶瓷产率影响显著。当采用 20% $ClCH_2MeSiCl_2$和 rNa/Cl50.90 的反应条件时,合成的先驱体陶瓷产率达到 64%。

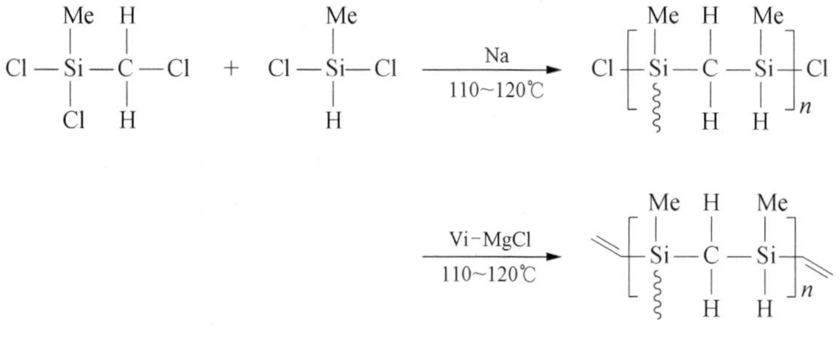

$$\mathrm{Cl{-}Si(Me)(Cl){-}CH_2{-}Cl} + \mathrm{Cl{-}Si(Me)(H){-}Cl} \xrightarrow[110\sim120^\circ C]{\mathrm{Na}} \mathrm{Cl}\left[\mathrm{Si(Me)(\sim){-}CH_2{-}Si(Me)(H)}\right]_n\mathrm{Cl}$$

$$\xrightarrow[110\sim120^\circ C]{\text{Vi-MgCl}} \mathrm{CH_2{=}CH}\left[\mathrm{Si(Me)(\sim){-}CH_2{-}Si(Me)(H)}\right]_n\mathrm{CH{=}CH_2}$$

图 1-15　钠缩合合成 PSCS

3. 双金属有机试剂中介的缩聚

Barton 等用二氯硅烷与炔基双锂缩聚,得到含炔基的聚碳硅烷[24],平均分子量为 20 000~30 000,在 1 100℃下 TGA 残留为 20%~80%,经熔融、纺丝,原丝通过热或光化学交联制得含不同游离碳的 SiC 纤维。Barton 等还用六氯丁二烯为起始物合成含乙炔基的聚碳硅烷,合成产率达 90%, M_n = 10 000 ~ 20 000, 在 1 000℃的 TGA 残留为 20%,DSC 曲线表明在 100℃和 150℃时有很强的吸热峰,说明此温度下乙炔基聚碳硅烷发生热交联。

Corriu 也采用了二氯硅烷和二乙炔基双锂或双格氏试剂合成含乙炔基聚碳硅烷[25](图 1-16),其在 1 400℃裂解得到 SiC 基陶瓷产率为 63%~87%。该聚合物与金属氧化物混合裂解可得 SiC 和金属碳化物,陶瓷产率在 50%~60%。若在 N_2中热解至 1 250~1 400℃将发生碳热还原和氮化反应,可生成 SiC 和金属氮化物,陶瓷产率为 64%~84%。

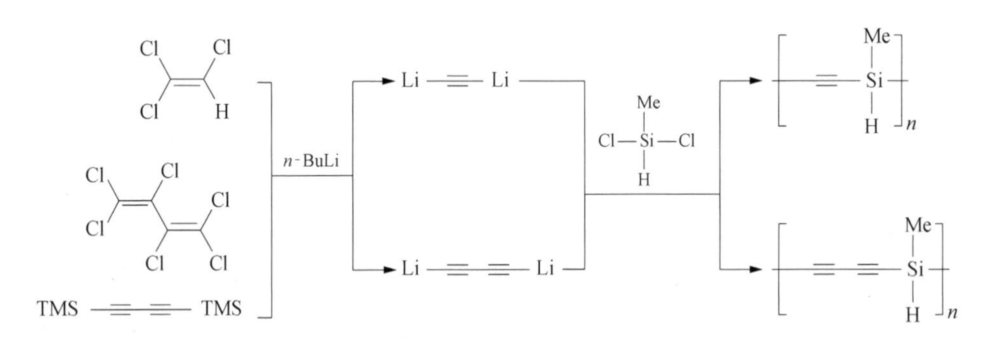

图 1-16 双锂试剂与二氯硅烷缩合反应

1.2.3 催化聚合法

1. 开环聚合法

1986 年,Smith 首次利用开环聚合法合成 SiC 陶瓷纤维先驱体[26]。以 1,3-二硅杂环丁烷为原料,该聚合物可加热而熔融,在 Ar 气氛中 900℃下加热 1 h,其陶瓷产率为 85%。用 IR 跟踪裂解过程发现,从 500℃开始,聚合物发生 Si—H 和 C—H 的脱氢缩合交联反应,至 700℃,分子中 Si—H 完全消失,900℃后陶瓷开始结晶化。

此后,开环聚合法因为热处理后的先驱体陶瓷产率高而引起了人们的重视,并开展了大量的研究工作,主要是采用 Pt 催化 1,3-二硅杂环丁烷开环聚合物,也有部分工作采用阴离子开环聚合,可以获得不同取代基和主链结构的聚碳硅烷(图 1-17)。

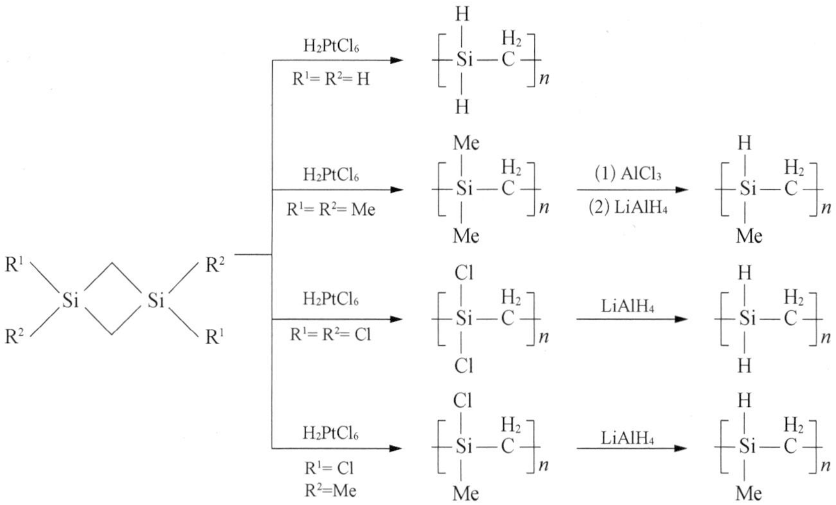

图1-17　二硅杂环丁烷开环聚合反应

1988年,Birot等用1,1,3,3-四甲基硅杂环丁烷在Pt催化下开环聚合获得线性聚碳硅烷$\text{-}[SiMe_2CH_2]\text{-}_n$[27],该聚碳硅烷为粉末状聚合物,$M_n$ = 200 000 ~ 250 000,在惰性气氛中600℃下还保持稳定,但在空气中200℃时即发生分解。用TGA表征,在1 000℃下其残留仅为3.5%。由此可见,线性PCS若分子中不含活泼Si—H键,尽管分子量比较高,但陶瓷产率仍然很低。在分子中引入Si—H键显著提高了先驱体的陶瓷产率。首先经Me_3SiCl氯代后,聚合物发生断链,M_n降为2 000~2 300,与Yajima法的PCS分子量相当,但具有较高的软化点,但其陶瓷产率仅有5%。该聚碳硅烷在热压釜中加热到450℃后,生成不溶物,裂解的陶瓷产率达85%。若在Ar中400~500℃下加热处理可得到65%的可溶性固体,M_n为8 600,陶瓷产率为44.5%。

随后,Interrante等用1,3-二甲基-1,3-二氯-1,3-二硅环丁烷为初始原料,此制备路线与Birot法相比制备流程缩短了,可获得了更高分子量、线形结构的PCS[28]。其M_n为6 000和35 000的先驱体对应的陶瓷化率分别为10%和20%,在400℃交联后陶瓷产率可以超过60%。1992年,Wu和Interrante用1,1,3,3-四氯-1,3-二硅杂环丁烷在Pt催化下开环聚合成线性$\text{-}[Cl_2Si—CH_2]\text{-}_n$,该聚合在苯溶液中被还原成$\text{-}[H_2Si—CH_2]\text{-}_n$,$M_n$约为12 300[29]。TGA研究表明该线性聚合物失重发生在100~600℃之间,陶瓷产率为87%,1 000℃处理后的陶瓷经X射线衍射(XRD)表征其组成为β-SiC,平均微晶尺寸为2.5 nm。

Weber等用n-BuLi/HMPA引发四元或五元硅杂环发生阴离子开环聚

合[30]，如图 1 - 18 所示，能够合成主链含硅聚合物，合成产率在 40%~90%之间。所得聚合物分子量 M_n 为 680~1 800，主要失重发生在 450℃，陶瓷产率一般很低（约为 20%）。若分子中含有乙烯基或 Si—H，则陶瓷产率（20%~50%）有一定提高。这可能是聚合物在裂解过程中发生硅氢加成反应，从而增加陶瓷产率。但这些聚合物陶瓷产率低，残留中含碳量高。因此难以成为有效的碳化硅先驱体。

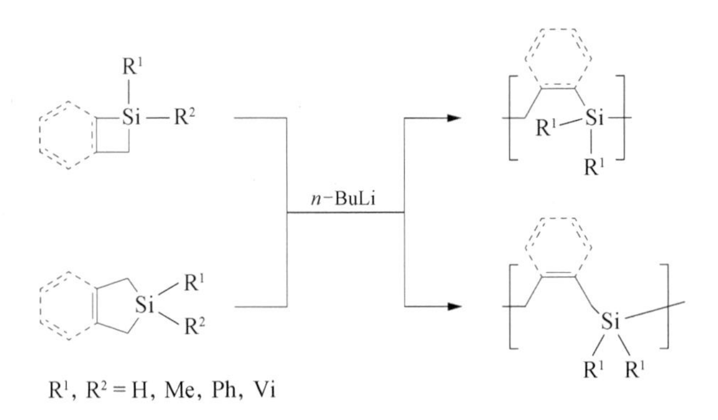

图 1 - 18　硅杂环阴离子开环聚合反应

2. 硅氢化反应合成

Curry 首先运用金属催化的乙烯基硅烷的硅氢化反应合成出 SiC 陶瓷先驱体[31]此后，Corriu 等应用此法合成出一系列先驱体聚合物[32]（图 1 - 19）。乙烯基硅烷既含有 Si—H 又含有乙烯基，是最常用的硅氢化反应的单体。Corriu 等采用（CH_2═CH）$HSiCl_2$在 Pt/C 或 H_2PtCl_6催化下进行硅氢化反应，然后经 $LiAlH_4$还原，得到含 SiH_3，SiH_2，Si—CH ═CH_2端基的聚（乙烯基硅烷）。聚合物的陶瓷产率为 64%~78%，重均分子量为 960（己烷溶剂）或 5 500（氯苯溶剂）。其中，硅氢化反应 β 或 α 加成方式产生两种结构，其中前者加成产物—Si—CH_2—CH_2—是主要结构，后者加成产物—SiCH（CH_3）—是次要结构。1 400℃时陶瓷产率为 12%~62%，取决于可交联乙烯端基的数量。

Barton 等将乙炔基硅烷 $R_2HSiC\equiv CH$（R ═Me，Et，Ph）在 H_2PtCl_6催化下获得可溶性聚硅乙烯聚合物[33]，平均分子量为 11 400~110 700，分子量大小与取代基有关。TGA 分析表明在 1 000℃下其残留为 18%（R ═Et）到 40%（R ═Me），最大的失重发生在 450~500℃，其纤维表面经紫外光照射交联后在 Ar 中裂解到 1 100℃，其组成为 SiC。采用硅氢化反应制备 PCS，结构中含有 Si—H 键，合成步骤多，试剂昂贵，该方法目前仅限于实验室研究之用。

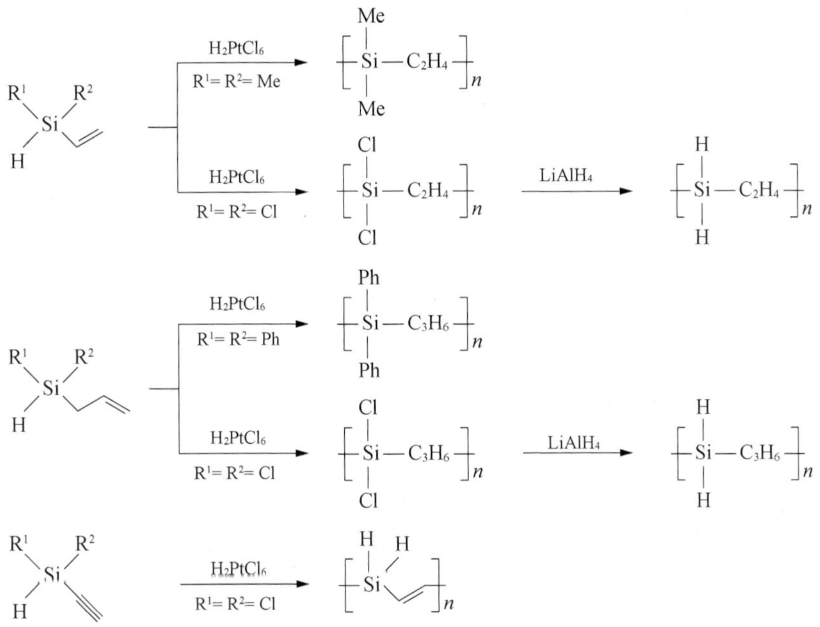

图 1-19 硅杂环阴离子开环聚合反应

3. 二茂金属化合物催化聚合

中国科学院过程工程研究所张伟刚课题组在二氯硅烷与钠缩合的反应体系中[34]，采用二氯二茂锆作为催化剂将二氯甲基硅烷原位生成的硅烯转化为含锆聚碳硅烷或者称之为聚锆碳硅烷(图1-20)，1 000℃热解陶瓷产率为67%，其中含有15%的ZrC。

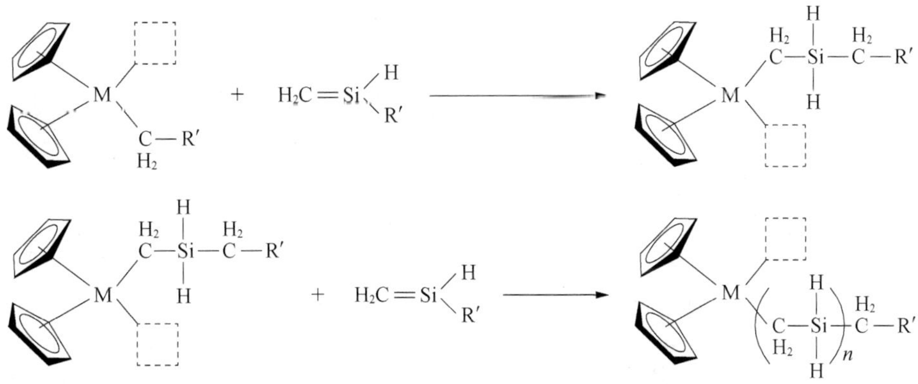

图 1-20 茂金属催化的原位硅烯聚合反应

1.3 聚碳硅烷的转化与应用

1.3.1 聚碳硅烷的热解陶瓷化

Soraru 和 Bouillon 等采用 ESCA、XRD、AES、TEM 和 TGA 等分析测试手段，研究了 PCS 在高温条件下的热解过程与机理。研究表明，PCS 的高温热解过程主要是 PCS 在升温过程中逐步转化为 SiC 的过程。PCS 的热解过程和热解机理较为复杂[35-36]。

PCS 热解过程及各阶段主要挥发组分如图 1-21 所示[37]。

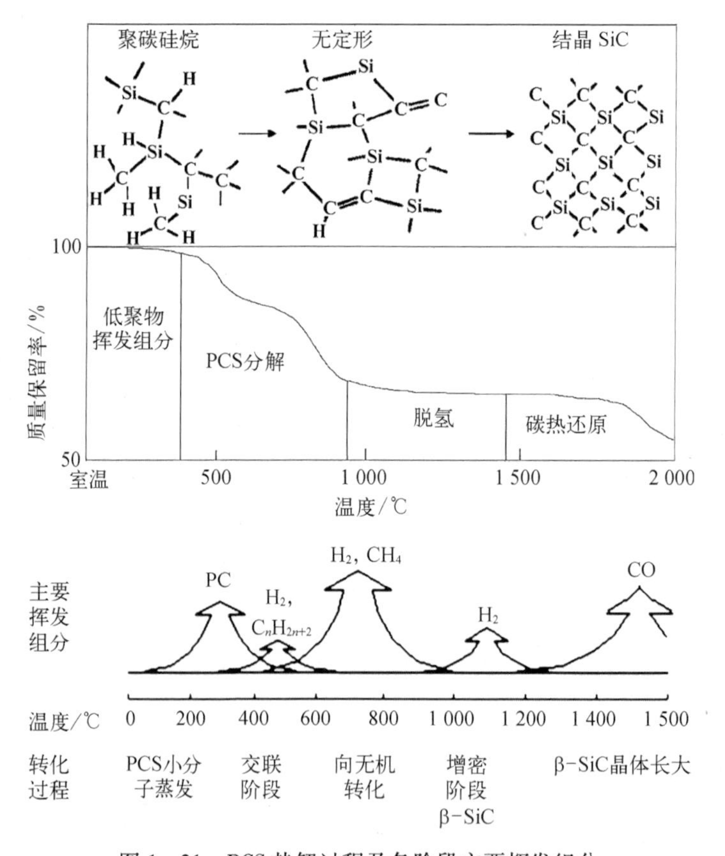

图 1-21 PCS 热解过程及各阶段主要挥发组分

在 PCS 裂解过程中，经历了以下三个基本阶段：① 有机聚合物的陶瓷化阶段，550℃ < 裂解温度 T_P < 800℃；② 裂解产物的结晶化阶段，1 000℃ < T_P <

1 200℃;③ 晶粒粗化阶段,T_P>1 400℃。综合实验结果,PCS 在高温下的裂解过程可简述如下:

1) 在室温<T_P<550℃范围内,PCS 的结构变化不明显,侧链的有机官能团断裂不明显。低分子量 PCS 的逸出;聚合物进一步发生脱氢/脱甲烷缩合反应(热交联),分子量进一步长大,逐渐形成一种无定形的三维网状结构,聚合物不熔;

2) 在 550℃<T_P<800℃范围内,PCS 从有机物向无机物转变,开始形成无定形的三维网状结构。大多数的 Si—H、C—H 键发生断裂,PCS 的 Si—C 骨架依然存在,由侧链断裂所产生的逸出气体主要为小分子的碳氢化合物(如 CH_4 和 C_2H_6 等)和甲基硅烷[如$(CH_3)_4Si$,$(CH_3)_3SiH$,$(CH_3)_2SiH_2$]等;

3) 在 800℃<T_P<1 000℃范围内,PCS 从有机物向无机物的转变过程基本完成,裂解产物为均一的完全无定形无机物,但含有少量的氢。

无定形产物的结构主要是由三种化学四面体构成:氢化的无定形 SiC、氢化的无定形 Si—O—C 以及无定形的 SiO_2。当温度达到 1 000℃时,氢及无定形 Si—O—C 键含量下降,同时游离碳含量上升。裂解的同时发生以下现象:由 Si—C 键断裂产生的低分子烷烃在裂解温度达到其断裂温度(约为 1 000℃)时,发生原位分解而不是逸出;这种原位分解导致出现成分不均匀的 SiC 晶核;由于氢化作用,部分 Si—O—C 裂解,释放出少量的硅烷、CO 等;

4) 在 1 000℃<T_P<1 200℃范围内,SiC 晶核(直径小于 3 nm)数量急剧增加,但晶核大小变化不大。氢含量降低,氢化的无定形 SiC 消失,残存的无定形相主要为 SiO_aC_b。在晶核从无定形向晶体生长时,游离碳的含量缓慢增加,SiC 晶核被游离碳薄层包围;

5) 在 1 200℃<T_P<1 400℃范围内,氢基本消失,形成连续的 SiC 微晶(直径约为 10 nm)。与此同时,可能由于 SiO 的挥发,Si—O 和 Si—C—O 化合物含量降低;

6) 在 1 400℃<T_P<1 600℃范围内,SiC 微晶发生明显的结晶和晶粒粗化(直径大于 50 nm),同时无定形的 Si—O—C 含量急剧下降,少量的 SiO 及 CO 逸出。

1.3.2 连续碳化硅纤维

1975 年,日本东北大学 Yajima 等以聚碳硅烷(polycarbosilane, PCS)为先驱体制得了直径约为 10 μm 的连续 SiC 纤维[38],开创了先驱体转化法制备连续 SiC 纤维的先河,后续由日本碳公司和日本宇部兴产公司进行 SiC 纤维的工程化和产业化。20 世纪末,美国 NASA 支持 Dow Corning 公司(后期转为 COI 陶瓷公司)进行连续 SiC 纤维的开发。关于 SiC 纤维的分类并没有严格定义,根据不同类型 SiC 纤维的组成结构和耐温性能区别,大致将现有的连续 SiC 纤维分为三代。依据文献[16]和[39]及网络资料的信息,收集国外研制的典型连续 SiC 纤维的组成、结构与特性,以及国际市场参考价格,列入表 1-2。

表 1-2 国外典型连续 SiC 纤维的组成、结构与特性

性能		日本碳公司			日本宇部兴产公司				美国道康宁公司
		Nicalon			Tyranno				Sylramic
		NL-202	Hi-Nicalon	Hi-Nicalon-S	Lox-M	Lox-E	ZE	SA	
组成	w(Si)/%	56.4	62.4	68.9	55.4	56	61	67.8	66.6
	w(C)/%	31.3	37.1	30.9	32.4	37	35	31.3	28.5
	w(O)/%	12.3	1.2	<1.0	10.2	5.0	2.0	0.3	0.50
	w(N)/%	—	—	—	—	—	—	—	0.40
	w(B)/%	—	—	—	—	—	—	—	2.30
	w(Al)/%	—	—	—	—	—	—	0.6	—
	w(Ti)/%	—	—	—	2.0	2.0	—	—	2.10
	w(Zr)/%	—	—	—	—	—	2.0	—	—
	C/Si(原子比)	1.29	1.39	1.05	1.36	1.54	1.34	1.08	1.05
纤维直径/μm		14	14	12	11	11	11	8 或 10	10
拉伸强度/GPa		2.6	2.5	2.6	3.3	3.4	3.5	2.5	2.8~3.4
拉伸模量/GPa		188	250	340	187	206	2.33	300	386
断裂应变/%		1.4	1.3	0.6	1.8	1.7	1.5	0.7	0.8
密度/($g \cdot cm^{-3}$)		2.55	2.65	2.85	2.48	2.55	2.55	3.1	>2.95
有氧环境下使用温度/℃		1 050	1 250	1 400	1 000	—	—	约 1 500	约 1 500
价格/(美元/kg)		约 2 000	8 000	13 000	1 500	—	1 600	约 5 000	约 10 000

上述不同种类的连续 SiC 纤维,均具有不同的组成结构特征。这些组成结构的区别,一方面是来源于不同的制备工艺,比如氧含量较高的 NL-202 和 Lox-M 纤维,都是采用了空气氧化交联的不熔化方法,而氧含量较低的 Hi-Nicalon 和 Lox-E 纤维则采用了电子束辐照交联的不熔化方法,Hi-Nicalon-S 型的 SiC 纤维则在氢气气氛中无机化,碳含量显著低于 Hi-Nicalon 纤维;另一方面则来源于先驱体的差异,比如 Lox-M、Lox-E、Sylramic 等纤维含有 Ti,SA 纤维含有铝,ZE 纤维含有 Zr 等,均是在先驱体中引入了相应的金属元素。因此,先驱体的组成结构以及纤维不熔化和热解无机化的工艺,都可以用于调控

最终纤维的元素组成以及化学结构，其组成结构也就决定了最终纤维产品的热学、力学、电学等性能。国外典型品种连续 SiC 纤维的技术路线与分类情况[40]，如图 1－22 所示。

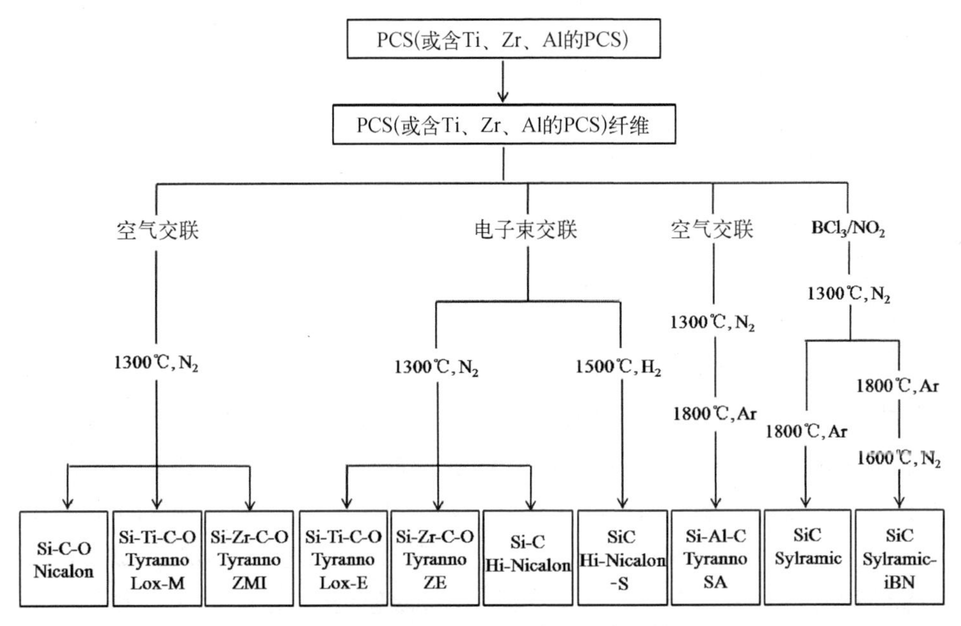

图 1－22　国外 SiC 纤维的制备技术与分类情况

第一代 SiC 纤维的典型代表是日本碳公司的 Nicalon 系列纤维和宇部兴产公司的 Tyranno Lox－M 纤维。日本碳公司率先取得 Yajima 的专利权，并在 1982 年生产了第一批工业化的 SiC 纤维（Nicalon 100 系列）；随后又推出了 Nicalon 200 系列（ceramic-grade，陶瓷级）纤维，它现已成为许多陶瓷基复合材料研究的通用型陶瓷纤维，在此基础上又进一步开发了具有不同电阻率的 NL－400（high-volume-resistivity grade，HVR 级）、NL－500（low-volume-resistivity grade，LVR 级）和 NL－607（碳涂层）等纤维品种（表 1－3），其中 NL－500 纤维具有良好的吸波性质，可用于高温隐身材料。1987 年，日本的宇部兴产公司以聚钛碳硅烷（polytitanocarbosilane，PTCS）为先驱体，采用空气不熔化技术制备了含钛 SiC 纤维并命名为 Tyranno Lox－M，M 是英文字母表的第十三个字母，表示其氧含量在 13%左右，Tyranno Lox－M 纤维直径只有 Nicalon 纤维的一半，同时具有比 Nicalon 纤维更好的化学稳定性。第一代 SiC 纤维的主要特征是氧含量高（含量约为 10%）、碳含量高（碳硅原子比约 1.3），基本处于无定形状态，在有氧环境下 1 050℃时仍然有良好的热稳定性。由于纤维中含有较多的

SiO_xC_y 杂质相和游离碳，在空气中 1 050℃以上、惰性气氛中 1 200℃以上将发生 SiO_xC_y 杂质相分解反应，并伴随着 β－SiC 晶粒的迅速生长，导致纤维强度的急剧降低。

表 1－3　不同类型的 Nicalon 纤维

纤　维	陶瓷级 NL－200	高电阻率级 NL－400	低电阻率级 NL－500	碳涂层级 NL－607
单丝强度/GPa	3.0	2.8	3.0	3.0
单丝模量/GPa	220	200	220	220
断裂伸长率/%	1.4	1.6	1.4	1.4
密度/($g \cdot cm^{-3}$)	2.55	2.30	2.50	2.55
电阻率/($\Omega \cdot cm$)	$10^3 \sim 10^4$	$10^6 \sim 10^7$	0.5～5.0	0.8
介电常数@ 10 GHz	9	6.5	20～30	—
应用体系	PMCs、MMCs、CMCs	PMCs	PMCs	CMCs

如何降低氧含量并提高使用温度，是第二代碳化硅纤维的关键。日本碳公司和宇部兴产公司采用各自的技术路线，研制了低氧含量的第二代 SiC 纤维，典型代表是日本碳公司的 Hi－Nicalon 纤维和日本宇部兴产公司制备的 Tyranno ZE 纤维。1995 年碳公司采用电子束辐照交联技术代替空气不熔化，成功制备出氧含量低于 1.2%的 Hi－Nicalon 纤维。宇部兴产公司对 PTCS 纤维采用电子束辐照交联工艺来降低氧含量，生产了 Tyranno Lox－E 纤维(表 1－4)，其氧含量下降至 5%左右，这主要是在先驱体合成过程中钛醇盐 $Ti(OR)_4$与 PCS 反应引入的。鉴于辐照工艺昂贵，且 Tyranno Lox－E 纤维性能提高不足，宇部兴产公司没有商业化生产 Tyranno Lox－E 纤维，转而采用元素 Zr 代替 Ti 加入 PCS 先驱体中，制备了氧含量更低的聚锆碳硅烷(polyzirconocarbosilane, PZCS)[41]，并以 PZCS 为原料制备出 Tyranno ZMI 和 Tyranno ZE 两种纤维，Tyranno ZMI 采用空气预氧化并实现了工业化，氧含量在 10%左右，而 Tyranno ZE 采用电子束辐照工艺，氧含量更低，但是没有工业化。第二代 SiC 纤维的主要特征是氧含量低(低于 2%)、碳含量高(碳硅原子比约为 1.3～1.4)，在空气中 1 200～1 300℃具有良好的热稳定性，Hi－Nicalon 纤维空气气氛下可耐 1 200℃以上的高温，惰性气氛下可耐 1 600℃以上的高温[42-43]。Tyranno ZMI 纤维尽管氧含量较高，但 Ar 下最高耐热温度可达到 1 500℃，这是因为与 Ti 相比，含 Zr 的晶间相的稳定性更高。Tyranno Lox－E、Tyranno ZMI、Tyranno ZE 纤维以及第一代的 Tyranno Lox－M 纤维因 Zr 元素、Ti 元素的引入，具有电阻率可调的特性，可用于制备高温隐身结构材料。

表1-4 不同类型 Si—Ti—C—O 纤维的性能

纤 维	A	D(S)	E	F	G	Lox-M	Lox-E
单丝强度/GPa	3.0	3.3	3.3	3.3	3.3	3.5	3.5
单丝模量/GPa	170	180	180	180	180	200	220
密度/($g \cdot cm^{-3}$)	2.29	2.35	2.35	2.4	2.4	2.5	2.55
电阻率/($\Omega \cdot cm$)	10^6	10^3	10^2	10	1	30	1.7
热导率/[$W \cdot (m \cdot K)^{-1}$]	0.97	0.97	0.97	0.97	0.97	1.35	2.42

随着氧含量的降低,第二代 SiC 纤维的弹性模量、耐高温与抗蠕变性能都有了大幅提高,但是由于富余碳的存在,抗氧化性能依然不够理想。日本碳公司、宇部兴产公司和美国道康宁公司采用不同的技术路线研制了更高耐温性能的第三代 SiC 纤维,商品号分别为 Hi-Nicalon S、Tyranno SA 和 Sylramic 以及 Sylramic-iBN。日本碳公司通过在 H_2气氛中无机化去除富余碳,制备了近化学计量比的 Hi-Nicalon S 纤维,其 C/Si 原子比为 1.05[44]。日本宇部兴产公司采用 PCS 和乙酰丙酮铝[aluminium acetylacetonate, $Al(acac)_3$]反应,合成出聚铝碳硅烷(polyaluminocarbosilane, PACS),经纺丝、空气不熔化和烧成先得到 Si—Al—C—O 纤维,进一步在 1 500~1 800℃高温处理使含氧相发生分解,最后在烧结助剂 Al 的作用下在更高温度进行烧结致密化,制备了牌号为近化学计量比且结晶尺寸较大的 Tyranno SA 纤维[45-46]。美国道康宁公司在 Ube 公司 Tyranno Lox-M 纤维制备的基础上,采取引入烧结助剂制备多晶纤维的创新思维,将硼作为烧结助剂加入纤维中制备了含硼的多晶 Sylramic 纤维,抗拉强度可达 3.2 GPa,目前,这种纤维由 ATK COI 陶瓷公司生产。随后 Dow Corning 与 NASA Glenn 研究中心合作,将 Sylramic 纤维在高温氮气中进一步处理制备了 Sylramic-iBN 纤维[47],不仅可以将富余的硼从晶界上去除,从而使晶粒更大、晶界更为干净,提高了纤维的抗蠕变性能和电导率,而且在纤维表面生成了 BN 膜,使得纤维的抗氧化性得到了进一步提高。

第三代 SiC 纤维是一种低氧含量、近化学计量比组成和高结晶结构的纤维,这种组成结构使第三代 SiC 纤维具有更加优异的耐高温性能和抗氧化性能。Hi-Nicalon S 纤维[48]氩气中 1 600℃处理 10 h 后的强度达到 1.8 GPa,1 400℃干燥空气中($H_2O<2.6\times10^{-3}$‰)处理 10 h 后的强度超过 1.5 GPa,1 400℃潮湿空气中(2% H_2O)处理 10 h 后的强度达到 1.0 GPa。Sha[49]的研究结果与碳公司公布的结果一致,1 600℃处理 1 h 强度超过 2.3 GPa,1 800℃处理 1 h 后强度达到 1.4 GPa。Tyranno SA 纤维在惰性气氛下可耐到 2 200℃的高温,而

Sylramic 纤维在 Ar 气中经 1 550℃处理 10 h 后仍可保持 2.8 GPa 以上的抗拉强度[50-51]。

针对碳化硅陶瓷纤维的力学、耐高温和抗蠕变等性能,国内外发展起来三个代次的连续 SiC 纤维,从组成上表现为富氧富碳、低氧富碳、近化学计量比等特征,从微观结构上表现为无定形、10 nm 以下微晶和 100 nm 上下结晶等状态(图 1-23),耐高温和抗氧化性能也在逐步提升。连续碳化硅纤维具有较高抗拉强度、抗蠕变性能、耐高温、抗氧化及与陶瓷基体良好相容性,在航天、航空、兵器、船舶和核工业等高技术领域具有广泛的应用前景。

(a) Nicalon
Si—C—O 纤维

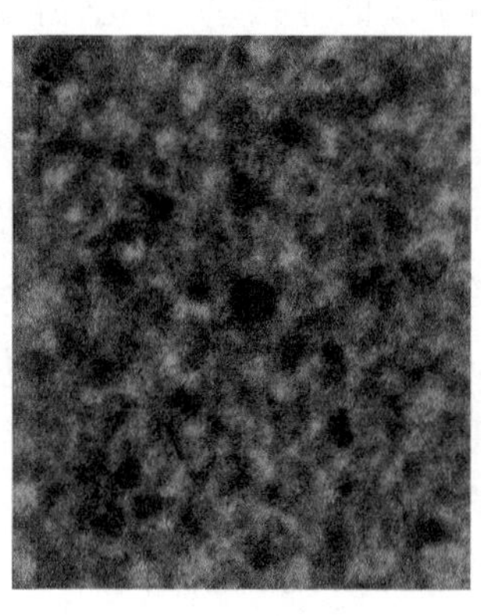

(b) Hi-Nicalon
SiC 纤维

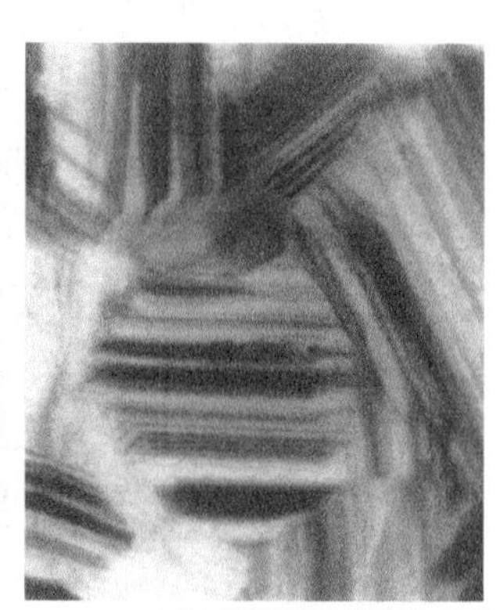

(c) Hi-Nicalon-S
Stoichiometric SiC 纤维

图 1-23　日本碳公司三种 SiC 纤维典型 TEM 照片

1.3.3　陶瓷基复合材料

在 2016 年国家四部委印发的《新材料产业发展指南》中,陶瓷基复合材料属于关键战略材料。在 2017 年科技部印发的《"十三五"材料领域科技创新专项规划》中,陶瓷基复合材料,具体为"碳化硅、氧化铝、氮化硅和氮化硼纤维及复合材料,耐高温陶瓷基复合材料,低成本碳/陶复合材料等",列于"十三五"期间的七大发展重点之一。其中,碳化硅复合材料是重点发展方向。

聚碳硅烷在陶瓷基复合材料的应用主要是碳纤维增强的碳化硅(C/SiC)复合材料和碳化硅纤维增强的碳化硅(SiC/SiC)复合材料,具有低密度、耐高温、高比强度、高比模量、缺口不敏感、不发生灾难性损毁等优异性能,能够在 1 650℃以下长期使用(数百上千小时)、2 000℃以下长时使用(数十分钟至数小时)和

2 800℃以下短时使用(数十秒至数分钟),可应用于高推重比航空发动机、高性能航天发动机、空天飞行器热防护系统、飞机/高速列车刹车制动系统、核能电站、空间探测等领域。

1. C/SiC 复合材料

C_f/SiC 复合材料作为一种新型先进陶瓷基复合材料,结合了碳纤维和碳化硅陶瓷的诸多优点,已被美、德、法等国证明为最具应用前景的陶瓷基复合材料[9]。C_f/SiC 复合材料目前主要应用于发动机燃烧室、喉衬、喷管等热结构件以及飞行器机翼前缘、控制面、机身迎风面、鼻锥等防热构件[10]。例如,美国X-38空天飞机采用防热/结构一体化的全 C_f/SiC 复合材料组合襟翼,被认为是迄今为止最成功和最先进的应用,代表了未来热防护技术的发展方向[11]。欧洲 Space Transportation 公司与 SEP 公司合作开展了 C_f/SiC 复合材料液体火箭发动机的应用研究[12],在 1998 年进行了第一次地面热试车,点火试验时,燃烧室压力为 1 MPa,喉部的最高工作壁温为 1 700℃。该工况下,燃烧室累计工作了 3 200 s,2003 年,经改进后的 C_f/SiC 复合材料燃烧室在 1.1 MPa 的室压下工作了 5 700 s。

C/SiC 复合材料优异的物理性能和良好的工艺性能成为新一代空间遥感系统的理想光机结构材料。目前已经商业化的空间光学系统用陶瓷基复合材料有两种,牌号分别为 Cesic 和 HB-Cesic 的短切 C 纤维增强 SiC 复合材料,经试验验证该类材料已经达到了制造轻量化、高可靠、复杂结构空间光机结构所需要的技术成熟度。德国采用 Cesic 制造光学架和光具座,这些结构在 30~450 K 的工作温度里保持很高的光学性能,能够在空间环境内正常工作。日本和德国采用 HB-Cesic 制造了超轻反射镜。法国采用 Cesic 设计制造了韦布空间望远镜(JWST)上的近红外线声谱仪的光具座。在连续碳纤维增强陶瓷基复合材料光机结构方面,德国研制的 C/C-SiC 复合材料镜筒应用于 Terra SAR-X 卫星,其低的热膨胀系数确保主镜和次镜之间的精确位置,使数据能够在-50~70℃的温度范围内安全传输,达到卫星光机结构的高稳定性。

2. SiC/SiC 复合材料

连续 SiC 纤维增韧的陶瓷基复合材料不仅比强度高、比模量高、热稳定性好,而且抗热震冲击能力强,可应用于航天飞行器的头部和机翼前缘,航空航天发动机的燃烧室-喷管、整体导向器、整体涡轮、导向叶片、涡轮间过渡机匣、尾喷管等表面温度高、气动载荷大的区域。由于在军事领域具有重要的应用前景,SiC 纤维一直是西方国家对我国的禁运品。

20 世纪 90 年代,法国 Snecma 公司研发了 CERASEP 系列的 SiC/SiC 复合材料,并将该材料成功应用在了 M－88 型发动机的喷管调节片上,标志着 SiC/SiC 复合材料在航空发动机应用的开始,图 1－24 为 Snecma 公司对 CERASEP 系列升级制备的燃烧室衬套等发动机组件[52]。日本 IHI 公司通过 CVI 结合 SPI 和 PIP 工艺制备了 SiC/SiC 复合材料旋转及静子叶片[53],并通过了 1 000℃以上的旋转测试、热循环测试和实际工况环境测试,结果表明该叶片保持了良好的功能稳定性。法国、美国等在 20 世纪 90 年代进行了大量应用验证,SiC/SiC 复合材料在中等载荷静止件上具有很强的竞争力,减重 50%以上,显著提高了疲劳寿命。SiC/SiC 尾喷管调节片/密封片和加力燃烧室内锥体等已在 M88、F100、F110、F414、F119 等推重比 8 级至推重比 10 级发动机上应用。

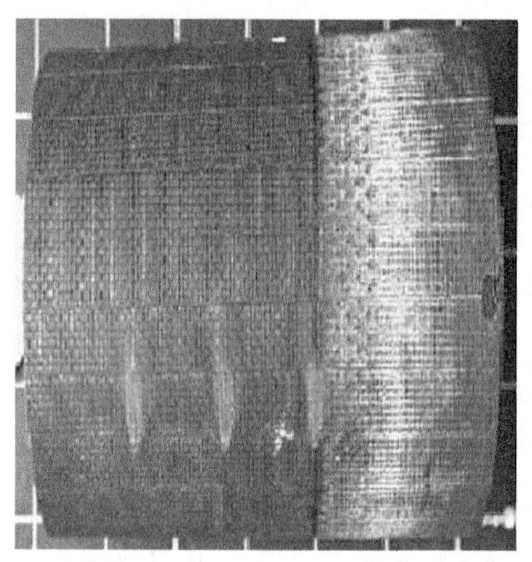

图 1－24　Snecma 公司研制的燃烧室衬套

除军用机外,GE、R－R、Honeywell、P&W、波音等航空制造业巨头还大力推进 SiC 纤维增强陶瓷基复合材料在民用航空发动机领域的应用。全球最大的民用飞机发动机制造商 CFM 公司以日本碳公司耐高温 SiC 纤维为增强体的陶瓷基复合材料应用于中型客机用喷气发动机“LEAP”,分别提供给空中客车的“A320neo”、波音的“737MAX”及中国商用飞机公司的“C919”等中型客机,GE

公司预测未来10年对SiC/SiC复合材料的需求将递增10倍。图1-25为GE公司制备的SiC/SiC复合材料叶片。

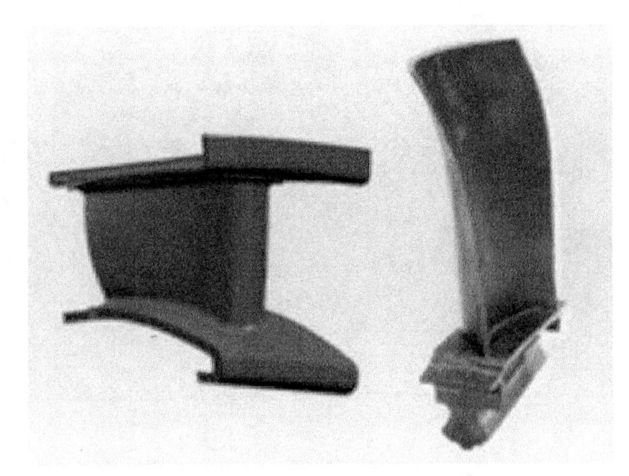

图1-25　GE公司制备的SiC/SiC复合材料叶片[54]

此外，碳化硅具备优异的高温强度、低的化学活性和感生放射性，连续碳化硅纤维增强碳化硅基体复合材料则同时具有伪塑性断裂模式、可设计的物理性能和力学性能，被认为是理想的核能源领域候选材料[55]。在聚变反应堆的设计中，欧盟的PPCS-D、TAURO、美国的ARIES-AT和日本的DREAM等选用了SiC/SiC复合材料作为包层的结构材料[56-58]，欧盟的A-DC、PPCS-C、美国和中国设计的ITER实验包层模块则选用复合材料制造流道插件[59-61]。在裂变领域中，近年来先进裂变反应堆开始考虑SiC/SiC复合材料在堆芯或容器部件中的潜在应用，其中，第四代反应堆以及美国的超高温反应堆计划均采用SiC/SiC复合材料作为结构材料[62]。

2011年日本福岛核事故后，SiC材料作为一种事故容错燃料包壳材料吸引了研究者格外的注意。美国橡树岭国家实验室以Hi-Nicalon S纤维为增强体，热解碳为界面相，采用化学气相渗透工艺制备了SiC/SiC复合材料，研究了材料在辐照环境下的稳定性。当剂量超过70 dpa时，300℃、500℃、800℃辐照时均出现弯曲强度的下降，出现轻微肿胀，热导率下降，其中，300℃辐照时强度的下降更明显。纤维中自由碳的微小结构变化及纤维界面间裂纹的产生是强度下降的原因[63-64]。

据世界核新闻网站2014年7月9日消息，日本东芝公司与电子陶瓷公司开发出利用SiC/SiC复合材料制造核燃料结构材料的工业化生产新技术，制成了套在燃料组件外的套管(简称“燃料组件外套管”，见图1-26)。这种复合材料可代替现有轻水堆用的锆合金，一是提高核电站安全性；二是加长换料周期，提高铀资源利用率。碳化硅燃料包壳还可用于超高温反应堆和气冷快堆等第四代核电反应堆。日本计划2016年在研究堆中测试燃料组件外套管，2025年在运行的核电站中使用SiC/SiC复合材料。

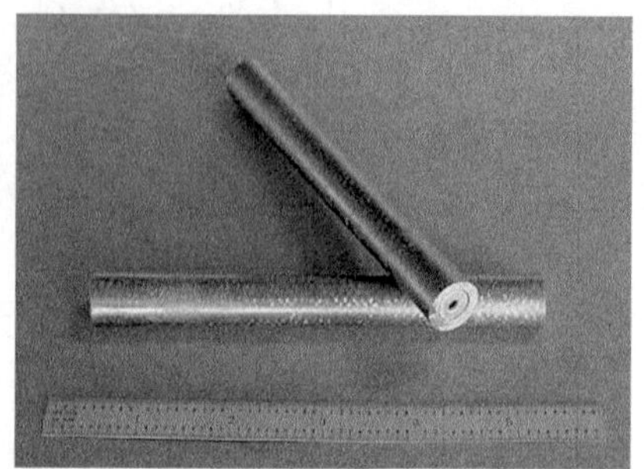

图 1-26　SiC/SiC 复合材料制备的燃料组件外套管

1.3.4　其他应用

聚碳硅烷室温稳定、可以采用多种方法交联、能够通过熔融和溶液方式加工等特征，使得聚碳硅烷充分发挥了先驱体转化法的优势，已经用于制备多孔陶瓷、图案化结构、薄膜以及微纳米纤维等多种形态的陶瓷材料，在此仅举几例做简单介绍。利用先驱体转化法和模板法，通过聚碳硅烷制备 SiC(O)或者 SiCN 陶瓷多孔材料[65-66]。以介孔 SBA-15 为模板（图 1-27），先转化为介孔碳模板，再通过注入 PCS，在 900℃以上热解转化为 SiC-C 介孔复合材料，继续在空气中 500℃处理 10 h 能够把其中的碳模板氧化脱除，形成有序的介孔 SiOC 陶瓷，如果是在 1 000℃氨气中处理 10 h，氮化脱除碳模板，形成有序的介孔 SiCN

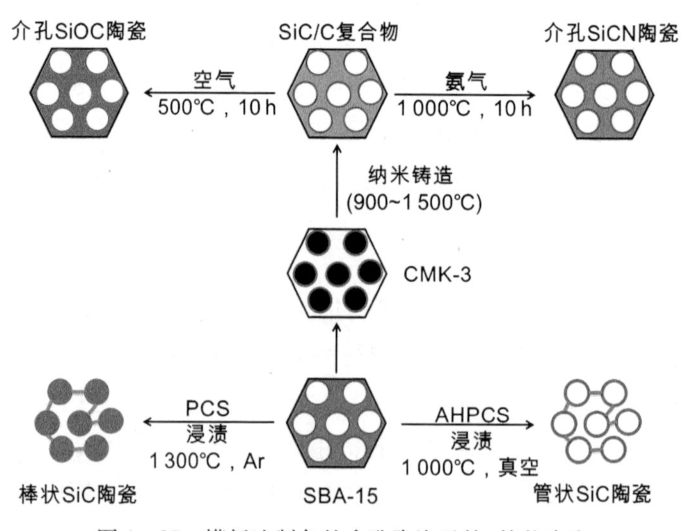

图 1-27　模板法制备的多孔陶瓷及棒、管状陶瓷

陶瓷。直接使用 SBA-15 作为模板，分别采用固态 PCS 溶液浸渍后在 Ar 中热解或者液态 PCS 在真空下热解，分别得到棒状的 SiC 陶瓷和管状的 SiC 陶瓷。

在表面活性剂作用下，PCS 能够通过沉淀法形成球状，离心分离后，经过空气交联和热解制备 Si—O—C 纳米陶瓷球[67]。通过溶剂、表面活性剂和沉淀等工艺参数的变化，微球的尺寸和形貌能够有效调控。使用光刻聚二甲基硅氧烷作为母版，采用平板印刷的方法可以制备图案化的陶瓷微结构[68]。将聚碳硅烷的溶液注入聚二甲基硅氧烷模具，经 200~400℃交联后聚碳硅烷薄膜脱离模具，在 900℃热解并继续处理到 1 500℃，得到 SiC 陶瓷图案，完全复制了母版的图案，杨氏模量达到 110 GPa。

聚碳硅烷也能够直接作为高分子材料使用。采用非环二烯烃复分解(ADMET)聚合方法，以含有乙烯基的硅杂环丁烷为单体，合成了含有硅杂环丁烷的聚碳硅烷，这种聚合物在氯仿、环己烷、甲苯等有机溶剂中具有很好的溶解性，方便进行涂膜工艺制备薄膜材料或保护膜(图 1-28)。二苯基乙烯的结构单元使得该聚合物的蓝光量子产率 Φ 达到 0.65。同时，聚合物中的硅杂环丁烷在 200℃以上或者紫外光照(波长约为 200 nm)的条件下能够发生开环反应，实现聚合物交联而不再溶解于有机溶剂。在溴化钾片旋涂后，置于 250℃热交联 1 h，其中 65%的硅杂环丁烷发生开环反应，薄膜收缩率约为 5%，且平整光滑[69]。

基于含硅杂环丁烷聚碳硅烷的特点，采用同样的方法合成类似结构的聚合物。以烯丙基硅杂环丁烷进行二烯复分解聚合(图 1-29)，获得的聚碳硅烷具有低的介电常数 (k = 2.5)，由于不含有 Si—O 键而较强的疏水能力，同时对 SiO_2 和 Cu 有良好的粘附性[70]。利用这些特性，可以制备保护传统硅酸盐玻璃和电子器件的薄膜，防止水汽的影响和侵蚀。

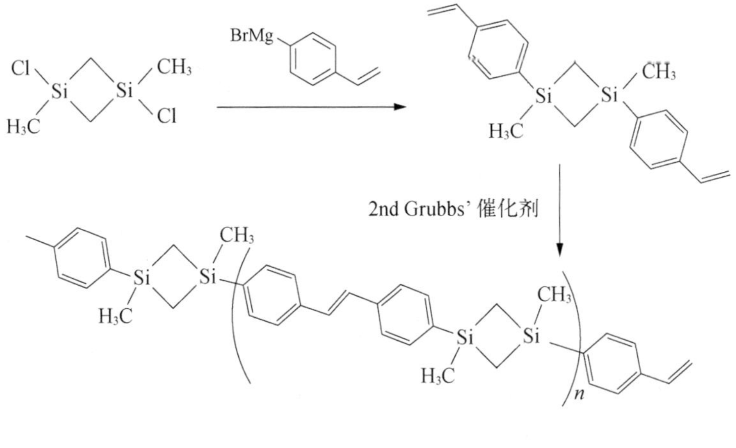

2nd Grubbs' 催化剂

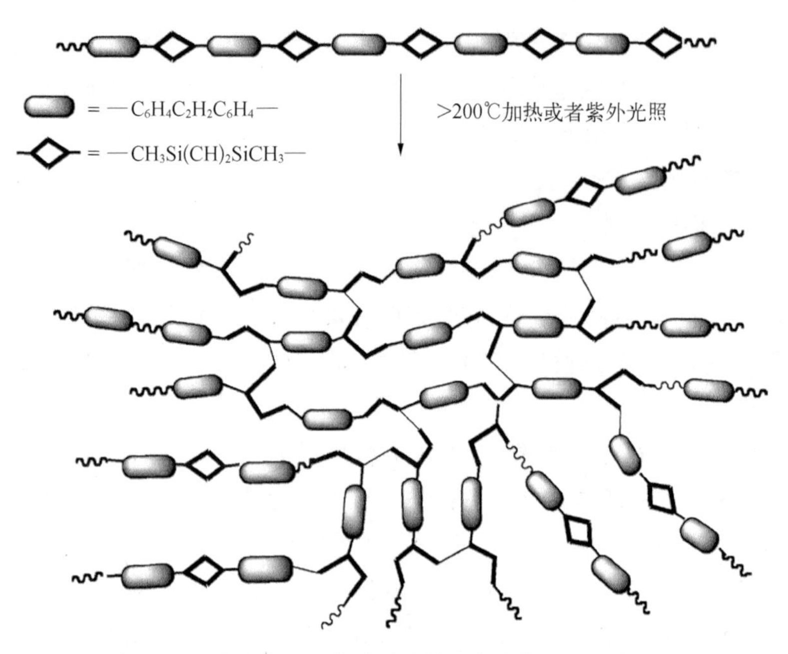

图 1-28　含硅杂环丁烷聚碳硅烷的合成与开环聚合交联

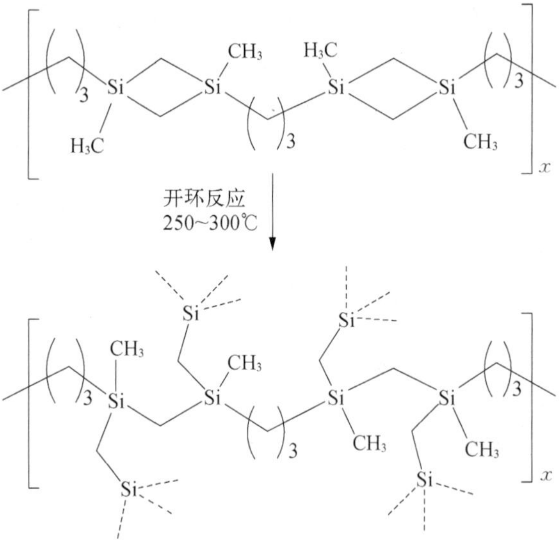

开环反应
250~300℃

图 1-29　含硅杂环丁烷聚碳硅烷的开环聚合交联

国防科技大学王兵等采用 PCS 静电纺丝法制备了大孔-介孔-微孔 SiC 超细纤维(MMM-SFs)[71]。以二甲苯和 DMF 等作为纺丝溶剂，PCS 浓度为 1.05~1.35 g/mL 时，在湿度为 60%~80% RH 的环境中对 PCS 纺丝液进行静电纺丝，再经空气预氧化和1 550℃高温烧成可制备MMM－SFs(图1－30)。通过控制溶剂组成和烧成温度,还可制得仅含有大孔的SiC超细纤维和仅含有介孔和微孔的SiC超细纤维。纤维中大孔的形成是由于纺丝过程中非溶剂致相分离所致,而介孔和微孔的形成则是由于高温条件下SiO_xC_y相分解产生的气体逸出所致。MMM－SFs的直径为3.7~4.8 μm,比表面积为86.1~128.2 $m^2 \cdot g^{-1}$,主要由SiC相组成,其中还含有少量的SiO_xC_y和SiO_2相。纤维比表面积高、柔性好、热稳定性优异,同时还具有高的传质效率和高温抗腐蚀性能。

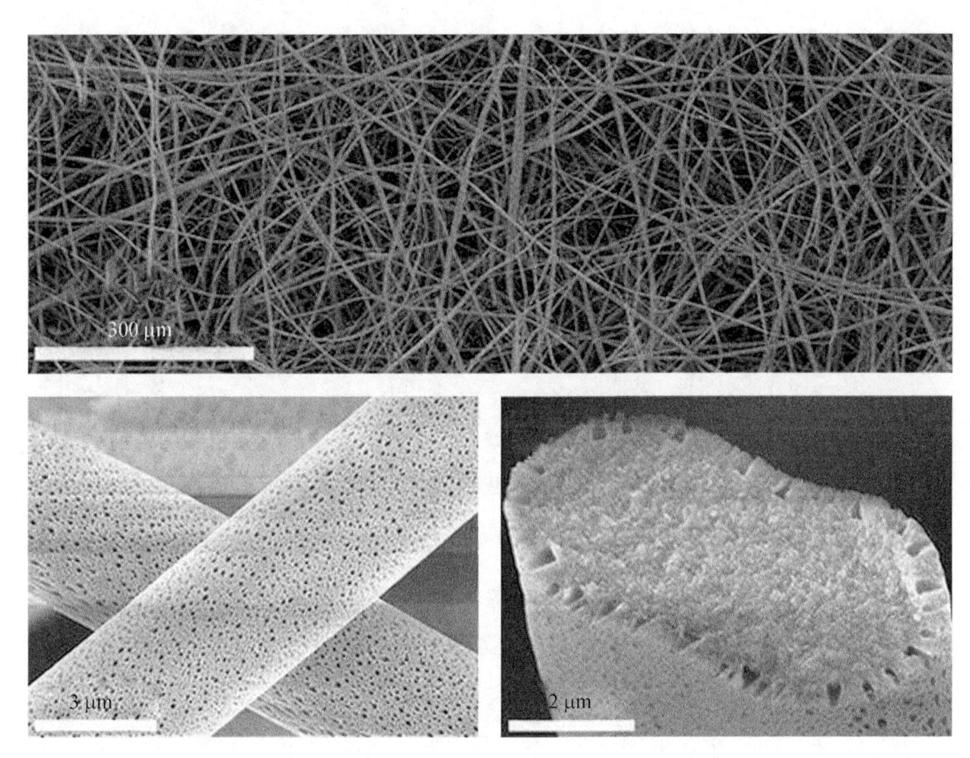

图1－30　大孔-介孔-微孔SiC超细纤维的SEM照片

2017年,瑞士苏黎世应用科学大学的de Hazan等采用烯丙基氢聚碳硅烷(AHPCS)和烯丙基甲基氢聚碳硅烷(AMHPCS)为原料[72],并加入一定的丙烯酸酯,通过SLA的方法结合光催化的乙烯基共聚和自聚打印制备了先驱体结构,热解后得到富碳的SiC陶瓷构件(图1－31)。

聚碳硅烷是最早发展起来的陶瓷先驱体,也是先驱体转化方法的最典型的代表。聚碳硅烷作为一类以Si、C原子为主链的聚合物,由于不同的链节、支化和取代基等结构,形成了一系列不同组成、结构和性能的聚合物。广义上,这些

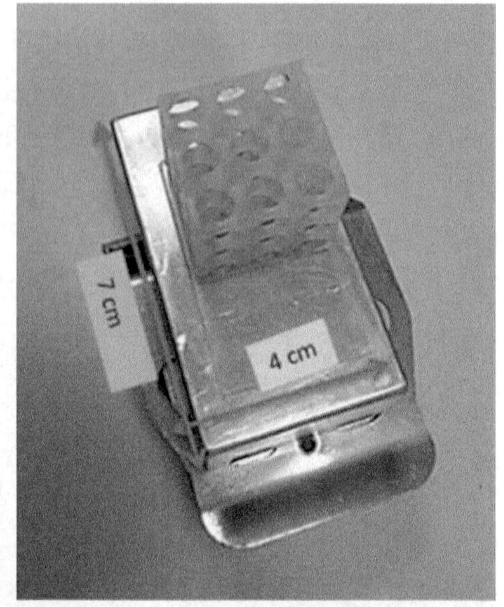

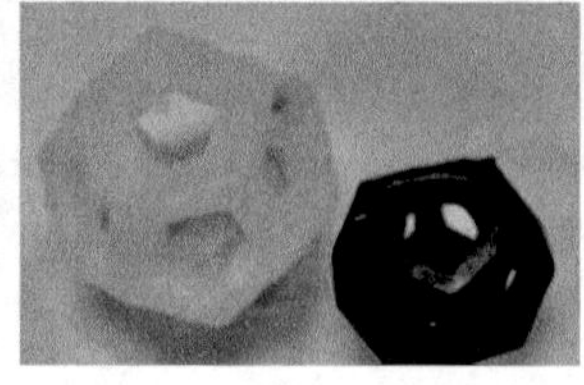

图 1-31 以 AHPCS 为原材料通过 SLA 打印的先驱体结构和陶瓷构件

以 Si、C 原子为主链的聚合物都属于聚碳硅烷，但是这类聚碳硅烷往往因为碳链长导致陶瓷产率低或者碳含量过高，有些作为聚合物直接使用具备很好的疏水性、透光性和介电性等，但是并不适宜作为陶瓷先驱体使用。

狭义上，聚碳硅烷一般指 Si、C 交替排列的主链或支化聚合物，最典型的就是 Yajima 方法合成的聚碳硅烷。虽然前面概述了文献报道的很多合成方法，但是以 Yajima 方法发展起来的聚二甲基硅烷高温裂解重排方法仍是最主要方法，也是国内外产业化的主要方法。这种聚碳硅烷作为先驱体是非常成功的，一方面很容易制备出各种形态的陶瓷材料，成功转化为多品种的连续 SiC 纤维，还有多孔陶瓷、微球、薄膜、微纳米纤维和三维结构等；另一方面很方便进行组成结构的调控，能够制备出不同分子量的聚碳硅烷，通过金属有机化合物的改性制备含有金属元素的聚碳硅烷，还可以通过热解气氛调控碳含量，在氨气中热解甚至能转化为氮化硅陶瓷。

参考文献

[1] Chantrell P G, Popper P. Inorganic polymers and ceramics. New York: Academic Press, 1965: 87 - 103.

[2] Verbeek W. Production of shaped articles of homogeneous mixtures of silicon carbide and nitride: US3853567. 1973 - 10 - 08.

[3] Yajima S, Hayashi J, Imori M. Continuous silicon carbide fiber of high tensile strength. Chemistry Letters, 1975, 4: 931 - 934.

[4] Yajima S, Hasegawa Y, Okamura K, et al. Development of high tensile strength silicon carbide fibre using an organosilicon polymer precursor. Nature, 1978, 273: 525 - 527.

[5] Riedel R, Dressler W. Chemical formation of ceramics. Ceramics International, 1996: 233 - 239.

[6] Colombo P, Riedel R, Soraru G D, et al. Polymer derived ceramics: From nanostructure to applications. Lancaster: DEStech Publications Inc., 2009.

[7] Birot M, Pilot J-P, Dunogues J. Comprehensive chemistry of polycarbosilanes, polysilazanes, and polycarbosilazanes as precursors of ceramics. Chemical Reviews, 1995, 95: 1443 - 1477.

[8] Colombo P, Mera G, Riedel R, et al. Polymer-derived ceramics: 40 years of research and innovation in advanced ceramics. Journal of the American Ceramic Society, 2010, 93: 1805 - 1837.

[9] Kroke E, Li Y-L, Konetschny C, et al. Silazane derived ceramics and related materials. Materials Science and Engineering: R, 2000, 26: 97 - 199.

[10] Riedel R, Mera G, Hauser R, et al. Silicon-based polymer-derived ceramics: Synthesis properties and applications-A review. Journal of the Ceramic Society of Japan, 2006, 114: 425 - 444.

[11] Colombo P. Engineering porosity in polymer-derived ceramics. Journal of the European Ceramic Society, 2008, 28: 1389 - 1395.

[12] Ionescu E, Kleebe H-J, Riedel R. Silicon-containing polymer-derived ceramic nanocomposites (PDC-NCs): Preparative approaches and properties. Chemical Society Reviews, 2012, 41: 5032 - 5052.

[13] Bernard S, Miele P. Polymer-derived boron nitride: A review on the chemistry, shaping and ceramic conversion of borazine derivatives. Materials, 2014, 7: 7436 - 7459.

[14] Duan W Y, Yin X W, Li Q, et al. A review of absorption properties in silicon-based polymer derivedceramics. Journal of the European Ceramic Society, 2016, 36: 3681 - 3689.

[15] Colombo P, Mera G, Riedel R, et al. Polymer-derived ceramics: 40 years of research and innovation in advanced ceramics. Journal of the American Ceramic Society, 2010, 93: 1805 - 1837.

[16] Ichikawa H. Polymer-derived ceramic fibers. Annual Review of Materials Research, 2016, 46: 335 - 356.

[17] Pham T A, Kim D-P, Lim T-W, et al. Three-dimensional SiCN ceramic microstructures via nano-stereolithography of inorganic polymer photoresists. Advanced Functional Materials, 2006, 16: 1235 - 1241.

[18] Eckel Z C, Zhou C Y, Martin J H, et al. Additive manufacturing of polymer-derived ceramics. Science, 2016, 351: 58 - 62.

[19] Zanchetta E, Cattaldo M, Franchin G, et al. Stereolithography of SiOC ceramic microcomponents. Advanced Materials, 2016, 28: 370 - 376.

[20] Pierina G, Grotta C, Colombo P, et al. Direct ink writing of micrometric SiOC ceramic structures using apreceramic polymer. Journal of the European Ceramic Society, 2016, 36: 1589 - 1594.

[21] Whitmarsh C K, Interrante L V. Synthesis and structure of a highly branched polycarbosilane derived from (chloromethyl) trichlorosilane. Organometallics, 1991, 10(5): 1336 - 1344.

[22] Habel W, Harnack B, Nover C, et al. Synthese, charakterisierung und folgereaktionen von verzweigten poly (phenylcarbosilanen). Journal of Organometallic Chemistry, 1994, 467(1): 13 - 19.

[23] Wang X, Chen Y, Li Y, et al. Evaluation of poly (methylsilane-carbosilane) synthesized from methyl-dichlorosilane and chloromethyldichloromethylsilane as a precursor for SiC. Journal of Applied Polymer Science, 2018, 135(34): 46610.

[24] Ijadi-Maghsoodi S, Barton T J. Synthesis and study of silylene-diacetylene polymers. Macromolecules, 1990, 23(20): 4485 - 4486.

[25] Corriu R J P, Guerin C, Henner B, et al. Organosilicon polymers: synthesis of poly [(silanylene) diethynylene] s with conducting properties. Chemistry of Materials, 1990, 2(4): 351 - 352.

[26] Smith T L Jr. Process for the production of silicon carbide by the pyrolysis of a polycarbosilane polymer: US4631179, 1986.

[27] Bacque E, Pillot J P, Birot M, et al. New polycarbosilane models. 2. First synthesis of poly (silapropylene). Macromolecules, 1988, 21(1): 34 - 38.

[28] Wu H J, Interrante L V. Preparation of a polymeric precursor to silicon carbide via ring-opening polymerization: synthesis of poly [(methylchlorosilylene) methylene] and poly (silapropylene). Chemistry of Materials, 1989, 1(5): 564 - 568.

[29] Interrante L V, Whitmarsh C W, Sherwood W, et al. Hydridopolycarbosilane precursors to silicon carbide//Applications of organometallic chemistry in the preparation and processing of advanced materials. Berlin: Springer Netherlands, 1995.

[30] Zhou Q S, Manuel G, Weber W P. Copolymerization of 1, 1-dimethyl-1-silacyclopent-3-ene and 1, 1-diphenyl-1-silacyclopent-3-ene. Characterization of copolymer microstructures by proton, carbon-13, and silicon-29 NMR spectroscopy. Macromolecules, 1990, 23(6): 1583 - 1586.

[31] Curry J W. The synthesis and polymerization of organosilanes containing vinyl and hydrogen joined to the same silicon atom. Journal of the American Chemical Society, 1956, 78(8): 1686 - 1689.

[32] Boury B, Carpenter L, Corriu R J P. A new way to SiC ceramic precursors by catalytic preparation of preparation polymers. Angewandte Chemie, 1990, 29(7): 785-787.
[33] Pang Y, Ijadi-Maghsoodi S, Barton T J. Catalytic synthesis of silylene-vinylene preceramic polymers from ethynylsilanes. Macromolecules, 1993, 26(21): 5671-5675.
[34] Tian Y L, Ge M, Zhang W G, et al. Metallocene catalytic insertion polymerization of 1-silene to polycarbosilanes. Scientific Reports, 2015, 5: 16274.
[35] Soraru G D, Babonneau F, Mackenzie J D. Structural evolutions from polycarbosilane to SiC ceramic. Journal of Materials Science, 1990, 25: 3886-3893.
[36] Bouillon E, Langlais F, Pailler R, et al. Conversion mechanism of a polycarbosilane precursor into an SiC-based ceramic material. Journal of Materials Science, 1991, 26: 1333-1345.
[37] Hasegawa Y. Synthesis of continuous silicon carbide fibre part 6, pyrolysis process of cured polycarbosilane fibre and structure of SIC fibre. Journal of Materials Science, 1989, 24: 1177-1190.
[38] Yajima S, Hayashi J, Omori M. Continuous silicon carbide fiber of high tensile strength. Chemistry Letters, 1975, 4: 931-934.
[39] Bunsell A R, Piant A. A review of the development of three generations of small diameter silicon carbide fibres. Journal of Materials Science, 2006, 41: 823-839.
[40] 赵大方,王海哲,李效东.先驱体转化法制备 SiC 纤维的研究进展.无机材料学报,2009, 24: 1097-1104.
[41] Yamaoka H, Ishikawa T, Kumagawa K. Excellent heat resistance of Si-Zr-C-O fibre. Journal of Materials Science, 1999, 34: 1333-1339.
[42] Takeda M, Sakamoto J, Imai Y, et al. Thermal stability of the low oxygen content silicon carbide fiber, Hi-NicalonTM. Composites Science and Technology, 1999, 59: 813-819.
[43] Seguchi T. New trend of radiation application to polymer modification irradiation in oxygen free atmosphere and at elevated temperature. Radiation Physics and Chemistry, 2000, 57: 367-371.
[44] Ichikawa H. Recent advances in Nicalon ceramic fibres including Hi-Nicalon type S. Annales de Chimie Science des Matiaux, 2000, 25: 523-528.
[45] Ishikawa T, Kohtoku Y, Kumagawa K, et al. High strength alkali-resistant sintered SiC fibre stable to 2 200℃. Nature, 1998, 391: 773 775.
[46] Morishitaw K, Ochiai S, Okuda H, et al. Fracture toughness of a crystalline silicon carbide fiber (Tyranno-SA3). Journal of American Ceramic Society, 2006, 89: 2571-2576.
[47] Yun H M, Dicarlo J A. Comparison of the tensile creep and rupture strength properties off stoichiometric SiC fibers. Ceramic Engineering and Science Proceedings, 1999, 20: 259-270.
[48] Takeda M, Urano A, Sakamoto J, et al. Microstructure and oxidation behavior of silicon carbide fibers derived from polycarbosilane. Journal of American Ceramic Society, 2000, 83: 1171-1176.
[49] Sha J J, Hinoki T, Kohyama A. Microstructural characterization and fracture properties of

SiC-based fibers annealed at elevated temperatures. Journal of Materials Science, 2007, 42: 5046 - 5056.

[50] Lipowitz J, Rabe J A, Zank G A. Polycrystalline SiC fibers from organosilicon polymers. Ceramic Engineering and Science Proceedings, 1991, 12: 1819 - 1831.

[51] Lipowitz J, Barnard T, Bujalski D, et al. Fine-diameter polycrystalline SiC fibers. Composites Science and Technology, 1994, 51: 167 - 171.

[52] Kim D P, Cofe C G, Economy J. Farbrication and properties of ceramic composites with a boron nitride matrix. Journal of American Ceramic Society, 1995, 78: 1546 - 1552.

[53] Takeshi N, Takashi O Kuniyuki I, et al. Development of CMC turbine parts for aero engines. IHI Engineering Review. 2014, 47(1): 29 - 32.

[54] Katoh Y, Snead L L, Henager C H. Jr., et al. Current status and recent research achievements in SiC/SiC composites. Journal of Nuclear Materials, 2014, 455: 387 - 397

[55] Nozawa T, Hinoki T, Hasegawa A, et al. Recent advances and issues in development of silicon carbide composites for fusion application. Journal of Nuclear Materials, 2009, 622: 386 - 388.

[56] Raffray A R, Jones R, et al. Design and materials issues for high performance SiC/SiC-based fusion power cores. Fusion Eng Des, 2001, 55: 55.

[57] Giancarli L, Golfier H, Nishio S, et al. Progress in blanket designs using SiC_f/SiC composites. Fusion Engineering and Design, 2002, 61 - 62: 307.

[58] Ihli T, Basu T K, Giancarli L M, et al. Review of blankt designs for advanced fusion reactors. Fusion Engineering and Design, 2008, 83: 912.

[59] Norajitra P, Bühler L, Fischer U, et al. The EU advanced lead lithium blankt concept using SiC_f/SiC flow channel inserts as electrical and thermal insulators. Fusion Engineering and Design, 2001, 58 - 59: 629.

[60] Tillack M S, Wang X R, Pulsifer J, et al. Fusion power core engineering for the ARIES - ST power plant. Fusion Engineering and Design, 2003, 65: 215.

[61] Wong C P C, Chernov V, Kimura A, et al. ITER-test blanket module functional materials. Journal of Nuclear Materials, 2007, 367: 1287 - 1292.

[62] Katoh Y, Snead L L, Ilenager Jr C H, et al. Current status and critical issues for development of SiC composites for fusion applications. Journal of Nuclear Materials, Part A, 2007, 367 - 370: 659 - 671.

[63] Perez-Bergquist A G, Nozawa T, Shih C, et al. High dose neutron irradiation of Hi-Nicalon type S silicon carbide composites, part 1: Microstructural evaluations. Journal of Nuclear Materials, 2015, 462: 443 - 449.

[64] Katoh Y, Nozawa T, Shih C, et al. High-dose neutron irradiation of Hi-Nicalon type S silicon carbide composites, part 2: Mechanical and physical properties. Journal of Nuclear Materials, 2015, 462: 450 - 457.

[65] Shi Y F, Wan Y, Zhai Y, et al. Ordered mesoporous SiOC and SiCN ceramics from atmosphere-assisted in situ transformation. Chemistry of Materials, 2007, 19: 1761 - 1771.

[66] Krawiec P, Schrage C, Kockrick E, et al. Tubular and rodlike ordered mesoporous silicon

(Oxy) carbide ceramics and their structural transformations. Chemistry of Materials, 2008, 20: 5421 - 5433.

[67] Chen Y, Li S H, Luo Y M, et al. Fabrication of polycarbosilane and silicon oxycarbide microspheres with hierarchical morphology. Solid State Sciences, 2011, 13: 1664 - 1667.

[68] Jang Y-S, Jank M, Maier V, et al. SiC ceramic micropatterns from polycarbosilanes. Journal of the European Ceramic Society, 2010, 30: 2773 - 2779.

[69] Rathore J S, Interrante L V. A photocurable, photoluminescent, polycarbosilane obtained by acyclicdiene metathesis (ADMET) polymerization. Macromolecules, 2009, 42: 4614 - 4621.

[70] Matsuda Y, Rathore J S, Interrante L V. Moisture-insensitive polycarbosilane films with superior mechanical properties. ACS Applied Materials & Interfaces, 2012, 4: 2659 - 2663.

[71] Wang B, Wang Y, Lei Y, et al. Hierarchically porous SiC ultrathin fibers mat with enhanced mass transport, amphipathic property and high-temperature erosion resistance. Journal of Materials Chemistry A, 2014, 2: 20873 - 20881.

[72] de Hazan Y, Penner D. SiC and SiOC ceramic articles produced by stereolithography of acrylate modified polycarbosilane systems. Journal of the European Ceramic Society, 2017, 37: 5205 - 5212.

第 2 章　常压法制备聚碳硅烷

聚碳硅烷(polycarbosilane, PCS)的合成方法有多种。常见的合成方法有重排转化法[1]、开环聚合法[2]、硅氢化法[3]、聚合物金属化法[4]、共混法[5]。另外还有热裂解法[6]、溶胶-凝胶法[7]、电化学法[8]、光化学法[9]、缩聚法[10]、共聚法[11]等。其中,聚二甲基硅烷重排转化法是目前唯一的产业化方法。

重排转化法又可以按照合成压力状况的不同分为高压法和常压法。图 2-1 为重排转化法制备 PCS 的工艺路线。

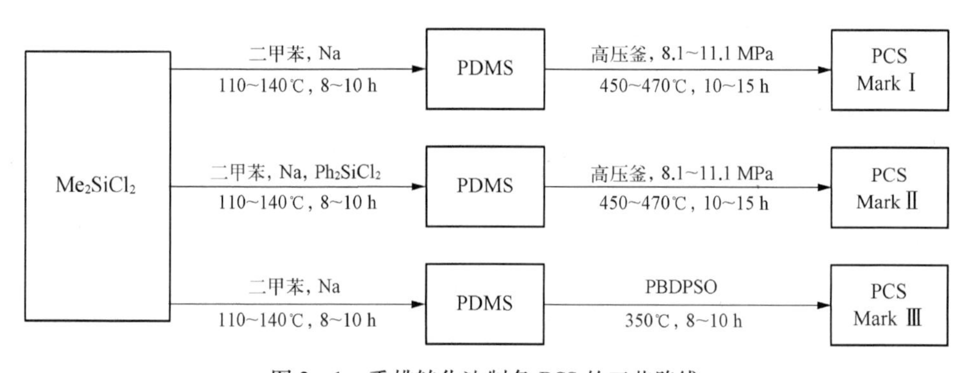

图 2-1　重排转化法制备 PCS 的工艺路线

常压法制备 PCS 最大的优点是不使用高压釜,在大规模生产上有独特的优势。本章探讨了原料 PDMS 的性能、过氧化二苯甲酰和硼酸三丁酯引发合成 PCS 的工艺、机理及其性能。

2.1　PDMS

聚二甲基硅烷(polydimethylsilane, PDMS)是重排转化法制备 PCS 的原料,是由$(Me)_2SiCl_2$在二甲苯中与金属钠发生 Wurtz 反应脱氯缩合而成,反应如式(2-1)所示,产物经溶剂脱除、水洗和真空干燥得到 PDMS。

$$
Cl-\underset{\displaystyle CH_3}{\overset{\displaystyle CH_3}{\underset{|}{\overset{|}{Si}}}}-Cl \xrightarrow[-NaCl]{Na,\ 二甲苯} \left[\underset{\displaystyle CH_3}{\overset{\displaystyle CH_3}{\underset{|}{\overset{|}{Si}}}}\right]_n \tag{2-1}
$$

选取典型的 PDMS,对其组成、结构及性能进行分析。PDMS 的 Si、C、H、O 元素的质量分数分别为 44.82%、38.66%、14.96%、1.56%,化学式为 $SiC_{2.01}H_{9.34}O_{0.06}$。

图 2-2 为 PDMS 的红外光(IR)谱图,2 950 cm^{-1}、2 900 cm^{-1}处为 Si—CH_3 的 C—H 伸缩振动峰,1 400 cm^{-1}处为 Si—CH_3的 C—H 变形振动峰,1 250 cm^{-1}处为 Si—CH_3变形峰,1 000~1 100 cm^{-1}处为 Si—O—Si 或 Si—O—C 的 Si—O 伸缩振动峰,820 cm^{-1}、740 cm^{-1}、690 cm^{-1}、635 cm^{-1}处出现了 PDMS 的特征吸收峰,为 Si—CH_3的摆动及 Si—C 伸缩振动峰。说明实际的 PDMS 产品中不仅含有 Si—CH_3结构,而且有 Si—O 结构存在,Si—O 结构对于 PCS 的生成是不利的。

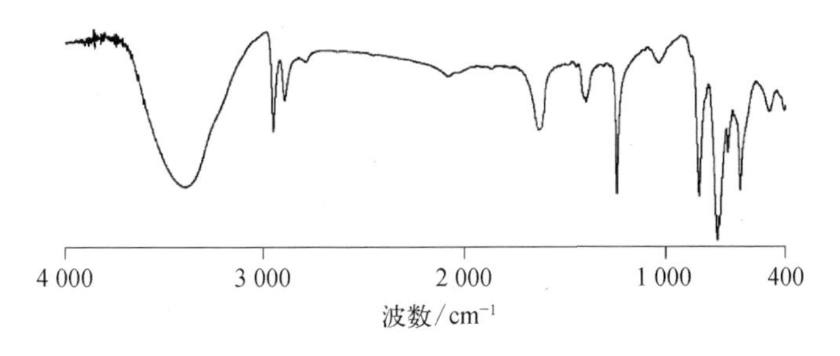

图 2-2　PDMS 的 IR 谱图

PDMS 在 N_2中的热分解特性如图 2-3 所示。由 TG 曲线可见,PDMS 从约 280℃开始出现失重,温度升到 400℃时,质量仅为原来的 13.2%,但与日本 PC-470 的原料 PDMS[12-13]相比(后者在 400℃时的质量剩余率仅为 5.0%),此剩余质量较高,从侧面说明 PDMS 的主链不全是 Si—Si 键,含有 Si—O 键等,与 IR 分析结果一致。在相应的 DTA 曲线上,280~400℃范围存在一明显的放热峰。这主要是因为 Si—Si 键的键能(222 kJ/mol)较低,与 Si—C(318 kJ/mol)、Si—H(314 kJ/mol)及 C—H(414 kJ/mol)键相比不稳定,温度升高导致 PDMS 中 Si—Si 键断裂、重排。

PDMS 在较低温度(不高于 420℃)下裂解时,生成产物可以分为三部分:裂解气体、LPS、裂解固体剩余物,其中固体剩余物又分为可溶物和不溶物,如图 2-4 所示。

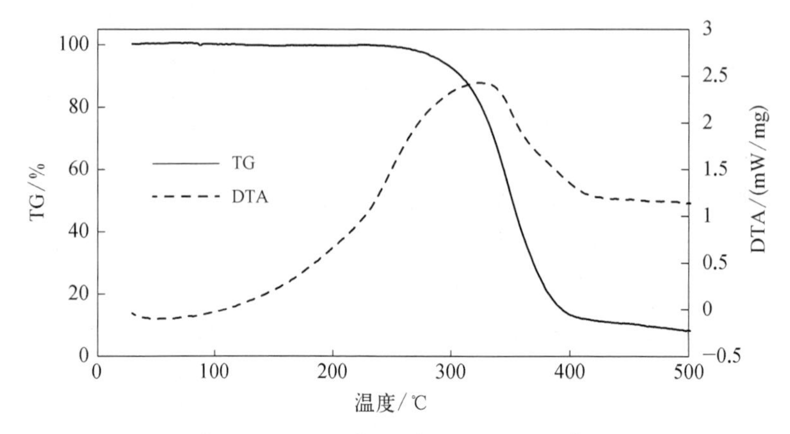

图 2-3　PDMS 在 N_2 中的 TG-DTA 曲线

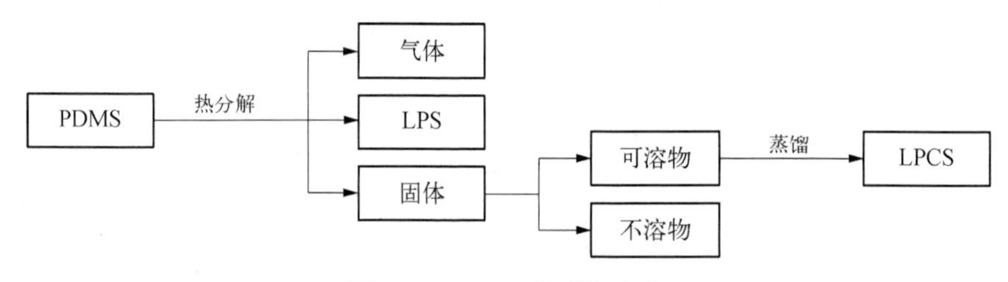

图 2-4　PDMS 的裂解产物

其中可溶物由固体剩余物溶解、过滤，滤液在 200℃蒸馏得到，记为 LPCS，颜色为棕褐色。相同条件下不同批次 PDMS 裂解所得各部分产物产率见表 2-1，其中气体部分产率由差减法得到。裂解所得 LPS 产率平均值为 80.2%，LPCS 平均值为 11.1%。

表 2-1　PDMS 裂解的各部分产物产率

裂解产物	1	2	3	4	5	6	7	8	9	10	平均值
气体/%	7.7	6.3	7.9	5.3	7.1	6.6	7.5	7.8	8.7	6.1	7.1
LPS/%	81.2	81.9	80.4	83.1	77.0	79.1	79.1	80.2	79.5	80.1	80.2
LPCS/%	9.9	10.2	10.5	10.0	13.8	12.5	11.9	10.1	10.0	11.8	11.1
不溶物/%	1.2	1.6	1.2	1.6	2.1	1.8	1.5	1.9	1.8	2.0	1.7

LPS 为聚硅烷与硅碳硅烷（含有 Si—Si 键的碳硅烷）的混合物，在高温下也可以转变为 PCS，为了了解 LPS 如何转化为 PCS，合成的 PCS 的组成结构，以及 LPCS 在 PDMS 合成过程中的作用，有必要对 LPS、LPCS 的组成、结构进行分析。

PDMS 裂解所得 LPS、LPCS 的 IR 谱图如图 2－5 所示。

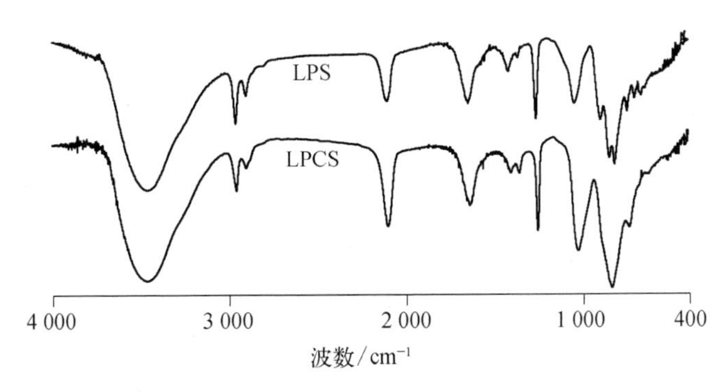

图 2－5　LPS 及 LPCS 的 IR 谱图

与 PDMS 相比，LPS 及 LPCS 中出现了 2 100 cm^{-1}处的 Si—H 伸缩振动峰，1 360 cm^{-1}处 Si—CH_2—Si 的 C—H 面外振动峰，以及 1 020 cm^{-1}处 Si—CH_2—Si 的 Si—C—Si 伸缩振动峰，说明 LPS 及 LPCS 分子中含有 Si—CH_3、Si—CH_2—Si、Si—H 等结构单元，另外 LPS 还有 PDMS 在 820 cm^{-1}、740 cm^{-1}等处的特征吸收峰，说明 LPS 同时具有碳硅烷及聚硅烷的特征，同时可以看到 LPS 的 Si—CH_2—Si 含量很低，因此 LPS 是聚硅烷与小分子硅碳硅烷的混合物，而 LPCS 则是典型的 PCS。

在 PDMS 裂解的过程中，LPS 中反应活性较强的 Si—H 键，在 PDMS 的裂解温度条件下会发生分子间的缩合反应，生成 PCS 即 LPCS，颜色为深棕黄色。

LPS 的气相色谱结果如图 2－6 所示，图 2－7 为 LPS 的质谱图。

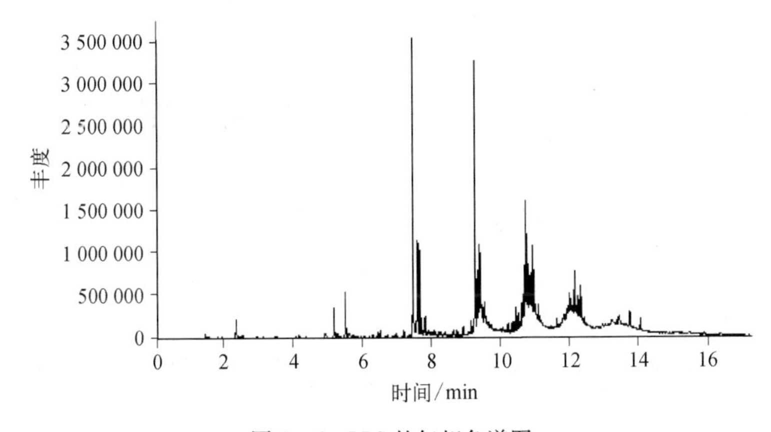

图 2－6　LPS 的气相色谱图

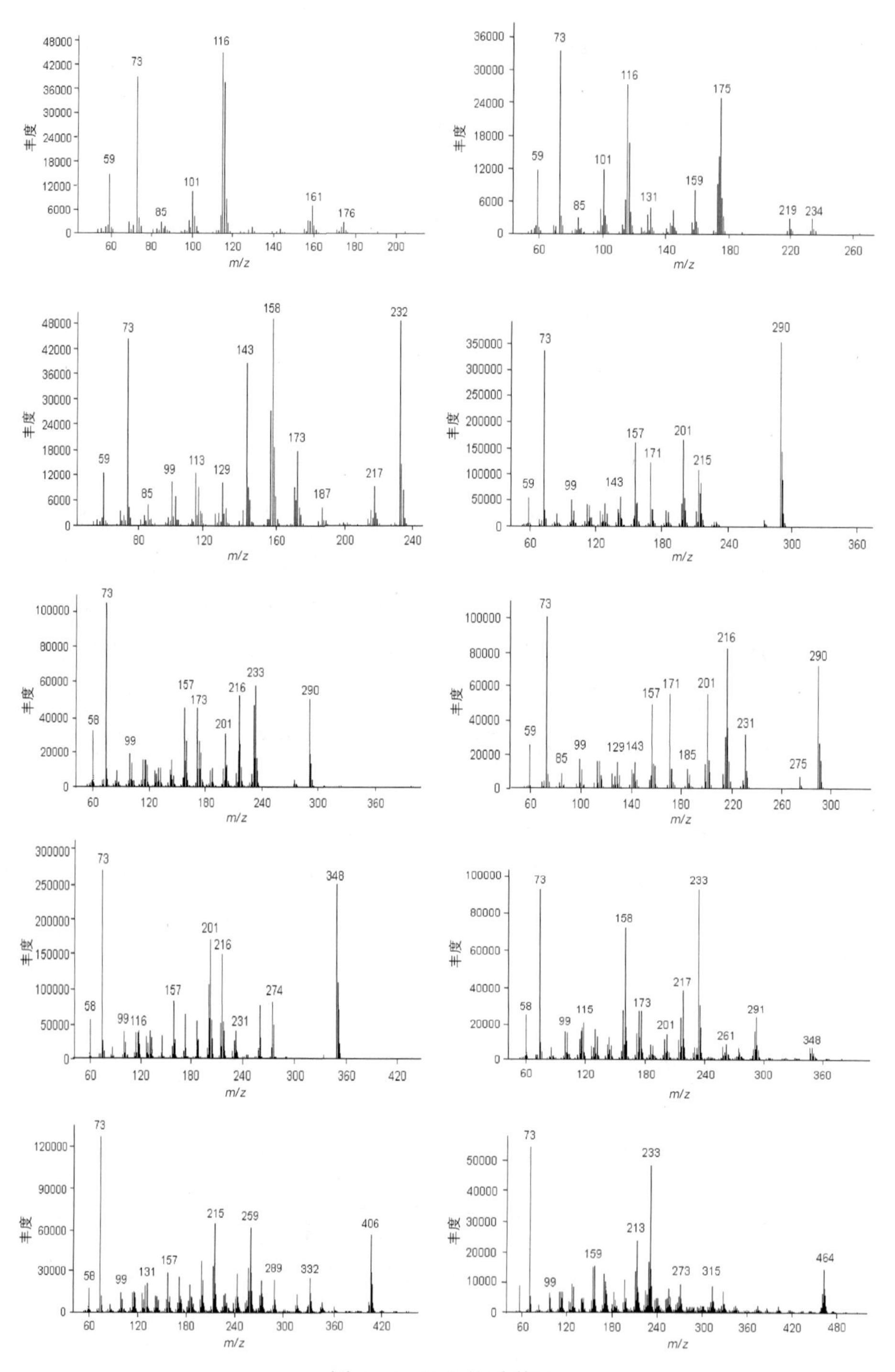

图 2-7　LPS 的质谱图

LPS 不同时间析出的组分是混合物，对应的分子片段如图 2 - 8 所示。

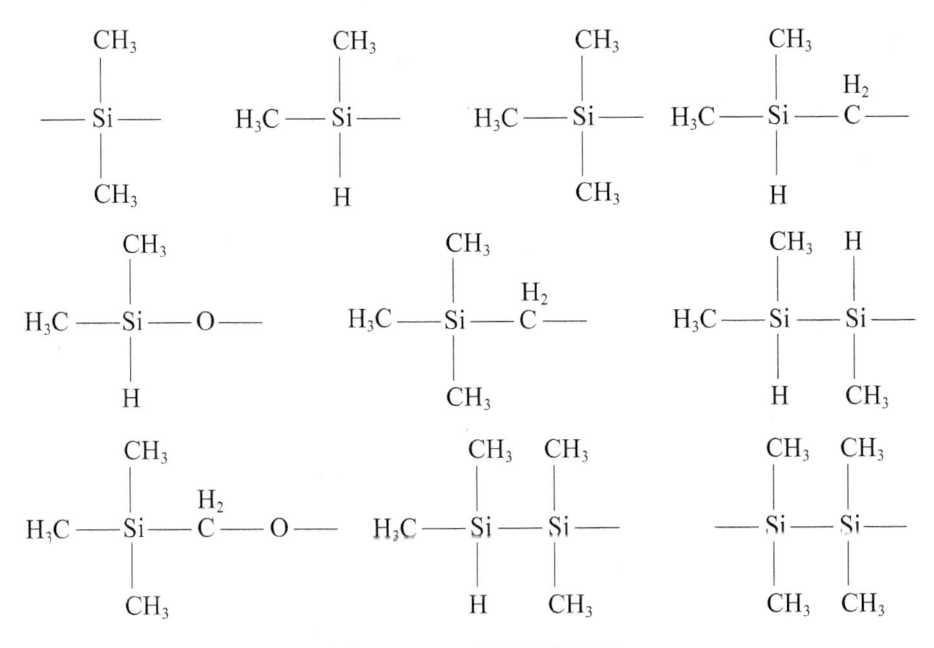

图 2 - 8　LPS 的分子片段图

推测 LPS 含有以下几种结构的分子，是多种小分子硅烷（如聚合度为 3 ~ 8 的环硅烷）及含有 Si—C—Si 键的硅碳硅烷组成的混合物，如图 2 - 9 所示。

$$H_3C-\underset{H}{\overset{CH_3}{Si}}-\underset{CH_3}{\overset{CH_3}{Si}}-\underset{CH_3}{\overset{H}{Si}}-CH_3 \qquad H_3C-\underset{H}{\overset{CH_3}{Si}}-\underset{CH_3}{\overset{H}{Si}}-\underset{CH_3}{\overset{CH_3}{Si}}-CH_3$$

H₃C　CH₃

Si(CH₃)₂ / H₃C—Si—Si—CH₃ / H₃C　CH₃ (三元环)

$$H_3C-\underset{H}{\overset{CH_3}{Si}}-\underset{CH_3}{\overset{H}{Si}}-\overset{H_2}{C}-\underset{H}{\overset{CH_3}{Si}}-CH_3$$

$$H_3C-\underset{H}{\overset{CH_3}{Si}}-\underset{H}{\overset{H}{Si}}-\overset{H_2}{C}-\underset{CH_3}{\overset{CH_3}{Si}}-CH_3 \qquad H_3C-\underset{CH_3}{\overset{CH_3}{Si}}-O-\overset{H_2}{C}-\underset{CH_3}{\overset{CH_3}{Si}}-CH_3$$

$$H_3C-Si(CH_3)(H)-Si(CH_3)_2-Si(H)(CH_3)-CH_2-Si(CH_3)(H)-CH_3$$

$$H_3C-Si(CH_3)(H)-Si(H)(CH_3)-O-Si(CH_3)(H)-CH_3$$

$$H_3C-Si(CH_3)_2-CH_2-Si(CH_3)_2-CH_2-Si(CH_3)_2-CH_3$$

$$H_3C-Si(CH_3)_2-CH_2-Si(CH_3)_2-CH_2-Si(CH_3)_2-Si(CH_3)_2-CH_3$$

$$H_3C-Si(CH_3)_2-Si(CH_3)_2-CH_2-Si(CH_3)_2-CH_2-Si(CH_3)_2-Si(CH_3)_2-CH_3$$

$$H_3C-Si(CH_3)_2-Si(CH_3)(H)-CH_2-Si(CH_3)_2-CH_2-Si(CH_3)_2-CH_2-Si(CH_3)_2-Si(CH_3)_2-CH_3$$

$$H_3C-Si(CH_3)(H)-Si(CH_3)_2-Si(H)(CH_3)-CH_2-Si(CH_3)_2-CH_2-Si(CH_3)_2-CH_2-Si(CH_3)_2-CH_2-Si(CH_3)_2-CH_3$$

$$cyclo\text{-}[Si(CH_3)_2]_4 \qquad cyclo\text{-}[Si(CH_3)_2]_5 \qquad cyclo\text{-}[Si(CH_3)_2]_6$$

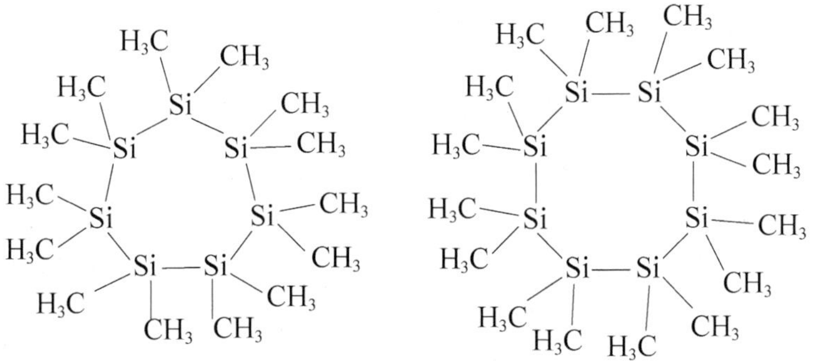

图2-9　LPS的组分结构图

根据LPS的组分结构可以推出，在PDMS在高压合成PCS的过程中，受热发生了如式(2-2)所示热裂解反应，Si—Si键先断裂、重排转化为Si—C键，生成含有Si—C—Si键的小分子硅碳硅烷。

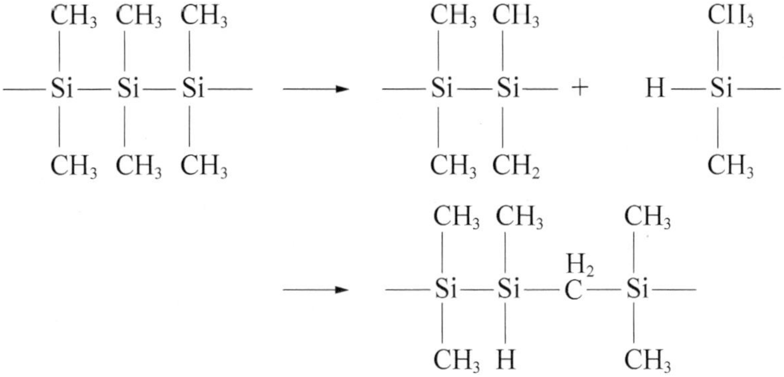

$$
\begin{aligned}
&-\mathrm{Si(CH_3)_2}-\mathrm{Si(CH_3)_2}-\mathrm{Si(CH_3)_2}- \longrightarrow -\mathrm{Si(CH_3)_2}-\mathrm{Si(CH_3)(CH_2)}- + \mathrm{H}-\mathrm{Si(CH_3)_2}- \\
&\longrightarrow -\mathrm{Si(CH_3)_2}-\mathrm{Si(CH_3)(H)}-\mathrm{CH_2}-\mathrm{Si(CH_3)_2}-
\end{aligned}
\tag{2-2}
$$

2.2　常压法PCS的合成

在PDMS中添加少量由二苯基二氯硅烷(diphenyldichlorosilane，DPDCS)与硼酸反应制得的聚硼硅氧烷(polyborodiphenysiloxane，PBDPSO)作为引发剂，在常压350℃反应一定时间即可获得PCS[14]。从理论上讲，在相同的热环境下，原料PDMS分子在相同的热条件下，其反应转化也应该完全相同。但实际上，粉状的PDMS传热性差，在釜式的反应装置加热时，热量从反应釜壁到反应釜中心传递时，由于这种粉体难以迅速均匀地传热，造成极大的温差。这就使得处于反应釜中不同位置处的PDMS分子在相同时间内的热经历完全不同。使得PDMS受热时产生了气态、液态和固态的不同层次的裂解产物，对合成PCS产生较大影响。采用液态的 LPS 为原料，通过引发剂可以更均匀、高产率地合成 PCS。

2.2.1 反应引发剂的选择

合适的反应引发剂必须满足以下几个条件：① 反应活性高，在较低温度下就能产生大量自由基；② 反应产生的副产物易分解排出，不会引入过多的杂元素，如氧、碳等；③ 起反应引发作用而不是交联作用，因为交联剂用量对反应影响很大，引入量少会使反应不均匀，用量过多又会产生过度交联。

首先选择过氧化二苯甲酰（BPO）、环已烯（cyclohexene）和乙二胺（ethylenediamine）这三种物质进行初步实验。过氧化二苯甲酰是比较常用的引发剂，它受热主要分解产生自由基，并转化为苯和 CO_2，由于苯是溶剂，不会参与 PCS 的合成反应，而 CO_2 会随保护气体排出，符合反应引发剂要求。环已烯被用作 PCS 纤维的非氧不熔化反应气氛，研究表明它能与 Si—H 发生反应从而提高 PCS 的分子量。而乙二胺是比较常见的扩链剂，它易与 Si—H 发生缩合反应而使分子量增大。

取相同质量的 LPS，添加不同的引发剂，在 N_2 保护下按相同的升温制度进行合成。其中合成产率为产物质量与原料质量的百分比比值。表 2－2 为不同条件下合成的 PCS 的产率及特性。可以看出，在相同的升温制度和反应时间下，添加不同引发剂对合成产率的影响有所不同。与对比样 S1 相比，环已烯和乙二胺对提高合成产率的作用不明显，而 BPO 对提高 PCS 合成产率的作用最为显著，产率提高了 16.2%。从对应的 PCS 的性质来看，添加引发剂后合成的 PCS 的软化点、重均分子量 $\overline{M}_w$ 和分子量分散系数都发生了较大变化。尤其是添加乙二胺后，PCS 的分子量迅速增加，并且出现了大量的固体不熔物。

表 2－2 不同条件下合成的 PCS 的产率及特性

样品	质 量 比	产率/%	T_s/℃	$\overline{M}_w$	$\overline{M}_w/\overline{M}_n$	A_{Si-H}/A_{Si-CH_3}
S1	LPS	42.5	182～190	2 523	2.16	0.843 7
S2	环已烯：LPS＝0.05	45.3	197～207	3 663	2.13	0.569 2
S3	乙二胺：LPS＝0.1	33.9	229～248	14 539	5.27	0.186 1
S4	BPO：LPS＝0.02	58.7	186～196	6 000	3.48	0.754 1

为了更清楚地说明引发剂对 PCS 合成的促进作用，图 2－10 列出了四种条件下合成的 PCS 的 GPC 图。图中可以看出，与对比样 S1 相比，添加引发剂的确可以提高 PCS 的分子量，具体体现在相同升温制度下，产物的低分子量部分大大减少，高分子量部分明显增多，而且添加乙二胺的产物出现了超高分子量部

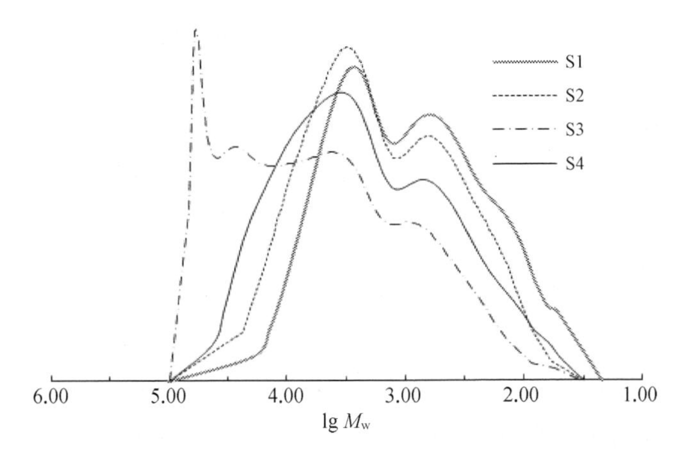

图 2-10　不同引发剂合成的 PCS 的分子量分布曲线

分,以致出现无法测量的峰值。

综合评价三种引发剂的作用,环己烯对产率和产物分子量分布影响不大,对提高 PCS 产率没有明显作用。乙二胺与 LPS 的反应剧烈,分子量迅速提高,但其分子量分布过宽,超高分子量部分偏多,造成产率偏低。这说明乙二胺起到的主要是交联剂作用,即高活性的硅烷分子在其作用下反应更快,分子长大迅速,而不活泼的硅烷分子仍然没有充分参与反应。BPO 对 PCS 产率的提高作用最为显著,促进了低分子向高分子转化。

另外,考虑到 PCS 作为陶瓷先驱体,必须具备一定的反应活性,因此其 Si—H 含量不能太低。而三种引发剂中只有 BPO 作用下生成的产物的 $A_{Si—H}/A_{Si—CH_3}$ 值较高,与对比样接近,环己烯和乙二胺作用下的产物 $A_{Si—H}/A_{Si—CH_3}$ 值都偏低,不符合陶瓷先驱体要求。

综上所述,在相同条件下比较三种引发剂的作用,由 BPO 引发 LPS 合成 PCS 有比较明显的效果。

2.2.2　BPO 引发合成 PCS 的工艺研究

BPO 能显著提高 PCS 的合成产率,因此本节对加入 BPO 条件下合成 PCS 的工艺进行了研究,讨论了加入温度、BPO 用量和反应时间对产物产率、组成结构和性能的影响。

1. 在不同温度下加入 BPO 对反应的影响

为了判定 BPO 的最佳使用温度,分别在 LPS 升温到 80℃、250℃、300℃时加入 BPO,其中 BPO 与 LPS 的质量比均为 0.02,最高合成温度为 450℃,粗产物经二甲苯溶解过滤后在 350℃减压蒸馏 0.5 h 得到产物 PCS。反应条件及 PCS 的产率和性能列于表 2-3 中。

表 2-3　不同温度下添加 BPO 合成的 PCS 的产率及特性

样品	BPO 的加入温度/℃	450℃反应时间/h	产量/%	T_s/℃	$\overline{M}_w$	$\overline{M}_w/\overline{M}_n$	$A_{Si—H}/A_{Si—CH_3}$
PCS-Ⅰ	80~120	6.0	52.5	175~194	2 523	2.16	0.746 0
PCS-Ⅱ	250~300	4.0	50.5	175~185	2 823	2.31	0.695 7
PCS-Ⅲ	300~400	4.0	63.5	187~198	2 807	2.07	0.506 5

从表 2-3 的实验数据可以发现,与不添加任何引发剂合成 PCS 相比,在不同的温度段添加 BPO 都可以提高 PCS 产率,缩短反应时间。但在高温段 300~400℃添加 BPO,提高 PCS 产率的效果更明显。这主要是由于 LPS 在加热到 300℃以上时,Si—Si 键会断键重排产生大量自由基,并随着温度的升高,自由基越来越多,因此在较高温区添加 BPO,它起到的引发作用更明显。

另外,从表 2-3 可看出,三组实验产物的 Si—H 键含量普遍较低,这说明 BPO 参与反应消耗了大量的 Si—H,但是 Si—H 含量低将降低 PCS 的反应活性。因此必须控制工艺条件,选择合适的反应时间和 BPO 用量,以达到既提高 PCS 产率,又不影响 PCS 性能的目的。

2. BPO 用量对反应过程及 PCS 特性的影响

为了研究 BPO 用量对反应过程及 PCS 特性的影响,以 LPS 为原料,在 N_2保护下,在 300~400℃,滴加不同比例的 BPO 苯溶液,在 450℃下反应 2 h,然后将粗产物经同样后处理得到 PCS。合成条件和产物特性如表 2-4 所示。并以 PCS 的产率、软化点、分子量及其分布、Si—H 键含量等 PCS 的特性参数为依据,分析 BPO 用量对产物特性的影响。

表 2-4　PCS 的合成条件和特性(改变 BPO 与 LPS 质量比)

样　品	m(BPO)/m(LPS)	产率/%	T_s/℃	$\overline{M}_w$	$\overline{M}_w/\overline{M}_n$
PCS	0	35.6	164~174	1 172	0.96
PCS-B-1	0.01	44.5	188~194	1 717	1.42
PCS-B-2	0.02	50.0	188~198	2 109	1.62
PCS-B-3	0.03	50.2	197~209	2 414	1.66
PCS-B-4	0.04	55.6	196~201	3 171	2.06
PCS-B-6	0.06	60.0	217~239	3 732	2.06

从表2－3的数据可以看出，在相同升温制度下，随着BPO添加比例的增加，PCS的产率逐渐增加，与不添加BPO的对比样相比，产率最大提高了24.4%；产物的软化点、重均分子量、分子量分布系数也随之显著增加。为了更清楚地说明BPO用量对PCS产率和软化点的影响，作BPO和LPS的质量比与对应的PCS的产率和软化点的关系(图2－11)。

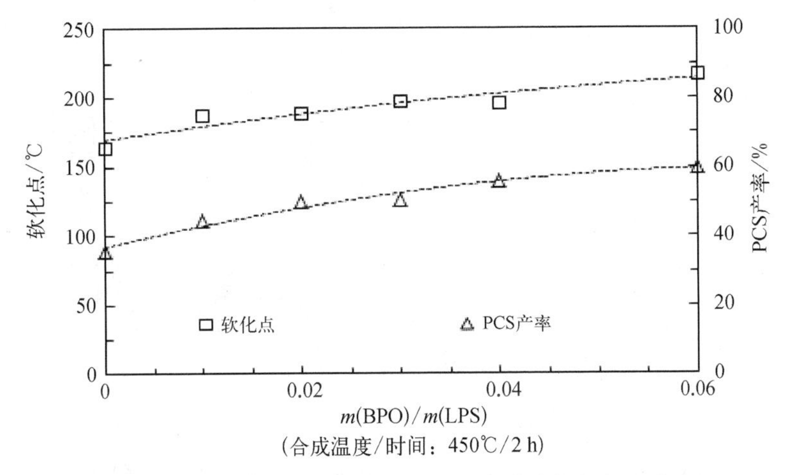

图2－11　BPO与LPS质量比对PCS产率及软化点的影响

从图2－11中可以看出，随着BPO与LPS的质量比的增加，PCS的软化点和产率逐渐升高。PCS通过分子间的缩聚使分子量变大，软化点逐渐升高。这表明BPO的加入有效促进了PCS分子量的增长，并且随着用量的增加，BPO的促进作用愈加明显。

BPO的用量对产物的分子量分布也有明显影响。图2－12列出了不同条件

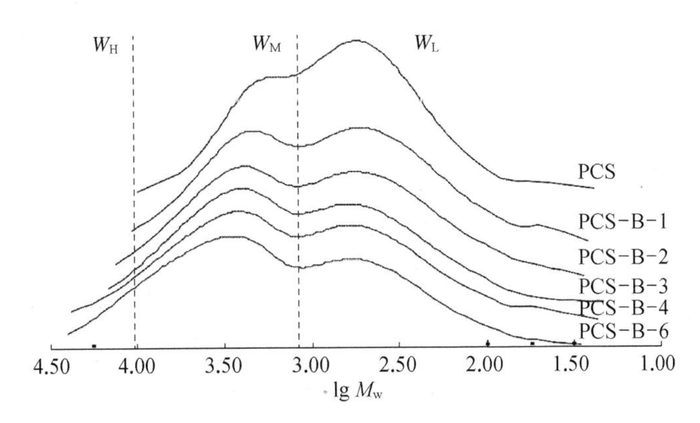

图2－12　不同BPO与LPS质量比合成的PCS的分子量分布曲线

下合成的 PCS 的分子量分布图。

从图 2－12 可以看出，PCS 的 GPC 曲线具有相同的规律性，在 $\lg M_w=3.06$ 的位置都出现峰谷。将 $\lg M_w \leqslant 3.06$ 的部分定为低分子量部分(W_L)，将 $\lg M_w \geqslant 4.00$ 的部分定为高分子量部分(W_H)，将 $3.06 \leqslant \lg M_w \leqslant 4.00$ 的部分定为中分子量部分，按照这样的标准将 GPC 曲线分为三部分，按各部分的积分面积比作图(图 2－13)。

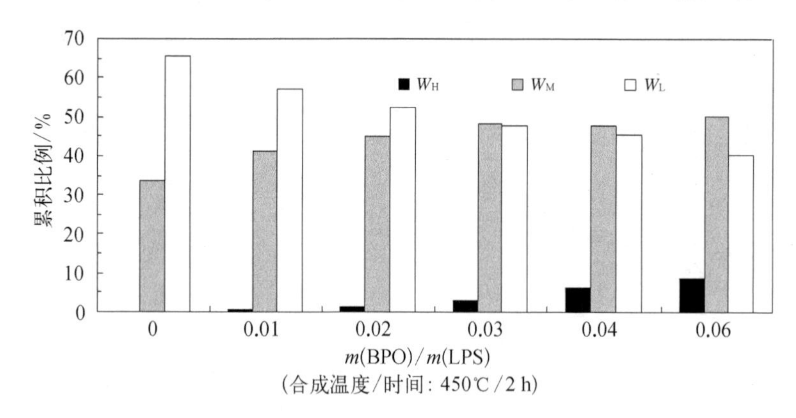

图 2－13　PCS 的各部分分子含量与 BPO 和 LPS 质量比的关系

从图 2－12、图 2－13 可以看出，在升温制度不变的情况下，随着 BPO 用量的增加，PCS 的低分子量部分明显减少，中高分子量部分明显增多。这更加明确地说明了 BPO 能促进 LPS 中的低分子量向高分子量转化，使 PCS 分子长大。

另外，PCS 的重均分子量和分子量分布系数也是随 BPO 与 LPS 的质量比的增加而逐渐增大，如图 2－14 所示。说明添加 BPO 越多，分子量提高越多，同时

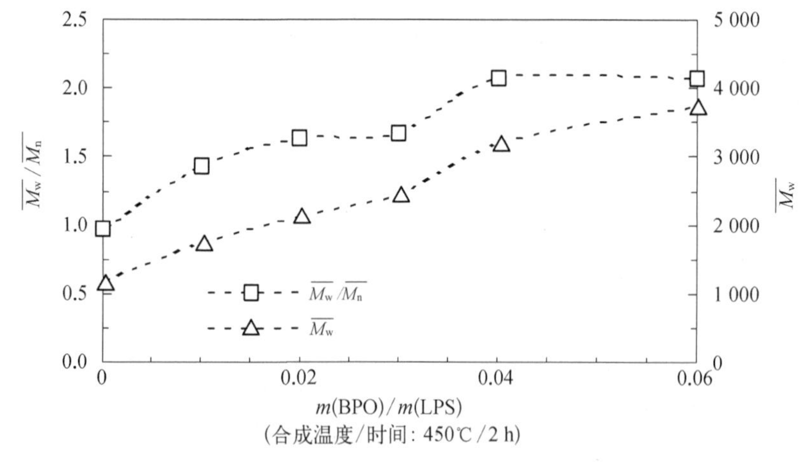

图 2－14　BPO 与 LPS 质量比对 PCS 重均分子量 $\overline{M_w}$ 和 PCS 分子量分散系数的影响

分布也逐渐宽化。

PCS 的组成结构是判定 BPO 的引发效果的重要指标，图 2-15 列出了添加不同比例 BPO 的 LPS 合成的 PCS 的 IR 谱图。

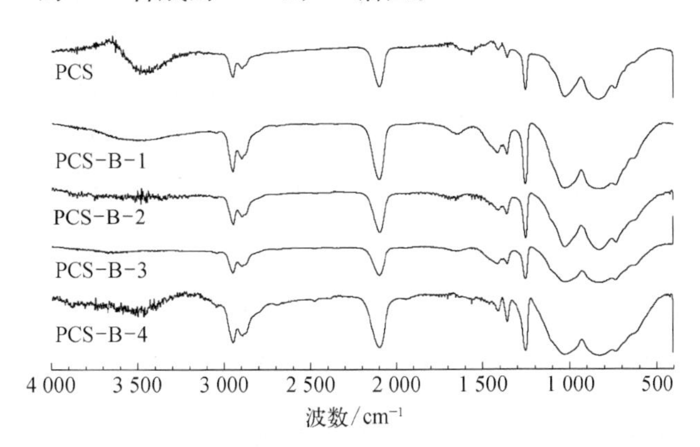

图 2-15　不同 BPO 与 LPS 质量比合成的 PCS 的红外光谱图

从图 2-15 可以看出，PCS-B-1～PCS-B-6 与对比样 PCS 的 IR 谱图基本一致，仅吸收峰强度有所变化。这说明添加 BPO，不会改变 PCS 的主要结构。作 IR 谱图上 2 100 cm^{-1} 及 1 250 cm^{-1} 处 PCS 的特征吸收峰吸光度之比 $A_{Si—H}/A_{Si—CH_3}$，以及 1 360 cm^{-1} 与 1 400 cm^{-1} 处 PCS 的特征吸收峰吸光度之比 $A_{Si—CH_2—Si}/A_{Si—CH_3}$ 和 BPO 与 LPS 的质量比的关系（图 2-16）。

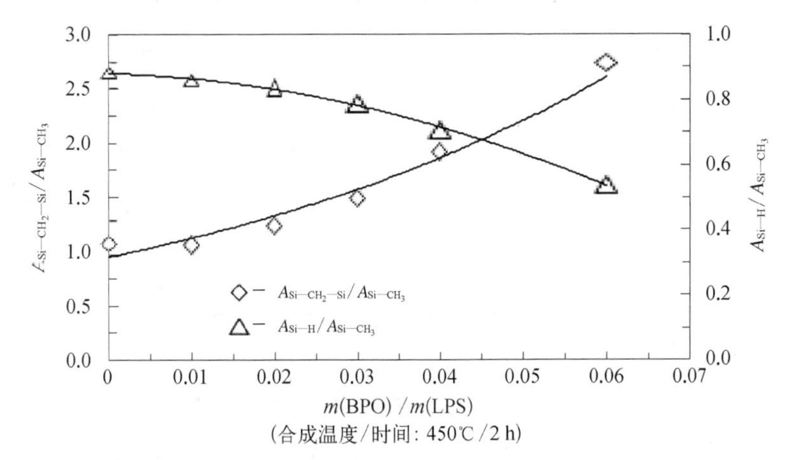

图 2-16　BPO 与 LPS 的质量比对 $A_{Si—H}/A_{Si—CH_3}$ 和 $A_{Si—CH_2—Si}/A_{Si—CH_3}$ 的影响

从图 2-16 中可以看出，随着 BPO 与 LPS 的质量比的增加，$A_{Si—H}/A_{Si—CH_3}$ 逐渐减小，$A_{Si—CH_2—Si}/A_{Si—CH_3}$ 逐渐变大。这说明 BPO 的引入显著促进了分子间的缩聚反应,导致大量 Si—CH_2—Si 结构生成,同时也增加了 Si—H 的消耗。如果 BPO 用量过高,产物 PCS 的 Si—H 含量会大幅降低,导致 PCS 的反应活性下降。因此必须控制 BPO 的用量,在保证 PCS 具有相当的反应活性的前提下,提高 PCS 产率。

综上所述,在 LPS 合成 PCS 的过程中添加 BPO,会有效促进 PCS 产率的提高,并且随着 BPO 用量的增加,产率的增幅逐渐变大,当 BPO 与 LPS 的质量比达到 0.06 时,其合成产率比不加 BPO 的提高了 24.4%。BPO 促进了低分子间的缩聚反应,随着 BPO 用量的增加,PCS 的软化点、分子量和分子量分布系数逐渐增大,Si—H 含量逐渐降低,Si—CH_2—Si 含量逐渐提高。

3. 反应时间对反应过程及 PCS 特性的影响

合成温度及反应时间也是影响 PCS 的合成反应过程及 PCS 特性的重要因素。实验中发现,添加 BPO 后,当合成温度超过 450℃时,反应非常剧烈,产物容易交联变成不溶不熔的固体。因此在控制最高合成温度为 450℃条件下研究了反应时间的影响。即以 LPS 为原料,在 300~400℃的温度下,滴加相同比例的 BPO 溶液后,在 450℃下反应 1~6 h,然后同样后处理得到固体 PCS。合成条件和产物特性如表 2-5 所示。

表 2-5　PCS 的合成条件及特性(改变反应时间)

样　品	合成条件	产率/%	T_s/℃	$\overline{M}_w$	$\overline{M}_w/\overline{M}_n$
PCS-T-1	450℃/1 h	47.2	173~184	1 847	1.28
PCS-T-2	450℃/2 h	50.0	188~198	2 109	1.62
PCS-T-3	450℃/3 h	67.5	206~213	2 254	2.01
PCS-T-4	450℃/4 h	66.2	211~216	2 807	2.06
PCS-T-5	450℃/5 h	49.8	237~245	3 593	2.53
PCS-T-6	450℃/6 h	10.2	≥280	12 418	6.11

所有的 PCBs 均以 BPO 与 LPS 质量比为 0.02 的比例合成

从表 2-5 中数据可以看出,在相同的 BPO 添加比例下,随着反应时间的延长,PCS 的产率先增加后降低,产率最高达到 67.5%;产物的软化点、重均分子量、分子量分布系数也大幅提高。为了更清楚地说明反应时间对 PCS 产率和软化点的影响,作表 2-5 中反应时间与对应的 PCS 的产率和软化点的关系(图 2-17)。

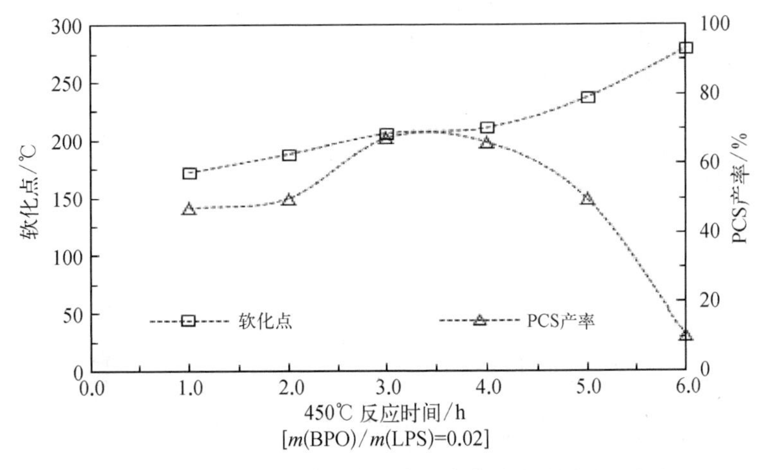

图 2－17　反应时间对 PCS 产率及软化点的影响(450℃)

从图 2－17 可以看出,当合成温度为 450℃时,PCS 的软化点随着反应时间的延长逐渐提高,而产率先增加到峰值后又大幅降低,最高产率达到 67.5%。产率和软化点的提高表明延长 450℃反应时间有利于 PCS 分子量的增长。这是因为随着合成温度的提高,反应时间的延长,通过分子间的缩聚,PCS 的分子量逐渐长大,低分子量部分逐渐减少,相同减压蒸馏条件下脱除的 PCS 量逐渐减少,因此 PCS 的产率逐渐提高。但是当反应时间过长,部分分子间缩聚交联程度过大,生成的 PCS 不能溶于二甲苯而变成固体残渣,在后处理中被过滤除去,又会使 PCS 产率降低。这说明由于引入 BPO 后会显著加速分子间的缩聚反应从而促进 PCS 分子量提高,因此存在一个最佳反应时间,长于这一时间,则过度的反应和分子量增长反而降低 PCS 的产率。

反应时间对 PCS 的分子量分布也有较大影响,图 2－18 列出了 PCS－T 系

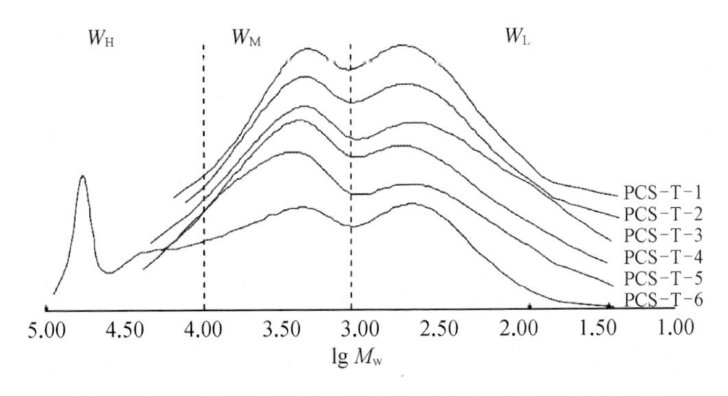

图 2－18　不同反应时间合成的 PCS 的分子量分布曲线

列的分子量分布图,同样根据分子量分布的高中低划分标准作各部分积分面积比与反应时间的关系(图 2-19)。

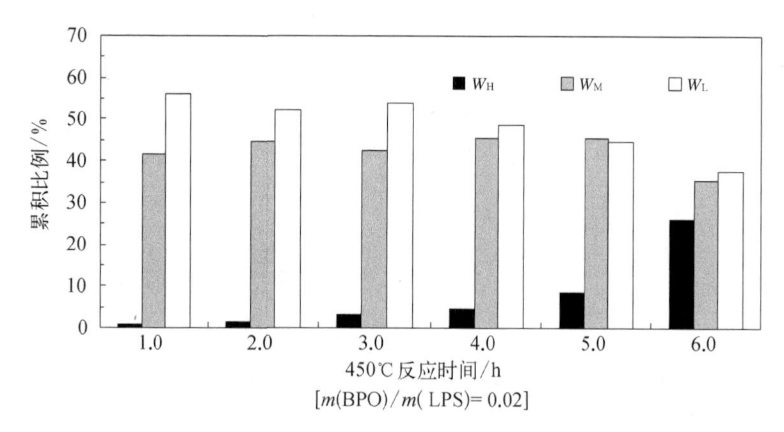

图 2-19 PCS 的各部分分子含量与反应时间的关系

从图 2-18、图 2-19 可以看出,随着 450℃ 反应时间的延长,PCS-T 系列的分布曲线向中高分子量部分移动的趋势更加明显。这说明延长高温反应时间,低分子部分会继续向高分子转化,当反应时间达到 6 h 时,PCS 重均分子量 $\overline{M}_w$ 超过 10 000 的部分会大幅增加,大量不熔不溶的交联产物生成,造成 PCS 产率的降低。

同时 PCS-T 系列的重均分子量和分子量分布系数随 450℃ 反应时间的延长逐步增大,其关系图如图 2-20 所示。

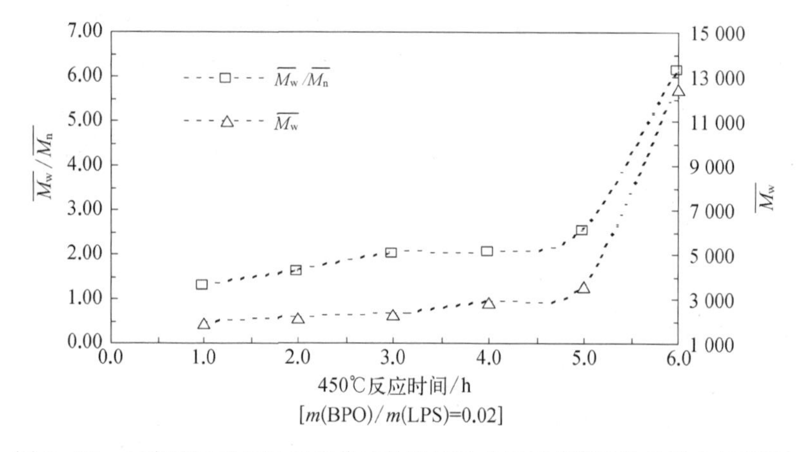

图 2-20 反应时间对 PCS 重均分子量和 PCS 分子量分散系数的影响(450℃)

从图 2-20 可以看出,反应时间越长,产物重均分子量越大,同时分布也越宽。特别是当反应时间超过 5 h 后,产物重均分子量和分散系数骤增,显然,过长的反应时间，不光降低 PCS 产率，对于获得分子量分布均匀、可纺性好的先驱体 PCS 也是不利的。

同样，本节对合成产物的组成结构进行了分析。PCS－T 系列的 IR 谱图都是相似的，只是吸收峰强度有所变化。作 PCS－T 系列的 $A_{Si—H}/A_{Si—CH_3}$、$A_{Si—CH_2—Si}/A_{Si—CH_3}$随 450℃反应时间的变化图，如图 2－21 所示。可以看出，随着反应时间的延长，PCS 的 $A_{Si—H}/A_{Si—CH_3}$值逐渐降低，$A_{Si—CH_2—Si}/A_{Si—CH_3}$值逐渐增大，这说明在 BPO 与 LPS 的质量比相同的前提下，延长 450℃的反应时间，会显著促进 LPS 中 Si—Si 结构向 Si—CH_2—Si 结构的重排转化，同时 Si—H 键含量降低。如果 450℃反应时间过长，PCS 的 Si—H 含量会大幅降低。

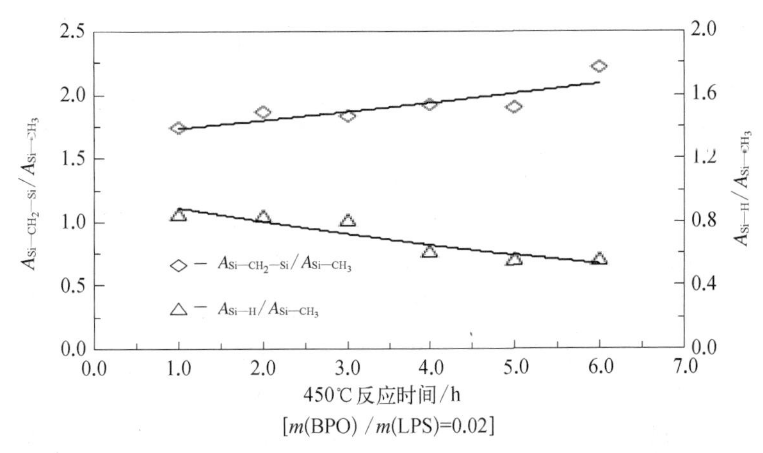

图 2－21　反应时间对 PCS 的 $A_{Si—H}/A_{Si—CH_3}$和 $A_{Si—CH_2—Si}/A_{Si—CH_3}$的影响（450℃）

综上所述，在添加 BPO 合成 PCS 的过程中，适当延长高温段反应时间，会显著促进 LPS 中低分子量向中高分子量的转化，使产物分子量提高，并提高 PCS 的合成产率，但产物的 Si—H 含量会随之降低。实验发现，控制 BPO 和 LPS 的质量比为0.02，450℃反应 3～4 h，可得到产率较高，软化点范围适中的 PCS，比通常方法合成 PCS 的产率（以 LPS 出发制备 PCS 的产率为 45%～50%）提高了 17%～22%。

2.2.3　PCS 的组成结构分析

在加入 BPO 后合成 PCS 可以缩短合成时间，提高合成产率，但评价这种方法是否可取，关键要看所合成的 PCS 是否符合先驱体的要求。本节以添加 BPO 合成的 PCS－B 与 PCS－T 系列为例，通过 EA、IR、^{1}H－NMR、^{13}C－NMR、GPC、TG－DTA 和 XRD 等方法对 PCS 进行组成结构、性能以及生成过程的跟踪分析和表征，通过分析不同反应条件下合成产物的特性以及不同温度下产物的组成、结构来推测 BPO 引发 LPS 合成 PCS 的反应过程。

为了研究 BPO 的引入对产物组成的影响，对不同条件下合成的 PCS 进行了元素组成分析，如表 2－6 所示。

表 2－6　不同反应条件下合成的 PCS 的元素组成

样　　品	w(Si)/%	w(C)/%	w(O)/%	C/Si(摩尔比)	O/Si(摩尔比)
PCS	51.66	36.48	0.51	1.65	0.02
PCS－B－1	48.31	38.58	0.87	1.87	0.03
PCS－B－2	47.22	37.54	1.66	1.86	0.06
PCS－B－3	47.70	39.26	1.81	1.93	0.07
PCS－B－4	46.81	37.65	2.22	1.88	0.08
PCS－T－1	47.32	38.37	1.88	1.90	0.07
PCS－T－2	47.22	37.54	1.66	1.86	0.06
PCS－T－3	46.77	40.70	0.90	2.04	0.04

从表 2－6 可以看出，与 PCS 相比，PCS－B－1～PCS－B－4 和 PCS－T 系列的 Si 含量明显下降，C、O 含量明显增高。当升温制度不变时，C/Si、O/Si 随着 BPO 与 LPS 的质量比的增大而逐步提高。当 BPO 与 LPS 的质量比不变，改变 450℃的反应时间时，PCS 的 C/Si 会随着反应时间的延长而提高，氧含量的变化规律不明显。这说明添加 BPO 合成 PCS，会引入少量 C 元素和 O 元素。

为了解 PCS 分子中 H、C 原子的键合情况，对上述 PCS 分别进行 ^{1}H－NMR 和 ^{13}C－NMR 核磁共振分析。PCS－B 系列的 ^{1}H－NMR 谱如图 2－22 所示（所有样品测试条件一致）。

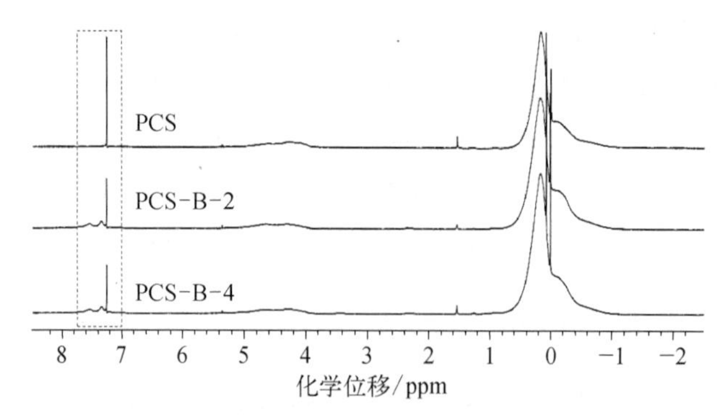

图 2－22　不同 BPO 与 LPS 的质量比合成的 PCS 的 ^{1}H－NMR 谱图

从三组样品的 ^{1}H－NMR 谱可以看出，它们都在 δ = 0 ppm 附近出现了饱和 C—H 键的氢峰，在 δ = 4.1 ～ 5.5 ppm 附近出现了 Si—H 键的氢峰，在 δ = 7.3 ppm

附近出现了 $CDCl_3$溶剂峰。而有明显区别的是，PCS－B－2 和 PCS－B－4 除了 δ = 7.3 ppm 处 $CDCl_3$的单线峰以外，在 δ = 7.3 ～ 7.8 ppm 处还出现了两个小峰（图 2－22 虚线框所示），根据文献分析是归属于苯环上的氢峰。这说明添加 BPO 合成 PCS 会将苯环引入到 PCS 分子结构中，这也是添加 BPO 后产物 C 含量增加的原因。

表 2－7 列出了不同条件下合成的 PCS 的 Si—H、δ = 7.3 ～ 8.0 ppm 处的 Ph—H 和 C—H 中的 H 原子的积分面积比值。可以看出，随着 BPO 用量的增加和 450℃反应时间的延长，Si—H 中的 H 原子浓度逐渐降低，这与 IR 分析结果一致。而与不添加 BPO 合成的 PCS 相比，添加了 BPO 合成的 PCS 在 δ = 7.3 ～ 8.0 ppm 处的 Ph—H 含量有显著的增加。

表 2－7　PCS－B 系列和 PCS－T 系列的 ^{1}H－NMR 化学位移积分面积比

样　　品	积 分 面 积 比	
	Si—H^1/C—H^2	Ph—H^3/C—H^2
PCS	0.106	0
PCS－B－2	0.074	0.033
PCS－B－4	0.060	0.019
PCS－T－3	0.052	0.061
PCS－T－5	0.052	0.057

Si—H^1：δ = 4.1 ～ 5.5 ppm；C—H^2：δ = 0.8 ～ 0.17 ppm；Ph—H^3：δ = 7.3 ～ 8.0 ppm.

为进一步证实^{1}H－NMR 分析结果，选取典型样品 PCS 和 PCS－B－4 进行 ^{13}C－NMR 分析，如图 2－23 所示。

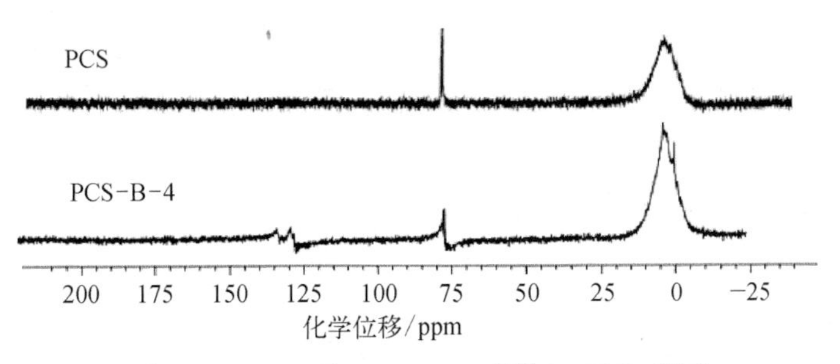

图 2－23　PCS 及 PCS－B－4 的^{13}C－NMR 谱图

可以看出，两者的 C 谱都出现了 δ_C = 0 ppm 附近的饱和碳吸收和 76 ppm 处溶剂 $CDCl_3$的核磁振动吸收。不同的是 PCS－B－4 在 δ_C = 125 ～ 140 ppm 出现了不饱和碳的吸收峰，而苯环的 δ_C 正好在 125～140 ppm 范围内。由于这两组样品的后处理及测试条件完全相同，以上分析结果支持了[1]H－NMR和前面元素分析结果，说明PCS－B－4分子中确实存在苯环结构。另外，在图2－15中PCS－B系列的IR光谱上，苯环的吸收峰比较微弱，这表明分子结构中苯环的含量较低。

由以上数据可知，在加入BPO条件下合成PCS，会将少量苯环引入产物分子结构中。

2.2.4　在BPO存在下PCS的合成过程研究

从前面产物的组成结构分析可知，添加BPO合成的PCS与通常条件下合成的PCS在组成结构上存在一定的差异，为了研究造成这种差异的原因，我们对添加BPO后合成PCS的反应过程进行了研究。

1. 不同合成温度下合成产物分析

为了研究LPS在BPO的存在下向PCS转化的过程，本节取不同合成温度下的合成产物进行分析。控制条件为300℃后滴加BPO溶液[m(BPO)/m(LPS)=0.02]，取300℃、400℃和440℃的反应产物，分别进行GPC、IR、GC/MS等分析。图2－24列出了不同温度下产物的分子量分布图。

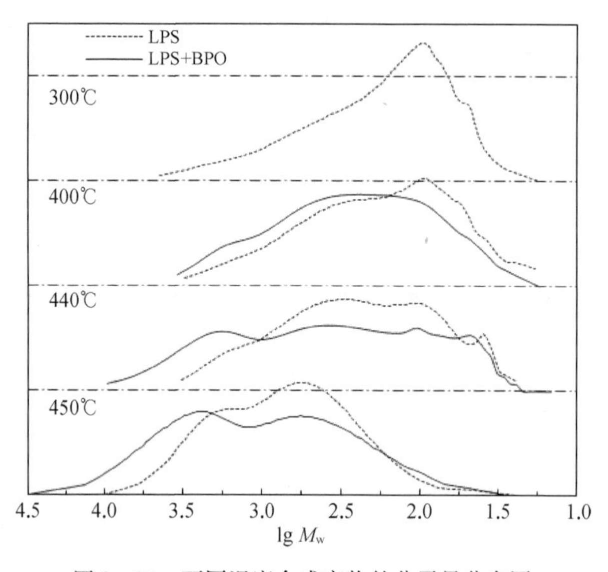

图2－24　不同温度合成产物的分子量分布图

从图2－24可以看出，随着合成温度的提高，两组反应产物的分子量分布都逐步向高分子量方向移动，分子量逐渐增加，分子量分布逐渐变宽，说明低分子量的 LPS 通过重排缩合反应逐渐转化为高分子量的 PCS。而在相同条件下,添加了 BPO 后,产物的分子量增长明显加速,其中低分子量部分更多地转变为高分子量部分,表现出明显的对分子量增长的促进作用。

在不同温度下反应生成的产物的 IR 谱图如图 2-25 所示。三组产物的 IR 谱图主要特征峰的位置没有明显变化,主要变化体现在峰的强度变化上。为研究反应产物的 Si—H 键含量随温度的变化,作产物 $A_{Si—H}/A_{Si—CH_3}$ 值与合成温度的关系图(图 2-26)。

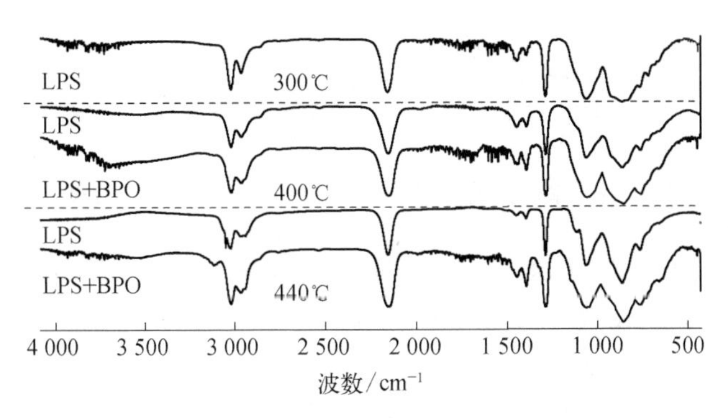

图 2-25　不同合成温度下产物的 IR 谱图

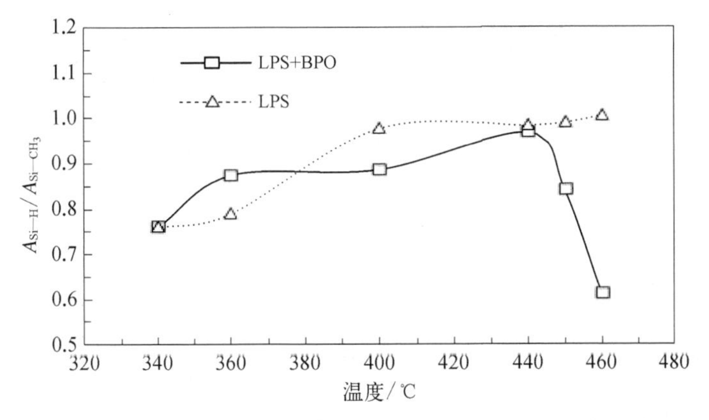

图 2-26　不同原料合成产物的 $A_{Si—H}/A_{Si—CH_3}$ 与合成温度的关系

从图 2-26 可以看出,在反应初期,添加 BPO 的反应产物的 Si—H 键含量迅速增加,明显高于同温度段的不添加 BPO 的对比样。在 380~440℃,Si—H 键含量继续增加,但增加的速度明显降低。当合成温度超过 450℃时,Si—H 键含量开始大幅下降。而不添加 BPO 的对比样在 360~400℃之间,Si—H 含量增加比较迅速,之后趋于平缓。

不同原料合成产物的 $A_{Si—CH_2—Si}/A_{Si—CH_3}$ 与合成温度的关系如图 2－27 所示。

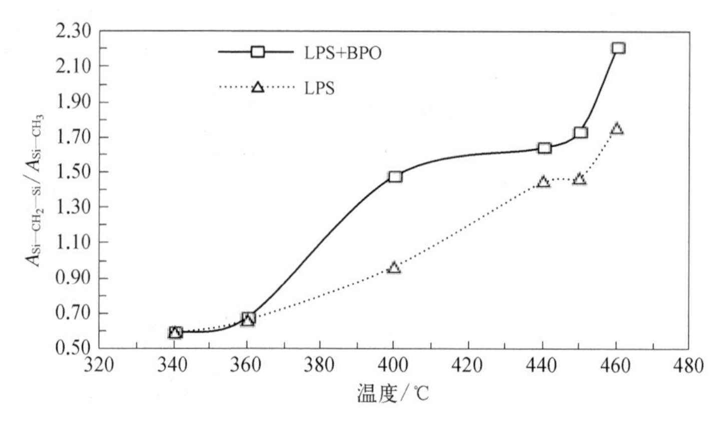

图 2－27 不同原料合成产物的 $A_{Si—CH_2—Si}/A_{Si—CH_3}$ 与合成温度的关系

从图 2－27 可以看出，随着合成温度的升高，两种产物的 $A_{Si—CH_2—Si}/A_{Si—CH_3}$ 均逐步增加。不同的是，在整个反应过程中，添加 BPO 的合成产物的 $A_{Si—CH_2—Si}/A_{Si—CH_3}$ 一直高于不添加 BPO 的合成产物。

以上分析结果表明，引入 BPO 能有效促进 PCS 分子量长大，尤其在高温下（≥440℃），BPO 对低分子量向高分子量转化的促进作用更加明显。在 360～400℃，BPO 主要起到促进 Si—Si 键重排生成 Si—CH_2—Si 结构的作用。由于在此温度段主要发生的是小分子的断键重排反应，因此产物分子量长大的趋势不很明显。而随着合成温度的升高，BPO 会显著促进 Si—H 和 Si—CH_3 的断键缩合反应，使产物的 Si—H 含量降低，Si—CH_2—Si 含量迅速提高，与此同时产物的低分子量部分明显减少，高分子量部分迅速增多。

综上所述，BPO 显然可以提高 LPS 反应活性，促进其重排反应及分子间的缩聚反应，从而提高合成 PCS 的产率。

2. BPO 引发 LPS 合成 PCS 反应过程推测

根据上述分析结果，可以推测 BPO 引发 LPS 合成 PCS 的反应过程。作为常用的自由基引发剂，BPO 在加热过程中会发生如式(2－3)所示的两步分解，即第①步均裂成苯甲酸基自由基，第②步分解成苯自由基，析出 CO_2。

$$C_6H_5-\overset{O}{\overset{\|}{C}}-O-O-\overset{O}{\overset{\|}{C}}-C_6H_5 \xrightarrow{\text{①}} 2\,C_6H_5-\overset{O}{\overset{\|}{C}}-O\cdot \xrightarrow{\text{②}} 2\,C_6H_5\cdot + 2CO_2 \tag{2-3}$$

BPO 加入后,受热分解形成自由基,在较低温度主要起的作用是促进 Si—Si 键的重排反应。如苯自由基促使硅烷分子中的 C—H 键断键,生成 $Si—CH_2·$:

$$C_6H_5\cdot + —Si(CH_3)_2—Si(CH_3)_2— \longrightarrow —Si(\dot{C}H_2)(CH_3)—Si(CH_3)_2— + C_6H_6 \tag{2-4}$$

$Si—CH_2·$再发生如式(2-2)所示的重排反应,生成 Si—H 和 $Si—CH_2—Si$ 结构。这正好解释了 IR 光谱中在低温度段合成产物的 $A_{Si—H}/A_{Si—CH_3}$ 和 $A_{Si—CH_2—Si}/A_{Si—CH_3}$值增加的现象。

在较高温度,BPO 的作用主要是促进小分子间的缩聚反应。如苯自由基会引发小分子硅碳烷中的 Si—H 和 $Si—CH_3$键断裂,生成 Si 自由基和 $Si—CH_2·$,如式(2-5)和式(2-6)所示,同时苯自由基消耗部分 Si—H,造成产物 Si—H 含量的降低。

$$H_3C—Si(CH_3)_2— + C_6H_5\cdot \longrightarrow H_3C—Si(CH_3)(\dot{C}H_2)— + C_6H_6 \tag{2-5}$$

$$H—Si(CH_3)_2— + C_6H_5\cdot \longrightarrow \cdot Si(CH_3)_2— + C_6H_6 \tag{2-6}$$

大量的 Si 自由基和 $Si—CH_2·$进一步交联,形成 $Si—CH_2—Si$ 结构,最终使分子量长大,如式(2-7)所示。

$$H_3C—Si(CH_3)(\dot{C}H_2)— + \cdot Si(CH_3)_2— \longrightarrow —Si(CH_3)_2—CH_2—Si(CH_3)_2— \tag{2-7}$$

式(2－5)~式(2－7)说明了IR分析中在较高温区产物的Si—H键含量增加缓慢甚至降低的原因以及Si—CH_2—Si含量持续增加的原因。

作为副反应,会有少量的苯基和苯甲酸基,作为端基或侧基引入到了PCS结构中,引起了PCS中C、O含量的增加,如式(2－8)所示。

$$C_6H_5\cdot + \cdot Si(CH_3)_2—CH_2—Si(CH_3)_2— \longrightarrow C_6H_5—Si(CH_3)_2—CH_2—Si(CH_3)_2— \qquad (2-8)$$

综上所述,采用LPS添加引发剂BPO合成PCS的方法,可以显著提高合成产率。BPO促进了LPS中的Si—Si键重排和分子间的缩聚反应,使分子量长大。IR光谱分析、元素分析和^1H－NMR以及^{13}C－NMR核磁共振分析证实反应中有少量的苯环或苯甲酸基引入到PCS分子结构中,使产物的C、O含量略有增加。

2.2.5　PCS的性能分析

由LPS添加BPO合成的PCS在组成结构上与通常合成的PCS存在一定差异,为考察这些差异对PCS性能的影响,选用直接用LPS合成的PCS－a和添加BPO合成的PCS－b(软化点均为210~220℃),考察了它们的热分解转化性能。图2－28为PCS－a和PCS－b在N_2环境下的热重-差热(TG－DTA)曲线。可以

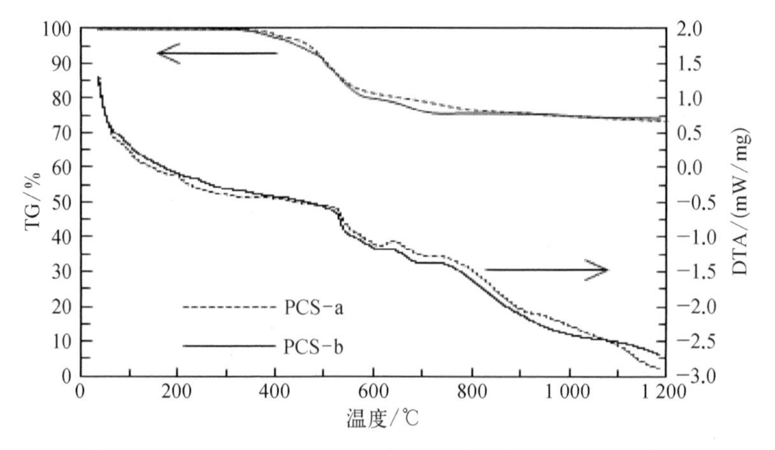

图2－28　PCS－a及PCS－b在N_2气氛下的TG－DTA曲线

PCS－a为由LPS直接合成的PCS;PCS－b为LPS添加BPO合成的PCS

看出，两种 PCS 的热分解过程相似，在 1 200℃时的陶瓷产率相差不大，PCS－a 为 73.4%，PCS－b 为 74.2%。

图 2－29 是两种 PCS 及其在 N_2气氛中 1 250℃裂解后的 XRD 谱图。由图可知，两种 PCS 均为无定形物，结晶程度很低。两种 PCS 在 N_2中 1 250℃高温裂解后，转变为 β－SiC 微晶，结晶性良好。其中，2θ 为 36°、60°、72°左右处的衍射峰分别为 SiC 晶粒(111)、(220)、(311)晶面的衍射峰。由(111)面的半高宽及峰位置，可得 SiC－a 及 SiC－b 的晶粒大小分别约为 2.80 nm、2.91 nm。这说明两种方式合成的 PCS 在热分解产物的结构上也没有明显差异。

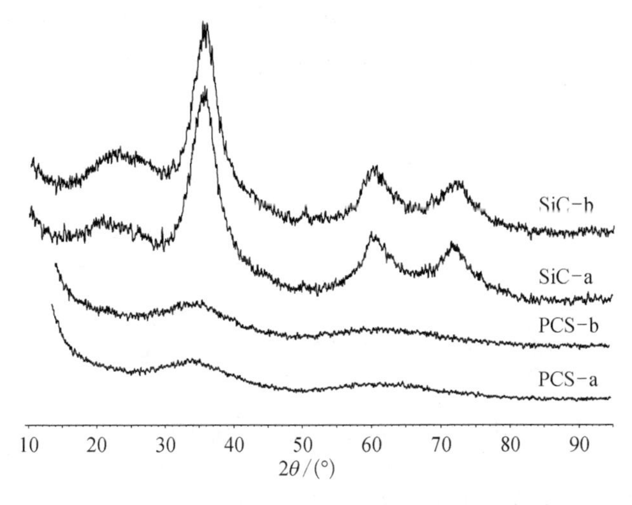

图 2－29　PCS－a 和 PCS－b 裂解前后的 XRD 谱图

PCS－a 为由 LPS 直接合成的 PCS；PCS－b 为 LPS 添加 BPO 合成的 PCS；
SiC－a、SiC－b 分别是 PCS－a、PCS－b 在 N_2 中 1 250℃裂解产物

由上述数据分析可知，在用 LPS 合成 PCS 时添加少量 BPO，会显著提高 PCS 的合成产率。一般控制 BPO 和 LPS 的质量比为 0.02，450℃反应 3~4 h，产率比通常方法合成的 45%~50%高 17%~22%。BPO 的作用主要是促进 LPS 的重排反应和小分子碳硅烷的缩聚反应。采用这种方法制备的 PCS 的热分解性能与不添加任何引发剂合成的 PCS 的热分解性能没有明显差异，因此可以作为常规的陶瓷先驱体使用。

2.3　硼酸三丁酯引发合成 PCS 研究

在由 LPS 合成 PCS 过程中，有一部分低分子量副产物(RLPS)产生，研究表

明,RLPS 主要是已经完成裂解重排反应的低分子碳硅烷,由于分子间的缩合反应不够彻底,没能转化为较高分子量的 PCS,但其结构中仍然保留了相当多的 Si—H 键,因此 RLPS 仍然具有转变为分子量符合要求的 PCS 的潜力。

硼酸三正丁酯 $B(OBu)_3$对 LPS 合成 PCS 有明显的引发促进作用,合成温度低于400℃就能使产物的分子量迅速增长。但该方法存在的缺点是 $B(OBu)_3$ 对 LPS 的作用过于剧烈,产物分子量增长过快,容易发生交联。因此可用 $B(OBu)_3$ 来引发 RLPS 反应,使其分子长大,再进入到 PCS 结构中,来提高合成产率。采用的具体制备路线如图 2-30 所示。即第一步用 $B(OBu)_3$引发 RLPS 反应制得具有一定分子量和沸点的中间产物 RPCS;第二步将 RPCS 与 LPS 混合后合成 PCS。本节将主要研究这种合成工艺对 PCS 的产率、组成结构和性能的影响,并探讨其反应机理。

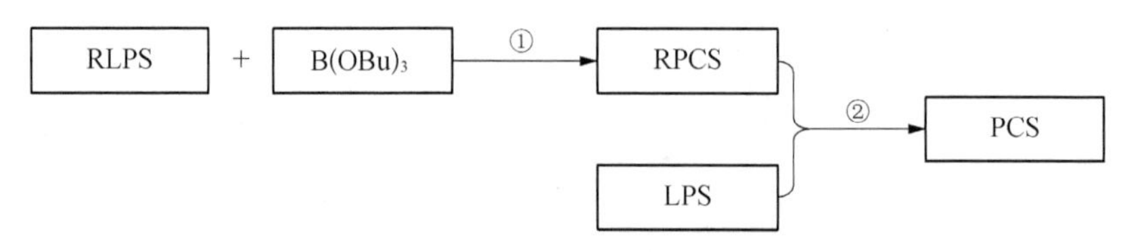

图 2-30　$B(OBu)_3$ 引发合成 PCS 的工艺路线

2.3.1　$B(OBu)_3$ 引发 RLPS 合成 RPCS 研究

本节主要对添加 $B(OBu)_3$引发 RLPS 制备 PCS 的两步工艺进行研究,探讨加入温度、$B(OBu)_3$用量、合成温度和时间等条件对产物产率、组成结构和性能的影响。

1. $B(OBu)_3$引发 RLPS 合成 RPCS 的工艺研究

首先为了判断采用直接加热的方式能否使 RLPS 转化为较高分子量的 PCS,本节研究了直接由 RLPS 合成 RPCS 的反应过程,并以此为参照,在 RLPS 中添加不同比例的 $B(OBu)_3$[$B(OBu)_3$ 与 RLPS 的质量比分别为 0.01、0.02、0.04],在不同温度下(360℃、400℃、440℃)下各反应 1 h,然后对产物进行 IR、GPC、NMR 等测试。结果如表 2-8 所示。从表中的数据来看,将 RLPS 继续高温反应,不能使其分子量得到明显的增长。这说明单纯靠加热的方式,很难使 RLPS 转化为 PCS。而添加了 $B(OBu)_3$后,RPCS 的$\overline{M}_w$有了显著提高,低分子量部分明显减少,中高分子量部分显著增多,并且随着合成温度的提高,这一趋势更加明显。

表 2-8　RPCS 的反应条件及特性

样　品	$m(B(OBu)_3)$/ m(RLPS)	温度/ ℃	$\overline{M}_w$	W_H/% ($\overline{M}_w \geqslant 10^4$)	W_M/% ($10^3 \leqslant \overline{M}_w \leqslant 10^4$)	W_L/% ($\overline{M}_w \leqslant 10^3$)
RLPS-360	0	360	210	0	3.0	97.0
RLPS-400	0	400	238	0	4.0	96.0
RLPS-440	0	440	237	0	4.5	95.5
A1-360	0.01	360	576	0	17.0	83.0
A1-400	0.01	400	726	0	20.5	79.5
A1-440	0.01	440	1 373	2	27.0	71.0
A2-360	0.02	360	1 057	1	27.5	71.5
A2-400	0.02	400	1 143	2.5	26.0	71.5
A2-440	0.02	440	1 430	3	27.0	70.0
A3-360	0.04	360	1 771	3.5	32.0	64.5
A3-400	0.04	400	2 045	4	35.5	60.5
A3-440	0.04	440	4 529	14	43.5	42.5

所有的 RPCSs 均在一定的温度下反应 1 h 合成

为了更清楚地表示产物的分子量变化，将不同条件下合成的 RPCS 的 GPC 曲线示于图 2-31 中。可以看出，随着合成温度的提高，几种合成产物的分子量

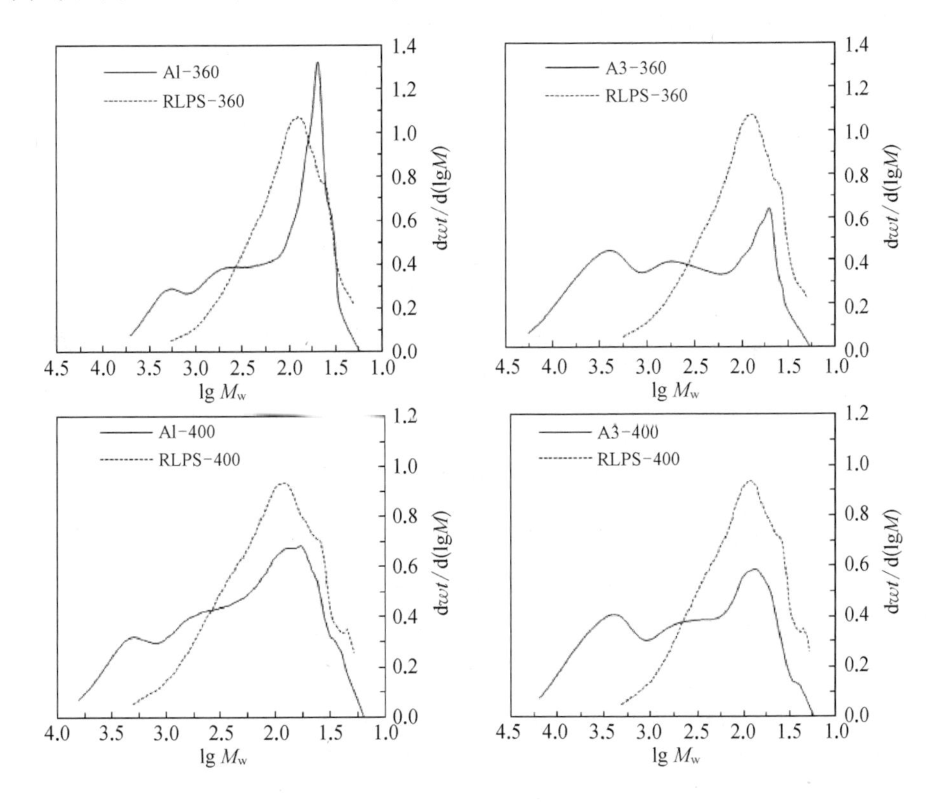

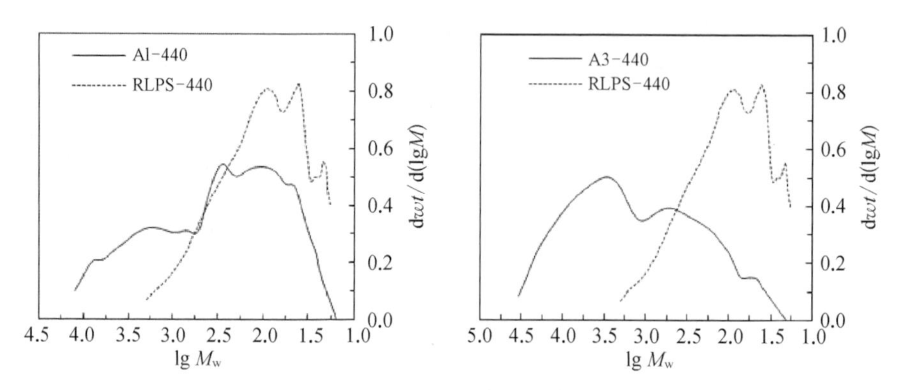

图 2-31 RPCS 的分子量分布图

分布均向高分子量方向移动，分子量逐渐增加，分子量分布逐渐变宽，说明低分子量的 PCS 通过缩合反应逐渐转化为高分子量的 PCS。不同的是，相同温度下添加了 $B(OBu)_3$的合成产物的低分子量部分明显少于没有添加 $B(OBu)_3$的合成产物，并且前者在 360℃左右就已经出现了明显的中高分子量峰。

为进一步说明，参照图 2-13 的标准将 RPCS 的分子量分布分为高(W_H)、中(W_M)、低(W_L)三部分，按照各部分的积分面积作图(图 2-32)。

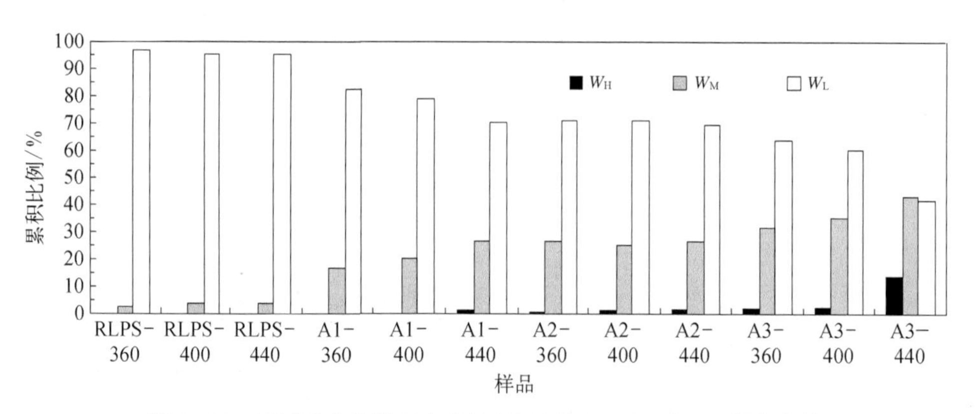

图 2-32 不同反应条件下合成的 RPCS 的 W_H、W_M 和 W_L 部分含量

可以看出，随着 $B(OBu)_3$添加比例的增大和合成温度的提高，RPCS 的低分子量部分逐渐减少，中高分子量部分逐渐增多。而不添加 $B(OBu)_3$的对比样品，在升温过程中分子量变化非常不明显。由此可见，$B(OBu)_3$能显著促进反应物分子量的增长。

为进一步研究 $B(OBu)_3$的作用机理，本节跟踪分析了不同温度下反应生成的 RPCS 的结构变化，其中样品 A3 和对比样 RLPS 在不同温度下的合成产物的

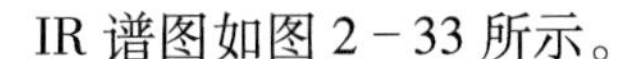
IR 谱图如图 2-33 所示。

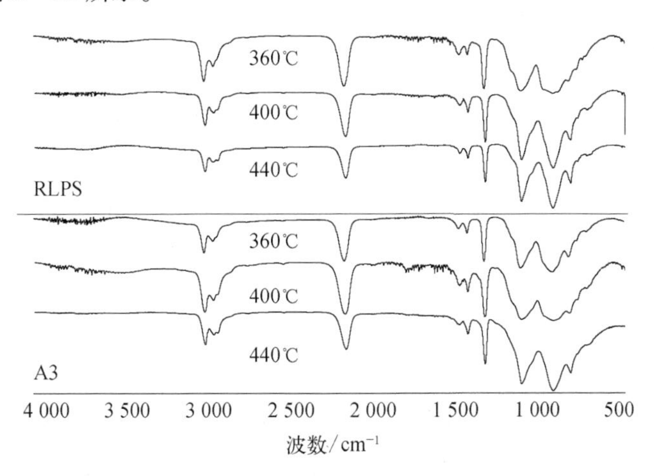

图 2-33　不同合成温度下产物 RPCS 的 IR 谱图

可以看出，添加 $B(OBu)_3$后合成产物的 IR 谱图与不添加的相比，主要吸收峰的位置相同，没有新的特征峰出现。区别主要体现在 Si—H 和 $Si—CH_2—Si$ 吸收峰的强度变化上。为更清楚地表明这些吸收峰的强度变化，作不同条件下合成产物的 $A_{Si—H}/A_{Si—CH_3}$ 和 $A_{Si—CH_2—Si}/A_{Si—CH_3}$ 随合成温度的变化关系图，如图 2-34、图 2-35 所示。

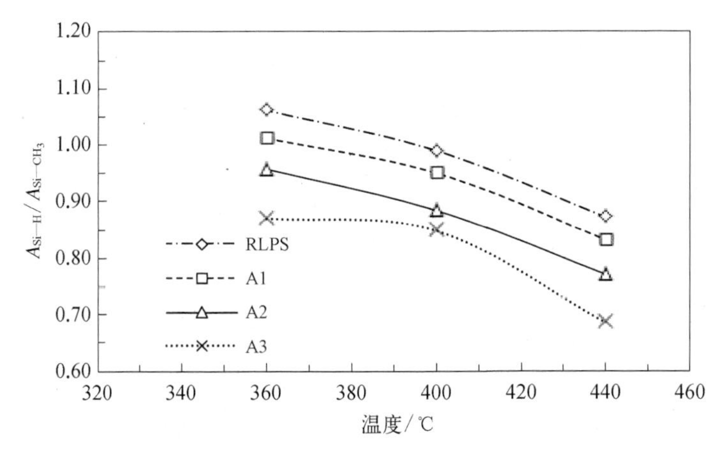

图 2-34　不同原料合成的 RPCS 的 $A_{Si—H}/A_{Si—CH_3}$与合成温度的关系

可以看出，随着合成温度的升高，产物的 $A_{Si—H}/A_{Si—CH_3}$逐渐降低，$A_{Si—CH_2—Si}/A_{Si—CH_3}$逐步提高，并且在相同的温度下 $B(OBu)_3$用量愈多，RPCS 的 $A_{Si—H}/A_{Si—CH_3}$愈低，$A_{Si—CH_2—Si}/A_{Si—CH_3}$愈高。这说明 $B(OBu)_3$促进了 RLPS 的 Si—H 和 $Si—CH_3$

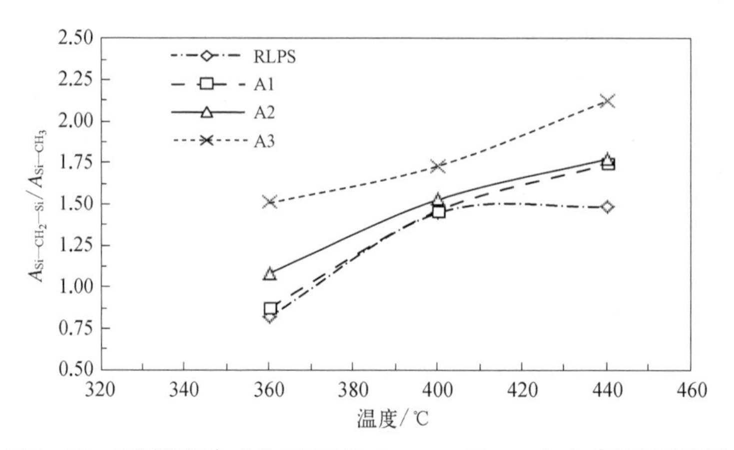

图 2-35　不同原料合成的 RPCS 的 $A_{Si-CH_2-Si}/A_{Si-CH_3}$ 与合成温度的关系

的断键缩合反应，生成了 Si—CH_2—Si 结构。

为进一步分析 RPCS 的分子结构，对 A2-440 进行 ^1H-NMR 和 ^{13}C-NMR 核磁共振分析，分别如图 2-36 及图 2-37 所示。可看出，RPCS 的 ^1H-NMR

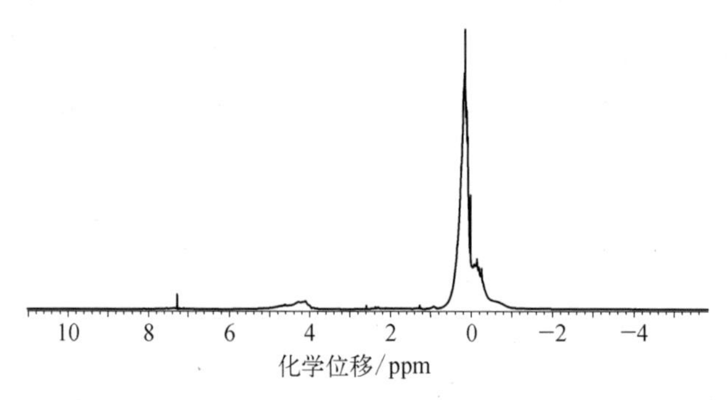

图 2-36　A2-440 的 ^1H-NMR 谱图

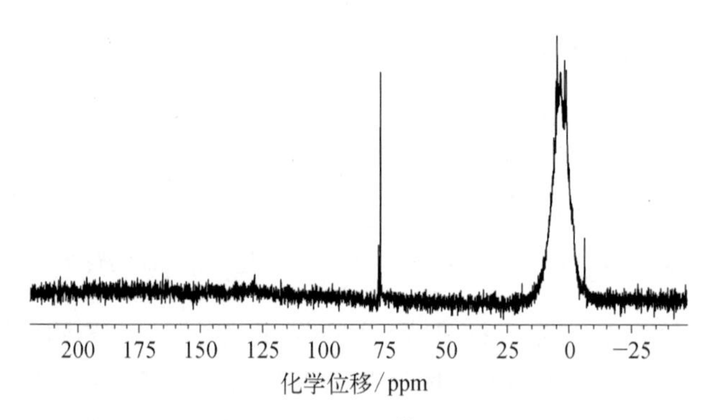

图 2-37　A2-440 的 ^{13}C-NMR 谱图

和[13]C－NMR 与 PCS 没有明显差别。其[1]H－NMR 谱主要有 δ = 0 ppm 附近的饱和 C—H 键的氢峰，δ = 4.1 ~ 5.5 ppm 的 Si—H 键的氢峰以及 δ = 7.2 ppm 附近的 $CDCl_3$溶剂干扰峰。[13]C－NMR 谱主要是 δ_C = 0 ppm 附近的饱和碳吸收和 76 ppm 处溶剂 $CDCl_3$的核磁振动吸收。这说明 RPCS 的主链仍是 Si—CH_2—Si 结构，它属于分子量较低的 PCS。

综上所述，$B(OBu)_3$对 RLPS 合成 RPCS 具有显著的引发作用，能有效促进 Si—H 键断键缩合反应，使低分子量碳硅烷向中高分子量转化，从而提高 RPCS 的分子量。增加 $B(OBu)_3$的用量和提高合成温度，能进一步促进 RPCS 分子量的长大，提高低分子量向高分子量的转化程度。从产物的组成结构分析来看，采用该方法合成的 RPCS 属于分子量较低的 PCS，分子结构仍然以 Si—CH_2—Si 结构为主。

由于采用该路线合成 PCS 的第二步是将 RPCS 与 LPS 按一定比例混合，然后按常规方法合成 PCS，因此 RPCS 必须满足一定的沸点和分子量要求。一般控制 $B(OBu)_3$和 RLPS 的质量比为 0.02，400~440℃反应 1 h，可得到$\overline{M}_w$适中，沸点范围为 300~350℃，并且 $A_{Si—H}/A_{Si—CH_3}$在 0.8 以上的 RPCS。

2. $B(OBu)_3$ 引发 RLPS 合成 RPCS 的反应机理分析

$B(OBu)_3$与 LPS 在 280~320℃时会发生剧烈的自由基反应，并生成二甲基硅烷[$(CH_3)_2SiH_2$]、三甲基硅烷[$(CH_3)_3SiH$]和正丁烷等副产物。RLPS 主要成分是具有较高 Si—H 键含量的低分子碳硅烷，其结构不同于以 Si—Si 键为主链的 LPS，因此 $B(OBu)_3$对 RLPS 的引发作用于其对 LPS 的作用也不尽相同。在本实验中，采用 $B(OBu)_3$引发 RLPS 合成 RPCS，$B(OBu)_3$的主要作用是促进低分子碳硅烷间的缩合反应。

由此可以推测，在 $B(OBu)_3$与 RLPS 反应过程中，$B(OBu)_3$首先受热分解形成硼氧自由基和丁烷自由基，如式(2－9)所示。

$$B(OC_4H_9)_3 \xrightarrow{\triangle} -\underset{|}{\overset{|}{B}}-O\cdot + \cdot C_4H_9 \tag{2-9}$$

这两种自由基夺取 RLPS 中 Si—H 键中的 H 原子，生成 Si 自由基，B—OH 和丁烷，如式(2－10)和式(2－11)所示。其中副产物 B—OH 和丁烷等会随保护气体逸出。

$$\begin{array}{c} | \\ —\mathrm{B}—\mathrm{O}\cdot \end{array} + \begin{array}{c} \mathrm{CH_3} \\ | \\ —\mathrm{Si}—\mathrm{H} \\ | \\ \mathrm{CH_3} \end{array} \longrightarrow \begin{array}{c} | \\ —\mathrm{B}—\mathrm{OH} \end{array} + \begin{array}{c} \mathrm{CH_3} \\ | \\ —\mathrm{Si}\cdot \\ | \\ \mathrm{CH_3} \end{array} \tag{2-10}$$

$$\begin{array}{c} \mathrm{CH_3} \\ | \\ —\mathrm{Si}—\mathrm{H} \\ | \\ \mathrm{CH_3} \end{array} + \cdot\mathrm{C_4H_9} \longrightarrow \begin{array}{c} \mathrm{CH_3} \\ | \\ —\mathrm{Si}\cdot \\ | \\ \mathrm{CH_3} \end{array} + \mathrm{C_4H_{10}} \tag{2-11}$$

硼自由基和丁烷自由基还可能夺取 Si—CH_3 中的 H，生成 Si—CH_2·，如式(2-12)和式(2-13)所示。

$$\begin{array}{c} | \\ —\mathrm{B}—\mathrm{O}\cdot \end{array} + \begin{array}{ccc} \mathrm{CH_3} & & \mathrm{H} \\ | & & | \\ —\mathrm{Si} & — & \mathrm{C}— \\ | & & | \\ \mathrm{CH_3} & & \mathrm{H} \end{array} \longrightarrow \begin{array}{ccc} \dot{\mathrm{C}}\mathrm{H_2} & & \mathrm{H} \\ | & & | \\ —\mathrm{Si} & — & \mathrm{C}— \\ | & & | \\ \mathrm{CH_3} & & \mathrm{H} \end{array} + \begin{array}{c} | \\ —\mathrm{B}—\mathrm{OH} \end{array} \tag{2-12}$$

$$\cdot\mathrm{C_4H_9} + \begin{array}{ccc} \mathrm{CH_3} & & \mathrm{H} \\ | & & | \\ —\mathrm{Si} & — & \mathrm{C}— \\ | & & | \\ \mathrm{CH_3} & & \mathrm{H} \end{array} \longrightarrow \begin{array}{ccc} \dot{\mathrm{C}}\mathrm{H_2} & & \mathrm{H} \\ | & & | \\ —\mathrm{Si} & — & \mathrm{C}— \\ | & & | \\ \mathrm{CH_3} & & \mathrm{H} \end{array} + \cdot\mathrm{C_4H_{10}} \tag{2-13}$$

Si 自由基和 Si—CH_2·进一步交联，形成 Si—CH_2—Si 结构，最终使分子量长大，如式(2-14)所示。

$$\begin{array}{c} \mathrm{CH_3} \\ | \\ \mathrm{H_3C}—\mathrm{Si}— \\ | \\ \underset{\cdot}{\mathrm{C}}\mathrm{H_2} \end{array} + \begin{array}{c} \mathrm{CH_3} \\ | \\ \cdot\mathrm{Si}— \\ | \\ \mathrm{CH_3} \end{array} \longrightarrow \begin{array}{ccccc} \mathrm{CH_3} & & \mathrm{H} & & \mathrm{CH_3} \\ | & & | & & | \\ —\mathrm{Si} & — & \mathrm{C} & — & \mathrm{Si}— \\ | & & | & & | \\ \mathrm{CH_3} & & \mathrm{H} & & \mathrm{CH_3} \end{array} \tag{2-14}$$

如上所述，$B(OBu)_3$促进了 RLPS 中低分子量碳硅烷间的缩聚反应，使分子量长大。IR 分析，^1H-NMR 和 $^{13}C-NMR$ 核磁共振分析证实反应产物 RPCS 与

PCS 分子结构相同。

2.3.2　LPS 添加 RPCS 合成 PCS 研究

回收 RLPS 合成 RPCS 的分子量水平与 PCS 相比仍有较大差距。第二步考虑将 RPCS 混合到 LPS 中，按常规方法来合成 PCS。将黏稠状的 RPCS 添加到活性 LPS 中，会使反应体系的黏度增加，沸点提高，抑制小分子的流失，有利于 PCS 合成产率的进一步提高。

按第一步合成产物 RPCS 的沸点范围，将其分为沸点小于 300℃、300 ~ 350℃和沸点大于 350℃三种组分，按照不同的质量比将其分别添加到 LPS 中，在 450℃下反应 4 h，然后将产物经二甲苯溶解过滤后在 350℃减压蒸馏 0.5 h 得到固体 PCS。合成条件和合成产物特性如表 2 - 9 所示。

表 2 - 9　PCS 的合成条件和特性(添加 RPCS)

样　品	RPCS 的沸点/℃	RPCS/LPS	产率/%	软化点/℃	$\overline{M}_w$	$\overline{M}_w/\overline{M}_n$
PCS - 0	—	0	43.0	178 ~ 188	1 299	1.31
PCS - 1	≤300	0.1	50.7	212 ~ 226	1 517	1.7
PCS - 2		0.2	51.4	177 ~ 192	1 898	1.76
PCS - 3		0.3	59.9	189 ~ 198	1 914	1.8
PCS - 4	300 ~ 350	0.1	61.8	183 ~ 193	1 674	1.65
PCS - 5		0.3	63.3	204 ~ 219	2 270	2.36
PCS - 6	≥350	0.1	56.8	203 ~ 220	1 785	1.54
PCS - 7		0.2	65.1	209 ~ 222	3 170	2.79
PCS - 8		0.3	66.7	213 ~ 233	3 951	2.78

所有的 PCSs 在 450℃下反应 4 h 合成

从表 2 - 9 中的数据来看，在相同升温制度下，随着 RPCS 沸点的升高和添加比例的增加，PCS 的产率逐渐增加，与不添加 RPCS 的对比样相比，产率最高增加了 23.7%，产物的软化点、重均分子量、分子量分布系数也随之显著提高。为了更清楚地说明 RPCS 的沸点和用量对 PCS 产率的影响，按照表 2 - 9 中的数据作不同沸点的 RPCS 和 LPS 的质量比与产率的关系图(图 2 - 38)。可以看出，RPCS 的沸点越高，添加比例越大，PCS 的产率越高。

RPCS 的沸点和用量对产物的分子量分布也有明显影响。图 2 - 39 列出了不同条件下合成的 PCS 的分子量分布图。将 PCS 的分子量分布分为高(W_H)、中(W_M)、低(W_L)三部分，按照各部分的积分面积作图 2 - 40。

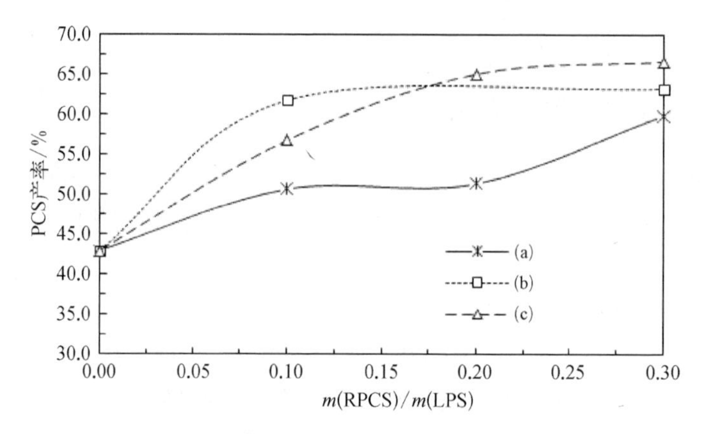

图 2-38　RPCS 的沸点及其与 LPS 质量比对 PCS 产率的影响

(a)、(b)、(c)分别对应 RPCS 的沸点小于 300℃、300~350℃、大于 350℃

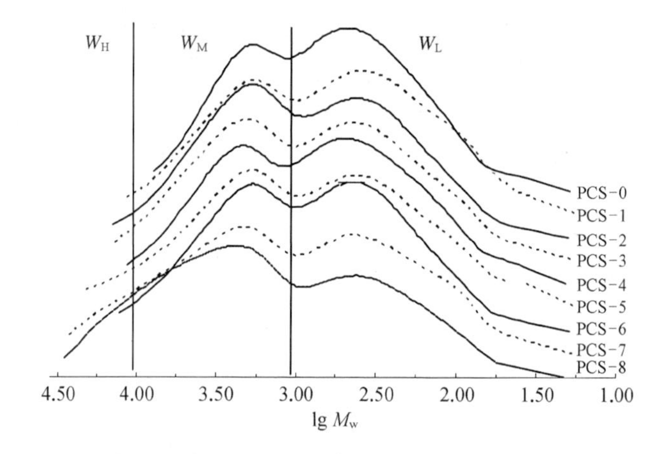

图 2-39　不同 RPCS 与 LPS 质量比条件下合成的 PCS 的分子量分布曲线

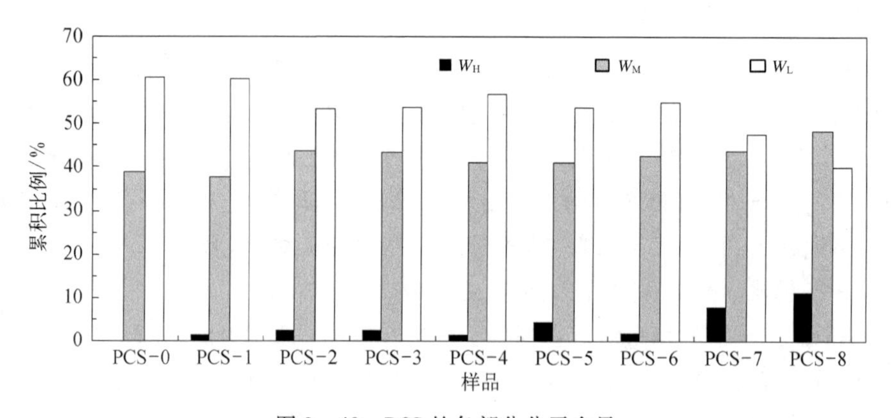

图 2-40　PCS 的各部分分子含量

从图2－40可以看出，在升温制度不变的情况下，随着RPCS沸点和用量的增加，PCS的低分子量部分明显减少，中高分子量部分尤其是高分子量部分明显增多。这说明在反应体系中添加具有较高沸点的RPCS，可以使低分子量向高分子量的转化反应更加充分。

图2－41和图2－42为RPCS沸点和添加比例与PCS的重均分子量和分散系数的关系。

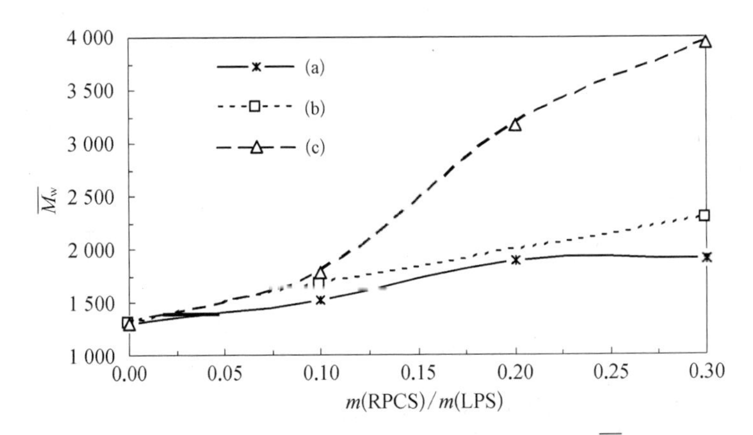

图2－41　RPCS的沸点及其与LPS质量比对PCS的$\overline{M}_w$的影响

(a)、(b)、(c)分别对应RPCS的沸点小于300℃、300~350℃、大于350℃

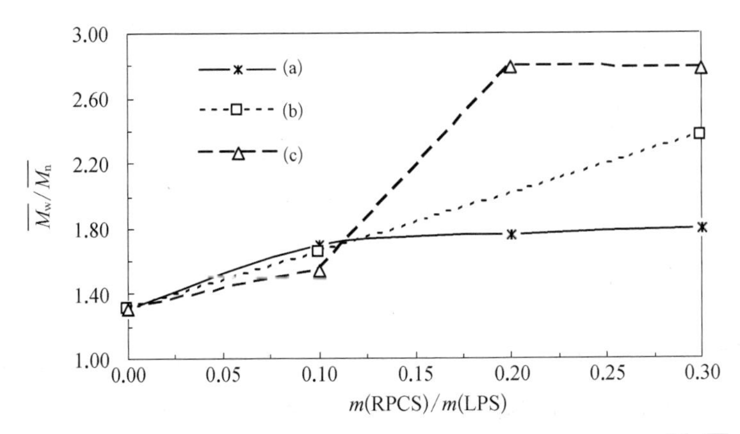

图2－42　RPCS的沸点及其与LPS质量比对PCS的分子量分散系数$\overline{M}_w/\overline{M}_n$影响

(a)、(b)、(c)分别对应RPCS的沸点小于300℃、300~350℃、大于350℃

从图2－41和图2－42可以看出，随着RPCS的沸点的升高和添加比例的增大，PCS的重均分子量逐渐变大，分子量分布逐渐变宽。

对 PCS－1～PCS－8 进行 FTIR 分析，证实 LPS 添加 RPCS 合成的产物与对比样 PCS－0 的红外结构相同，仅是吸收峰强度有所不同。作 PCS 的 $A_{Si—H}/A_{Si—CH_3}$，$A_{Si—CH_2—Si}/A_{Si—CH_3}$随 RPCS 沸点和 RPCS 与 LPS 质量比的变化图（图 2－43 和图 2－44）。

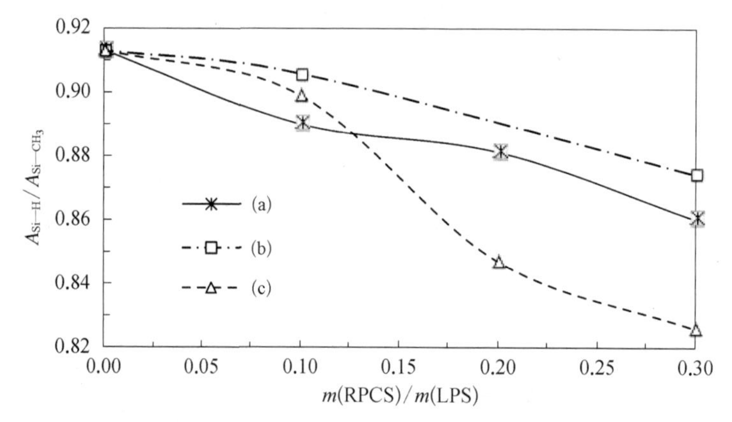

图 2－43　RPCS 的沸点及其与 LPS 质量比对 PCS 的 $A_{Si—H}/A_{Si—CH_3}$的影响

（a）、（b）、（c）分别对应 RPCS 的沸点小于 300℃、300～350℃、大于 350℃

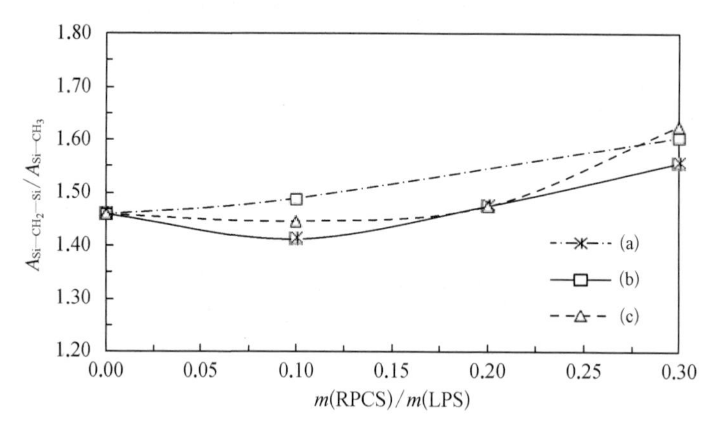

图 2－44　RPCS 的沸点及其与 LPS 质量比对 PCS 的 $A_{Si—CH_2—Si}/A_{Si—CH_3}$的影响

（a）、（b）、（c）分别对应 RPCS 的沸点小于 300℃、300～350℃、大于 350℃

从图 2－43 和图 2－44 可以看出，随着 RPCS 与 LPS 质量比的增加，PCS 的 $A_{Si—H}/A_{Si—CH_3}$逐渐降低，$A_{Si—CH_2—Si}/A_{Si—CH_3}$逐渐增大，并且随着 RPCS 沸点的升高，这一趋势更加明显。这说明添加 RPCS 可以促进 Si—H 的缩聚交联反应，使 PCS 分子长大。

综上所述，将 RPCS 添加到 LPS 中合成 PCS，可以显著提高 PCS 的合成产率，并且随着 RPCS 的沸点的升高和添加比例的增大，产率提高更加明显，最高可达 20%以上。同时 PCS 的分子量逐渐变大，分子量分布逐渐变宽。与不添加 RPCS 的合成产物相比，添加 RPCS 后产物的 Si—H 键含量会有所降低。实验最佳条件为，RPCS 的沸点在 300~350℃，RPCS 与 LPS 质量比为 0.2~0.3，450℃反应 4 h，可控制 PCS 的产率约为 63%，$A_{Si—H}/A_{Si—CH_3}$在 0.9 左右。

2.3.3　PCS 的组成结构分析

本节通过元素组成、IR、^{1}H - NMR、^{13}C - NMR、GPC、TG - DTA 和 XRD 等方法对两步法合成的 PCS 进行组成结构的表征。其中 PCS 的元素分析见表 2 - 10。

表 2 - 10　PCS 的元素组成

样　品	w(Si)/%	w(C)/%	w(O)/%	(C/Si)/(摩尔比)	(O/Si)/(摩尔比)
PCS - 1	49.4	37.24	0.78	1.76	0.03
PCS - 8	50.25	38.83	0.57	1.81	0.02

与表 2 - 6 中的数据相比，可以看出采用这种方法合成 PCS，不会引入太多的 C 元素和 O 元素，B 元素含量最高也只有 5.4 ppm。

为了进一步确定该方法合成的 PCS 分子中 H、C 原子的键合情况，对 PCS - 8 进行^{1}H - NMR 和^{13}C - NMR 核磁共振分析，分别如图 2 - 45 及图 2 - 46 所示。可以看出，采用这种方法合成的 PCS 的^{1}H - NMR 谱主要有 δ = 0 ppm 附近的饱和 C—H 键的氢峰，δ = 4.1 ~ 5.5 ppm 的 Si—H 键的氢峰以及 δ = 7.2 ppm 附近的 $CDCl_3$溶剂干扰峰。^{13}C - NMR 谱主要是 δ_C = 0 ppm 附近的饱和碳吸收和 76 ppm 处溶剂 $CDCl_3$的核磁振动吸收。与常规合成方法合成的 PCS 没有结构上的差异。

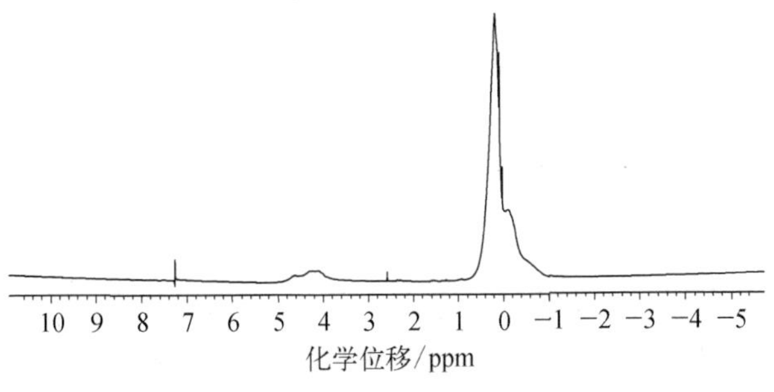

图 2 - 45　PCS - 8 的^{1}H - NMR 谱图

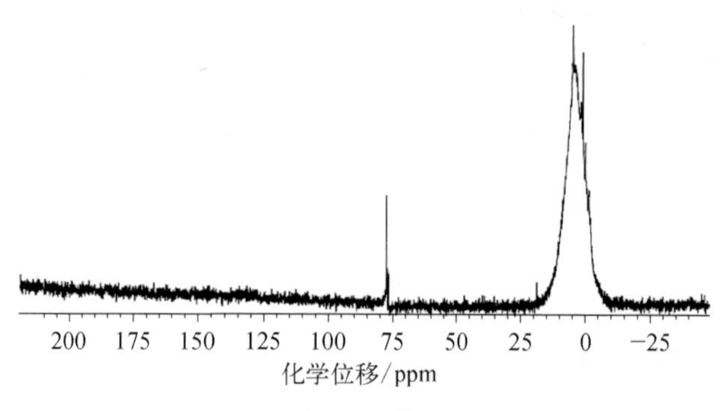

图 2-46 PCS-8 的 ^{13}C-NMR 谱图

综上所述，采用 $B(OBu)_3$ 两步引发合成 PCS，不会在产物中引入杂质元素，也不会引入新的结构基团。该法合成的 PCS 仍然是以 Si—C 键为主链，含有 Si—CH_3、Si—H、Si—CH_2—Si 等结构基团的聚合物。

2.3.4 PCS 的性能研究

同样，要判定 $B(OBu)_3$ 两步引发合成 PCS 的方法是否可行，必须对该方法合成的 PCS 的热性能和高温转化性能进行研究。取样品 PCS-8 在 N_2 保护下进行热分析，得到图 2-47 中所示 TG-DTA 曲线。

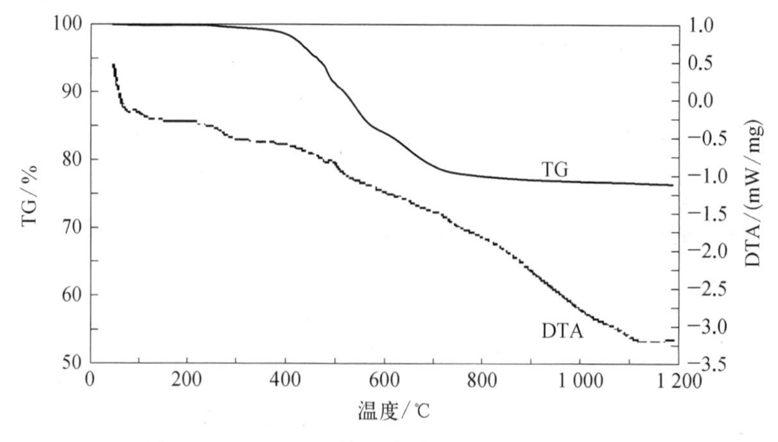

图 2-47 PCS-8 在 N_2 气氛下的 TG-DTA 曲线

PCS-8 的热分解主要发生在 320~600℃，失重达到 15.5%，在 1 200℃ 时陶瓷产率为 76.5%。PCS-8 及其在 N_2 气氛中 1 250℃ 裂解后的 XRD 谱图如图 2-48 所示。

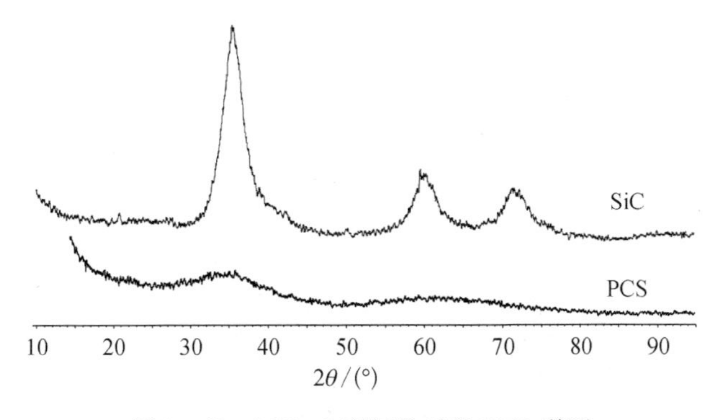

图2－48　PCS－8裂解前后的XRD谱图

由图2－48可知，PCS－8为无定形物，结晶程度很低。在N_2中1 250℃高温裂解后，转变为β－SiC微晶，晶粒大小约为2.89 nm。

与图2－28、图2－29对比分析可知，采用$B(OBu)_3$引发两步合成的PCS的高温热分解转化过程与常规方法合成的PCS没有明显的差异。

综上所述，采用$B(OBu)_3$引发两步合成PCS的方法，能显著提高PCS合成产率，并且不影响PCS组成结构、热性能和高温转化性能。

采用BPO引发合成PCS和采用$B(OBu)_3$两步合成PCS的方法都显著提高了PCS的合成产率。但相比较而言，采用BPO引发LPS合成PCS，会在产物中引入苯环结构，使PCS的C、O含量增加。而采用$B(OBu)_3$引发的两步合成反应，回收利用了废弃液RLPS，在有效提高合成产率的同时，维持了PCS的组成结构，没有在分子中引入新的结构基团和杂质元素，并且合成产物有较高的Si—H含量，其热性能和高温转化性能均满足作为陶瓷先驱体的要求。

参考文献

[1] Yajima S, Hasegawa Y, Hayashi J. Synthesis of continuous silicon carbi de fiber with high tensile strength and high Young's modulus. Journal of Materials Science, 1978, 13: 2569－2576.

[2] Seyferth D, Lang H. Polycarbosilanes as silicon carbide precursors. Conference Proceedings, Ultrastructure Conference in Tucson, 1989.

[3] Tsumura M, Iwahara T. Synthesis and prope rties of crosslinked polycarbosilanes by hydrosilylation polymerization. Polymer Journal, 1999, 31: 452－457.

[4] Seyferth D, Lang H. Preparation of preceramic polymers via the metalation of poly (dimethylsilene). Organometallics, 1991, 10: 551－558.

[5] Narisawa M, Idesaki A, Kitano S, et al. Use of blended precursors of poly (vinylsilane) in polycarbosilane for silicon carbide fiber synthesis with radiation curing. Journal of the American Ceramic Society, 1999, 82: 1045 - 1051.

[6] Habel W, Oelschlager A, Sartori P. Synthese and charakterisierung von poly (dialkenylsilylen-*co*-methylenen) als grundmaterialien von SiC-fasern. Journal of Organometallic Chemistry, 1995, 486(1 - 2): 267 - 273.

[7] Kumagawa K, Yamaoka H, Shibuya M, et al. Development of Si-M-C-(O) fiber from an new pre-ceramic polymer prepared by the reaction between polycarbosilane and the sol-gel-derived oxide sol. Journal of the Japan Institute of Metals, 2000, 64: 1100 - 1105.

[8] Jouikov V, Bernard C, Degrand C. Ultrasounds in voltammetry of irreversible processes of silicon organic compounds. New Journal Chemistry, 1999: 287 - 290.

[9] Gozzi M F, Valeria I, Yoshida P. Thermal and photo chemical conversion of poly (methylsilane) to polycarbosilane. Macromolecules, 1995, 28: 7235 - 7240.

[10] Hemida A T, Birot M, Pillot J P, et al. Synthesis and characterization of new precursors to nearly stoichiometric SiC ceramics: Part Ⅱ a homopolymer route. Journal of Materials Science, 1997, 32: 3485 - 3490.

[11] Hemida A T, Briot M, Pillot J P, et al. Synthesis and characterization of new precursors to nearly stoichiometric SiC ceramics: Part Ⅰ the copolymer route. Journal of Materials Science, 1997, 32: 3475 - 3483.

[12] Yajima S, Hasegawa Y, Hayashi J. Synthesis of continuous silicon carbide fiber with high tensile strength and high Young's modulus: Part Ⅰ synthesis of polycarbosilane as precursor. Journal of Materials Science, 1978, 13: 2569 - 2576.

[13] Ly H Q, Taylor R, Day R J. Conversion of polycarbosilane (PCS) to SiC-based ceramic Part Ⅰ. Characterisation of PCS and curing products. Journal of Materials Science, 2001, 36: 4037.

[14] Ishikawa T, Shibuya M, Yamamura T. The conversion process from polydimethylsilane to polycarbosilane in the presence of polyborodiphenlysiloxane. Journal of Materials Science, 1990, 25: 2809 - 2814.

第 3 章　高压法制备聚碳硅烷

高压与常压合成相比,高压法在合成过程中,反应体系密闭,可以增加反应压力,提高反应物浓度,增加反应物间的碰撞,提高反应速率,因此,可以增加产物的分子量,提高合成产率。在 PCS 的合成过程中,小分子碳硅烷通过脱 H_2、CH_4等缩聚反应,使分子量长大,同时导致 PCS 分子支化度逐渐变大。在常压反应体系中,H_2、CH_4等逸出体系,体系压力降低,导致反应平衡向促进缩聚方向移动,支化度增大。在高压反应体系下,H_2、CH_4的存在抑制了缩合,相对可以降低 PCS 的支化度,提高 PCS 的线性度。

本章分别以 PDMS、LPS 为原料,在热压釜内高温高压合成了 PCS,研究了高压法聚碳硅烷的合成工艺,分析了高压法聚碳硅烷的组成结构,探讨了高压法聚碳硅烷的热解转化过程。

3.1　高压法 PCS 的合成工艺

3.1.1　合成温度、反应时间对高压法 PCS 的影响

以 PDMS 及 LPS 为原料,预加 0.1 MPa 的 N_2,在 450~470℃ 的温度下,反应 2~8 h,经过减压蒸馏得到了 PCS,以反应终压、PCS 的产率,以及 PCS 的软化点、分子量及其分布、Si—H 键含量等参数为依据,分析了合成温度与时间对高压法合成 PCS 的影响。表 3-1、表 3-2 分别列出了 PDMS 及 LPS 在不同反应条件下的反应终压、产率及 PCS 的特性参数。

表 3-1　PDMS 在不同反应条件下的反应过程参数及 PCS 的特性参数

样　品	反应终压/MPa	产率/%	软化点/℃	M_w^{PS}	PDI	W_H/%	$A_{Si—H}/A_{Si—CH_3}$
450-2	1.9	36.8	146	1 263	2.73	0	1.02
450-4	2.3	39.5	181	2 230	5.01	3.4	0.99
450-6	2.9	45.7	200	3 931	3.51	8.0	0.97

续表

样　品	反应终压/MPa	产率/%	软化点/℃	M_w^{PS}	PDI	W_H/%	A_{Si-H}/A_{Si-CH_3}
450 - 8	3.4	42.4	245	6 642	4.26	18.0	0.96
460 - 2	2.5	39.6	168	1 679	6.81	0.5	1.01
460 - 4	2.9	44.4	206	2 910	6.06	5.0	0.98
460 - 6	3.3	42.4	225	5 310	8.64	10.0	0.96
460 - 8	4.2	39.5	260	8 313	17.85	22.0	0.94
470 - 2	3.2	42.9	182	2 400	7.86	1.0	1.00
470 - 4	4.1	43.4	250	5 234	10.08	14.0	0.95
470 - 6	4.7	34.2	263	8 552	19.47	25.0	0.93
470 - 8	5.6	21.5	—	11 272	30.54	28.0	0.91

450 - 2 指 PCS 在 450℃ 反应 2 h 合成，对其他样品同理；PCS 的产率是基于 PDMS 的质量计算（从 PDMS 中获得 LPS 的产率为 80.2%）；PDI 指 PCS 的分子量分散系数（M_w^{PS}/M_n^{PS}）

表 3 - 2　LPS 在不同反应条件下的反应过程参数及 PCS 的特性参数

样　品	反应终压/MPa	产率/%	软化点/℃	M_w^{PS}	PDI	W_H/%	A_{Si-H}/A_{Si-CH_3}
450 - 2	1.8	30.7	159	1 274	2.37	0	0.99
450 - 4	1.9	34.7	181	1 638	2.91	0	0.98
450 - 6	2.0	35.3	201	2 090	3.96	1.5	0.97
450 - 8	2.4	38.1	246	3 246	6.30	6.5	0.96
460 - 2	2.0	37.5	172	2 221	4.44	2.0	0.95
460 - 4	2.3	37.5	226	3 709	6.30	9.5	0.94
460 - 6	2.9	37.4	283	6 269	8.70	19.5	0.92
460 - 8	3.1	41.2	—	14 298	23.01	28.6	0.87
470 - 2	2.2	38.1	201	3 497	6.09	7.0	0.90
470 - 4	3.0	42.4	283	12 795	16.56	24.4	0.87
470 - 6	3.6	10.0	—	22 959	52.98	28.5	0.83
470 - 8	4.9	8.2	—	29 700	59.52	35.2	0.82

450 - 2 指 PCS 在 450℃ 反应 2 h 合成，对其他样品同理；PCS 的产率是基于 PDMS 的质量计算（从 PDMS 中获得 LPS 的产率为 80.2%）；PDI 指 PCS 的分子量分散系数（M_w^{PS}/M_n^{PS}）

在高压合成 PCS 的过程中，随着合成温度的升高、反应时间的延长，室温下的反应终压逐渐增大，产率最大达 45%，PCS 的分子量及软化点逐渐提高，分子量分布逐渐变宽，分子结构中的 Si—H 键含量逐渐降低。在相同的反应条件下，LPS 合成 PCS 的反应过程中产生的压力较小，产率较低，分子量较低，分子结构中的 Si—H 键含量较低，但在反应条件较强时，LPS 生成的 PCS 的分子量逐渐超过相同条件下 PDMS 生成的 PCS 的分子量，说明 LPS 在反应过程中分子量增长较快。同时可以看出,PCS 的合成具有时温等效性,在提高或降低合成温度后,相应适当缩短或延长反应时间,即可得到特性相近的 PCS。

1. 反应终压

在 PCS 的高压合成过程中,由于反应是在密闭的热压釜内进行的,PDMS 及 LPS 裂解重排反应产生的 H_2、CH_4等低分子碳氢化合物及小分子碳硅烷不能逸出,随着反应条件的改变,釜内压力会产生相应的变化。本节以反应后冷却至室温下[(25±5)℃]的压力作为最终压力,其与反应时间的关系如图 3-1 所示。

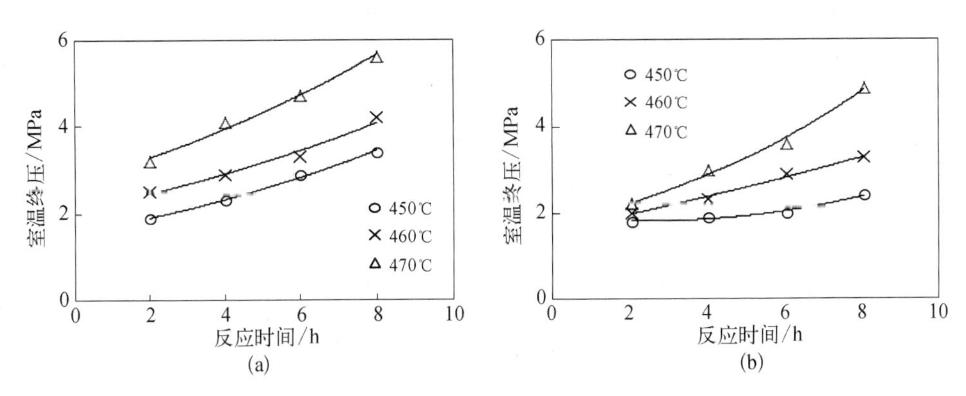

图 3-1　不同合成温度下反应时间与反应终压的关系

(a) PDMS; (b) LPS

在相同的合成温度下,随着反应时间的延长,反应终压逐渐增大。在相同的反应时间下,最终压力随合成温度的提高也逐渐提高。同时可见,LPS 合成 PCS 过程中产生的压力比 PDMS 反应产生的小,原因是 PDMS 在裂解 LPS 的过程中产生了约 7.1%的气体。合成温度的提高,使 PCS 的聚合反应速率增大,随着反应时间的延长,PCS 分子间的缩聚反应程度逐渐提高,产生的 H_2、CH_4等低分子碳氢化合物气体逐渐增多,因此压力逐渐增大。随着合成温度的升高,终压增长的速率变大,说明高温下聚合反应速率加快。

2. 合成产率

PDMS 及 LPS 在热压釜内反应后的粗产物经溶解、过滤和减压蒸馏后,得到 PCS 精料,反应生成物可以分为四部分,分别是反应产生的气体、PCS 精料、未反应的 LPS 及液态低分子 PCS(在表中记为 Liquid)、不溶的 PCS 及残渣等。随着反应条件的变化,各组成部分的产率发生相应的变化,结果见表 3-3 和表 3-4。

表 3-3　PDMS 在不同反应条件下反应生成物各部分的产率

样　品	450-2	450-4	450-6	450-8	460-2	460-4	460-6	460-8	470-2	470-4	470-6	470-8
PCS[1]/%	36.84	39.52	45.16	42.36	39.60	44.40	42.40	39.50	42.88	43.40	34.24	21.52
气体[2]/%	18.64	19.76	19.84	21.20	18.84	20.80	21.12	24.24	20.24	22.76	23.76	25.92
液体[2]/%	36.24	31.20	26.84	25.44	35.24	27.60	24.20	21.44	29.52	21.36	17.36	12.40
残渣[2]/%	8.28	9.52	8.16	11.00	6.32	7.20	12.28	14.82	7.36	12.48	24.64	40.16

450-2 指 PCS 在 450℃ 反应 2 h 合成，对其他样品同理；1 是通过 LPS 的质量计算；2 是通过 PDMS 的质量计算产率（LPS 的产率为 80.17%）

表 3-4　LPS 在不同反应条件下反应生成物各部分的产率

样　品	450-2	450-4	450-6	450-8	460-2	460-4	460-6	460-8	470-2	470-4	470-6	470-8
PCS[1]/%	38.31	43.28	43.99	47.54	46.74	46.82	46.62	51.44	47.47	52.89	12.42	10.15
PCS[2]/%	30.71	34.70	35.27	38.11	37.47	37.53	37.37	41.24	38.06	42.41	9.96	8.147
气体[2]/%	12.47	14.43	16.15	17.31	14.09	16.11	16.15	16.67	15.06	16.88	17.47	17.84
液体[2]/%	36.07	30.10	26.97	22.88	27.59	25.09	24.54	18.65	25.57	18.10	15.27	10.42
残渣[2]/%	0.91	0.95	1.78	1.87	1.01	1.43	2.10	3.62	1.47	2.79	37.47	45.38

450-2 指 PCS 在 450℃ 反应 2 h 合成，对其他样品同理；1 是通过 LPS 的质量计算；2 是通过 PDMS 的质量计算产率（LPS 的产率为 80.17%）

不同条件下各部分产物的产率如图 3-2 所示。

由表 3-1、表 3-2 及图 3-2 可见，PCS 的产率随着反应时间的延长逐渐增加，但在较高的合成温度下，随着反应时间的延长，PCS 的产率先提高后降低，最大值约为 45%。这是因为，随着合成温度的提高，反应时间的延长，越来越多的 PDMS 或 LPS 转化为 PCS，通过分子间的缩聚，PCS 的分子量逐渐长大，低分子量部分逐渐减少，相同减压蒸馏条件下脱除的 PCS 量逐渐减少，因此 PCS 的产率逐渐提高。但反应达到一定时间后，由于分子间缩聚交联程度过大，致使 PCS 分子量过大而不能被溶解和过滤，使 PCS 产率降低。在合成过程中，合成温度与反应时间是相互影响的因素，高温有利于键的断裂、重排及 PCS 分子量增长。因此，在较短反应时间下，产率随合成温度的提高而提高，而反应时间较长时，产

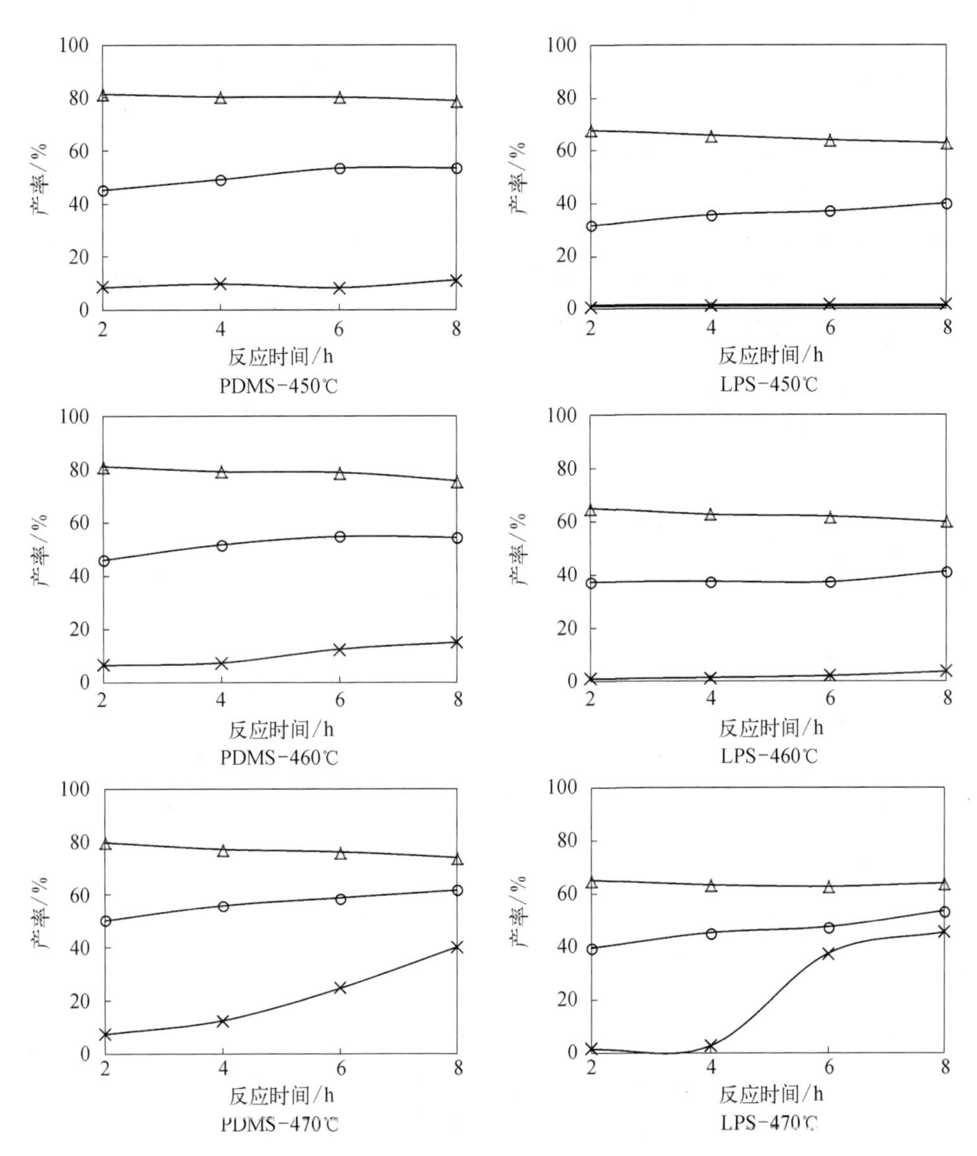

图3-2 不同反应条件下反应生成物的产率

△指残渣+PCS+液体,○指残渣+PCS,×指残渣

率则随着合成温度的升高先提高后降低。

随着反应条件的强化,合成产生的残渣增多,小分子PCS及未参与反应的LPS含量降低,反应产生的气体含量逐渐增加,说明小分子PCS通过缩合反应使分子量逐渐长大。由于在PDMS裂解为LPS的过程中,产生了一部分气体,因此在LPS反应生成PCS的过程中产生的气体比PDMS反应生成的少。

由前文分析可知,PDMS 并不能完全转化为碳硅烷,所以在一定条件下反应结束后,会有大量液态物质产生,但随着反应条件的强化,液态含量逐渐降低。LPS 反应后也会产生大量的液态物质,但比 PDMS 产生的少。

当 PCS 中开始出现交联且不溶于二甲苯的大分子后,合成产生的残渣开始增多。两种原料合成 PCS 的产率相当时,LPS 合成产生的残渣比 PDMS 合成产生的残渣大大降低。说明在 PDMS 裂解为 LPS 的过程中,一部分不能转化为碳硅烷的物质已经留在了裂解剩余物中。因此,用 LPS 合成 PCS,杂质含量降低。

3. Si—H 键含量

研究表明[1],PDMS 及 LPS 在热压釜内分别加热至 400℃、420℃以上时,逐渐转化为以 Si—C 键为主链的 PCS。这由反应前后 PDMS、LPS 及 PCS 的 IR 谱图可以得到证明。PCS - PDMS(PDMS 在 450℃反应 6 h 所得 PCS)及 PCS - LPS (LPS 在 450℃反应 6 h 所得 PCS)的 IR 谱图如图 3 - 3 所示。

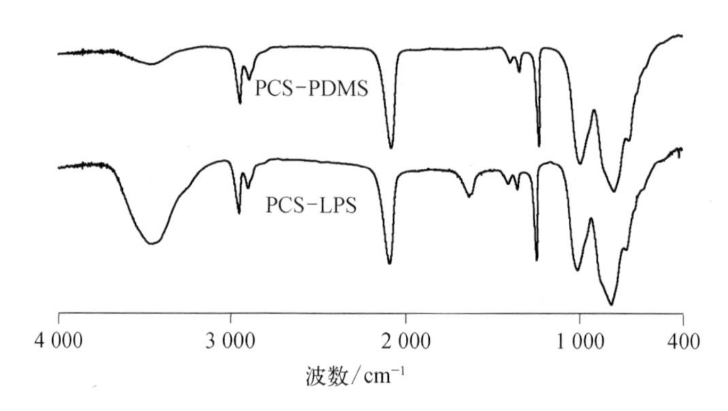

图 3 - 3　PCS - PDMS 及 PCS - LPS 的 IR 谱图

与 PDMS、LPS 谱图相比,在 PCS 谱图中,2 100 cm^{-1}处出现明显的 Si—H 伸缩振动峰,1 360 cm^{-1}处出现 Si—CH_2—Si 的 C—H 面外振动峰,1 020 cm^{-1}处出现 Si—CH_2—Si 的 Si—C—Si 伸缩振动峰,690 ~ 860 cm^{-1}处 Si—CH_3的摆动及 Si—C 伸缩振动峰逐渐变成一个宽峰。即 PCS 分子中出现了 Si—CH_2—Si、Si—H 等结构单元,说明 PDMS 及 LPS 在热压釜内经高温高压逐渐转化成为以 Si—C 键为主链的 PCS。

以 IR 谱图上 2 100 cm^{-1}及 1 250 cm^{-1}处 PCS 的特征吸收峰吸光度之比 $A_{Si—H}/A_{Si—CH_3}$来表征 PCS 的 Si—H 键含量[2]。其 Si—H 键含量与合成温度和反应时间的关系如图 3 - 4 所示。

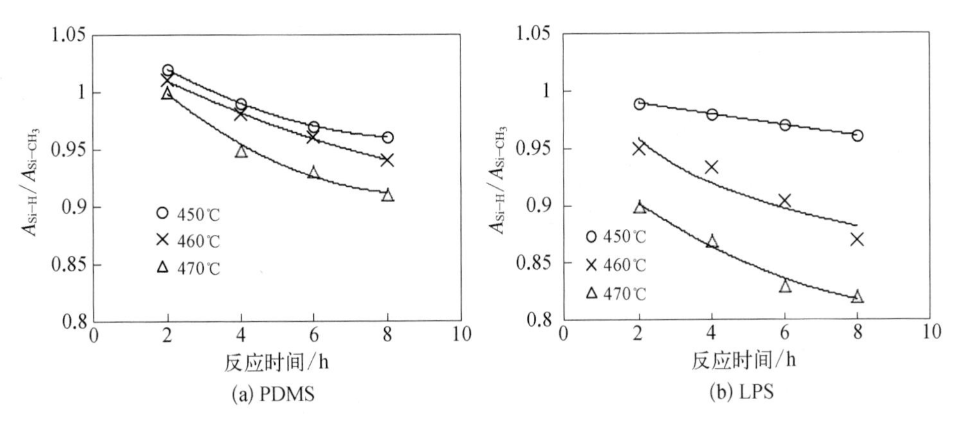

图 3-4　PCS 的 Si—H 键含量与反应时间的关系

随着合成温度的升高，反应时间的延长，PCS 的 Si—H 键含量逐渐降低，说明 PCS 分子间主要发生了 Si—H 缩合反应使分子量长大。以 PDMS 合成的 PCS 的 Si—H 键含量高于 LPS 合成的 PCS，是由于在 LPS 的制备过程中，反应活性高的一部分小分子硅碳硅烷已经转化生成了 LPCS。

4. 分子量及其分布

不同反应条件下合成的 PCS 的重均分子量及分子量分布曲线（以 460℃ 合成的 PCS 为例）分别如图 3-5、图 3-6 所示。根据分子量及分子量分布曲线，计算所得 PCS 的高分子量部分含量及分子量分散系数分别如图 3-7、图 3-8 所示。

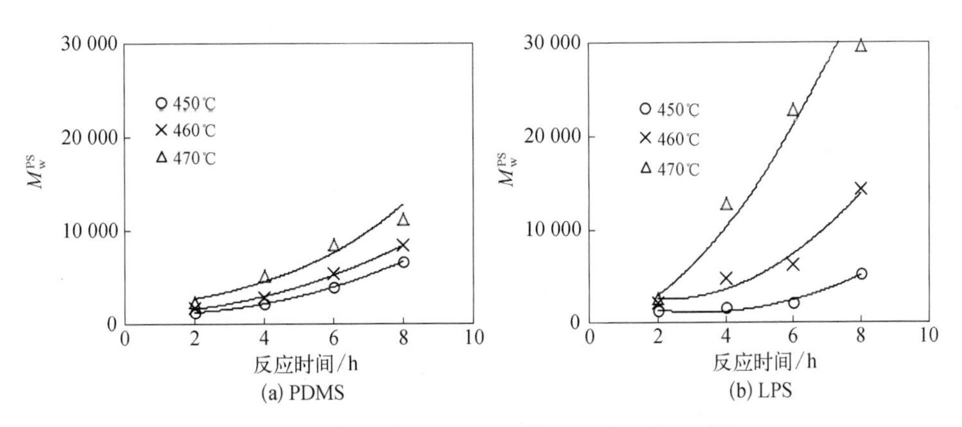

图 3-5　不同反应条件下合成的 PCS 的重均分子量

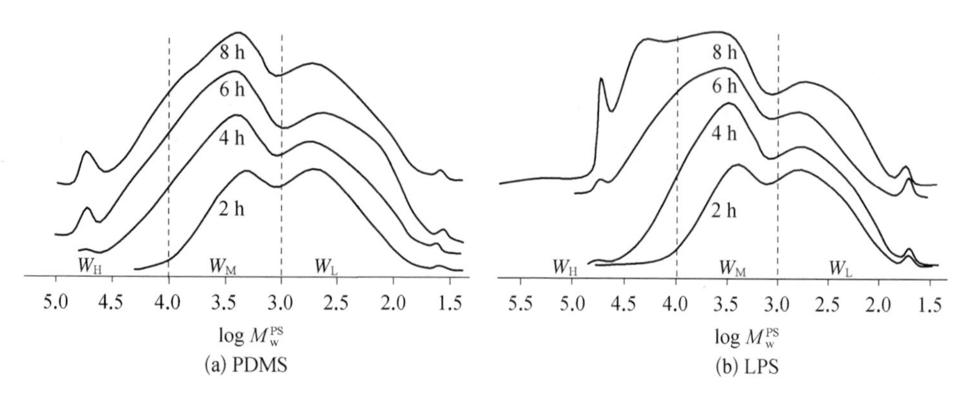

图 3－6　PDMS 及 LPS 在 460℃合成的 PCS 的分子量分布曲线

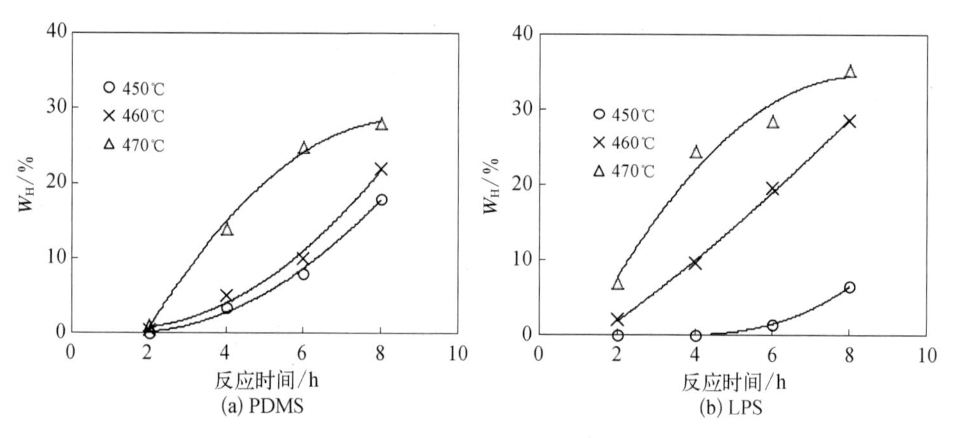

图 3－7　PCS 高分子量部分含量与反应时间的关系

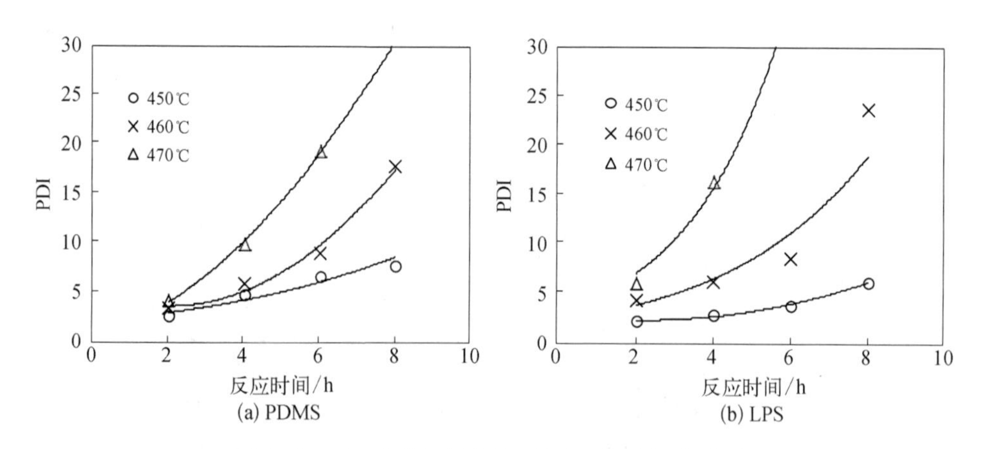

图 3－8　PCS 的分子量分散系数与反应时间的关系

随着合成温度的提高,反应时间的延长,PCS 的重均分子量逐渐增大,分子量分布逐渐变宽,高分子量部分从无到有,含量逐渐增加,分散系数增大。因为 PCS 的高分子量部分含量增加与分子量的增长是相辅相成的,PCS 的重均分子量提高,意味着高分子量部分含量提高,分子量分布变宽。因此,PCS 的高分子量部分含量及分子量分布的分散系数与重均分子量存在相同的变化趋势。LPS 在450℃合成的 PCS 的分子量及高分子量部分含量、分子量分散系数,分别低于 PDMS 合成的 PCS 的分子量及高分子量部分含量。

随着反应条件的强化,LPS 合成的 PCS 分子量增长迅速,从而高分子量部分含量及分子量分散系数也增长得快,均逐渐超过相同条件下 PDMS 合成的 PCS。这主要是因为 PDMS 裂解为 LPS 的过程中产生的 LPCS,存在于 PDMS 反应体系并参与反应,而未进入 LPS 的反应体系,前文分析可知,这一部分是分子量较低的 PCS,因此相当于 PDMS 反应过程中分子量增长起点高,所以在反应条件较弱时,PDMS 合成的 PCS 分子量较高。但由于 PDMS 反应的过程中产生的残渣多,使自由基失活,导致分子量增长较缓慢,所以随着反应条件的强化,LPS 合成的 PCS 的分子量及高分子量部分含量增长更迅速,逐渐超过相同条件下 PDMS 合成的 PCS。

温度较低、反应时间较短时,PCS 的分子量随反应时间的增加而增长的幅度不大。当温度较高,反应进行一定时间后,产物的分子量随反应时间的延长而迅速增加。这是因为反应在较低温度进行较短时间时,PCS 的分子量比较小,聚合程度比较低,所得的聚合产物分子量也小。随着反应的进行,聚合程度逐渐提高,所得聚合产物的分子量也迅速增加。

在较高的合成温度下,PCS 的热分解与聚合同时进行,随着温度的升高,热分解反应与聚合反应的速率都迅速增加。但由于裂解反应过程中有小分子气体产生,在密闭体系中,这些小分子难以逸出体系,因此裂解到一定的程度,体系即达到平衡状态。所以,当聚合速率大于热分解速率时,产物的分子量始终成增加的趋势,PCS 交联程度逐渐提高。交联程度高的 PCS 支化度高,空间位阻效应大,使处于活化状态的分子官能团有效碰撞减少,不易于发生缩聚,导致反应进行到一定程度后,分子量增加速率又降低,直至 PCS 交联成一个大分子,聚合反应不再进行。

5. 软化点

不同温度下合成的 PCS 的软化点与反应时间的关系如图 3-9 所示。随着合成温度的升高,保温时间的延长,PCS 软化点逐渐升高。软化点是分子量的宏观体现,随着合成温度的提高及反应时间的延长,PCS 通过分子间的缩聚使分子量变大,软化点逐渐升高。

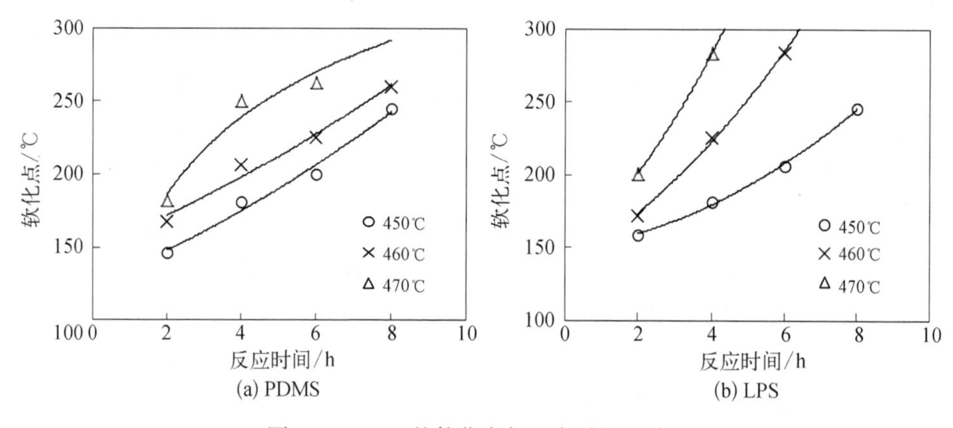

(a) PDMS (b) LPS

图 3-9 PCS 的软化点与反应时间的关系

综上所述,以 PDMS 高温高压合成 PCS 时,460℃ 反应 4~6 h 或 450℃ 反应 6~7 h,所得 PCS 的 M_w^{PS} 为 2 400~4 000,分散系数为 6.0~7.2,高分子量部分含量为 5%~10%,低分子量部分含量为 45%~50%,软化点为 200~220℃。

以 LPS 高温高压合成 PCS 时,460℃ 反应 3~4 h 或 450℃ 反应 6~7 h,所得 PCS 的 M_w^{PS} 为 3 000~4 000,分散系数为 6.0~6.9,高分子量部分含量为 5%~10%,低分子量部分含量为 45%~50%,软化点为 200~230℃。

与 PDMS 合成 PCS 相比,LPS 在反应过程中传热均匀,分子量容易长大,成型性能更好。而且 LPS 生成的 PCS 杂质含量较低,反应过程中的残渣少,易于进行溶解、过滤等后处理。

3.1.2 预加压力对高压法 PCS 的影响

对于有气体参与的反应体系,压力是影响反应速率、决定化学平衡移动方向的一个主要因素。压力的大小不仅决定体系的反应速度,而且影响产物的分子结构。以 LPS 为原料,分别预加 0.5 MPa、1.0 MPa、2.0 MPa、4.0 MPa 的 N_2,程序升温至 450℃ 即停止反应,预加压力对室温下的反应终压、产率及 PCS 特性的影响见表 3-5。

表 3－5　预加压力对合成 PCS 的影响

初始压力/MPa	0.5	1.0	2.0	4.0
室温终压/MPa	1.5	2.0	3.1	5.0
产率/%	38.9	38.8	40.4	37.5
软化点/℃	152	130	128	156
A_{Si-H}/A_{Si-CH_3}(IR)	1.038	1.040	1.043	1.041
Si—H/C—H(^{1}H－NMR)	0.117	0.122	0.125	0.118
SiC_3H/SiC_4(^{29}Si－NMR)	1.17	1.26	1.27	1.20
M_n^{PS}	356	337	317	349
M_w^{PS}	1 046	927	920	1 087

由表 3－5 可知，扣除预加压力大小后，反应终压基本不变，产率及 Si—H 键含量变化也较小。软化点及分子量随预加压力的增大先降低后升高，线性度随预加压力的增大先提高后降低。可见，改变预加压力的大小可以改变 PCS 的特性，但在预加压力小于 5.0 MPa 的情况下，改变不是很明显。

不同预加压力下合成的 PCS 的 IR 谱图如图 3－10 所示。

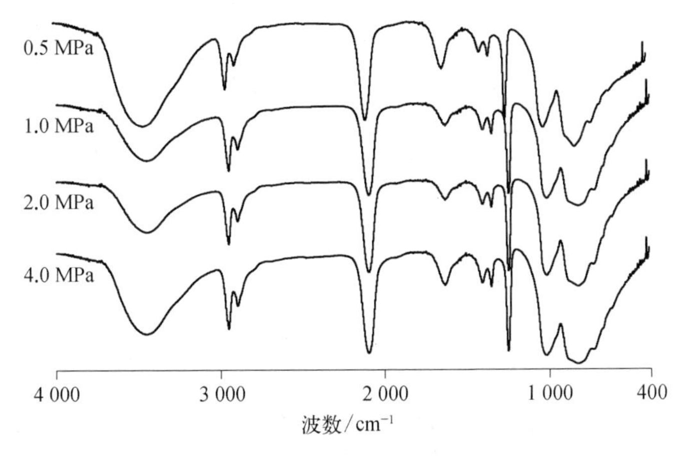

图 3－10　不同预加压力下合成的 PCS 的 IR 谱图

由图 3－10 可以看出，预加压力的大小对所合成的 PCS 的 IR 谱图影响不大，仅吸收峰强度有所变化。说明改变预加压力的大小没有对 PCS 的组成结构产生明显的影响。根据 IR 谱图上 2 100 cm^{-1}及 1 250 cm^{-1}处 PCS 的特征吸收峰吸光度之比 A_{Si-H}/A_{Si-CH_3}来表征 PCS 的 Si—H 键含量，结果见表 3－5。经比较可以看出，改变预加压力对 PCS 的 Si—H 键含量影响不大。这从图 3－11(a)、(b)所示改变预加压力大小合成的 PCS 的^{1}H－NMR 和^{29}Si－NMR 谱图上也可以看出。

在图 3－11(a)中，δ = 0 ppm 附近为 C—H 键中氢的共振峰，其中 δ = 0.2 ppm、－0.1 ppm、－0.6 ppm 附近分别为 Si—CH_3、Si—CH_2及 Si—CH 单元中氢的共振峰。在 δ = 4 ～ 5 ppm 对应 Si—H 键中氢的共振峰，比较 Si—H 和 C—H 的峰面积可知 Si—H 与 C—H 比值，不同预加压力下 PCS 的 Si—H 与 C—H 比值见表 3－5。在图 3－11(b)中，δ = 0.75 ppm 为 SiC_4中 Si 的共振峰，δ =－17.5 ppm 处为 SiC_3H 中 Si 的共振峰。说明在 PCS 的 Si—C 结构单元中，同时含有 SiC_3H 及 SiC_4。比较 SiC_3H 和 SiC_4的峰面积可知 SiC_3H 与 SiC_4的比值，不同预加压力下 PCS 的 SiC_3H 与 SiC_4的比值见表 3－5。

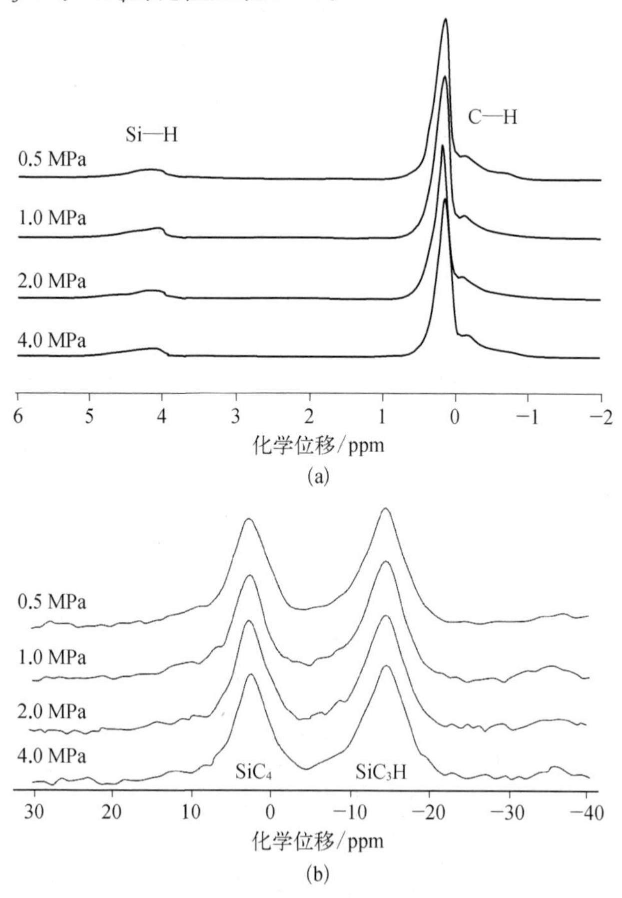

图 3－11　不同预加压力合成的 PCS 的 ^{1}H－NMR(a)及 ^{29}Si－NMR(b)谱图

改变预加 N_2压力的大小，对 PCS 的 Si—H 键含量影响较小，SiC_3H 结构单元含量随压力的增大先增加后减小，幅度不大。

不同预加压力下合成的 PCS 的分子量分布曲线如图 3－12 所示。

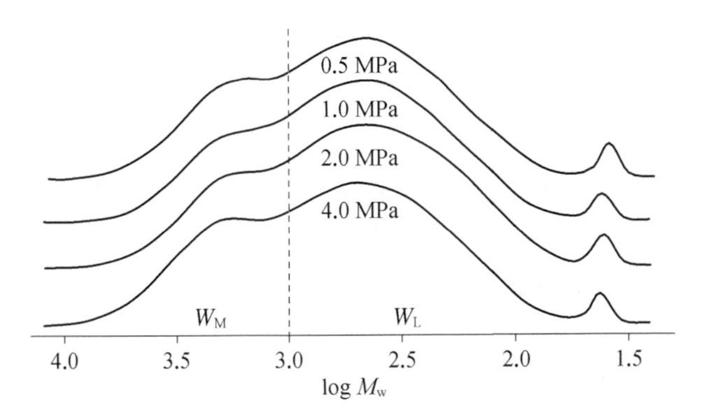

图 3 - 12　改变预加压力大小合成的 PCS 的分子量分布曲线

由图 3 - 12 及表 3 - 5 中 PCS 的分子量可以看出，提高预加 N_2的压力，PCS 的分子量先提高后降低，但波动幅度不大，分子量分布差别也很小。

因为 PCS 的生成反应为气体增加的反应，根据反应平衡规律，预加压力有抑制缩合反应的作用，只有当压力足够大时，在压力的作用下，具有反应活性的小分子反应物碰撞的概率增加，才能促使缩合反应加剧，因此，随着预加压力的增大，分子量及软化点先增加后降低，由于分子量的波动范围不大，因此表现在反应过程上，室温下的反应压力及 PCS 的产率变化都不大。

3.1.3　H_2气氛对高压法 PCS 的影响

由于 PCS 的合成过程中通过 Si—H 键缩合，产生大量的 H_2，降低了 Si—H 键含量，为了进一步验证小分子 PCS 间的脱氢缩合反应，及如何提高 PCS 的 Si—H 键含量，设想以 H_2为保护气氛可能会影响 PCS 的合成过程及 PCS 的特性。

本节以 LPS 为原料，加入 0.5 MPa 的 H_2，在 450℃不保温，合成 PCS，分别对合成的 PCS 进行 IR、NMR、GPC、软化点等分析测试，讨论加入 H_2对合成 PCS 的过程及 PCS 的特性的影响，推测 H_2的影响机理。H_2气氛下合成 PCS 在室温下的反应终压、产率及 PCS 特性参数见表 3 - 6。

表 3 - 6　H_2气氛下合成 PCS 的反应终压、产率及特性参数

气氛	反应终压/MPa	产率/%	软化点/℃	$A_{Si—H}/A_{Si—CH_3}$ (IR)	Si—H/C—H (^{1}H - NMR)	SiC_3H/SiC_4 (^{29}Si - NMR)	M_n^{PS}	M_w^{PS}
N_2	1.5	38.9	152	1.038	0.117	1.17	356	1 046
H_2	1.2	37.85	98	1.06	0.123	1.39	186	483

由表 3 - 6 数据可知，与 N_2气氛下合成 PCS 相比，H_2气氛下，扣除预加压力后，反应产生的压力变小，产率变化较小，Si—H 键含量较高，线性度较好，但生成 PCS 的分子量、软化点迅速降低。

为了研究 H_2气氛对合成 PCS 的特性参数的影响，本节对其 Si—H 键含量、线性度、分子量及软化点展开了详细讨论。

H_2气氛下合成的 PCS 的 IR 谱图如图 3 - 13 所示。

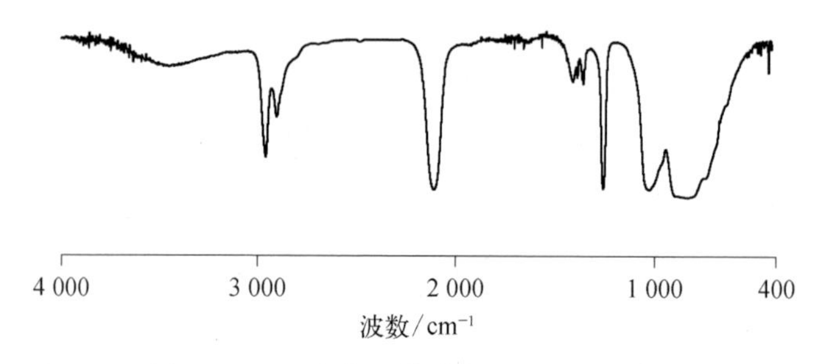

图 3 - 13　H_2气氛下合成的 PCS 的 IR 谱图

根据图 3 - 13 中 2 100 cm^{-1}及 1 250 cm^{-1}处 PCS 的特征吸收峰吸光度之比 $A_{Si—H}/A_{Si—CH_3}$来表征 PCS 的 Si—H 键含量，结果见表 3 - 6。经比较可以看出，加入 H_2合成可以提高 PCS 的 Si—H 键含量及分子的 SiC_3H 结构单元含量，即有利于提高 PCS 的线性度。因为 H_2的加入，抑制了脱氢缩合反应，PCS 得以保留较高的 Si—H 键及 SiC_3H 结构单元含量。这从图 3 - 14(a)、(b)所示 H_2气氛下合成的 PCS 的^1H - NMR 和^{29}Si - NMR 谱图上也可以看出。

在图 3 - 14(a)中，δ = 0 ppm 附近为 C—H 键产生的氢的共振峰，其中 δ = 0.2 ppm、- 0.1 ppm、- 0.6 ppm 附近分别为 Si—CH_3、Si—CH_2及 Si—CH 单元中氢的共振峰。在 δ = 4 ~ 5 ppm 对应 Si—H 键中的氢的共振峰，比较 Si—H 和 C—H 的峰面积可知 Si—H 与 C—H 比值，H_2气氛下合成 PCS 的 Si—H 与 C—H 比值见表 3 - 6。

在图 3 - 14(b)中，δ = 0.75 ppm 为 SiC_4中 Si 的共振峰，δ =- 17.5 ppm 处为 SiC_3H 中 Si 的共振峰。说明在 PCS 的 Si—C 结构单元中，同时含有 SiC_3H 及 SiC_4。比较 SiC_3H 和 SiC_4的峰面积可知 SiC_3H 与 SiC_4的比值，H_2气氛下合成 PCS 的 SiC_3H 与 SiC_4的比值见表 3 - 6。

由图 3 - 14 及表 3 - 6 可以看出，与 0.5 MPa 的 N_2气氛下合成的 PCS 相比，H_2气氛下合成的 PCS 分子的 Si—H 键含量及 SiC_3H 结构单元含量增加，与红外分析结果一致，原因也是 H_2的存在抑制了脱氢缩合。

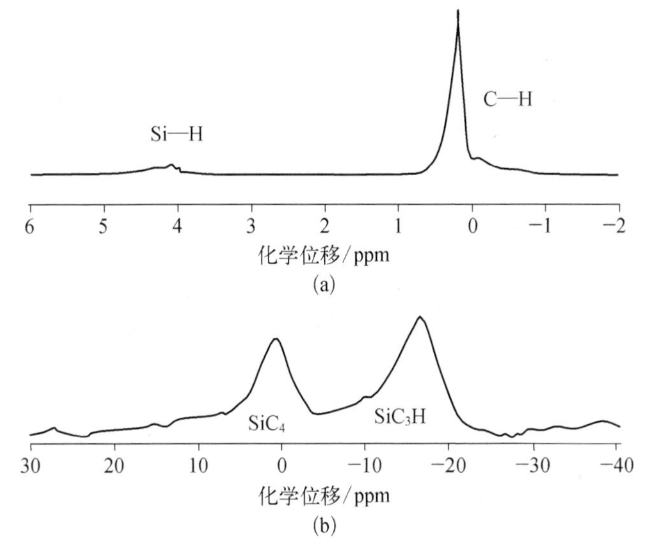

图 3－14　H_2气氛下合成的 PCS 的^1H－NMR(a)及^{29}Si－NMR(b)谱图

H_2气氛下合成的 PCS 的分子量分布曲线如图 3－15 所示。

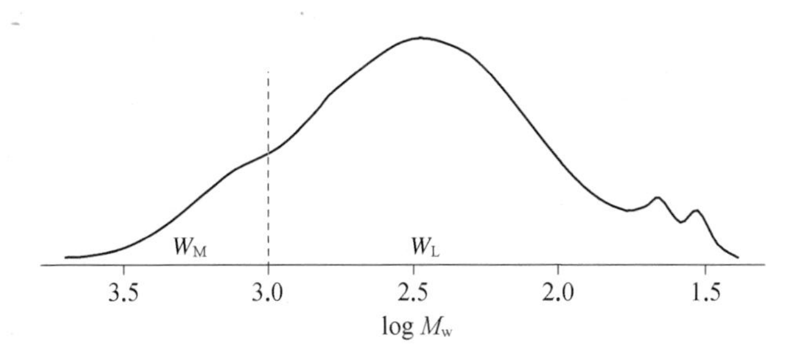

图 3－15　H_2气氛下合成的 PCS 的分子量分布曲线

由图 3－15 及表 3－6 中 PCS 的分子量及分子量分布曲线可以看出，与 0.5 MPa 的 N_2气氛下合成的 PCS 相比，H_2气氛下合成的 PCS 低分子量部分峰变大，且偏向低分子量方向，中分子量部分含量较少，导致分子量较低。因为 PCS 的分子量增长主要是靠脱氢缩合完成的，增加产物的浓度会抑制产物的生成，因此，H_2的存在，抑制了脱氢缩合反应，所以导致分子量增长缓慢，分子量低，从而软化点也低，从侧面验证了 PCS 主要是通过 Si—H 键缩合脱氢使分子量长大。

以上分析可知，H_2气氛也可以改变 PCS 的生成反应过程及 PCS 的特性。H_2的存在会抑制 PCS 分子量的增长，却不能大幅度提高 Si—H 键含量，因此实验以预加 N_2为宜。

综上所述，在 PCS 的高压合成过程中，改变合成温度、反应时间、预加 N_2压力大小、气氛等都可以改变 PCS 的生成反应过程及 PCS 的特性。随着合成温度的升高、反应时间的延长，反应终压逐渐增大，产率存在最大值，PCS 的分子量及软化点逐渐提高，分子量分布逐渐变宽，分子结构中的 Si—H 键含量逐渐降低；改变预加 N_2压力的大小对 PCS 的生成反应过程及 PCS 的特性影响不大；H_2的存在会明显抑制 PCS 分子量的增长，但不能大幅度提高 Si—H 键含量。

3.2 PCS 的合成过程研究

PCS 的组成结构及性能与其合成过程密切相关，PDMS 及 LPS 中的 Si—Si 键在高温下先断裂、重排，转化为 Si—C 键，即生成碳硅烷，然后碳硅烷经过分子间的缩合反应使分子量逐渐长大，生成 PCS。本节针对碳硅烷向 PCS 转化的过程进行了分析。

3.2.1 不同合成温度的合成产物分析

为了研究碳硅烷向 PCS 转化的过程，取不同合成温度下的合成产物进行分析。由于 PDMS 合成过程中含有相应于 LPCS 的部分，因此，本节从三种原料出发来研究，分别以 PDMS、LPS 及 LPCS 为原料，预加 0.5 MPa 的 N_2，在不同的温度下高压合成 PCS，合成的粗产品经减压蒸馏后得 PCS，对 PCS 进行 IR、UV、GPC、NMR、软化点和元素分析等测试，根据所得产物的特性推测 PCS 的生成过程。

1. 紫外分析

在 Si—Si 键裂解生成 Si—C 键的过程中，在不同的温度下 Si—Si 键的转化率不同，即不同温度下反应生成的 PCS 其 Si—Si 键含量不同，为了研究 Si—Si 键的转化过程，对 PDMS、LPS 及 LPCS 在不同温度下反应生成的 PCS 进行紫外分析，290 nm 处的紫外吸光度值见表 3－7。

表 3－7 不同温度下反应所得 PCS 的紫外吸光度

材 料	室 温	420℃	440℃	450℃	470℃	490℃
PDMS	—	1.385	0.802	0.457	0.350	0.278
LPS	2.460	1.079	0.692	0.437	0.262	0.235
LPCS	0.214	0.178	—	0.174	—	0.174

由表3－7可以看出，PCS的吸光度大于零，说明PCS中仍然含有一定量的Si—Si键。在相同的合成温度下，以PDMS合成的PCS的Si—Si键含量最高，以LPCS生成的PCS的Si—Si键含量最低，因为LPCS是在PDMS向LPS转化的过程中最先生成的低分子PCS，所以Si—Si键含量较低，随温度变化不明显。在LPS的制备过程中部分Si—Si键已经转化为Si—C键，因此，LPS合成PCS的Si—Si键含量介于二者之间。

随着合成温度的升高，吸光度降低，即Si—Si键含量降低。说明PDMS及LPS中的Si—Si键高温下逐渐断裂、重排转化为Si—C键，合成温度越高，Si—Si键转化程度越高，吸光度越低。当温度高于450℃时，吸光度小于0.5，此时PCS中Si—Si键转化基本完成，其含量较低，可以忽略不计。从而也证明了PDMS及LPS中所含的Si—Si键，在高温下可以继续发生重排反应，生成Si—C键。

2. 红外分析

不同的原料在不同温度下反应生成的PCS的IR谱图如图3－16所示。

在图3－16(a)中，当合成温度为360℃、370℃时，产物的IR谱图与LPS的谱图相近，说明PDMS在反应过程中首先转化成了低分子量的聚硅烷与硅碳硅烷。当合成温度高于380℃后，产物的IR谱图与PDMS的IR谱图相比，在2 100 cm^{-1}处出现了Si—H伸缩振动峰，1 360 cm^{-1}处逐渐出现了Si—CH_2—Si的C—H面外振动峰，1 020 cm^{-1}处出现了Si—CH_2—Si的Si—C—Si伸缩振动峰，690～860 cm^{-1}处Si—CH_3的摆动及Si—C伸缩振动峰逐渐变成一个宽峰。说明PDMS在高温高压下逐渐转变为含有Si—CH_3、Si—CH_2—Si、Si—H等结构单元的PCS分子。

同样，在图3－16(b)PCS的谱图中，与LPS的谱图相比，在1 360 cm^{-1}处存在明显的Si—CH_2—Si的C—H面外振动峰，说明LPS在高压釜内经高温高压逐渐转化成为以Si—C键为主链的PCS。而在图3－16(c)中，由于LPCS本身已经是PCS，因此从IR图中看不出明显的区别。LPS及LPCS合成PCS的IR谱图基本一致，仅吸收峰强度有所变化。

根据IR谱图上2 100 cm^{-1}及1 250 cm^{-1}处PCS的特征吸收峰吸光度之比$A_{Si—H}/A_{Si—CH_3}$计算Si—H键含量，不同原料合成的PCS的Si—H键含量与反应时间的关系如图3－17所示。

由图3－17可以看出，随着合成温度的升高，以PDMS及LPS生成的PCS的

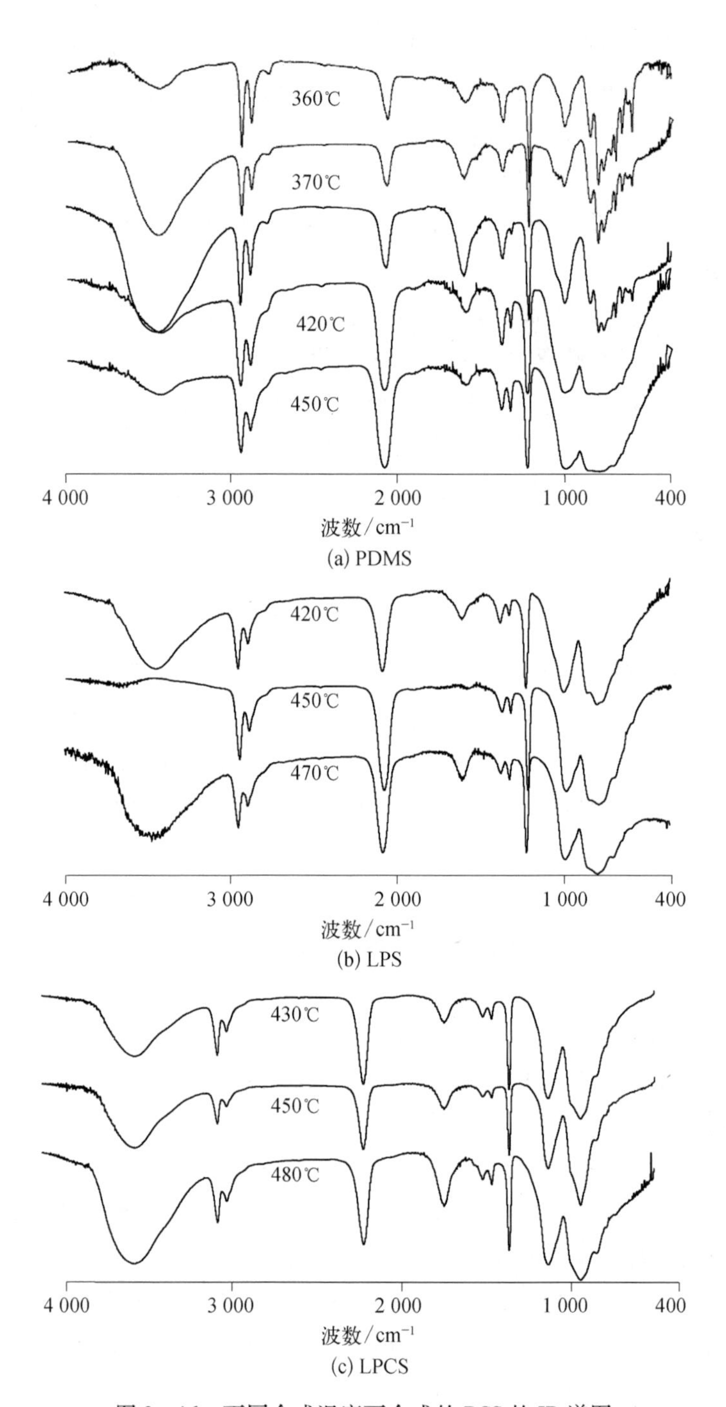

图 3-16　不同合成温度下合成的 PCS 的 IR 谱图

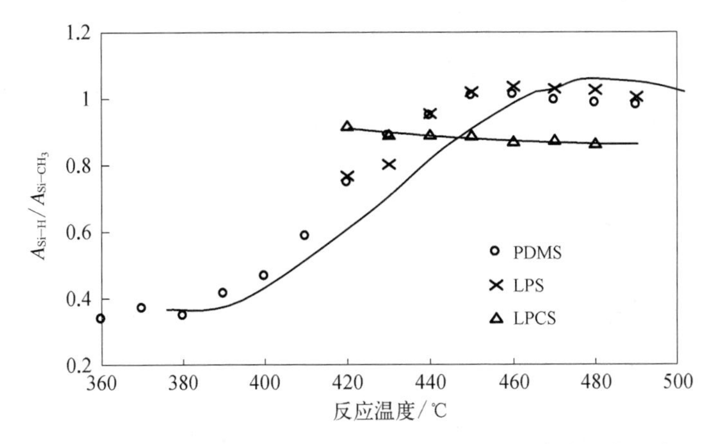

图3-17　不同原料合成的PCS的Si—H键含量与合成温度的关系

Si—H键含量逐渐升高，LPCS合成的PCS的Si—H键含量变化不大。相同合成温度下，PDMS及LPS生成的PCS的Si—H键含量相差不大，当合成温度超过450℃时，二者的Si—H键含量都开始缓慢下降。这是因为，随着温度的升高，PDMS及LPS中的Si—Si键断裂、重排逐渐生成Si—H键和小分子的碳硅烷，同时小分子的碳硅烷分子间主要发生了脱氢缩合反应使分子量长大[3]。在反应过程中，Si—H键的生成与消耗是同时进行的，温度较低时，Si—Si键断裂、重排生成Si—H键的速率大于Si—H键的消耗速率，450℃之后，缩合反应速率随着温度的提高而增大，而Si—H键的生成逐渐完成，因此Si—H键含量先提高后逐渐降低。

比较IR谱图上1 360 cm^{-1}及1 400 cm^{-1}处PCS的吸收峰吸光度$A_{Si—CH_2}/A_{Si—CH_3}$，不同原料合成的PCS的支化度与反应时间的关系如图3-18所示。随

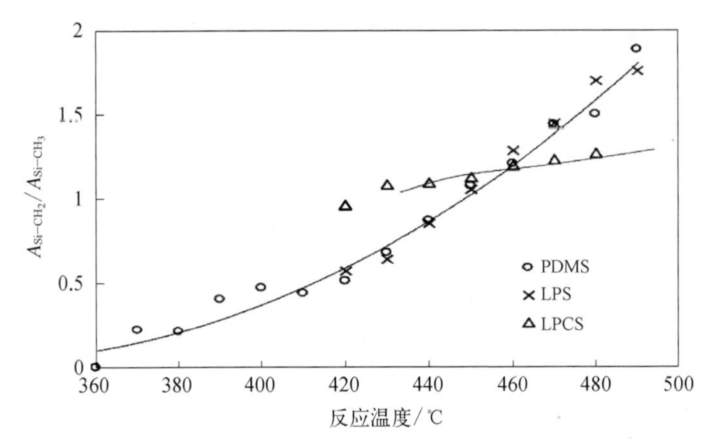

图3-18　不同原料合成的PCS的支化度($A_{Si—CH_2}/A_{Si—CH_3}$)与合成温度的关系

着合成温度的升高，各种原料生成的 PCS 的支化度均增加，相同合成温度下，以 PDMS 及 LPS 生成的 PCS 的支化度相差不大。在 PCS 分子间发生缩合反应过程中，随着缩合程度的增加，PCS 分子逐渐产生支化，缩合程度越大，PCS 的支化程度越高。

由于 LPCS 已经是低分子量的 PCS，含有一定的量 Si—H 键，所以随着合成温度的升高，分子间发生缩合，Si—H 键含量逐渐降低，线性度逐渐降低，但变化都不大，因此对 PDMS 生成 PCS 的结构无明显影响。

3. 核磁共振分析

不同温度下生成的 PCS 的 Si—H 键含量及支化度有差异，为了定量研究 PCS 的 Si—H 键含量及支化度情况，对 LPS 在 420℃、450℃、490℃下合成的 PCS 进行 $^{1}H-NMR$ 和 $^{29}Si-NMR$ 核磁共振分析，结果分别如图 3－19、图 3－20 所示。

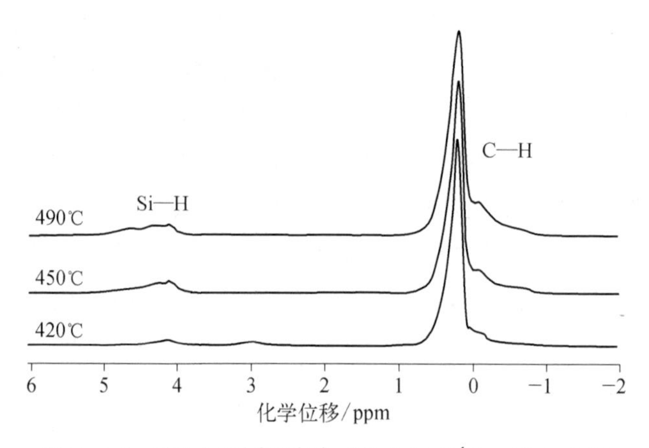

图 3－19　LPS 在不同温度合成的 PCS 的 $^{1}H-NMR$ 谱图

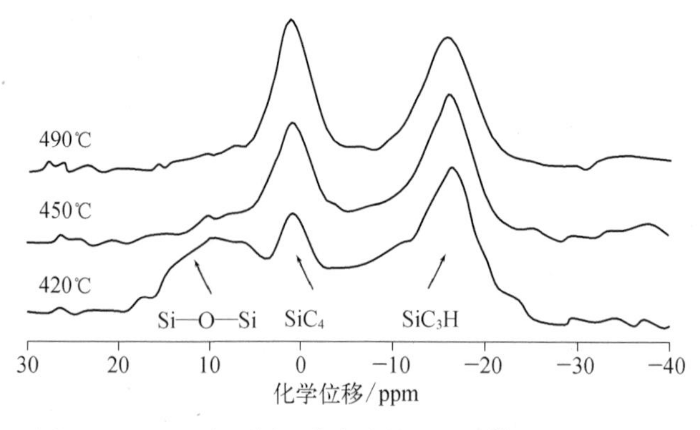

图 3－20　LPS 在不同温度合成的 PCS 的 $^{29}Si-NMR$ 谱图

在图 3－19 中，化学位移 δ 在 4～5 ppm 处对应的为 Si—H 键中的氢产生的共振峰，δ 在 0 ppm 附近为 C—H 键产生的氢的共振峰，并认为其中 δ 为 0.4 ppm、-0.1 ppm、-0.6 ppm 附近分别为 Si—CH_3、Si—CH_2及 Si—CH 单元中氢的共振峰。420℃合成的 PCS 在 3 ppm 处的峰为 Si—OH 产生的氢的共振峰。比较 Si—H 和 C—H 的共振峰面积得 420℃、450℃、490℃下合成的 PCS 的 Si—H 与 C—H 含量比值分别为：0.052、0.111、0.105。

在图 3－20 中，δ 在 0.75 ppm 处为 SiC_4中 Si 的共振峰，δ 在-17.5 ppm 处为 SiC_3H 中 Si 的共振峰，420℃合成的 PCS 在约 10 ppm 处的峰为 Si—O—Si 产生的 Si 的共振峰。由图 3－20 还可看出，450℃及 490℃合成的 PCS 的 Si—Si 键含量很低，^{29}Si 谱图上共振峰在基线误差范围内。420℃合成的 PCS 中 Si—Si 键已被氧化为 Si—O—Si 结构，与紫外分析推测结果一致。据此，可以推出 420℃合成的 PCS 中含有 SiC_3H、SiC_4及 $SiC_xSi_{(4-x)}$（x = 2 或 3）结构单元，450℃及 490℃合成的 PCS 中可以忽略 $SiC_xSi_{(4-x)}$（x = 2 或 3）结构单元的存在。

比较 SiC_3H 和 SiC_4的峰面积，420℃、450℃及 490℃合成的 PCS 的 SiC_3H 与 SiC_4的比值分别为 4.07、1.42、1.23，以此可以推测 420℃合成的 PCS 中，SiC_3H、SiC_4及 $SiC_xSi_{(4-x)}$（x = 2 或 3）结构单元分别占 52.6%、12.9%、34.5%；450℃合成的 PCS 中，SiC_3H 及 SiC_4分别占 58.7%、41.3%；490℃合成的 PCS 中，SiC_3H 及 SiC_4分别占 55.2%、44.8%。以上结果表明 PCS 的线性度随合成温度的升高而降低，与 IR 分析结果一致。

综上所述，根据 PDMS、LPS 在不同温度下生成的 PCS 的 UV、IR 及 NMR 结果可知，随着合成温度的升高，PCS 的 Si—Si 键含量逐渐降低，Si—H 键含量逐渐降低，线性度逐渐降低。可以推测，在高温下，硅烷与硅碳硅烷中的 Si—Si 键继续转化为 Si—C 键，生成低分子的碳硅烷；随着温度的升高，碳硅烷分子间发生如式（3－1）、式（3－2）所示的脱氢缩合反应使分子量长大，生成 PCS。

$$
\begin{array}{ccccccccccc}
 & H & & & CH_3 & & & & & & \\
 & | & & & | & & & & | & & | \\
-\overset{H_2}{C}- & Si & - \;+\; - & & Si & -\overset{H_2}{C}- & \xrightarrow{-H_2} & -\overset{H_2}{C}- & Si & -\overset{H_2}{C}- & Si \; -\overset{H_2}{C}- \\
 & | & & & | & & & & | & & | \\
 & CH_3 & & & H & & & & CH_3 & & H
\end{array}
\qquad (3-1)
$$

$$-\overset{H_2}{C}-\underset{CH_3}{\overset{H}{\underset{|}{\overset{|}{Si}}}}- \;+\; -\underset{H}{\overset{H}{\underset{|}{\overset{|}{C}}}}-\underset{H}{\overset{CH_3}{\underset{|}{\overset{|}{Si}}}}- \xrightarrow{-H_2} -\overset{H_2}{C}-\underset{CH_3}{\underset{|}{\overset{|}{Si}}}-\underset{|}{\overset{H}{C}}-\underset{H}{\overset{CH_3}{\underset{|}{\overset{|}{Si}}}}- \tag{3-2}$$

此外,PCS 分子间不仅发生了脱氢缩合,也存在少量脱甲基缩合,反应如式(3-3)所示。

$$-\overset{H_2}{C}-\underset{CH_3}{\overset{H}{\underset{|}{\overset{|}{Si}}}}- \;+\; -\underset{H}{\overset{CH_3}{\underset{|}{\overset{|}{Si}}}}-\overset{H_2}{C}- \xrightarrow{-CH_4} -\overset{H_2}{C}-\underset{CH_3}{\underset{|}{\overset{|}{Si}}}-\underset{H}{\underset{|}{\overset{|}{Si}}}-\overset{H_2}{C}- \tag{3-3}$$

式(3-1)~式(3-3)所示碳硅烷分子间的缩合反应必然导致 PCS 分子量、软化点的增长,不同原料合成的 PCS 的重均分子量与合成温度的关系图及分子量分布图分别如图 3-21、图 3-22 所示。

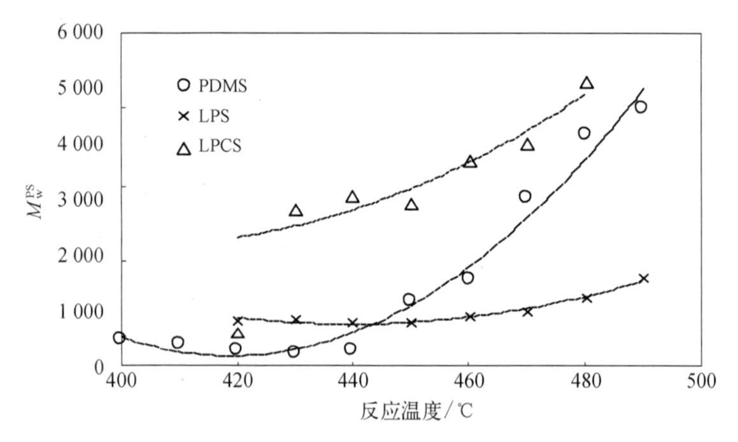

图 3-21　PCS 的重均分子量与合成温度关系图

随着合成温度的提高,PCS 的分子量分布向高分子量方向移动,分子量逐渐增加,分子量分布逐渐变宽,说明低分子量的 PCS 通过缩合反应逐渐转化为高分子量的 PCS。在相同的合成温度下,从 LPCS 为原料合成的 PCS 的分子量最

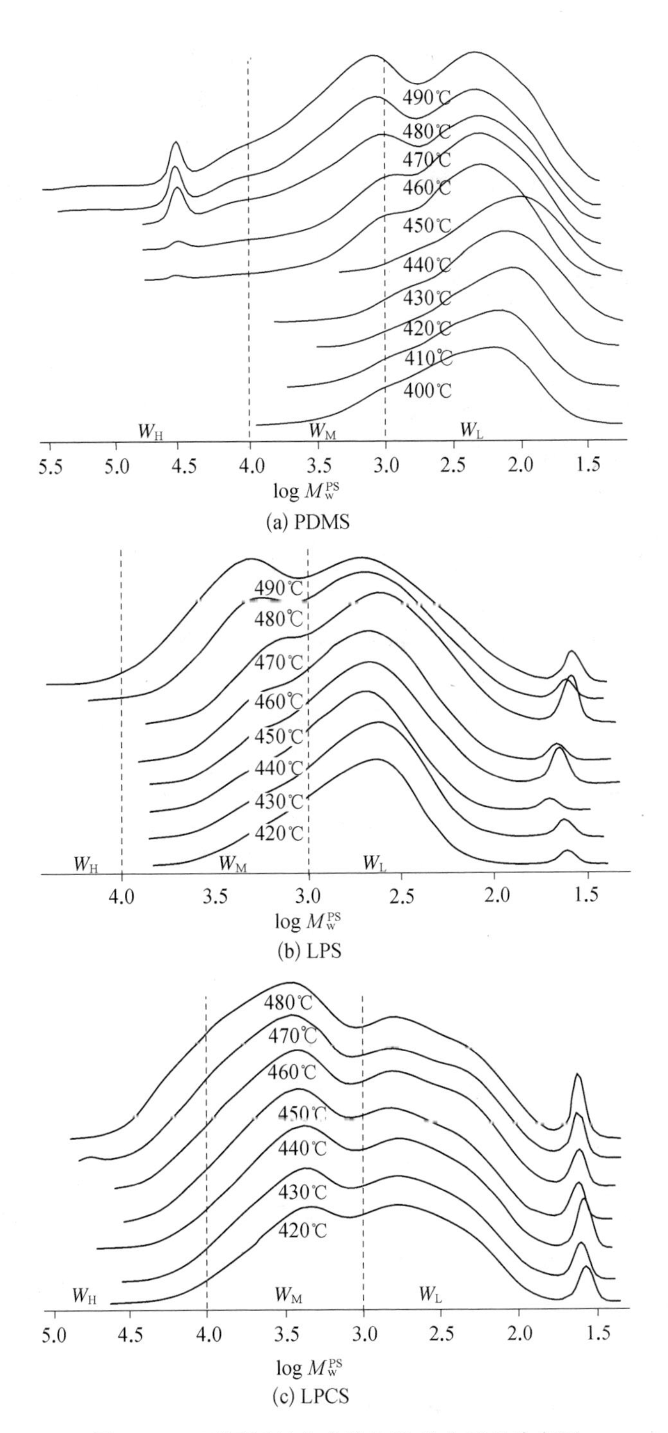

图 3-22 不同原料合成的PCS的分子量分布图

高，合成温度高于 450℃时，由 LPS 为原料合成的 PCS 分子量最低，合成温度低于 450℃时，PDMS 为原料合成的 PCS 分子量最低，原因为 LPCS 本身就是 PCS，在高温下可以继续缩合反应使分子量长大，同样 PDMS 为原料合成 PCS 时，体系中含有对应 LPCS 的部分，所以在 450℃以下反应时，该法所得 PCS 的分子量较高。但如前所述，随着反应条件的强化，PDMS 反应体系中残渣会降低反应程度，导致分子量增长速度变慢，逐渐低于相同温度下 LPS 合成反应体系。

从图 3－22(a)、(b)可以看出，从 450℃开始，PCS 分子量分布图上出现明显的中分子量峰，分子量明显长大。此时 Si—H 键含量开始缓慢降低，说明 PCS 分子间通过脱氢缩合使分子量长大。合成温度低于 440℃时，PCS 分子内含有大量 Si—Si 键，常温空气中易于被氧化或水解，导致分子量偏大。合成温度越低，分子量增长越明显，分子量分布向高分子方向移动，说明分子 Si—Si 键含量越高，与紫外分析结果一致。

不同合成温度下所得 PCS 的软化点如图 3－23 所示。

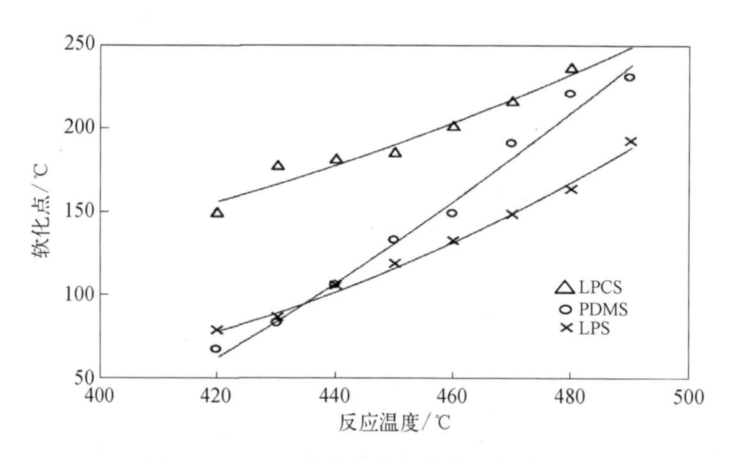

图 3－23　PCS 的软化点与合成温度关系图

由图 3－23 可见，随着合成温度的提高，软化点逐渐升高。因为在减压蒸馏过程中，小分子的 PCS 被脱除，而随着温度的升高，PCS 的分子量逐渐长大，由于软化点是分子量的宏观体现，因此其变化趋势与分子量的变化趋势一致。

以 LPS 为例，对在不同温度下合成的 PCS 的元素含量进行分析，结果见表 3－8。

表3-8 LPS在不同温度下合成的PCS的元素分析结果

合成温度/℃	w(Si)/%	w(C)/%	w(H)/%	w(O)/%	化学式
420	47.66	37.74	12.57	2.03	$SiC_{1.85}H_{7.38}O_{0.07}$
430	47.76	38.82	11.66	1.76	$SiC_{1.90}H_{6.84}O_{0.06}$
440	48.71	38.71	11.16	1.42	$SiC_{1.85}H_{6.41}O_{0.05}$
450	48.84	38.30	11.65	1.21	$SiC_{1.83}H_{6.68}O_{0.04}$
460	49.50	39.30	10.37	0.83	$SiC_{1.85}H_{5.87}O_{0.03}$
470	49.55	39.27	10.50	0.68	$SiC_{1.85}H_{5.93}O_{0.02}$
480	49.56	38.56	11.11	0.77	$SiC_{1.81}H_{6.28}O_{0.03}$
490	49.99	38.18	11.03	0.80	$SiC_{1.78}H_{6.18}O_{0.03}$

由表3-8可见，随着合成温度的提高，PCS中氧元素含量降低，原因为PCS分子内含有对氧及水比较敏感的Si—Si键，常温空气中即易于被氧化或水解。随着反应聚合度的增大，PCS的碳和氢元素含量有下降的趋势，这是由PCS分子的结构决定的。

综上所述，随着合成温度的提高，合成的PCS分子量及软化点明显增加，分子量分布变宽，Si—Si键含量降低，线性度降低，碳、氢、氧元素含量有下降的趋势。随着合成温度的提高，PCS的Si—H键含量逐渐升高，当合成温度超过450℃时缓慢下降。在LPS反应生成PCS的过程中，随着合成温度的提高，PCS的产率逐渐升高。GPC及紫外分析表明，当合成温度高于450℃时，分子量分布出现中分子量峰，PCS的Si—Si键含量很低，因此，为提高PCS的稳定性，合成合成温度应不低于450℃。

根据以上分析可以推测，PCS的生成过程：首先发生Si—Si键的断键、重排，生成小分子的硅烷及少量硅碳硅烷；在高温下，硅烷与硅烷中的Si—Si键继续转化为Si—C键，生成低分子的碳硅烷；随着温度的继续升高，碳硅烷分子间发生脱氢、脱甲烷缩合反应使分子量长大，生成PCS。

3.2.2 不同温度的蒸馏产物分析

以LPS在450℃反应得到的PCS粗产品为原料，经过溶解、过滤、蒸馏，收集在150℃、175℃、200℃、225℃、250℃、275℃、300℃、325、350℃蒸馏的馏分。不同蒸馏温度所得馏分的分子量不同，不同分子量的PCS其分子结构与组分不同。由前述分析可知，高分子量的PCS是由低分子量的PCS缩合而来的，因此在结构上二者存在一定的关系。本节对一系列馏分进行了IR以及GC/MS分析，推出了不同分子量的PCS的典型结构，以此推测碳硅烷向PCS

转化的过程。

不同蒸馏温度所得馏出的产物的 IR 谱图如图 3－24 所示。350℃以下蒸馏所得的馏分的 IR 谱图差别不大，仅吸收峰有所变化。根据 IR 谱图上 2 100 cm^{-1}及 1 250 cm^{-1}处 PCS 的特征吸收峰吸光度之比 $A_{Si—H}/A_{Si—CH_3}$ 计算 Si—H 键含量，不同蒸馏温度所得 PCS 的 Si—H 键含量与蒸馏温度的关系如图 3－25 所示。

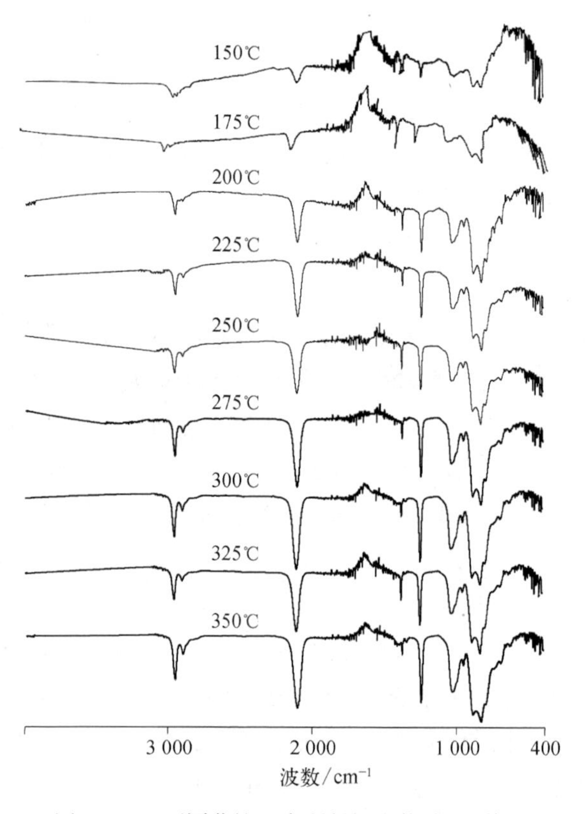

图 3－24　不同蒸馏温度所得馏出物的 IR 谱图

由图 3－25 可以看出，PCS 的 Si—H 键含量随蒸馏温度的升高先升高后降低，即 PCS 的 Si—H 键含量随分子量的增大先升高后降低，因为随着蒸馏温度的升高，蒸馏所得的 PCS 的分子量逐渐增大。当 LPS 中 Si—Si 键受热断裂重排开始生成碳硅烷及 Si—H 键时，碳硅烷分子量较低，随着断裂重排反应的进行，碳硅烷分子量增加，Si—H 键含量逐渐增加。当反应进行到一定程度时，Si—Si 键含量较低，断裂重排过程反应变慢，同时，PCS 分子间的脱 H_2缩合反应逐渐加剧，表现为分子量增大而 Si—H 键含量降低。

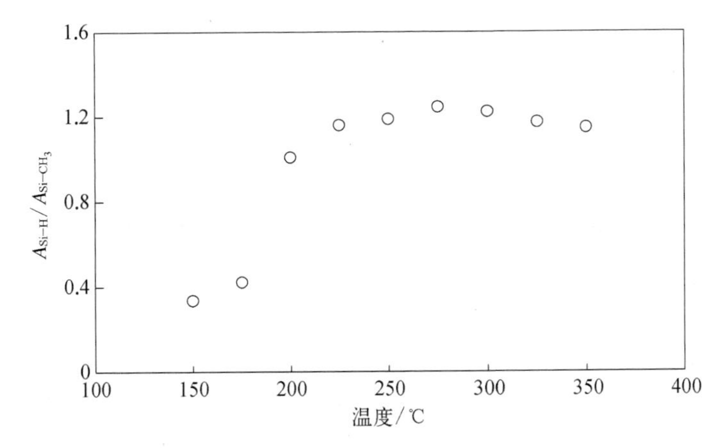

图 3-25　不同蒸馏温度所得 PCS 的 Si—H 键含量与蒸馏温度的关系

不同蒸馏温度所得馏出物的色谱与质谱图分别如图 3-26、图 3-27 所示。

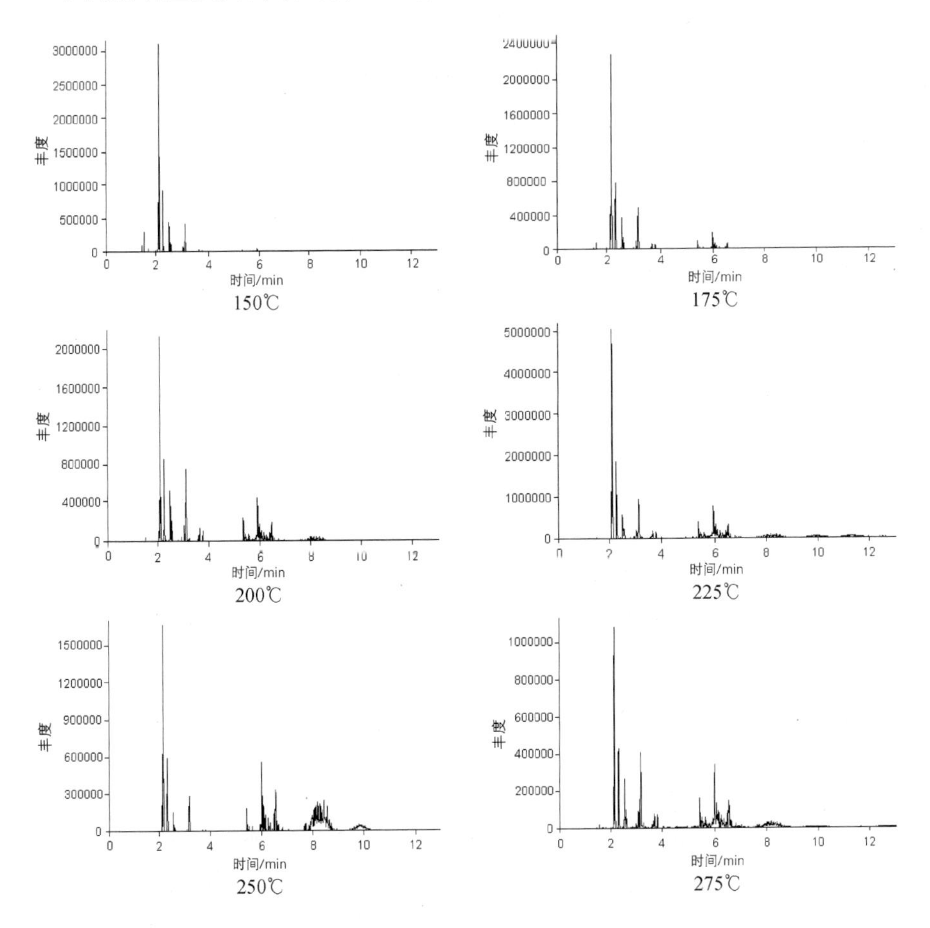

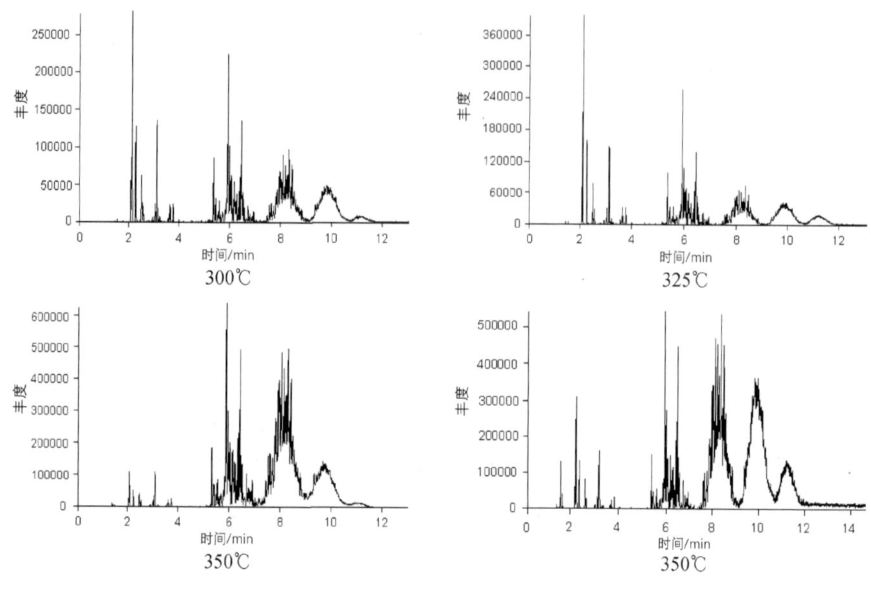

图 3-26　不同温度下蒸馏产物的色谱图

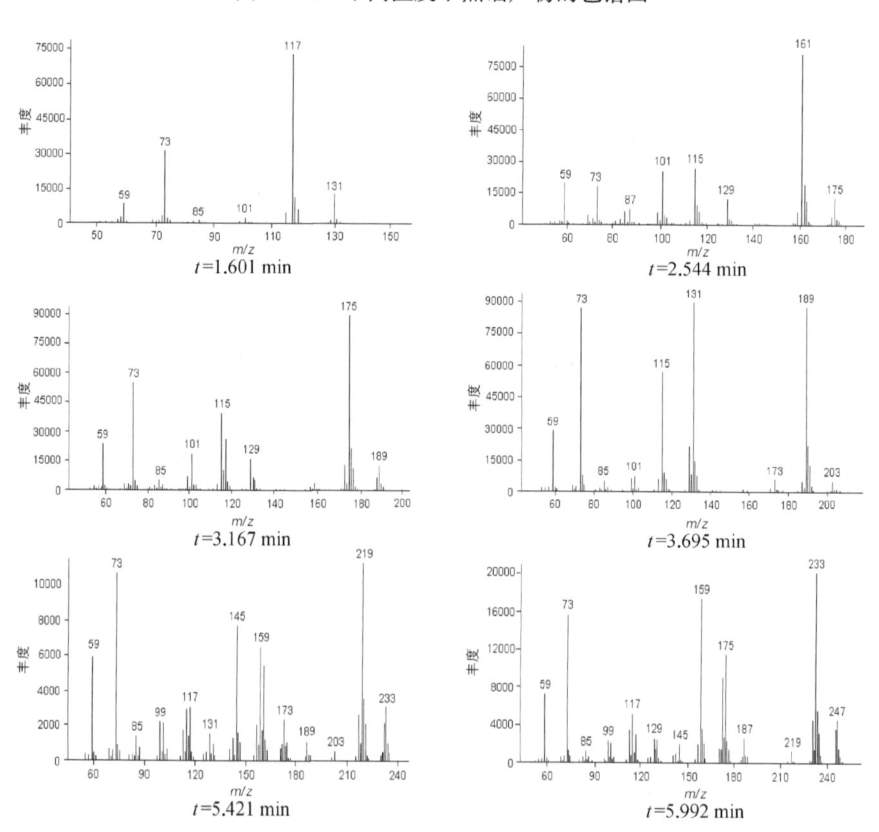

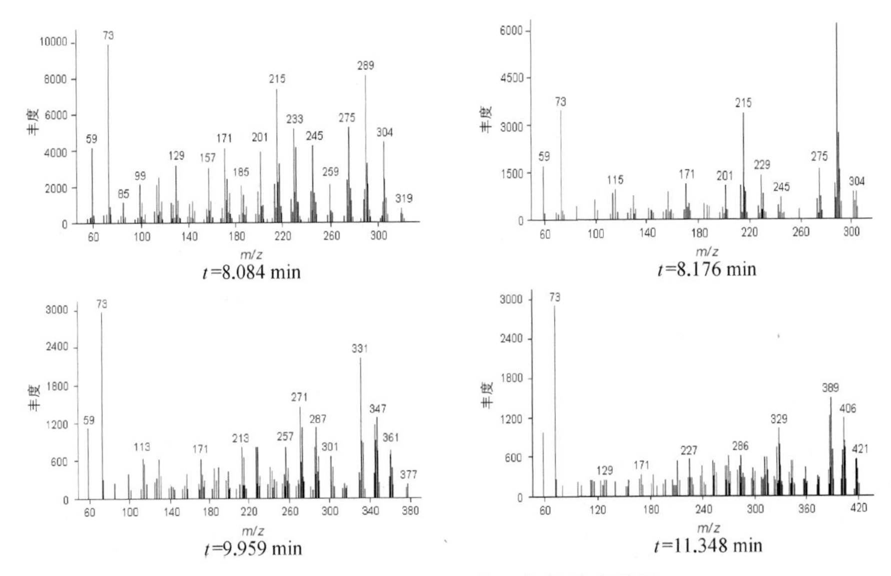

图 3－27 不同温度下蒸馏产物的质谱图

由图 3－26 及图 3－27 分析可知,流出时间为 2.173 min、2.167 min、2.315 min 附近的峰为溶剂二甲苯的特征峰,其余为 LPS 在高温高压下反应产物的特征峰。随着蒸馏温度的升高,色谱图上分子峰逐渐增多,而且分子量逐渐长大,大分子部分含量逐渐增多,流出时间为 5.992 min、8.084 min、8.176 min、9.959 min、11.384 min 附近色谱峰的出现证实了这一点,并随着蒸馏温度的升高逐渐长大。说明碳硅烷的分子量在长大,而且大分子量的碳硅烷数量在增加。相反,流出时间为 1.601 min 附近的、Si—H 键含量高的小分子碳硅烷随着蒸馏温度的升高逐渐降低,结果与前文分析一致,进一步说明了 PCS 分子的长大主要是因为脱氢缩合。

由图 3－27 可以看出,不同温度下的蒸馏产物分子都含有 59、73、85、103、117 等质量数的片段,根据对 LPS 组分及结构的分析可知,这些蒸馏产物主要是未长大的硅碳硅烷,其组分与 LPS 的组分在结构上相同或相似。经分析推测,低分子量的 PCS 蒸馏产物中含有以下组分,如图 3－28 所示。

CH_3 H
H_3C—Si—Si—CH_3
H CH_3
$M=118$

CH_3 H
H_2
H_3C—Si—C—Si—CH_3
H H
$M=118$

$H_3C—Si(CH_3)(H)—CH_2—Si(H)(CH_3)—CH_3$

$M=132$

$H_3C—Si(CH_3)(H)—Si(CH_3)(CH_3)—CH_3$

$M=132$

$H_3C—Si(CH_3)(H)—Si(CH_3)(CH_3)—Si(H)(CH_3)—CH_3$

$M=176$

$H_3C—Si(CH_3)(H)—Si(H)(CH_3)—Si(CH_3)(CH_3)—CH_3$

$M=176$

$H_3C—Si(CH_3)(H)—Si(H)(CH_3)—CH_2—Si(CH_3)(H)—CH_3$

$M=176$

$H_3C—Si(CH_3)(CH_3)—O—CH_2—Si(CH_3)(CH_3)—CH_3$

$M=176$

$H_3C—Si(CH_3)(H)—Si(CH_3)(CH_3)—CH_2—Si(CH_3)(H)—CH_3$

$M=190$

$H_3C—Si(CH_3)(H)—CH_2—Si(H)(CH_3)—CH_2—Si(CH_3)(H)—CH_3$

$M=190$

$H_3C—Si(CH_3)(H)—Si(H)(CH_3)—CH_2—Si(CH_3)(CH_3)—CH_3$

$M=190$

$H_3C—Si(CH_3)(H)—CH_2—Si(H)(CH_3)—Si(CH_3)(CH_3)—CH_3$

$M=190$

$H_3C—Si(CH_3)(H)—CH_2—Si(CH_3)(CH_3)—CH_2—Si(CH_3)(H)—CH_3$

$M=204$

$H_3C—Si(CH_3)(CH_3)—Si(CH_3)(CH_3)—CH_2—Si(CH_3)(H)—CH_3$

$M=204$

$H_3C—Si(CH_3)(CH_3)—Si(H)(CH_3)—CH_2—Si(CH_3)(CH_3)—CH_3$

M=204

$H_3C—Si(H)(CH_3)—Si(CH_3)(H)—CH_2—Si(CH_3)(H)—CH_2—Si(CH_3)(H)—CH_3$

$M=234$

$H_3C—Si(CH_3)(CH_3)—O—CH_2—Si(CH_3)(CH_3)—Si(H)(CH_3)—CH_2—Si(CH_3)(CH_3)—CH_3$

$M=234$

$H_3C—Si(H)(CH_3)—CH_2—Si(CH_3)(H)—CH_2—Si(CH_3)(H)—CH_2—Si(CH_3)(H)—CH_3$

$M=248$

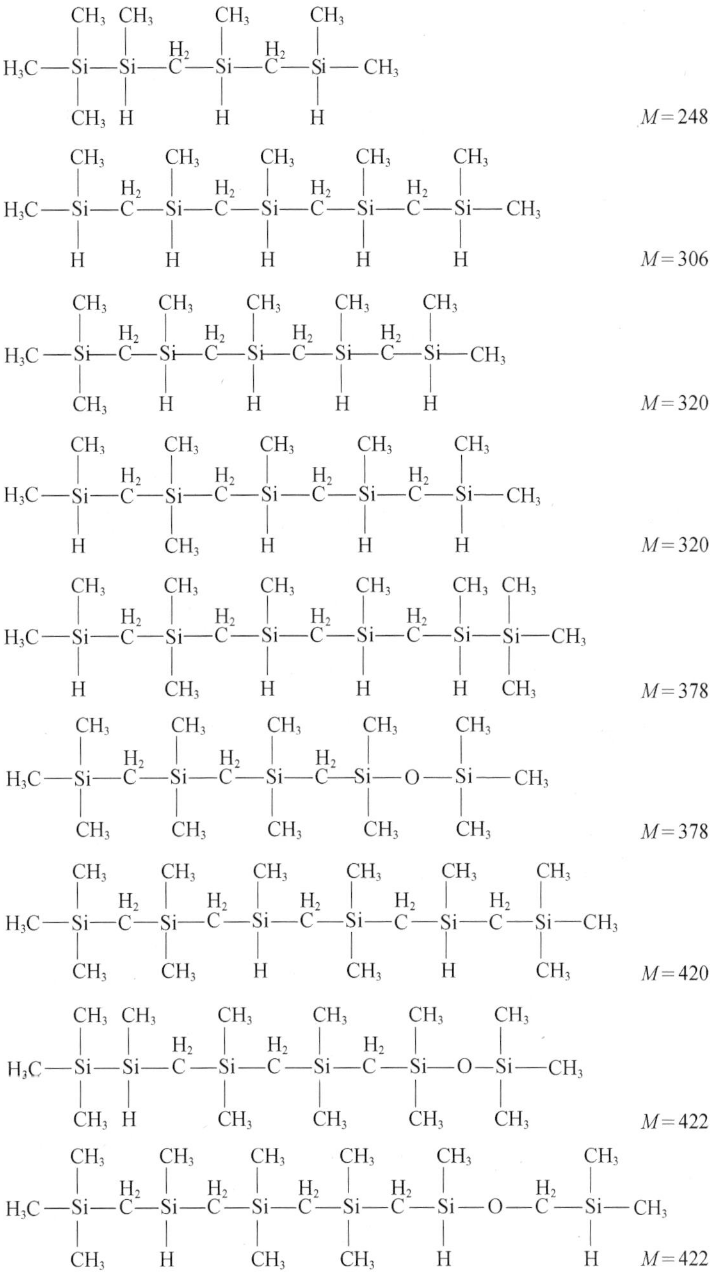

```
      CH3  CH3       CH3       CH3
       |    |   H2    |   H2    |
H3C ─ Si ─ Si ─ C ─ Si ─ C ─ Si ─ CH3
       |    |         |         |
      CH3   H         H         H
```

$M=248$

```
      CH3       CH3       CH3       CH3       CH3
       |   H2    |   H2    |   H2    |   H2    |
H3C ─ Si ─ C ─ Si ─ C ─ Si ─ C ─ Si ─ C ─ Si ─ CH3
       |         |         |         |         |
       H         H         H         H         H
```

$M=306$

```
      CH3       CH3       CH3       CH3       CH3
       |   H2    |   H2    |   H2    |   H2    |
H3C ─ Si ─ C ─ Si ─ C ─ Si ─ C ─ Si ─ C ─ Si ─ CH3
       |         |         |         |         |
      CH3        H         H         H         H
```

$M=320$

```
      CH3       CH3       CH3       CH3       CH3
       |   H2    |   H2    |   H2    |   H2    |
H3C ─ Si ─ C ─ Si ─ C ─ Si ─ C ─ Si ─ C ─ Si ─ CH3
       |         |         |         |         |
       H        CH3        H         H         H
```

$M=320$

```
      CH3       CH3       CH3       CH3       CH3  CH3
       |   H2    |   H2    |   H2    |   H2    |    |
H3C ─ Si ─ C ─ Si ─ C ─ Si ─ C ─ Si ─ C ─ Si ─ Si ─ CH3
       |         |         |         |         |    |
       H        CH3        H         H         H   CH3
```

$M=378$

```
      CH3       CH3       CH3       CH3       CH3
       |   H2    |   H2    |   H2    |         |
H3C ─ Si ─ C ─ Si ─ C ─ Si ─ C ─ Si ─ O ─ Si ─ CH3
       |         |         |         |         |
      CH3       CH3       CH3       CH3       CH3
```

$M=378$

```
      CH3       CH3       CH3       CH3       CH3       CH3
       |   H2    |   H2    |   H2    |   H2    |   H2    |
H3C ─ Si ─ C ─ Si ─ C ─ Si ─ C ─ Si ─ C ─ Si ─ C ─ Si ─ CH3
       |         |         |         |         |         |
      CH3       CH3        H        CH3        H        CH3
```

$M=420$

```
      CH3  CH3       CH3       CH3       CH3       CH3
       |    |   H2    |   H2    |   H2    |         |
H3C ─ Si ─ Si ─ C ─ Si ─ C ─ Si ─ C ─ Si ─ O ─ Si ─ CH3
       |    |         |         |         |         |
      CH3   H        CH3       CH3       CH3       CH3
```

$M=422$

```
      CH3       CH3       CH3       CH3       CH3            CH3
       |   H2    |   H2    |   H2    |   H2    |        H2    |
H3C ─ Si ─ C ─ Si ─ C ─ Si ─ C ─ Si ─ C ─ Si ─ O ─ C ─ Si ─ CH3
       |         |         |         |         |              |
      CH3        H        CH3       CH3        H              H
```

$M=422$

图 3-28　低分子量的 PCS 蒸馏产物的结构式

综上所述，PDMS 转化为 PCS 分子的过程是首先发生 Si—Si 键的断键、重排，生成小分子的硅烷及少量硅碳硅烷(LPS)，如式(3-4)所示。

$$\left[\mathrm{Si(CH_3)_2}\right]_n \xrightarrow{\triangle} \mathrm{—Si(CH_3)_2—Si(CH_3)_2—Si(CH_3)_2\cdot} \longrightarrow \mathrm{\cdot Si(CH_3)_2—\left[Si(CH_3)_2\right]_k—Si(CH_3)_2\cdot}$$

$$\mathrm{—Si(CH_3)_2\cdot} + \mathrm{H_3C—Si—} \begin{cases} \longrightarrow \mathrm{—Si(CH_3)_2—CH_3} + \mathrm{\cdot Si—} \\ \longrightarrow \mathrm{—Si(CH_3)_2—H} + \mathrm{H_2\dot{C}—Si—} \end{cases} \tag{3-4}$$

然后在高温下，硅烷与硅碳硅烷中的 Si—Si 键继续转化为 Si—C 键，生成低分子的碳硅烷，如式(3-5)所示。

$$\mathrm{—Si(\cdot CH_2)(CH_3)—Si(CH_3)_2—} \xrightarrow{\triangle} \mathrm{—\dot{S}i(CH_3)—CH_2—Si(CH_3)_2—} \xrightarrow{\mathrm{>Si—CH_3}} \mathrm{—Si(H)(CH_3)—CH_2—Si(CH_3)_2—} \tag{3-5}$$

最后随着温度的继续升高，碳硅烷分子间发生脱氢、脱甲烷缩合反应使分子量长大，生成 PCS，其反应如式(3-6)所示。

$$\begin{array}{c} \mathrm{—Si(CH_3)_2—CH_2—Si(CH_3)_2—} \\ + \\ \mathrm{—Si(CH_3)(H)—CH_2—Si(CH_3)_2—} \end{array} \xrightarrow{\triangle} \begin{cases} \xrightarrow{-\mathrm{H_2}} \begin{array}{c} \mathrm{—Si(CH_3)—CH_2—Si(CH_3)_2—} \\ |\;\mathrm{CH_2} \\ \mathrm{—Si(CH_3)—CH_2—Si(CH_3)_2—} \end{array} \\ \xrightarrow{-\mathrm{CH_4}} \begin{array}{c} \mathrm{—Si(CH_3)(H)—CH_2—Si(CH_3)—} \\ \mathrm{CH_2}\;| \\ \mathrm{—Si(CH_3)_2—CH_2—Si(CH_3)—} \end{array} \end{cases} \tag{3-6}$$

3.3　高压法 PCS 的组成、结构与性能

采用不同工艺方法合成 PCS,其生成反应过程及所得 PCS 的组成结构与特性也存在差异,对高压合成的 PCS 的组成、结构、性能进行研究,并与常压合成的 PCS 作对比。

以 PDMS 在热压釜中 450℃下反应 3 h、软化点为 238℃的 PCS - HP 为例,通过元素组成、IR、UV、^{1}H - NMR、^{29}Si - NMR、GPC、TG - DTA 和 XRD 等方法对高压合成 PCS 进行组成、结构及性能的表征,并与常压合成的软化点为 240℃的 PCS - NP 进行相应的分析比较。

3.3.1　PCS 的组成结构分析

1. 元素分析

PCS - HP 与 PCS - NP 两种 PCS 的元素组成结果见表 3 - 9。

表 3 - 9　高压及常压合成 PCS 的元素组成

样　品	PCS - HP	PCS - NP
w(Si)/%	48.24	48.30
w(C)/%	38.36	38.80
w(H)/%	12.92	12.24
w(O)/%	0.48	0.66
化学式	$SiC_{1.86}H_{7.50}O_{0.02}$	$SiC_{1.87}H_{7.10}O_{0.02}$

由表 3 - 9 可见,与 PDMS 的元素组成相比,两种 PCS 的 C、H、O 含量降低,C/Si 原子比降低。这表明以 Si—Si 为主链的 PDMS,发生裂解、重排、缩合反应,生成了以 Si—C 为主链的 PCS 从而导致了元素含量的变化。与 PCS - NP 相比,PCS - HP 的 C、O 元素含量较低,C/Si 原子比较低,H 元素含量较高,Si—H 键含量较高,线性度较高,这些特点对于制备 SiC 纤维来说是有利的。与 PC - 470 元素含量相比,PCS - HP 的 O 元素含量较低,H 元素含量较高,但 C/Si 原子比略高。

2. 红外分析

PCS - HP 和 PCS - NP 的红外谱图如图 3 - 29 所示。

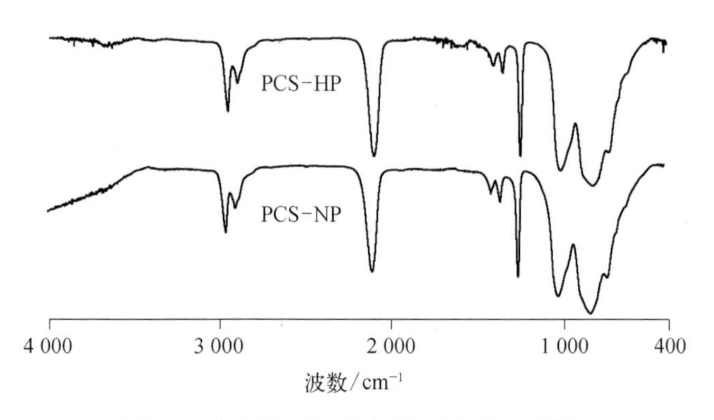

图 3－29　PCS－HP 和 PCS－NP 的 IR 谱图

由图 3－29 可见,两种工艺合成的 PCS 的 IR 谱图吸收峰位置一致,仅峰强度稍有差异。两种 PCS 分子中都含有 Si—CH_3(2 950 cm^{-1}、2 900 cm^{-1}、1 400 cm^{-1}、1 250 cm^{-1}及 820 cm^{-1})、Si—CH_2—Si(1 360 cm^{-1}、1 020 cm^{-1})、Si—H(2 100 cm^{-1})等结构单元。PCS－HP 的 $A_{Si—H}/A_{Si—CH_3}$值为 1.02,与 PCS－NP 相比($A_{Si—H}/A_{Si—CH_3}$ = 0.93),高压合成 PCS 的 Si—H 键含量较高。Si—H 键含量越高,意味着 PCS 的反应活性越高,在后续的不熔化过程中只需引进较少的氧即可实现不熔化。PCS－HP 的 $A_{Si—CH_2}/A_{Si—CH_3}$值为 1.61,与 PCS－NP 相比($A_{Si—CH_2}/A_{Si—CH_3}$ = 1.72),高压合成 PCS 的线性度高,有利于其可纺性。

3. 紫外分析

PDMS 的紫外吸收峰有一极大值,λ_{max}为 345 nm,这是 PDMS 中的$\left[\text{Si}\right]_n$ 结构所致,其中 n 大于 8,这一极大值随着聚硅烷中 Si—Si 链的增长而发生红移。在合成 PCS 的过程中,未转化完全的 Si—Si 键将残留在 PCS 的分子结构中。为了研究所合成的 PCS 中的 Si—Si 键的转化情况,对两种 PCS 进行紫外分析,其紫外光谱如图 3－30 所示。

由图 3－30 可以看出,两种工艺合成的 PCS 在约 290 nm 处都存在 Si—Si 键的吸收峰,但吸光度很小。PCS－HP(吸光度为 0.234)的 Si—Si 键含量比 PCS－NP(吸光度为 0.107)的略高,主要是因为高压合成时间比常压合成短很多,所以 Si—Si 键的转化率稍低。为了与日本 PC－470 的 Si—Si 键含量进行比较,将 PCS－HP 配成与 PC－470 的紫外分析溶液相同浓度(0.1 g/L)的二甲苯溶液时,PCS－HP 的吸光度小于 0.01,此时可以忽略 PCS 中 Si—Si 键的含量。即两种 PCS 的 Si—Si 键含量都很低,在结构分析中可以忽略不计。

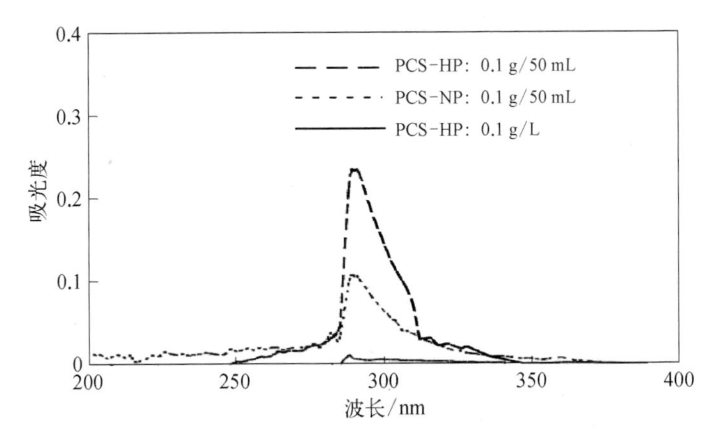

图3-30　PCS-HP和PCS-NP的紫外吸收光谱图

4. 核磁共振分析

为了了解PCS分子中H、Si原子的键合情况，对其分别进行^{1}H-NMR和^{29}Si-NMR核磁共振分析。两种PCS的^{1}H-NMR和^{29}Si-NMR核磁共振谱图分别如图3-31及图3-32所示。

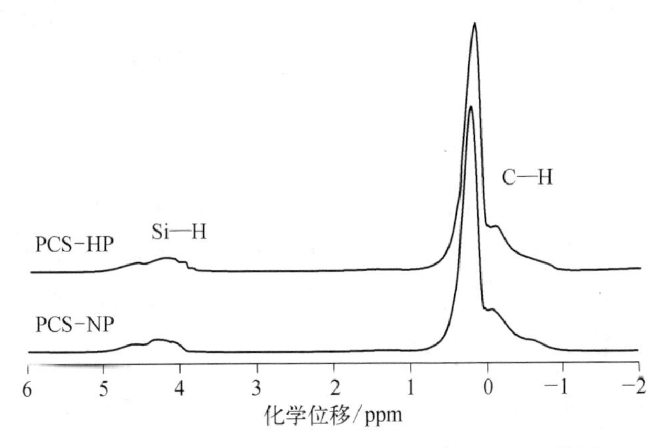

图3-31　PCS-HP及PCS-NP的^{1}H-NMR谱图

在图3-31中，$\delta = 0$ ppm附近为C—H键产生的氢的共振峰，并认为其中$\delta = 0.2$ ppm、-0.1 ppm、-0.6 ppm附近分别为Si—CH_3、Si—CH_2及Si—CH单元中氢的共振峰。在$\delta = 4 \sim 5$ ppm对应Si—H键中的氢的共振峰，比较Si—H和C—H的峰面积可知，PCS-HP的Si—H与C—H比值为0.105，PCS-NP的比值为0.099。可见PCS-HP的Si—H含量较高，与红外分析得到的Si—H键

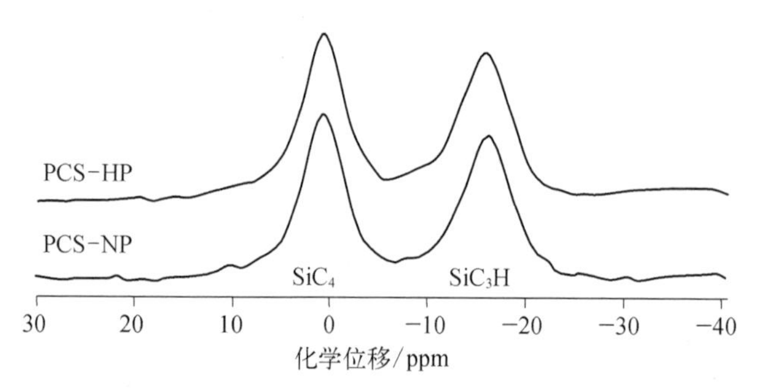

图 3-32 PCS-HP 及 PCS-NP 的 ^{29}Si-NMR 谱图

含量的结果是一致的。

在图 3-32 中，$\delta = 0.75$ ppm 处为 SiC_4 中 Si 的共振峰，$\delta =- 17.5$ ppm 处为 SiC_3H 中 Si 的共振峰。说明在 PCS 的 Si—C 结构单元中，同时含有 SiC_3H 及 SiC_4 结构单元。比较 SiC_3H 和 SiC_4 的峰面积之比，PCS-HP 的比值为 0.95，PCS-NP 的比值为 0.92，再次说明 PCS-HP 的线性度比 PCS-NP 略高。

SiC_xSi_{4-x} 结构单元中的 Si 的共振峰应在-38 ppm 处，而图 3-32 中此处的峰在基线平衡误差范围内，进一步说明 PCS-HP 及 PCS-NP 的 Si—Si 键含量很低，可以忽略，由此可以进一步推出，PCS-HP 中 SiC_3H 结构单元约为 48.7%，SiC_4 结构单元约为 51.3%；PCS-NP 中 SiC_3H 结构单元约为 47.9%，SiC_4 结构单元约为 52.1%。

综上所述，高压合成的 PCS 是以 Si—C 键为主链的聚合物，主要由 Si—CH_3、Si—H、Si—CH_2—Si 等基团组成的 SiC_3H、SiC_4 两种结构单元构成。软化点为 238℃ 的 PCS-HP 的实验式为 $SiC_{1.86}H_{7.50}O_{0.02}$，$A_{Si—H}/A_{Si—CH_3}$ 比值约为 1.02，$A_{Si—CH_2}/A_{Si—CH_3}$ 比值约为 1.61。与常压合成的 PCS 相比，有较低的 C、O 元素含量、C/Si 原子比，较高的 H 元素、Si—H 键含量及线性度。

3.3.2 PCS 的性能研究

PCS 组成、结构上的差异导致了其性能上也存在差异。比较了两种 PCS 的分子量及其分布、热性能及高温转化性能。

1. 分子量及其分布

PCS-HP 及 PCS-NP 的分子量分布曲线如图 3-33 所示。由图可以看出，PCS-HP 比 PCS-NP 分子量高，高分子量部分含量高，分子量分布宽。这是因为，在高压合成 PCS 的过程中，部分具有反应活性的小分子 PCS，在压力作用下参与缩聚反应，使分子量长大，因此 PCS－HP 的分子量较高，同时不可避免地使分子量分布变宽。

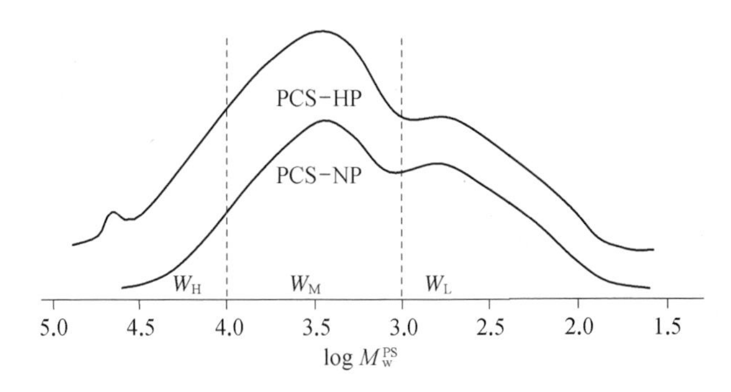

图 3－33　PCS－HP 及 PCS－NP 的分子量分布曲线

由图 3－33 计算出两种 PCS 的分子量、分散系数及各部分分子含量，结果见表 3－10。

表 3－10　PCS－HP 及 PCS－NP 的分子量、分散系数及各部分分子含量

样品	M_w^{PS}	M_w^{PS}/M_n^{PS}	W_H/%	W_M/%	W_L/%
PCS－HP	4 236	8.55	9.5	48.5	42
PCS－NP	3 190	4.59	6.5	55.5	38

由图 3－33 及表 3－10 还可以看出，PCS－HP 及 PCS－NP 软化点相近时前者分子量高，即分子量相同时 PCS－NP 的软化点较高，说明 PCS－NP 的线性度较差，因为分子链的柔顺性降低，导致主链内旋转位阻增加，软化点升高。

2. 热分析

两种 PCS 在 N_2 环境下的热重-差热（TG－DTA）曲线如图 3－34 所示。PCS 的热分解过程大致可分为四个阶段，分界点约为 360℃、585℃、820℃。第一阶段（<360℃）：PCS 未发生明显的变化，TG 失重小，仅为 0.4%，主要是低分子量 PCS 的挥发逸出。第二阶段（360～585℃）：TG 失重大，达 11.4%，主要是由于低分子量 PCS 的挥发逸出，和 PCS 分子间的热交联释放出 CH_4、H_2 等小分子，形成三维网络结构，DTA 为多个吸放热峰的组合，总体上为放热；第三阶段（585～820℃）：TG 失重较小，为 7.4%，主要是由于 PCS 的侧链发生热解，即 Si—H、Si—CH_3 以及 Si—CH_2—Si 的 C—H 发生热解，主链基本上不再断裂，DTA 表现

出强的吸热峰；第四阶段(>820℃)：TG 失重小，仅为 1.9%，1 034℃时 DTA 放热，说明该阶段 PCS 基本上完成了有机聚合物向无机陶瓷的转变，主要为 SiC 的结晶化过程，伴随有少量残余 C、H 的脱除，晶体结构随温度的升高进一步完善。在 1 200℃时 PCS－HP 的陶瓷产率为 78.9%。

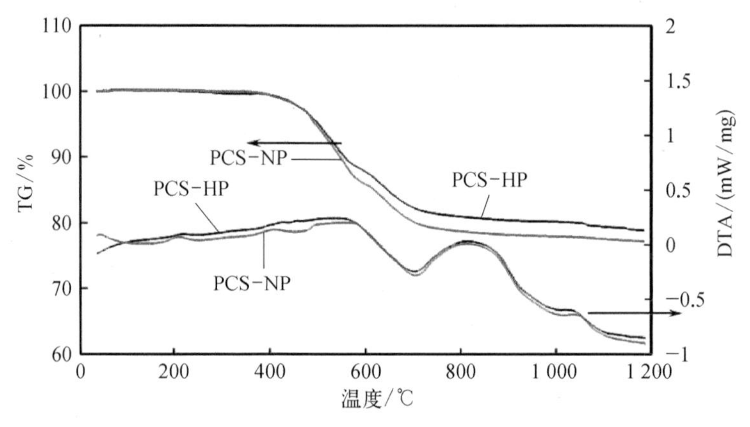

图 3－34　PCS－HP 及 PCS－NP 在的 N_2气氛下的 TG－DTA 曲线

PCS－NP 的热分解过程与 PCS－HP 相似，PCS－NP 各阶段的失重分别为 0.1%、13.4%、7.9%、1.4%，1 200℃时陶瓷产率为 77.2%，比 PCS－HP 略低。PCS－NP 在热分解的第一阶段失重较小，而在第二阶段失重较大，原因与 PCS－NP 的低分子量部分含量少、中分子量部分含量高有关。在陶瓷化的过程中，分子中的支链容易断裂，解离下来的支链可以形成小分子气体逸出，支化程度越高，逸出的小分子气体越多，因此，PCS－NP 在热分解的第三阶段失重较大及陶瓷产率较低，说明 PCS－HP 的线性度比 PCS－NP 稍高，与^{29}Si－NMR 分析结果一致，同时，PCS－HP 的陶瓷产率略高，与 PCS－HP 的分子量略高也一致。

3. X 射线衍射分析

两种 PCS 及其在 N_2气氛中 1 250℃裂解后的 XRD 谱图如图 3－35 所示。

由图 3－35 可知，两种 PCS 均为无定形物，结晶程度很低。两种 PCS 在 N_2 中 1 250℃高温裂解后，转变为 β－SiC 微晶，结晶性好。其中，2θ 为 36°、60°、72°左右处的衍射峰分别为 SiC 晶粒(111)、(220)、(311)晶面的衍射峰。2θ 为 26°处的尖峰为游离碳峰，说明 SiC 陶瓷富碳。由(111)面的半高宽及峰位置，可得 SiC－HP 及 SiC－NP 的晶粒大小分别约为 37.5 Å、34.4 Å。

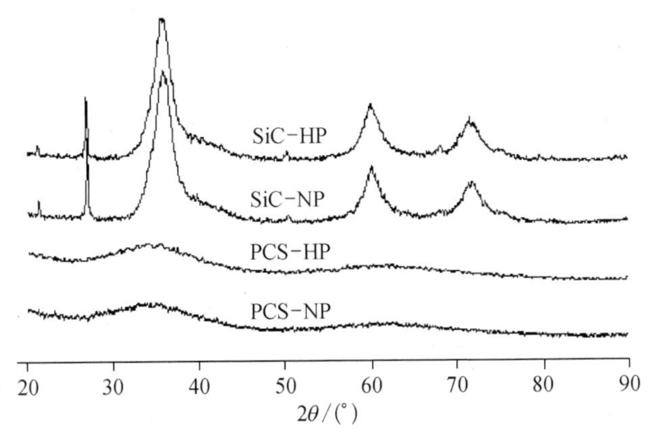

图3-35　PCS裂解前后的XRD谱图

综上所述,与软化点相近的、常压合成的PCS-NP相比,高压合成的PCS-HP比有较高的分子量、高分子量部分含量及陶瓷产率,PCS-HP的分子量分布较宽。二者均为无定形物,在N_2中1 250℃高温裂解后转变为β-SiC微晶。

参考文献

[1] 宋永才,商瑶,冯春祥等.聚二甲基硅烷的热分解研究.高分子学报,1995,12: 753-757.
[2] Yajima S, Hasegawa Y, Hayashi J. Synthesis of continuous silicon carbide fiber with high tensile strength and high Young's modulus: Part Ⅰ synthesis of polycarbosilane as precursor. Journal of Materials Science, 1978,13: 2569-2576.
[3] Ishikawa T, Shibuya M, Yamamura T. The conversion process from polydimethylsilane to polycarbosilane in the presence of polyborodiphenlysiloxane. Journal of Materials Science, 1990, 25: 2809-2814.

第4章　超临界流体法合成聚碳硅烷

4.1　超临界流体法及其特点

自然界的物质，一般存在三种状态，即气态、液态和固态，而超临界流体（supercritical fluids，SCFs）是现代科学发现的另一种状态，被称为物质的第四态，是指处于临界温度（T_c）与临界压力（P_c）以上的流体[1]。在纯物质相图上（图4－1），T为三相点、G为气相区、L为液相区、S为固相区、TA为固-液平衡线、TC为气-液平衡线。其中，物质气-液平衡线（TC）向高温延伸的终点被定义为临界点（C），此处所对应的温度和压力被称为临界温度（T_c）和临界压力（P_c）。当流体的温度和压力同时高于其临界值时，流体就处于超临界状态（SCF区）。将纯净物质沿气液饱和线升温，当达到临界点时气液界面消失，体系性质变得均一，不再区分气体和液体。

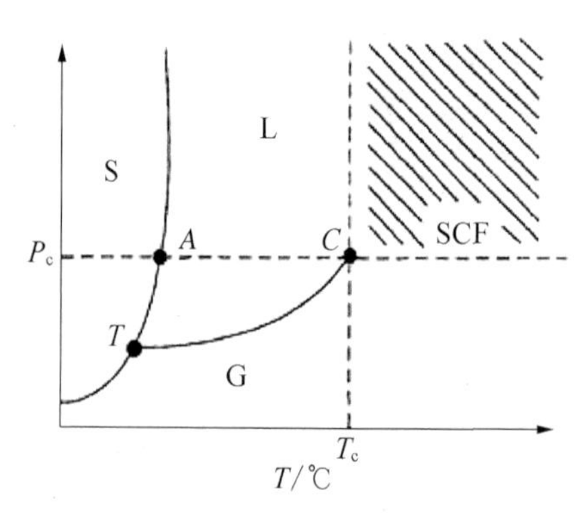

图4－1　合成温度对PCS的A_{Si-H}/A_{Si-CH_3}和A_{SiCH_2Si}/A_{Si-CH_3}的影响（反应时间为4 h）

超临界流体在相图中的特殊位置决定了其特殊的物性参数：密度和液体相当，黏度和气体相当，扩散系数处于两者之间。这种特殊的物性导致了超临界流体优异的溶解性能和传热效率[2-5]。用超临界液体做化学反应溶剂，可以通过压力变化，在“像气相”和“像液相”之间调节流体的性质[6-8]。即通过压力变化，容易形成均一相，更好地实现化学反应。超临界流体既具有某些液体的性质又具有某些气体的优点，其密度、溶解能力与液体接近，是很好的溶剂；其流动性、扩散能力和表面张力与气体接近。使用超临界流体，可用调节压力来改变其密度，从而调节与密度相关的溶剂性质，如介电性、黏度等，这样就增大了控制化学反应的能力和改变化学反应选择性的可能性。超临界流体又具有如低黏度、高气体溶解度、高扩散系数等气体的优点，这对于加快化学反应，尤其是加快扩散控制化学反应方面十分有利。研究发现微小的温度、压力改变；可以引起超临界流体密度的很大变化，而且温度、压力的变化可以改变其介电常数和离子积。例如超临界水的介电常数和一般有机溶剂相当，其离子积是常温水的10倍。这是超临界流体可以替代某些反应中高毒有机溶剂的原因。此外，在超临界状态下，化学反应有许多不同于气相反应和液相反应的特点：① 压力对反应速度常数有强烈的影响；② SCF 的溶解性能对温度和压力十分敏感，因此可通过调节温度和压力使产物、反应物等依次从 SCF 中移去，从而方便完成产物、反应物、催化剂和副产物之间的分离；③ 可以有效地防止催化反应中催化剂失活，并可以使失活的催化剂再生。

超临界流体在化学分离、分析以及化学合成方面有着十分广泛的用途。早期超临界流体主要用于萃取分离，由于超临界流体的特殊性质，特别是它可以替代高毒有机溶剂作反应介质，符合绿色化学的要求。目前超临界流体技术不仅仅局限于分离方面，其已深入到化学分析、材料制造、化学反应、环境保护和节能工艺等方面[9-14]。

在超临界流体状态下进行聚合物合成的研究目前尚处于初步探索阶段，对超临界化学合成的机理研究，包括反应系统各组成部分之间的相互作用机制、反应动力学、反应平衡及反应途径，特别是对化学反应立体选择性的影响等方面，还不能达到系统的认识。作为一种绿色新型反应系统，在当今全球环境问题不容乐观的形势下，超临界化学反应必将引起越来越多化学工作者的关注和兴趣[15]。

Science 杂志于1992年发表了美国北卡罗来纳州立大学的 Desimone 等关于超临界流体均相聚合的研究[16]。该文献报道了以 CO_2 为超临界流体介质，均相聚合合成了 Teflon 的研究。并在杜邦公司的资助下，于1999年建成了用 CO_2 为超临界流体介质合成6 000 T Teflon 的装置[17-19]。该研究主要利用氟与超临界 CO_2 间强的相互作用，丙烯酸1,1－二氢全氟辛脂(FOA)的聚合物(PFOA)均溶解于超临界 CO_2，使聚合在均相体系中进行。该方法避免了使用导致臭氧层破坏的氯氟烃(CFC)，制得分子量达270 000的氟聚合物。Clark 等[20]在40℃、34.5 MPa 的超临界 CO_2 中，以 $AlEtCl_2$ 为引发剂，实现均相聚合，制得了数均分子量为4 500、$\overline{M}_w/\overline{M}_n$ 约为1.6的含氟化侧链的乙烯基醚。德国马克斯普朗克煤炭研究所的 Leitner 等[21-22]利用钌催化剂和钼催化剂在超临界 CO_2 中进行开环易位聚合。其催化活性大大提高，产物的分子量和分子量分布与使用二氯甲烷溶剂的生成物相似。

阎世润等[23]报道了以正戊烷为超临界流体介质，以 $CoPSiO_2$ 为催化剂合成

Fisscher - Tropsch(F - T)的研究,超临界相反应 CO 的转化率明显高于气相反应,并且长碳链产物的比重有所提高。超临界流体介质改善了催化剂微孔内 CO 和 H_2的传质速率,使 CO 的转化率及烃的产率都显著提高。同时因链增长反应是放热反应,在超临界流体条件下,反应热更容易被移去,因而有利于长链产物的生成,降低低链产物的比例。在聚合反应研究方面,使用超临界 CO_2做聚合反应溶剂,由于物质的溶解能力随压力变化,对一种聚合物而言,在一定温度下超临界流体 CO_2压力越大,其溶解能力就越强,即可溶解分子量更大的聚合物。在聚合反应中利用这一原理可得到某种特定分子量分布很窄的产品,使产物纯化。超临界流体 CO_2对高聚物有很强的溶胀能力。分子越小渗透性越强,由于 CO_2 分子体积很小,并且在超临界状态下黏度和表面张力不大,而扩散系数很大,因此很容易渗入高聚物内部,这样就使反应生成的高聚物强烈溶胀,使反应单体较易加入刚生成的高聚物内部继续进行化合反应,从而提高聚合反应的转化率和产物的分子量。

SCFs 方法合成 PCS 作为一种全新的方法,无任何文献可以参考。在 PCS 合成过程中,如何控制 SCFs 状态、在 SCFs 流体状态下如何调控 PCS 的合成条件、SCFs 的合成条件对 PCS 特性的影响等问题都亟须进行系统研究。

4.2 合成 PCS 时超临界流体介质的选择

要在超临界流体状态下均相聚合 PCS,首先必须选择一种适当的超临界流体介质。从超临界流体特征和合成 PCS 的要求来看,这种介质必须满足一些基本条件: 首先,该介质的超临界流体状态容易达到和控制,其超临界温度和压力应与由 PDMS 热解重排转化合成 PCS 的工艺条件吻合;其次,该介质在通常状态和超临界流体状态下都不参与 PCS 的合成反应,也不与 PCS 发生反应,仅为合成 PCS 提供一个超临界流体环境;最后,该介质还必须是 PCS 的良好溶剂,有利于合成 PCS 的中间产物及最终 PCS 的溶解,形成均一相。

若干种常用超临界流体介质及其临界压力 P_c 与温度 T_c 见表 4 - 1 所示[24]。

表 4 - 1 若干种超临界流体介质的临界压力与温度[24]

超临界流体介质	T_c/℃	P_c/MPa
乙醇	243	6.3
1 -丙醇	265	5.1

续表

超临界流体介质	T_c/℃	P_c/MPa
甲醇	240	7.9
异丙醇	235	4.8
丙酮	235	4.6
CO_2	31	7.4
H_2O	374	22.1

其中，醇类溶剂和 CO_2 是两种常用的超临界流体介质。CO_2 超临界流体介质因 CO_2 无毒、不燃、超临界温度低，较醇类超临界流体介质安全等因素而被广泛研究并得到应用。超临界 CO_2 在烃类的烷基化、异构化、氢化及氧化反应中都具有重要的作用。因其溶解度大，可以减少催化剂上多核芳香族化合物的缩合生焦，从而减缓催化剂的中毒。又由于扩散能力的增强，反应物易达催化剂活性中心，而产物易从活性中心更快脱离，从而减少副反应，提高催化剂的选择性；还由于扩散速率、传热速率增大，能更快达到反应平衡和加快反应速率，从而提高装置生产效率与能力。但超临界 CO_2 作为化学反应的溶剂也有一定的缺陷，其溶解度与环己烷相似，可溶解相对分子量小于 100 的非极性有机物，但高极性的化合物如糖、氨基酸则不溶于该体系中；聚硅烷和氟代聚合物可溶，但其他聚合物不溶，可利用相稳定剂或气泡剂来克服聚合物不溶这一缺点。

对于 PCS 合成体系来说，PCS 的合成温度远远超过 CO_2 的超临界温度。PDMS 的分解温度为 380~400℃，如果以 LPS 为原料，合成 PCS 的温度高达 450~500℃，远远超过 CO_2 的 T_c。按照理想气体状态方程：$PV = nRT$，升高温度，必将对 CO_2 超临界压力设备提出更高的要求。因此超临界 CO_2 作为介质并不适合于 PCS 合成体系。

CO_2 超临界流体合成需要专门设备，而高压釜超临界流体反应装置简单、操作方便。因此，选择在高压釜中利用 PCS 的溶剂作为超临界流体介质进行聚合反应更为适宜。PCS 的若干种主要溶剂的超临界流体特性如表 4-2 所示[24]。

表 4-2　PCS 的主要溶剂及其超临界流体特性[24]

溶　剂	T_c/℃	P_c/MPa
苯	288.9	4.85
甲苯	318.6	4.01
四氢呋喃(THF)	299.2	4.77

续表

溶　剂		T_c/℃	P_c/MPa
二甲苯	对位二甲苯	343.0	3.47
	邻位二甲苯	357.1	3.69
	间位二甲苯	343.8	3.50

PCS 的主要溶剂中,苯在工业上由焦煤气(煤气)和煤焦油的轻油部分提取和分馏而得,也可由环己烷脱氢或甲苯歧化制得。其相对分子量为 78.11,沸点为 80.1℃,是无色易挥发和易燃液体,其闪点为 10~12℃。其蒸气与空气形成爆炸混合物,爆炸极限为 1.5%~8.0%(体积分数)。具有芳香气味且有毒。甲苯化学性质与苯相近,由分馏煤焦油的轻油部分或由催化重整轻汽油馏分而制得,相对分子量为 92.14,其蒸气与空气形成爆炸性混合物,爆炸极限为 1.2%~7.0%(体积分数)。四氢呋喃由顺丁烯二酸酐加氢,或由呋喃在镍催化剂存在下氢化而制得。其相对分子量为 72.12,沸点为 66.0℃,易燃,在空气中能生成爆炸性过氧化物。二甲苯由分馏煤焦油的轻油部分或催化重整轻油经分馏,或由甲苯经歧化而成。实验室所采用的普通化学纯的二甲苯为邻二甲苯、对二甲苯和间二甲苯的混合物,称混合二甲苯,以间二甲苯含量较多,主要用作溶剂使用,为有芳香气味的无色透明液体。

相比较而言,二甲苯作为常用的 PCS 溶剂,其 T_c 为 350℃左右,P_c 在 3.70 MPa 左右,在目前 PCS 的合成条件下,其超临界状态容易达到和控制,毒性较四氢呋喃、苯和甲苯都小,是 PCS 合成所需的较为理想的超临界流体介质。

根据以上分析可知,二甲苯适合作为 PCS 合成的超临界流体介质。在高压釜环境中,在 PDMS 热解和合成 PCS 的温度条件下,体系的温度、压力条件都容易使二甲苯迅速达到其超临界流体状态,而在此超临界流体状态下,可以有效地促进 PDMS 均匀传热和分解,容易形成均相反应,这对 PCS 的合成十分有利。

4.3　超临界流体状态下合成 PCS 的研究

4.3.1　合成方法

将一定量 PDMS 和二甲苯置于图 4-2 所示热压釜内,预加一定量的 N_2 作为保护气氛,密封。然后程序升温至一定温度,保温一定时间,通过温度、压力等参数的调控实现超临界流体状态下合成 PCS,冷却后打开釜盖即得 PCS 的二甲苯溶液粗产品。将粗产品取出，经过滤，350℃减压蒸馏，即可得到一定软化点的PCS，记为SCFs－PCS。

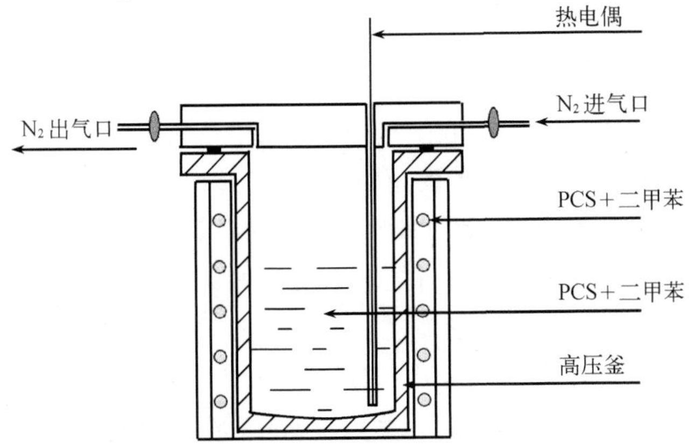

图4－2　超临界流体合成SCFs－PCS的装置示意图

4.3.2　二甲苯超临界流体状态的产生和控制

由于PDMS的热分解和PCS的合成温度都在380℃以上，高于二甲苯的超临界温度，为确保合成实验是在二甲苯的超临界流体状态下进行，必须使反应体系压力高于二甲苯的超临界压力。因此，测定了相同升温制度下加热过程中高压釜中体系压力随温度的变化情况，结果如图4－3所示。

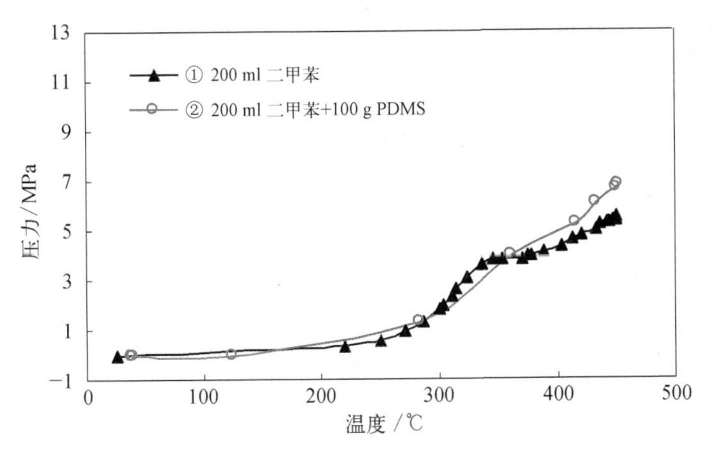

图4－3　压力随温度的变化关系

从图4－3可以看出，当温度大于二甲苯的超临界温度(357.1℃)后，使用二甲苯或二甲苯+PDMS两种条件下，反应釜内的压力均已超过二甲苯超临界压力

(3.69 MPa)。这就保证了 PDMS 热解和合成 PCS 过程都在二甲苯的超临界状态下进行。并且 PDMS 热解和 PCS 合成过程中放出的气体,可以进一步提高反应釜压力。当加入 200 mL 二甲苯时,从曲线①可以看出,釜内压力随温度的升高而增大。在 300℃之前,釜内压力的变化只是由于二甲苯受热汽化并随着温度升高而膨胀,导致压力增大;在 300～360℃二甲苯的超临界温度附近,其压力急剧增大,这主要是由于二甲苯的超临界转变;当其达到超临界状态后体系在 450℃保温,其压力不再上升,此时最大压力为 5.4 MPa。而在曲线②中,当加入 200 mL 二甲苯和 100 g PDMS 时,在 360℃前与曲线①的变化趋势一致。在二甲苯超临界温度点附近,其压力增大较快;而当温度高于 360℃时,釜内的压力比曲线②高,并且在 450℃保温过程中,釜内压力一直有缓慢的升高,如在保温 1 h 时,体系压力为 10.9 MPa,其最大压力可高于 12 MPa。由于 360～440℃ PDMS 热分解生成大量的小分子硅烷,这些小分子硅烷迅速融入二甲苯超临界流体中,形成均一相,增加了体系压力,而在 440℃以上压力的增高,则主要由高温下分子间的缩聚反应所致,在缩聚反应中放出的 H_2、CH_4等小分子气体促使体系压力进一步增大。可以看出,当升温到 361℃时,釜内压力为 3.94 MPa,已经达到二甲苯的超临界状态(T_c = 357.1℃, P_c = 3.69 MPa)。而 PDMS 的热分解产物易溶于二甲苯超临界流体中,形成均一相。这样,为 PCS 的合成提供了更为均匀和适宜的反应条件。

为研究在 PDMS 中加入超临界流体二甲苯后反应釜内的热传导情况,实验测定了加入二甲苯后合成反应釜内实际温度随时间的变化情况,如图 4－4 所示。

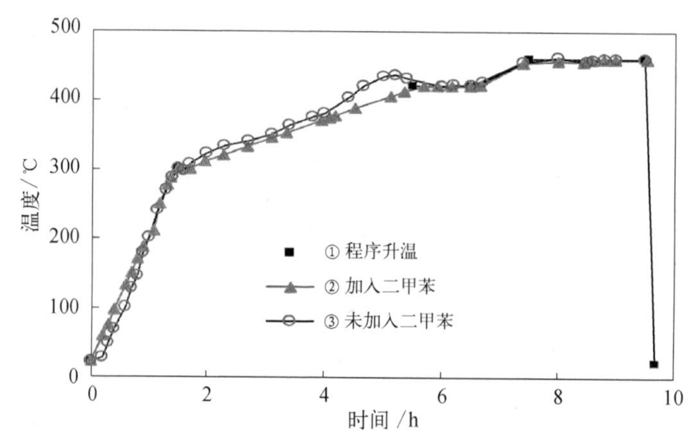

图 4－4　加入二甲苯前后反应釜内实际温度随时间的变化情况

曲线①为设定升温程序；曲线②为加入二甲苯后的釜内实际升温曲线；曲线③为未加二甲苯时的釜内升温曲线。可以看出，在相同升温制度下，加入二甲苯作为传热介质时，实际升温曲线与设计升温程序一致，没有滞后或超温现象。而无二甲苯作为超临界流体介质的合成中，在 260℃之前，釜内实际温度比程序设计温度滞后，在 400℃附近，釜内实际温度比程序设计温度高出 20～30℃。在 420℃以上，由于 PDMS 分解成液态低分子，体系温度才又回到程序设定温度。由于热电偶的测温点在体系中心粉体 PDMS 中，而加热体靠近釜壁，故当温度显示达到 280～400℃ PDMS 的分解温度时，由于 PDMS 传热性差，釜壁实际温度已大大超出设定温度，从釜壁到釜中心，存在一个温度由高到低的温度梯度场，因此在釜壁处将发生急剧的过分反应，导致交联不溶物的出现。由此，体系中必然放出大量反应热，从而出现釜体中心点实际温度亦超过程序设定温度的现象。如曲线③所示，反映了 PDMS 合成 PCS 过程中的不均匀传热状况。而曲线②与程序设定温度的一致性，表明了采用二甲苯超临界流体后对体系传热状况的改善情况。

以上测试结果表明，在加入二甲苯后，在高压釜中正常的 PDMS 的热分解和合成 PCS 过程中，都能保证其超临界流体状态，并且由于超临界流体的使用，体系的传热过程及传热效率都得到了改善，有利于 PCS 的稳定制备。

4.3.3　合成温度及保温时间对 SCFs－PCS 合成的影响

在二甲苯的超临界流体状态下，按图 4－4 中曲线②的工艺条件进行 PCS 的合成，产物（记为 SCFs－PCS）外观为淡黄色半透明树脂状固体，颜色均匀，无分层现象，较脆，类似于松香，产物的红外分析如图 4－5 所示。将同样在高压釜中高温高压方法合成的产物（记为 HP－PCS）[25]的红外光谱也列于图中进行比较。

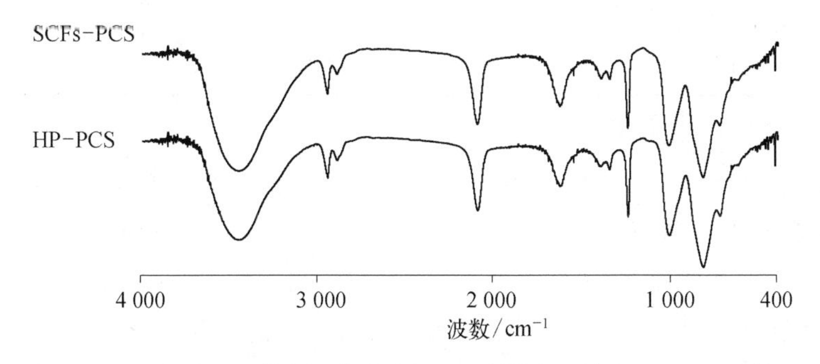

图 4－5　超临界流体方法合成产物的红外分析及与 HP－PCS 比较

从图 4－5 中可以看出，超临界流体状态下的合成产物 SCFs－PCS 的红外图谱和 HP－PCS 基本一致。主要特征峰：2 950 cm^{-1}、2 900 cm^{-1}处为 Si—CH_3的 C—H 伸缩振动峰，2 100 cm^{-1}处为 Si—H 伸缩振动峰，1 400 cm^{-1}处为 Si—CH_3的 C—H 变形振动峰，1 360 cm^{-1}处为 Si—CH_2—Si 的 C—H 面外振动峰，1 250 cm^{-1}处为 Si—CH_3变形峰，1 020 cm^{-1}处为 Si—CH_2—Si 的 Si—C—Si 伸缩振动峰，820 cm^{-1}处为 Si—CH_3的摆动及 Si—C 伸缩振动峰。即超临界流体状态下的合成产物与 HP－PCS 分子中都含有 Si—CH_3、Si—CH_2—Si、Si—H 等结构单元，为典型的 PCS 结构。在 SCFs－PCS 的红外谱图中没有发现新峰，也没有归属于二甲苯的特征峰，说明二甲苯没有参与到 SCFs－PCS 的合成反应中去，它只是作为一种超临界流体介质，提供了一个均相反应环境。

虽然超临界流体合成对 PCS 的结构没有产生影响，但在超临界流体条件下的 PCS 合成反应应该有其自身特点。为确定超临界流体方法合成 PCS 适宜的合成温度和保温时间，实验研究了 PCS 合成温度和保温反应时间对合成过程的最终压力、产物不溶物含量和合成产率的影响，结果如表 4－3 所示。

表 4－3　合成温度和保温时间对合成 SCFs－PCS 的影响

样　品	合成温度/℃	保温时间/h	最终压力/MPa	不溶物含量/%	产率/%
SCFs－PCS－1	440	4	8.8	1.2	60.2
SCFs－PCS－2	450	4	9.0	1.4	63.5
SCFs－PCS－3	460	4	10.2	1.8	52.8
SCFs－PCS－4	470	4	12.7	3.7	48.9
SCFs－PCS－5	480	4	13.4	12.7	46.7
SCFs－PCS－6	450	2	8.8	1.4	62.1
SCFs－PCS－7	450	6	9.2	1.5	60.0
SCFs－PCS－8	450	8	9.5	1.8	49.8
SCFs－PCS－9	450	12	10.7	1.6	54.7
SCFs－PCS－10	450	16	11.1	2.4	55.0
SCFs－PCS－11	450	24	12.0	2.1	56.4

PCS 的产率是基于 PDMS 的质量计算

从表 4－3 可以看出，以二甲苯为超临界流体介质，合成温度在 440～480℃，保温 2～24 h，反应体系最终压力达到 8.8～13.4 MPa，不溶物含量除个别情况外，一般小于 4%，而在适当条件下，合成产物产率可达到 60%～64%。随着合成温度的升高和保温时间的延长，超临界流体合成 PCS 的反应最终压力和不溶物含量有所增大，但合成产率却有所降低。

SCFs－PCS 合成过程的均匀性，可以由产物中不溶物的比例和合成产率来说明。图 4－6 为合成温度对超临界流体方法合成 PCS 的产率和不溶物含量的影响，并与高压法[26]进行比较。从图 4－6 可以看出，当合成温度大于 450℃时，随着合成温度升高，两种方法合成的 PCS 的产率都降低，不溶物增多。超临界流体法的合成产率比同温度下高压法的高出 15%左右。合成产率的提高，显然源自粗产物组成中不溶物含量的降低，由图可见，高压法合成 PCS 过程中随合成温度升高，出现 10%～25%的不溶物，而在超临界流体状态下合成时，粗产物中不溶物含量大大减少，在合成温度低于 470℃时，其不溶物含量<4%，再经过溶解过滤得到最终产物，其产率显著提高，在 450℃时最高达 63.5%。

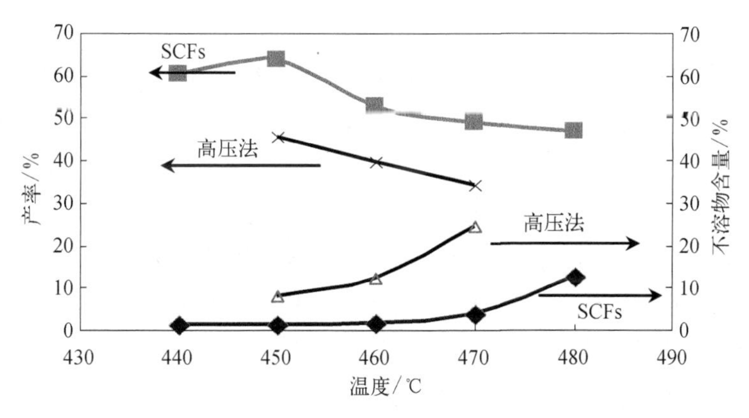

图 4－6　合成温度对不溶物含量和 SCFs－PCS 产率的影响

图 4－7 为超临界流体方法在 450℃合成 SCFs－PCS 时的产率和不溶物含量随保温时间的变化情况。从图 4－7 可以看出，合成 SCFs－PCS 的产率和不溶物含量随保温时间的延长变化不大。随时间延长 SCFs－PCS 产率略有降低，不溶物含量略有升高，但不溶物含量都不超过 2.5%。

结合上述对合成过程中体系温度的变化情况分析，可以看出在超临界流体状态下的一个显著的反应特点：由于超临界流体二甲苯的加入，改善了体系的传热状况，PDMS 的受热分解更为均匀，避免了由于传热不均，导致过度反应（尤其是釜壁部分的过热交联）；而且在超临界流体条件下，PDMS 分解产物溶于流体中形成均一相，重排和缩聚反应更为均匀。由于这两方面的作用，有效提高了体系的传热均匀性和反应均匀性，避免了传热不均匀及反应不均匀而在局部生成大分子不溶物的现象。而不溶物的减少，自然使反应产率显

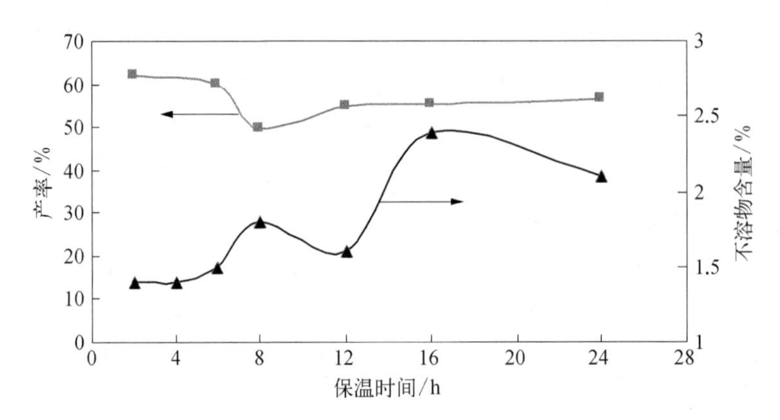

图 4－7　合成 SCFs－PCS 的产率和不溶物含量随保温时间的变化（合成温度为 450℃）

著提高。

合成过程中最终压力和剩余压力随合成温度的变化如图 4－8 所示。最终压力是指合成反应过程中，停止保温开始降温时釜内的压力，剩余压力是指合成反应结束后，使反应釜冷却至室温下（25℃±5℃）时釜内的压力。从图 4－8 可以看出，在 440℃以上，随着合成温度的升高，釜内最终压力和剩余压力都增大。如前所述，在 440℃以上主要发生 SCFs－PCS 分子间脱氢、脱甲烷的缩聚反应，因此，体系压力的升高，主要来源于高温下 SCFs－PCS 分子间放出小分子气体的缩聚反应。合成温度越高，一定分子量的 SCFs－PCS 之间的缩合反应程度越深，有更多的 H_2、CH_4和硅烷小分子气体放出，导致釜内压力升高。而最终压力和剩余压力的差值，则反映了放出气体中可冷凝下来的硅烷小分子的含量，表明在较高合成温度下，可能存在 SCFs－PCS 分子链端分解形成部分硅烷小分子副

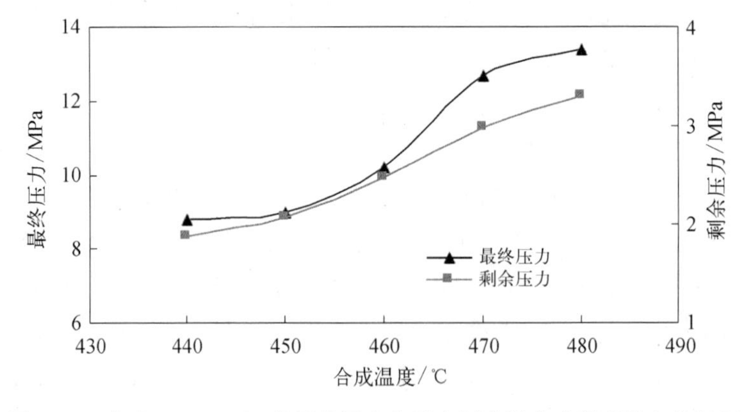

图 4－8　合成 SCFs－PCS 的最终压力和剩余压力随合成温度的变化（4 h）

产物的现象。

图 4 - 9 为 450℃合成 SCFs - PCS 时最终压力和剩余压力随保温时间的变化情况。可以看出，在超临界流体状态下 450℃合成 SCFs - PCS 过程中，釜内最终压力和剩余压力都随着保温时间的延长而增大，其变化趋势基本一致。这也反映了在保温反应过程中，釜内的 SCFs - PCS 分子间的缩合反应的进行，产生的小分子气体随时间而累积，使釜内压力增大。剩余压力大小反应生成气体的多少，间接反映 SCFs - PCS 分子间缩合反应进行的程度，也反映了 SCFs - PCS 的分子量增长的程度。从以上结果可以看出合成温度和一定温度下保温反应均有利于促进 SCFs - PCS 的分子量增长。

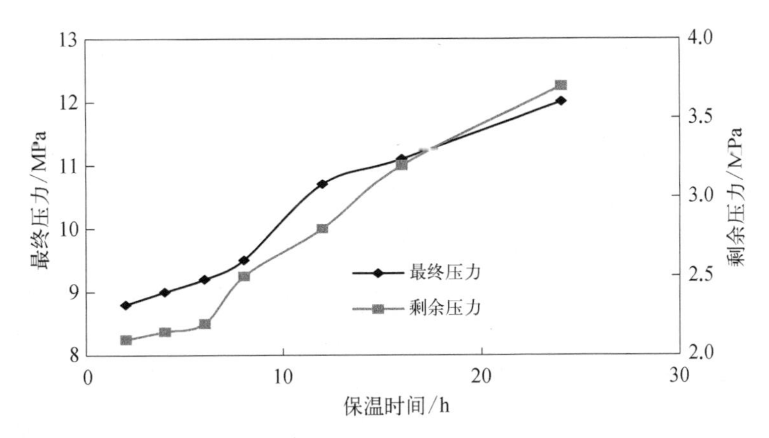

图 4 - 9　合成 SCFs - PCS 最终压力和剩余压力随保温时间的变化(450℃)

以上研究表明：与非超临界流体状态的高压法相比，在相当的反应条件下，在超临界流体状态下合成 SCFs - PCS 时，具有不溶物少、合成产率高的优点，而这反映了在超临界流体状态下的合成反应具有更好的传热均匀性和反应均匀性。当然，在超临界流体状态下合成时控制合成温度也是需要的，如以上结果所示：当合成温度低于 470℃时，产生的不溶物很少(<4%)，有良好的反应产率；而当合成温度为 470~480℃时，不溶物的量急剧增大。结合体系压力的增加，表明这主要是过度的分子间缩聚、形成不溶的交联产物所致。在超临界流体状态下合成 SCFs - PCS 时，控制合成温度 450~460℃，保温时间 4~8 h，可以制得较高产率的 PCS。

表 4 - 4 显示了不同合成温度和保温时间下超临界流体方法得到的 PCS 的特性参数，投料比固定为 100 g PDMS/200 mL 二甲苯。

表 4-4　不同条件下合成 SCFs-PCS 的特性

样　品	合成温度/℃	保温时间/h	软化点/℃	$\overline{M}_n$	PDI	$A_{Si—H}/A_{Si—CH_3}$
SCFs-PCS-1	440	4	154.4~163.0	1 097	1.45	0.988
SCFs-PCS-2	450	4	196.2~209.5	1 477	1.61	0.932
SCFs-PCS-3	460	4	203.8~228.7	1 560	1.78	0.917
SCFs-PCS-4	470	4	210.9~232.9	1 608	2.86	0.903
SCFs-PCS-5	480	4	218.0~257.7	1 712	3.65	0.897
SCFs-PCS-6	450	2	154.4~163.0	1 004	1.20	0.943
SCFs-PCS-7	450	6	156.5~172.7	1 053	1.07	0.922
SCFs-PCS-8	450	8	160.0~175.7	1 051	1.20	0.925
SCFs-PCS-9	450	12	188.7~207.8	1 482	1.33	0.865
SCFs-PCS-10	450	16	194.8~234.6	1 698	1.41	0.791
SCFs-PCS-11	450	24	196.2~209.5	1 677	1.61	0.759

PDI 为 PCS 的分子量分散系数(M_w^{PS}/M_n^{PS})

从表 4-4 可以看出,不同的合成条件对产物特性有明显影响,随着合成温度的升高和保温时间的延长,SCFs-PCS 的软化点、数均分子量和分子量分布系数都有所增大。为了清楚地看出这种影响,考察了不同合成温度条件对产物分子量、初熔点、分子量分布的影响,图 4-10 为不同合成温度对 SCFs-PCS 分子量和初熔点的影响。初熔点(T_a)是指软化点测试过程中,SCFs-PCS 开始熔化的温度。从图中可以看出,随着合成温度升高,SCFs-PCS 的数均分子量和初熔点都增大,且增长趋势一致。说明 SCFs-PCS 初熔点与其分子量有一定对应关系,初熔点越高,分子量越大。SCFs-PCS 初熔点是分子受热后的宏观表现,实

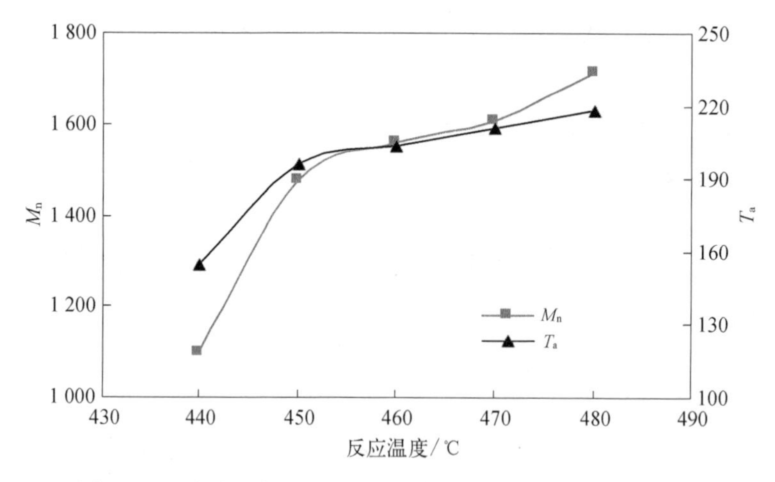

图 4-10　合成温度对 SCFs-PCS 数均分子量及初熔点的影响

际多采用测试先驱体的初熔点作为指导 PCS 纺丝的依据。从 440℃ 到 450℃，SCFs－PCS 分子量和初熔点增长较快，当合成温度大于 450℃ 时，SCFs－PCS 软化点与分子量增长趋于平缓。当合成温度大于 470℃ 时，SCFs－PCS 分子量增长速度又会加快，这时，温度的升高容易导致部分 PCS 分子过度交联，生成不溶物，从而影响 PCS 的品质和产率。因此，在超临界流体方法合成 PCS 的过程中，一般应控制合成温度低于 470℃。控制合成温度在 450～470℃，可以获得初熔点在 180～220℃ 之间，数均分子量在 1 400～1 800 的产物。

对不同合成温度下合成的 SCFs－PCS 的进行 GPC 分析，可以看出合成温度对分子量分布的影响。结果如图 4－11 所示。从图中可以看出，随着合成温度升高，GPC 曲线整体向高分子量部分移动。表明合成温度升高，反应程度逐渐加深，SCFs－PCS 分子量进一步长大，产物分子中高分子量部分增多，低分子量部分减少。分子量整体分布基本呈“双峰”分布。当合成温度大于 470℃ 时，SCFs－PCSGPC 曲线高分子量部分出现“拖尾”和“凸起”现象，如曲线④、⑤所示。

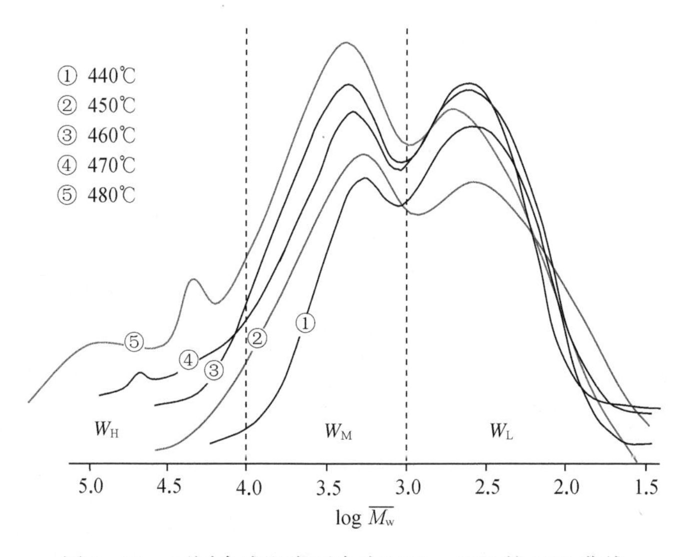

图 4－11　不同合成温度下合成 SCFs－PCS 的 GPC 曲线

为了更好地分析不同合成温度对分子量分布的影响，以 $\log \overline{M}_w = 3.0$（相应分子量为 1 000）、$\log \overline{M}_w = 4.0$（相应分子量为 10 000）为界限，将 SCFs－PCS 分子量分布分为高分子量（M_H）、中分子量（M_M）、低分子量（M_L）三部分，从积分面积可算出高、中、低各部分分子的百分含量。将不同合成温度下，超临界流体方法合成 PCS 分子量中高(M_H)、中(M_M)、低(M_L)三部分所占比例作图,如图 4-12 所示。从图中可以看出,随着合成温度升高,其高分子部分含量增加,所占百分比主要在 0~20%;中分子部分含量所占百分比约为 40%~50%;低分子部分含量减少,所占百分比变化范围为 60%~35%。这表明,随着合成温度升高,SCFs-PCS 在高分子量部分增加和低分子部分减少的共同作用下,平均分子量增高。当合成温度低于 470℃时,SCFs-PCS 高分子量部分少于 10%;当合成温度为 480℃时,高分子量部分占 16.8%。为了提高分子量分布的均匀性,应抑制高分子量部分的生成。因为高分子量部分的增加使分子量分布变宽和分子量分布系数(PDI)变大,这可以从合成温度对 PDI 的影响中得到证明。

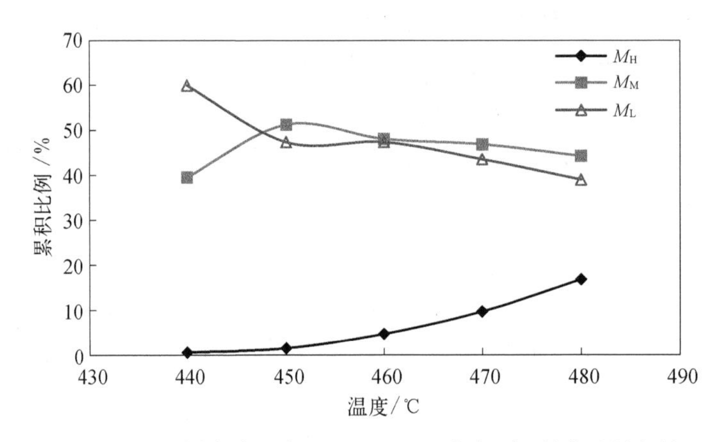

图 4-12　不同合成温度下 SCFs-PCS 中高、中、低分子量含量

图 4-13 为不同合成温度对 SCFs-PCS 分子量分布系数的影响,并与高压法合成的 PCS 进行比较。可以看出,随着合成温度升高,高压法和超临界流体方法合成的 SCFs-PCS 的分子量分布系数都增大。但 SCFs-PCS 增长缓慢,而高压法的 PDI 呈快速增长趋势。如前所述,在高温下,PCS 分子间脱氢、脱甲烷的缩聚反应加速,因此分子量也迅速增加。在分子量分布上表现出高分子量部分迅速增加。在高压法合成的 PCS 结构中,产生大量极高分子量部分,在其 GPC 曲线上表现出大的高分子拖尾,而在超临界流体条件下合成时,这种现象显著减弱,其高分子量部分<20%,因此其分子量分布就较为均匀。一般来讲,PCS 的分子量分布系数越大,均匀性越差,其纺丝性也越差[27],因此在 PCS 合成中必须加以控制。超临界流体方法合成 SCFs-PCS 提高了传热均匀性和反应均匀性,同时也提高 SCFs-PCS 分子量分布的均匀性。

在一定的合成温度下,保温时间对 SCFs-PCS 的特性也有较大影响。图

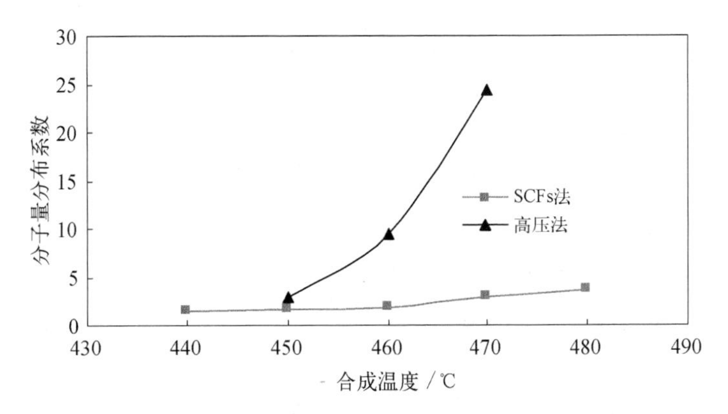

图4－13　合成温度对SCFs－PCS分子量分布系数的影响

4－14为不同保温时间(合成温度450℃)对SCFs－PCS分子量和初熔点的影响。从图中可以看出,在450℃合成温度条件下,随着保温时间延长,SCFs－PCS的数均分子量和初熔点都增大,且增长趋势一致。当保温时间低于8 h时,SCFs－PCS分子量和初熔点都增长缓慢。这是由于在反应的初始阶段,主要由PDMS热解后的大量小分子硅烷之间的重排、缩合反应起作用。当保温时间在8～16 h这段时间内,SCFs－PCS分子量和初熔点有个迅速增大过程。这主要是由于具有一定分子量的PCS分子之间进行缩合反应,分子量迅速增加,初熔点迅速升高。随着保温时间的延长,反应活性基团被消耗,反应进行到一定程度,SCFs－PCS分子量和初熔点的增长又趋于平缓。因此,在超临界流体方法合成PCS的过程中,控制合成温度为450℃,适当延长保温时间到12～16 h,对于提高产物的分子量和初熔点尤为重要。

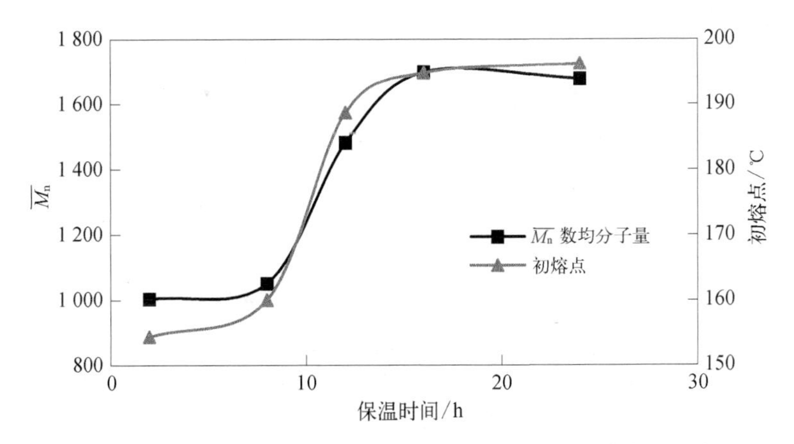

图4－14　保温时间对SCFs－PCS数均分子量及初熔点的影响

延长保温时间对 SCFs－PCS 分子量分布也有着较大影响。图 4－15 为不同保温时间对 SCFs－PCSGPC 曲线的影响。从图 4－15 可以看出,随着保温时间延长,SCFs－PCS 的 GPC 曲线整体向高分子量部分移动,但整体分子量分布较为均匀,呈“双峰”分布。说明随着保温时间延长,合成反应持续进行,SCFs－PCS 分子量进一步长大,分子结构组成发生了变化,高分子量部分增多,低分子量部分减少。当保温时间大于 16 h 后,SCFs－PCS 的 GPC 曲线有轻微的“拖尾”和“凸起”现象,如曲线④、⑤所示。

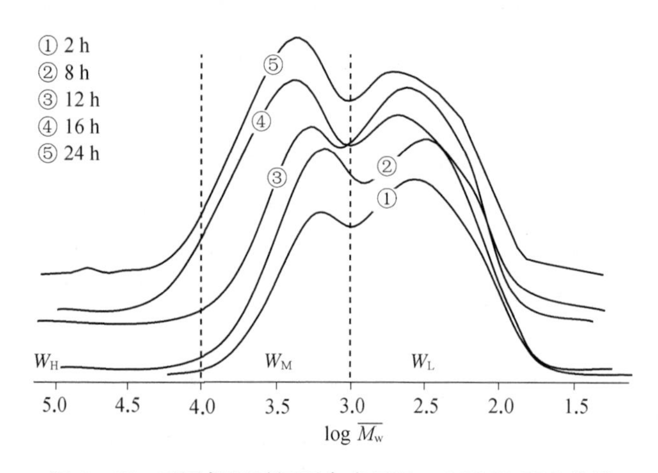

图 4－15 不同保温时间下合成 SCFs－PCS 的 GPC 曲线

同样将不同保温时间下,超临界流体方法合成 PCS 分子量中高(M_H)、中(M_M)、低(M_L)三部分所占比例作图,如图 4－16 所示。

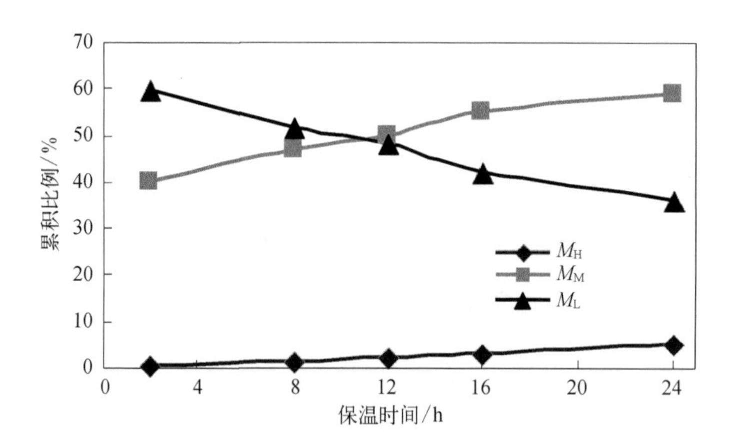

图 4－16 不同保温时间下 SCFs－PCS 分子量高、中、低各部分含量

从图4-16可以看出,随着保温时间延长,其高分子量部分含量增加,约为0~10%,高分子量部分的增加使分子量分布变宽和分子量分布系数变大;中分子量部分含量同样增大,约为40%~60%;低分子量部分含量减少,约为55%~35%。这表明,随着合成保温时间的延长,在高、中分子量部分增加和低分子量部分减少的共同作用下,SCFs-PCS分子量增大。在保证超临界流体状态下合成的条件下,与合成温度对分子量分布的影响不同,随着保温时间延长,高分子量部分的增长不大,而低分子量部分与中分子量部分则发生基本对应的此消彼长,这说明主要发生的是低分子量部分向中分子量部分的转变,而高分子量部分生成很少。由于抑制了高分子量部分的产生,有效提高了分子量分布的均匀性。

图4-17为在450℃合成温度条件下不同保温时间对SCFs-PCS分子量分布系数的影响,并与高压法合成的PCS进行比较。可以看出,随着保温时间延长,高压法和超临界流体法合成PCS的分子量分布系数都增大。在整个分子量长大的过程中,其分子量分布系数PDI呈线性增长趋势。但SCFs-PCS的PDI增长缓慢,当保温时间由2 h延长到24 h,其PDI由1.07线性增大到1.61。可以认为,在450℃超临界流体法合成PCS,延长保温时间对分子量分布系数影响不大。而高压法的PDI呈快速增长趋势,当保温时间为8 h时,其PDI值高达6.3。这进一步说明超临界流体方法合成PCS很好地解决了反应均匀性问题,避免了由反应不均匀性而引起的部分分子量过度长大、分子量分布过宽的现象,得到了分子量适中、分子量分布较窄的SCFs-PCS。

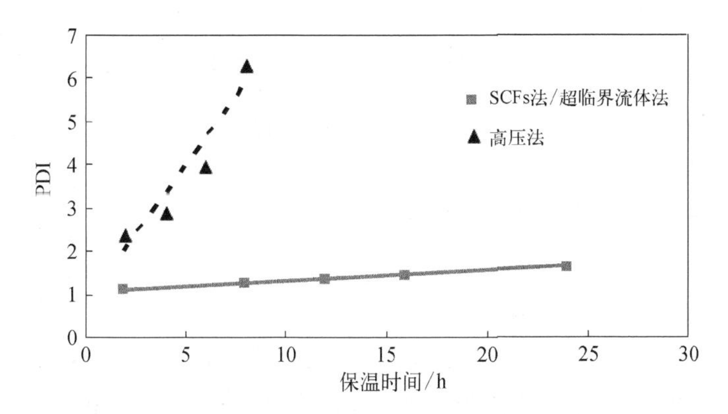

图4-17 保温时间对PCS分子量分散系数的影响(450℃)

超临界流体状态下提高了PCS合成反应的均匀性,抑制高温下过度的高分子量化,也必然影响产物的结构。对典型条件下合成产物SCFs-PCS进行红外光谱测定，如图 4－18 所示，其中最显著的红外特征峰是出现在 2 100 cm^{-1}处的 Si—H 伸缩振动峰。另外，从图中还可以观察到的吸收峰：2 950 cm^{-1}（C—H 伸缩振动），2 100 cm^{-1}（Si—H 伸缩振动），1 400 cm^{-1}（Si—CH_3结构中 C—H 变形振动），1 350 cm^{-1}（Si—CH_2—Si 结构中的 CH_2面外摇摆振动），1 250 cm^{-1}（Si—CH_3结构中 CH_3变形振动），1 020 cm^{-1}（Si—CH_2—Si 结构中 Si—C—Si 伸展振动），820 cm^{-1}（Si—C 伸展振动）。而 3 400 cm^{-1}及 1 600 cm^{-1}处的吸收峰为 H_2O 峰，由样品受潮或 KBr 未烘干引起。说明以 Si—Si 为主链的 PDMS 在发生热解、重排、缩合反应生成以 Si—C 为主链的 PCS，在 SCFs－PCS 中以 Si—CH_3、Si—CH_2—Si、Si—H 等结构单元为主。可以看出，不同合成温度和保温时间下合成 SCFs－PCS 的红外特征差别不大。

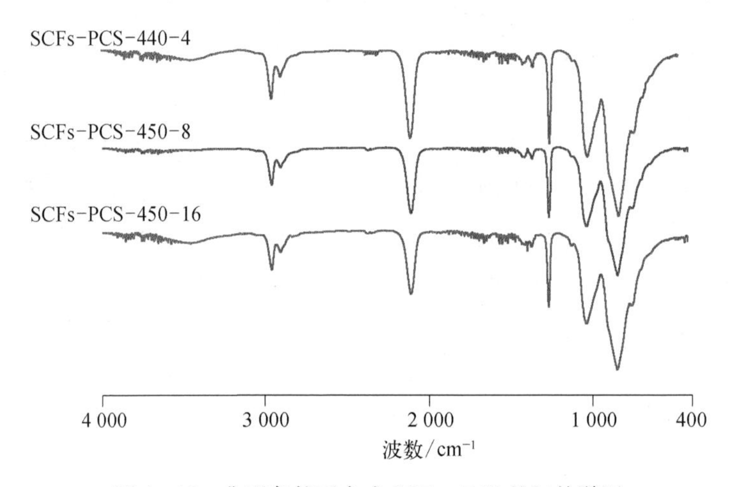

图 4－18　典型条件下合成 SCFs－PCS 的红外谱图

根据合成条件和反应程度的不同，SCFs－PCS 的红外谱图的最大差异是 Si—H 键的相对含量不同。虽然 Si—H 键的绝对含量难以准确测定，但以 IR 谱图上 2 100 cm^{-1}及 1 250 cm^{-1}处的特征吸收峰吸光度之比 $A_{Si—H}/A_{Si—CH_3}$可以相对地表征 PCS 的 Si—H 键含量[25,28-29]。SCFs－PCS 的 $A_{Si—H}/A_{Si—CH_3}$值随合成温度变化的情况如图 4－19 所示，并与高压法合成的 HP－PCS 进行比较。

从图 4－19 可以看出，随着合成温度的升高，SCFs－PCS 和 HP－PCS 中 $A_{Si—H}/A_{Si—CH_3}$值都降低。但后者降低更快，尤其是当温度大于 460℃时，HP－PCS 中 $A_{Si—H}/A_{Si—CH_3}$值迅速降低。而 SCFs－PCS 中 $A_{Si—H}/A_{Si—CH_3}$值在 440～450℃有个快速降低，当温度大于 450℃时，$A_{Si—H}/A_{Si—CH_3}$值呈缓慢降低趋势。

由前 PDMS 合成 PCS 过程分析中可知，在 440℃以上，主要发生分子间 Si—H

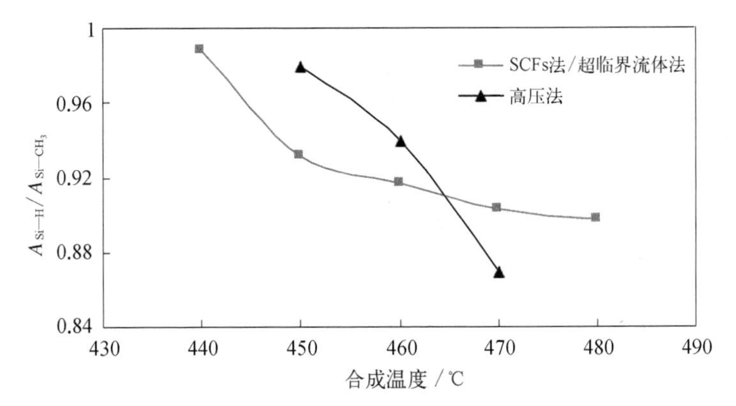

图4－19　合成温度对SCFs－PCS的A_{Si-H}/A_{Si-CH_3}的影响

键或Si—H键和Si—CH_3之间的缩合反应。反应消耗部分Si—H键，在分子间脱H_2、CH_4而形成Si—CH_2—Si结合键使PCS分子量迅速提高。这样的缩聚反应的结果，降低了PCS中活泼的Si—H键含量。因此，图4－19的结果也表明在高压法合成PCS时，在高温下有更为剧烈的分子间缩聚反应，必然导致过度的高分子量化和分子量分布的宽化，这与前面对分子量分布的分析结果一致。

对于适宜的先驱体PCS来说，保留较多活泼的Si—H键以及抑制过度的高分子量化，保证均匀的分子量分布是有利的，因此必须通过控制反应条件控制产物的结构以及Si—H键含量。为了保持SCFs－PCS中既具有较高的Si—H含量，又具有较高的分子量和合成产率，选择450℃为SCFs－PCS的合成温度是适宜的。而在450℃下保温时间对SCFs－PCS中A_{Si-H}/A_{Si-CH_3}值的影响如图4－20所示。

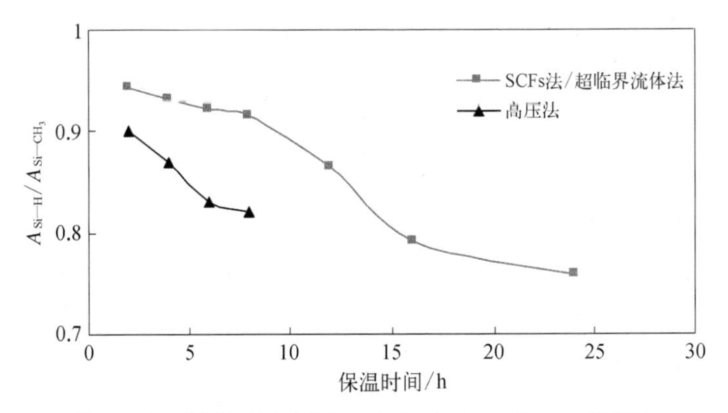

图4－20　保温时间对SCFs－PCS中A_{Si-H}/A_{Si-CH_3}的影响

从图 4 - 20 可以看出,随着保温时间的延长,SCFs - PCS 和 HP - PCS 中 $A_{Si—H}/A_{Si—CH_3}$值都降低。当保温时间为 2~8 h 时,SCFs - PCS 的 $A_{Si—H}/A_{Si—CH_3}$呈缓慢下降的趋势,其值大于 0.92;而高压法合成的 HP - PCS 中,$A_{Si—H}/A_{Si—CH_3}$快速下降,最低为 0.82。当保温时间为 8~16 h 时,SCFs - PCS 的 $A_{Si—H}/A_{Si—CH_3}$值出现一个较大的降幅,当保温时间大于 16 h 后,SCFs - PCS 的 $A_{Si—H}/A_{Si—CH_3}$值下降又趋于平缓。通过 Si—H 含量随保温时间的变化也可以看出超临界流体法合成 PCS 反应进行的程度。即保温时间越长,$A_{Si—H}/A_{Si—CH_3}$值越低,反应程度越深,SCFs - PCS 分子量越大。为了保持 SCFs - PCS 有较高的 $A_{Si—H}/A_{Si—CH_3}$值、较好地交联活性和适宜的分子量,并考虑到合成效率,一般选择 4~8 h 为适宜的保温时间。

4.3.4 二甲苯与 PDMS 的投料比对 SCFs - PCS 合成的影响

从以上研究可以看出,合成温度和保温时间对 SCFs - PCS 的合成有较大影响。而在超临界流体条件下合成 PCS,另一个重要的影响因素是超临界流体介质二甲苯的使用量,即原料 PDMS 与加入二甲苯的比例(简称为投料比)。如前所述,超临界流体的密度会随着压强的升高而升高,与密度相关的溶解性能也随之升高。由于合成反应所采用的高压釜体积不变,增加二甲苯的量会使反应过程中的超临界流体压强增大,更有利于生成的 PCS 分子溶解于二甲苯超临界流体中,创造一个均相的反应体系。但从反应动力学考虑,增加二甲苯的量,压强增大,过大的二甲苯密度可能导致热解出的 LPS 小分子间的碰撞概率减小,使反应速率降低。

控制其他反应条件(按一定的升温制度加热到 460℃并保温 4 h)相同的前提下,研究了不同 PDMS/二甲苯投料比对合成 SCFs - PCS 反应过程的影响,结果如表 4 - 5 所示。

表 4 - 5 PDMS 与二甲苯投料比对合成 SCFs - PCS 的影响

样 品	PDMS/二甲苯投料比/(g/mL)	初始 N_2 压力/MPa	最终压力/MPa	不溶物含量/%	产率/%
SCFs - PCS - 12	2.00(200/100)	0	8.8	4.3	62.0
SCFs - PCS - 13	1.60(200/125)	0	10.3	6.7	41.9
SCFs - PCS - 14	1.33(200/150)	0	12.0	46	15.6
SCFs - PCS - 15	0.75(150/200)	0	11.0	36.8	26.3
SCFs - PCS - 16	0.63(125/200)	0	9.8	24.8	21.9
SCFs - PCS - 17	0.50(100/200)	0	9.1	8.2	55.9
SCFs - PCS - 18	0.50(100/200)	1	10.3	3.8	56.7
SCFs - PCS - 19	0.50(100/200)	2	12.9	2.0	30.1

从表4－5可以看出，PDMS/二甲苯投料比的变化对体系最终压力、不溶物含量和合成产率的影响较为复杂。当保持PDMS量不变，增大超临界流体的量时，体系最终压力增大，不溶物含量增加，合成产率降低。当保持二甲苯的量不变，增大PDMS量，体系压力增大，不溶物含量增大，合成产率降低。合成产率最高为62.0%，最低为15.6%。表中SCFs－PCS－18和SCFs－PCS－19是反应前高压釜中预充N_2压力的变化，可以看出随着预充N_2压力增大，其最终压力增大，其产率降低。可见反应釜体积一定时，PDMS的量、二甲苯的量和预充N_2压力大小对超临界流体方法合成SCFs－PCS的反应过程有着复杂的影响。

超临界流体在合成体系中的影响可以概括为：① 加入超临界流体后将增加体系压力，增大反应分子碰撞频率，使反应速率加快；② 超临界流体的压力增大，热导率迅速增大；③ 超临界流体的压力增大，介质对SCFs－PCS的溶解能力提高；④ 增加超临界流体的投料比将使溶剂分子的比率增大，使SCFs－PCS分子"变稀"，其碰撞概率减小；⑤ 在超临界流体临界压力附近，压力增大，扩散系数减小；⑥ 由于SCFs－PCS的生成反应为气体增加反应，根据反应平衡理论，预加压力有利于抑制缩合反应的进行。以上影响中①、②、③可以促进反应速率加快，有利于合成反应的进行；而④、⑤、⑥使反应速率减慢，并可能影响反应的均匀性。

表4－5中仅从PDMS/二甲苯投料比来研究其对合成的影响，为了更准确地研究各个因素的影响，我们分别讨论PDMS的量和二甲苯的量对合成SCFs－PCS的影响。首先研究在PDMS投料量确定为200 g的条件下二甲苯的量对反应过程的影响。

图4－21为二甲苯的量对超临界流体法合成SCFs－PCS反应过程中最终压力、不溶物含量和SCFs－PCS产率的影响。从图中可以看出，随着超临界流体介质二甲苯体积的增加，最终压力逐步增大；不溶物含量增大的同时，SCFs－PCS的产率显著降低。这说明，增大二甲苯的用量可以加速缩聚反应的进行，使最终压力增大。虽然相当于增加了溶剂的分子比率，相对稀释了SCFs－PCS分子浓度，增强了SCFs－PCS分子的反应均匀性，减少了SCFs－PCS分子链的碰撞频率，但当最终压力超过10.0 MPa时，压力增大加速反应的作用明显大于二甲苯介质的"稀释"作用，结果导致SCFs－PCS分子间的过度缩聚交联反应，生成较多的不溶物，降低了合成产率。

同样，在固定二甲苯加入量为200 mL的条件下，增加PDMS的量，也会使最

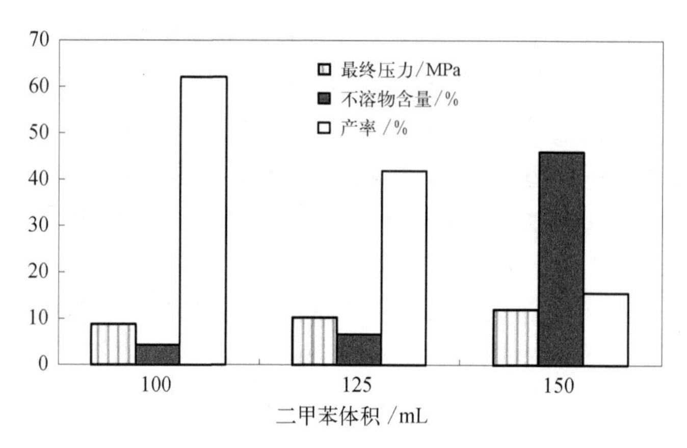

图 4-21　二甲苯的量对最终压力、不溶物含量和 SCFs-PCS 产率的影响

终压力增大，但它们对反应过程的作用不同。图 4-22 为原料 PDMS 的量对合成 SCFs-PCS 反应过程中最终压力、不溶物含量和 SCFs-PCS 产率的影响。从图中可以看出，在二甲苯加入量一定的条件下，随着 PDMS 量的增加，釜内最终压力逐步增大。这是由于反应釜体积不变，随着 PDMS 的量增大，热解产生的小分子硅烷在二甲苯超临界流体中的密度增大，合成反应的速度增加，有限的二甲苯不能完全溶解生成的 SCFs-PCS，导致部分分子量先长大的 SCFs-PCS 从二甲苯超临界流体中沉淀到反应釜底部，形成熔体聚合反应。在高温高压的作用下，大分子 SCFs-PCS 相互之间迅速反应，形成更大分子量 SCFs-PCS，直至交联生成不溶物。当交联物在釜底过多聚集时，还会导致局部区域温度过高而发生碳化，形成黑色结焦。不溶物的增多，必然导致 SCFs-PCS 产率的降低。

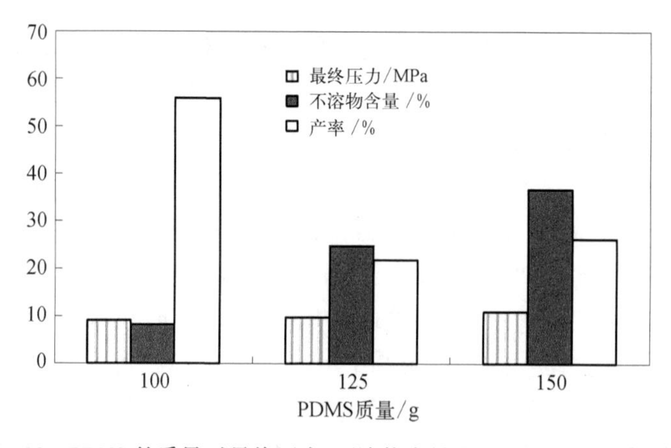

图 4-22　PDMS 的质量对最终压力、不溶物含量和 SCFs-PCS 产率的影响

因此,在超临界流体状态下合成 SCFs - PCS,初始 PDMS/二甲苯投料比对反应过程有复杂的影响。按上述实验结果,在 1 L 的反应釜中加入 100 g PDMS 和 200 mL 二甲苯;在 1 L 的反应釜中加入 200 g PDMS 和 100 mL 二甲苯,并在 460℃保温 4 h 反应,都制得较高产率的 SCFs - PCS。

正如二甲苯与 PDMS 的投料比对 SCFs - PCS 合成过程的影响一样,PDMS 与二甲苯的加入量和比例对 SCFs - PCS 特性也有着较大的影响。不同 PDMS/二甲苯投料比对 SCFs - PCS 特性的影响(460℃保温 4 h 反应)如表 4 - 6 所示。从表中结果可以看出,PDMS 与二甲苯的投料比在 0.5~2.0 之间,通过超临界流体方法合成出了具有不同特性的 PCS。由于投料比对超临界流体方法合成 PCS 的反应过程有重要影响,因此必然对产物的分子量、分子量分布系数以及结构中活泼 Si—H 含量带来较大影响。其分子量分布系数与反应均匀性密切相关,因此调整投料比,保证反应的均匀性,实现整个合成过程的均相反应尤为重要。

表 4 - 6　PDMS 与二甲苯投料比对 SCFs - PCS 特性的影响

样　品	PDMS/二甲苯投料比/(g/mL)	初始 N_2 压力/MPa	软化点/℃	$\overline{M}_n$	PDI	A_{Si-H}/A_{Si-CH_3}
SCFs - PCS - 12	2.00(200/100)	0	156.5~172.7	1 453	1.87	0.940
SCFs - PCS - 13	1.60(200/125)	0	195.4~227.2	1 638	4.13	0.935
SCFs - PCS - 14	1.33(200/150)	0	171.8~205.0	1 501	12.6	0.902
SCFs - PCS - 15	0.75(150/200)	0	183.0~197.5	1 431	2.23	0.843
SCFs - PCS - 16	0.63(125/200)	0	145.3~156.3	1 260	5.44	0.866
SCFs - PCS - 17	0.50(100/200)	0	124.7~132.8	1 141	8.33	0.903
SCFs - PCS - 18	0.50(100/200)	1	184.4~203.0	1 551	1.78	0.927
SCFs - PCS - 19	0.50(100/200)	2	176.0~185.7	1 017	1.47	0.918

选择典型投料比条件下合成产物 SCFs - PCS 的红外光谱如图 4 - 23 所示。从图 4 - 23 中可以看出,不同 PDMS 与二甲苯投料比的 SCFs - PCS 红外特征峰基本一致。主要峰的归属与其他 PCS 一样,没有新峰出现。随着投料比增大,在 2 100 cm^{-1}处的 Si—H 伸缩振动峰相对含量略有变化。其相对 Si—H 键含量的表征即 A_{Si-H}/A_{Si-CH_3}值列于表 4 - 6 中。在 PDMS 投料量一定的前提下,将超临界流体二甲苯的量从 100 mL 增大到 150 mL,A_{Si-H}/A_{Si-CH_3}值降低,即 Si—H 键含量减少。而在二甲苯的量一定的条件下,原料 PDMS 的量从 100 g 增加到 150 g,Si—H 键含量也减少。这是由于随着加入量的增加,釜内压力增大,分子间缩聚反应加强,消耗更多的 Si—H 键。

超临界流体方法合成 PCS 的反应程度和均匀性还可以从 SCFs - PCS 的分

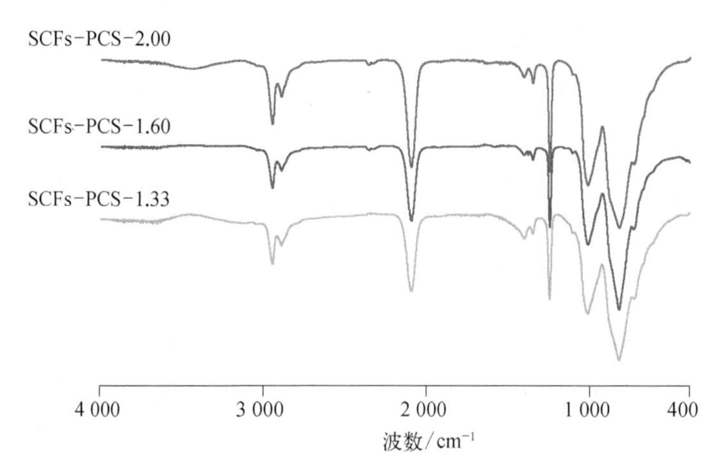

图 4－23　不同 PDMS 与二甲苯投料比合成 SCFs－PCS 的红外谱图

子量及其分布上体现。图 4－24 为 460℃时，加入 200 g PDMS 和不同二甲苯介质时产物 SCFs－PCS 的 GPC 曲线。从图 4－24 可以看出，随着二甲苯加入量增大，SCFs－PCS 的分子量迅速增加，其 GPC 曲线向高分子一侧显著移动。当加入二甲苯为 150 mL 时，SCFs－PCS 的 GPC 曲线出现明显的高分子量部分“凸起”和“拖尾”现象，如曲线③所示。这是由于，随着二甲苯加入量的增大，反应釜内压力增大，分子间缩聚反应剧烈进行，结果导致大量不溶物的出现。将图中曲线③与曲线②相比，可以看出曲线③上似乎被切掉了一块，实际上是在曲线③上属于中、高分子量的部分由于急剧的缩聚反应形成不溶物而从产物中除去所致。这表明超临界流体介质二甲苯加入量过大会导致釜内压力过大，致使反应

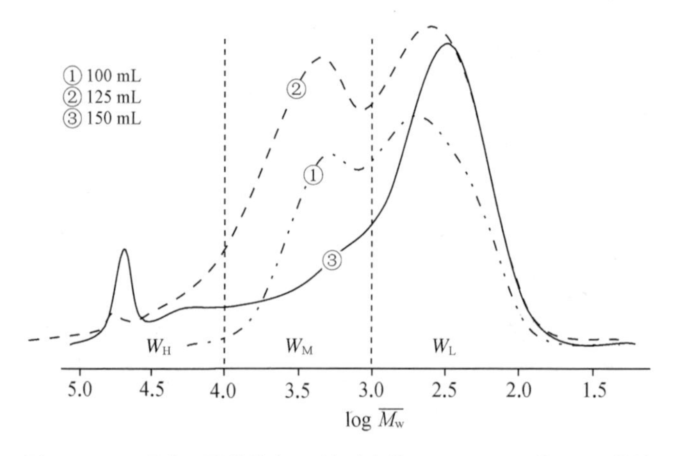

图 4－24　不同二甲苯的加入量时产物 SCFs－PCS 的 GPC 曲线

过度剧烈，部分 PCS 分子过度交联，反而成为不均匀反应。曲线①由于二甲苯介质过少，釜内压力偏低，合成 PCS 分子量偏低，软化点也偏低。因此在原料为 200 g PDMS 时，加入 125 mL 二甲苯，得到分子量分布如曲线②所示的 PCS 较为合理。

为了更好地分析 SCFs－PCS 分子量分布随二甲苯加入量的变化，按前文中的方法，将 SCFs－PCS 分子量分为高、中、低三部分，并计算各部分含量作图，如图 4－25 所示。

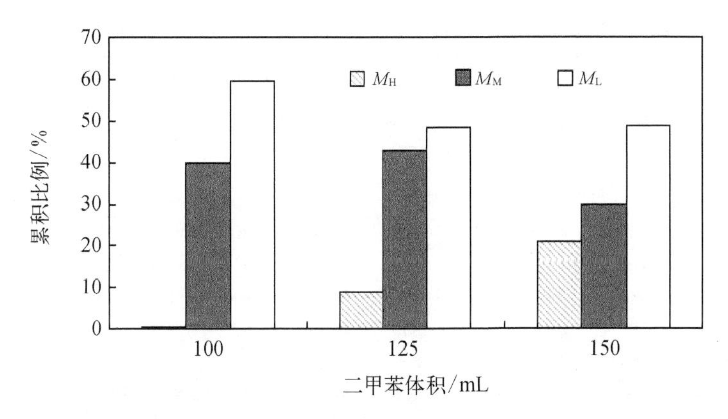

图 4－25　不同二甲苯加入量下合成 SCFs－PCS 分子量高、中、低各部分含量

从图 4－25 可以看出，随着二甲苯的量的增加，高分子量部分增大较快；中分子量部分有向高分子量部分转化的趋势；低分子量部分较少。当二甲苯为 100 mL 时，其 GPC 曲线呈双峰分布，其 M_H 部分不到 1%，M_L 部分向 M_M 部分转换不够。当二甲苯为 150 mL 时，SCFs－PCS 的 M_M 部分只有 30%，大部分转化为 M_H 部分，占到 21%，合成中出现了大量的交联不溶物，导致合成产率降低，同时 PCS 分布系数高达 12.6。因此调控超临界流体介质二甲苯的量是能否实现超临界流体均相反应的关键。

综上，以二甲苯为超临界流体介质、PDMS 为原料，在超临界流体状态下，通过热分解、重排、转化反应可以高产率制备 Si—H 含量高和适当分子量与分子量分布的 SCFs－PCS。超临界流体方法很好地解决了常压高温法和高压法合成 PCS 中的传热均匀性和反应均匀性问题，实现了均相反应。工艺条件对合成反应过程和 SCFs－PCS 特性都有较大影响。其中控制原料 PDMS 与二甲苯的加入比例和总量是实现均相反应的关键；压低合成温度，有利于控制 PCS 分子结构，防止 PCS 分子过度长大、支化；延长保温时间，有利于提高 PCS 分子量和合成产率。在综合以上实验数据的基础上，比较适宜的超临界流体条件下的合成条件：加入 100 g 原料 PDMS 和 200 mL 超临界流体介质二甲苯，450℃下反应，保温 4 h，即可得到产率为 63.5%的 SCFs－PCS。其软化点为 196.2～209.5℃，数均分子量为 1 477，分子量分布系数为 1.61，Si—H 含量为 0.932。

如前所述，在超临界流体状态下，改善了 PCS 合成过程中传热均匀性和反应均匀性，以较高产率制得了 SCFs－PCS。产物 SCFs－PCS 的元素组成如表 4－7 所示。

表 4－7　不同反应条件下合成产物 SCFs－PCS 的元素组成

样　品	合成条件				化学分析				化学式
	合成温度/℃	保温时间/h	PDMS质量/g	二甲苯体积/mL	w(Si)/%	w(C)/%	w(O)/%	w(H)/%	
SCFs－PCS－12	460	4	200	100	47.03	36.80	0.92	15.25	$SiC_{1.83}H_{9.08}O_{0.03}$
SCFs－PCS－4	470	4	100	200	47.59	37.33	0.87	14.21	$SiC_{1.83}H_{8.36}O_{0.03}$
SCFs－PCS－5	480	4	100	200	47.44	38.81	0.90	12.85	$SiC_{1.91}H_{7.58}O_{0.03}$
SCFs－PCS－6	450	2	100	200	46.59	38.63	1.01	13.77	$SiC_{1.93}H_{8.28}O_{0.04}$
SCFs－PCS－2	450	4	100	200	47.44	38.81	1.44	12.31	$SiC_{1.91}H_{7.27}O_{0.05}$
SCFs－PCS－8	450	8	100	200	44.98	37.52	0.85	16.65	$SiC_{1.94}H_{10.4}O_{0.03}$
SCFs－PCS－9	450	12	100	200	46.35	36.62	0.83	16.20	$SiC_{1.84}H_{9.79}O_{0.03}$
SCFs－PCS－11	450	24	100	200	46.68	39.65	0.67	13.00	$SiC_{1.98}H_{7.80}O_{0.03}$

从表 4－7 可以看出，产物 SCFs－PCS 的 C 含量都低于 40.0%，较 PDMS 中 C 含量没有明显变高，说明作为超临界流体介质二甲苯并没有参与到 PDMS 热解重排转化为 PCS 的合成反应中去。这与对 SCFs－PCS 的 FT－IR 分析结果是一致的。由于合成反应在封闭的高压釜中进行，在不同条件下合成的 SCFs－PCS 元素组成差别不大，这说明合成工艺条件对 SCFs－PCS 元素组成影响不大。

4.4　SCFs－PCS 与 NP－PCS 和 HP－PCS 的比较

由 PDMS 合成 PCS，在国内外有不同的合成方法。根据其工艺过程的不同，可分为常压高温法[30]和高压高温法[26]。其中，常压法是指先将 PDMS 在 N_2保护下加热至 420℃，PDMS 热解成为小分子硅烷产物(LPS)，然后将 LPS 加入合成装置中控制液相合成温度为 450～470℃，气相合成温度为 500～550℃，反应一定时间后得到粗产品,经溶解、过滤、减压蒸馏得到淡黄色树脂状产物(以下记为 NP - PCS)。高压法是指将 PDMS 粉末或者 LPS 置于高压釜内,抽真空并用高纯 N_2置换保护,加压密封。一定温度、压力下反应数小时后,冷却即得 PCS 粗产品,经溶解、过滤、减压蒸馏得到淡黄色树脂状产物(以下记为 HP - PCS)。两种方法的工艺过程如图 4 - 26 所示。

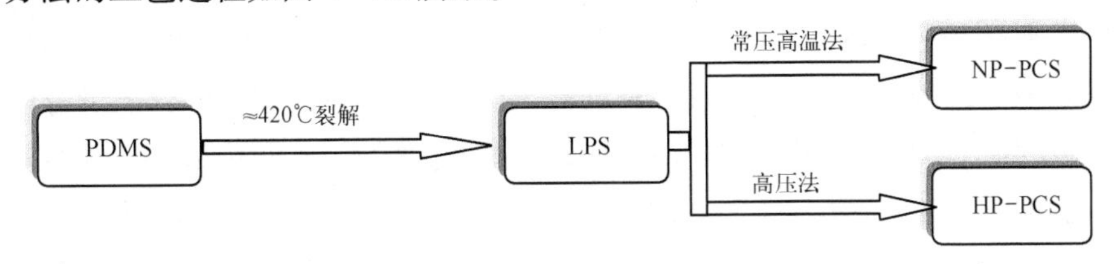

图 4 - 26 由 PDMS 热解转化法合成 PCS 的工艺流程图

为了更好地研究超临界流体方法合成 PCS 的特征,在相同的合成温度下采用超临界流体法、常压高温法和高压法合成了软化点相近的三种 PCS,采用 FT - IR、GPC、NMR、元素分析、软化点测试、纺丝性实验等对三种 PCS(SCFs - PCS、NP - PCS[30]和 HP - PCS[26])进行对比分析。

4.4.1 三种 PCS 特性的比较

表 4 - 8 为三种不同合成方法合成 PCS 的主要特征参数。其中 SCFs - PCS 为 100g 原料 PDMS 和 200 mL 超临界流体介质二甲苯,经程序升温到 450℃下保温 4 h 后的产物。HP - PCS 和 NP - PCS 也都是优化工艺条件下的产物。HP - PCS 为 100 g PDMS,450℃ 下保温 6 h 后的产物。NP - PCS 为 100 g PDMS, 420℃裂解成液态 LPS 后在常压高温合成装置中,在合成温度为 450℃,裂解柱温度为 550℃,回流反应 16 h 后的产物。三种 PCS 都经过相同条件的后处理,即溶解、过滤和 350℃、20 Pa 下减压蒸馏 30 min。

表 4 - 8 SCFs - PCS、HP - PCS 和 NP - PCS 三种 PCS 的部分特性

样 品	保温时间/h	软化点/℃	$\overline{M}_n$	PDI	不溶物含量/%	产率/%
SCFs - PCS	4	196.2~209.5	1 477	1.61	1.4	63.5
HP - PCS	6	191.5~207.4	1 437	1.91	12.3	43.5
NP - PCS	16	185.3~204.7	1 430	2.78	20.7	38.8

从表 4 - 8 可以看出,相同的合成温度下,制得软化点在 180~220℃之间,分子量相当的 PCS,合成保温时间差别很大,超临界流体方法只需要 4 h,高压法需

要 6 h，而常压高温法需要 16 h。SCFs－PCS 的不溶产物含量最低，进而其合成产率最高。因此超临界流体方法具有合成时间短、不溶产物含量低、合成产率高的特点。并且，由于超临界流体条件下合成时，传热均匀性与反应均匀性改善，产物分子量分布更为均匀，可以看出，在数均分子量基本相同的前提下，SCFs－PCS 具有最小的分子量分布系数。

先驱体的分子量分布直接影响着先驱体的纺丝性能，一般来讲，具有均匀的分子量分布的聚合物具有更好的可纺性。SCFs－PCS 具有较小的分子量分散系数，为了探讨其纺丝性能与 HP－PCS 和 NP－PCS 的差异，利用单孔熔融纺丝设备，对 SCFs－PCS、HP－PCS 和 NP－PCS 三种 PCS 进行纺丝实验，纺丝条件和结果表 4－9 所示。

表 4－9　SCFs－PCS、HP－PCS 和 NP－PCS 的纺丝工艺条件和纺丝性

样　品	软化点 T_a	纺丝温度/℃	压力/MPa	纺丝转速/(r · min^{-1})	连续无断头时间/min	直径/μm	可纺性
SCFs－PCS	196.2	290	0.40	600	>30	11.5	非常好
HP－PCS	191.5	290	0.40	300	>10	14.3	中等的
NP－PCS	185.3	290	0.40	300	>10	16.7	中等的

从表 4－9 可以看出，在相同的纺丝温度和纺丝压力下，SCFs－PCS 的纺丝转速可以在 600 r · min^{-1}下稳定纺丝，连续无断头时间大于 30 min；而 HP－PCS 和 NP－PCS 的纺丝转速只能在 300 r · min^{-1}下稳定纺丝，连续无断头时间大于 10 min。同时，SCFs－PCS 原纤维的平均直径比 HP－PCS 和 NP－PCS 低，只有 11.5 μm。这充分表明，较 HP－PCS 和 NP－PCS 而言，SCFs－PCS 具有优异的纺丝性能。

4.4.2　三种 PCS 的组成、结构比较

表 4－10 比较了 SCFs－PCS、HP－PCS 和 NP－PCS 三种 PCS 的元素组成。

表 4－10　SCFs－PCS、HP－PCS 和 NP－PCS 三种 PCS 的元素组成

样　品	w(Si)/%	w(C)/%	w(H)/%	w(O)/%	化学式
SCFs－PCS	47.44	38.81	12.31	1.44	$SiC_{1.91}H_{727}O_{0.05}$
HP－PCS	48.33	38.65	12.31	0.71	$SiC_{1.87}H_{7.13}O_{0.03}$
NP－PCS	48.22	38.14	13.11	0.53	$SiC_{1.85}H_{7.61}O_{0.02}$

可以看出三种 PCS 的元素组成相当，化学式基本一致。说明在超临界流体状

态下，二甲苯超临界流体介质没有参与到合成反应中去，对由 PDMS 出发合成 PCS 的反应没有本质的影响，它只是起到了超临界流体介质的作用。SCFs－PCS 表现出更好的分子量分布均匀性，从三种不同方法合成 PCS 的分子量分布曲线上可以看出，如图 4－27 所示。从图中可以看出，HP－PCS 和 NP－PCS 分子量分布较宽，其 GPC 曲线呈“三峰”分布，在高分子量部分有较大的“突起”或“拖尾”现象，高分子量的增多对于 PCS 分子量的增大有着较大影响。而 SCFs－PCS 分子量分布较窄，呈“双峰”分布，无明显的高分子量“鼓包”或“突起”曲线，分子量的增大主要靠分子量整体增加。在 SCFs－PCS 数均分子量为 1 477 时，其分子量分布系数仅为 1.61。这主要是由于超临界流体实现了均相反应，使 PCS 分子量整体均匀的增加，从而避免了高压法和常压高温法的不均匀现象导致的局部 PCS 分子过度长大交联的情况。这对提高 PCS 分子量、软化点和合成产率都有好处，尤其有利于 PCS 的流变性和成型性。经纺丝实验证实，这种分子量呈“双峰”分布特征的 PCS 具有优异的纺丝性能。

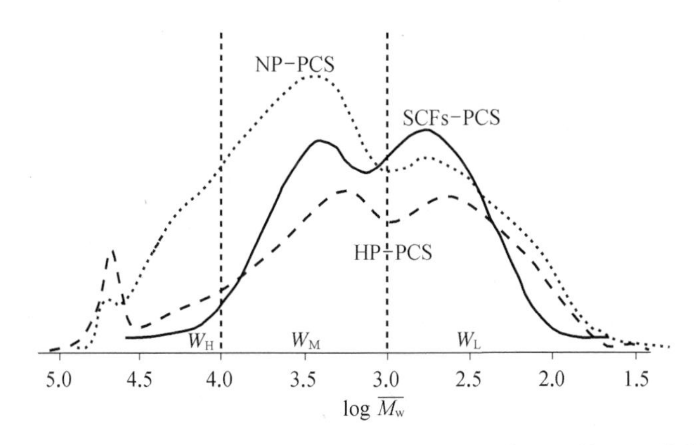

图 4－27　SCFs－PCS、HP－PCS 和 NP－PCS 三种 PCS 的 GPC 曲线

由图 4－27 中 PCS 的 GPC 曲线可以计算出三种 PCS 的数均分子量、分子量分布系数及高、中、低各部分分子的含量，结果见表 4－11 所示。

表 4－11　SCFs－PCS、HP－PCS 和 NP－PCS 三种 PCS 的 $\overline{M}_n$、PDI 及各部分分子含量

样　品	$\overline{M}_n$	PDI	W_H/%	W_M/%	W_L/%
SCFs－PCS	1 477	1.61	1.5	51.2	47.3
HP－PCS	1 437	1.91	6.5	48.5	45.0
NP－PCS	1 430	2.78	9.5	52.5	38.0

从表 4 - 11 可以看出，三种 PCS 数均分子量相当的情况下，SCFs - PCS 的 PDI 比 HP - PCS 和 NP - PCS 小；其 W_H 含量比其他两种少很多。这是由于超临界流体方法合成 PCS 很好地解决了传热均匀性和反应均匀性问题，控制了 W_H 部分分子的过度长大，使 PCS 分子量整体生长，以中等分子量部分为主，占 51.2%。正是由于 PCS 分子的均匀性，控制了高分子量部分的产生，故重均分子量和数均分子量差距不大，其 PDI 就小。PCS 高分子量部分含量和分子量分布系数直接影响着 PCS 先驱体的纺丝性能。

图 4 - 28 为 SCFs - PCS、HP - PCS 和 NP - PCS 三种 PCS 的红外谱图。可以看出，SCFs - PCS、HP - PCS 与 NP - PCS 的红外结构相似。SCFs - PCS 的 Si—H 键含量（$A_{Si—H}/A_{Si—CH_3}=0.932$）为 0.932，较 HP - PCS（$A_{Si—H}/A_{Si—CH_3}=0.912$）和 NP - PCS（$A_{Si—H}/A_{Si—CH_3}=0.907$）高，这有利于 PCS 保留部分的活性基团在后续不熔化处理工艺中实现不熔化。

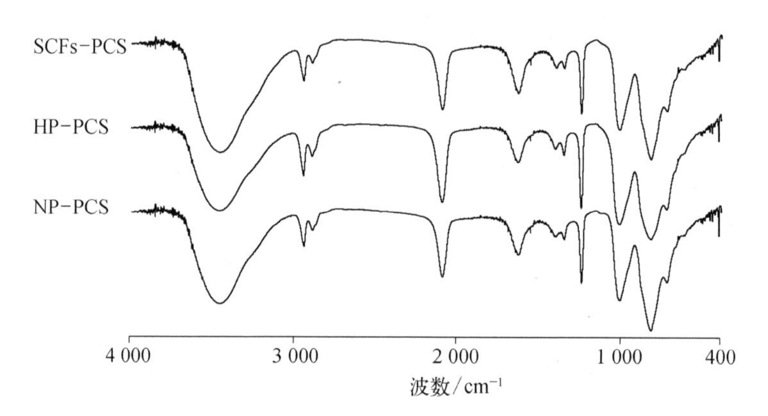

图 4 - 28 SCFs - PCS、HP - PCS 和 NP - PCS 三种 PCS 的红外谱图

在核磁共振分析中，化学位移是磁核在分子中化学环境的反映，即同种磁核处于不同的化学环境具有不同的化学位移。为了分析 PCS 分子中 H、Si 原子的键合情况，对 SCFs - PCS、HP - PCS 和 NP - PCS 三种 PCS 分别进行 ^1H - NMR 和 ^{29}Si -NMR 核磁共振分析。三种 PCS 的 ^1H - NMR 核磁共振谱图如图 4 - 29 所示。从图中可以看出，三种 PCS 的 ^1H - NMR 特征峰位置基本一致。其 $\delta=0$ ppm 附近特征峰为 C—H 键中氢的共振峰，并认为其中 $\delta=0.2$ ppm、- 0.1 ppm、- 0.6 ppm 附近分别为 $Si—CH_3$、$Si—CH_2$ 及 Si—CH 单元中氢的共振峰。在 $\delta=4\sim5$ ppm 的特征峰对应 Si—H 键中氢的共振峰，比较 Si—H 和 C—H 的峰面积可知[26,28-30]，SCFs - PCS 的 Si—H 与 C—H 比值为 0.121，HP - PCS 的 Si—H 与 C—H 比值为

0.105,NP - PCS 的比值为 0.099。可见 SCFs - PCS 的 Si—H 含量较高,与红外分析得到的 Si—H 键含量的结果是一致的。

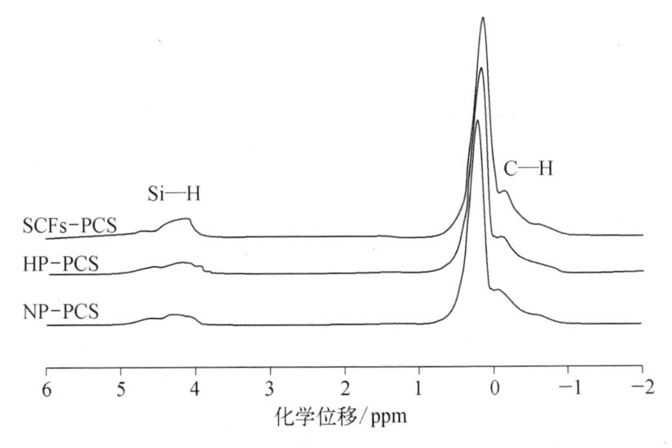

图 4 - 29 SCFs - PCS、HP - PCS 和 NP - PCS 三种 PCS 的 ^{1}H - NMR 谱图

三种 PCS 的 ^{29}Si - NMR 核磁共振谱图如图 4 - 30 所示。从图中可以看出,三种 PCS 的 ^{29}Si - NMR 特征峰位置基本一致。位于 δ = 0.75 ppm 和 δ = - 17.5 ppm 附近的两个特征峰分别为 SiC_4 和 SiC_3H 结构中 Si 的共振峰。在 SCFs - PCS 的谱图中,其 SiC_3H 中 Si 的共振峰较 SiC_4 中 Si 的共振峰强度高并宽化,还出现了微弱的在 δ = - 40 ppm 附近的 Si—Si 结构,而 HP - PCS 和 NP - PCS 中该峰没有出现。说明 PCS 的 Si—C 结构单元中,同时含有 SiC_3H 及 SiC_4 结构单元,在 SCFs - PCS 中还有少量的 Si—Si 键。比较 SiC_3H 和 SiC_4 的峰面积之比[26,28-30],SCFs - PCS 的比值为 3.13,HP - PCS 的比值为 0.95,NP - PCS 的比值

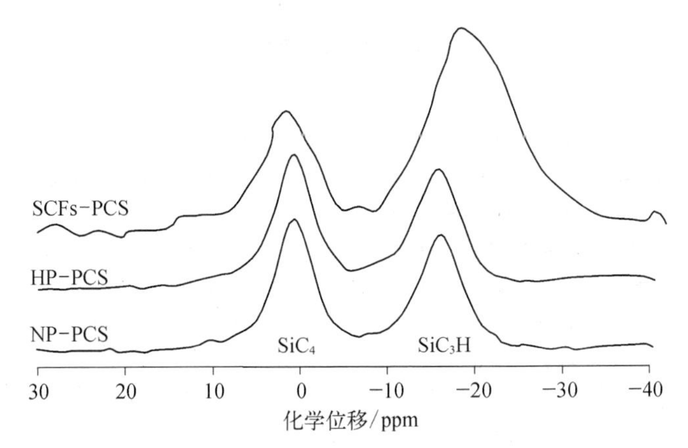

图 4 - 30 SCFs - PCS、HP - PCS 和 NP - PCS 三种 PCS 的 ^{29}Si - NMR 谱图

为0.92,说明SCFs－PCS含有更多的Si—H结构,其分子线性度比HP－PCS和NP－PCS好。

综上所述,通过对SCFs－PCS、HP－PCS和NP－PCS三种PCS的进行分析比较,超临界流体方法合成PCS的特征和优势已十分明显。SCFs－PCS与HP－PCS和NP－PCS具有相近的化学组成、相似的红外结构,但SCFs－PCS的分子量分布更均匀,其GPC曲线呈“双峰”分布,其中高分子量部分含量较少,其Si—H键含量更高,SiC_3H结构比例更大,具有更好的线性度。

超临界流体方法提高了PCS合成反应的导热性和反应均匀性,其设备简单、操作方便、合成时间短、产率高并无有害气体放出,是一种均相反应合成高品质PCS的高效率合成方法。从合成效率上来说,超临界流体方法较高压法和常压高温方法有很大提高。相同温度下合成的SCFs－PCS的软化点、数均分子量和合成产率都明显高于其他两种方法,而分子量分布系数却比HP－PCS和NP－PCS低,这些都归因于超临界流体合成方法良好的传热均匀性和反应均匀性。均匀性的提高,对于提高PCS特性有着明显效果。在高压下反应一方面增加了具有较高反应活性的小分子反应物的浓度,参与脱氢缩合反应;另一方面,小分子的存在使体系压力增大,促进了其他PCS分子间的反应,促使分子量增长。在一定压力下反应,避免了反应物及中间生成物的损失,提高了反应物浓度和反应速率,提高了合成产率。尤其是产物经溶解,过滤后的不溶物的比例,SCFs－PCS明显低于HP－PCS和NP－PCS,生成不溶物的量直接决定着PCS的合成产率。超临界流体方法合成PCS产率达63.5%,显著高于高压法和常压高温法。

参 考 文 献

[1] 彭英利.超临界流体技术应用手册.北京：化学工业出版社,2005.

[2] Yeo S D, Kiran E. Formation of polymer particles with supercritical fluids: A review. Journal of Supercritical Fluids, 2005, 34: 287－308.

[3] Smith R M. Review supercritical fluids in separation science-the dreams, the reality and the future. Journal of Chromatography A, 1999, 856: 83－115.

[4] Fritz G, Grobe J, Kummer D. Carbosilanes. Advances in Inorganic Chemistry and Radiochemistry, 1965, 7: 349－352.

[5] Reverchon E, Adami R. Review: Nanomaterials and supercritical fluids. Journal of Supercritical Fluids, 2006, 37: 1－22.

[6] Kraan M V, Peeters M M W, Fernandez M V. The influence of variable physical properties

and buoyancy on heat exchanger design for near-and supercritical conditions. Journal of Supercritical Fluids, 2005, 34: 99 - 105.
[7] Zabaloy M S, Vasquez V R, Macedo E A. Viscosity of pure supercritical fluids. Journal of Supercritical Fluids, 2005, 36: 106 - 117.
[8] Sun Y P. Supercritical fluid technology in materials science and technology. New York: Marcel Dekker, 2002.
[9] 王丽君,韩文爱.超临界流体在有机合成中的应用.石家庄师范专科学校学报,2004,6: 31 - 34.
[10] Reverchon E, Adami R. Review nanomaterials and supercritical fluids. Journal of Supercritical Fluids, 2006, 37: 1 - 22.
[11] DeSimone J M. Design of nonionic surfactants for supercritical carbon dioxide. Science, 1994, 274: 2049 - 2052.
[12] Liu T, DeSimone J M, Roberts G W. Cross-linking polymerization of acrylic acid in supercritical carbon dioxide. Polymer, 2006, 47: 4276 - 4281.
[13] Leitner W. The better solution: Chemical synthesis in supercritical carbon dioxide. Chemie in Unserer Zeit, 2003, 37: 32 - 38.
[14] 张广延,杨儒,于宏燕等.超临界流体状态下无机材料的合成.材料导报,2003,17: 74 - 76.
[15] Gordon C M, Leitner W. Supercritical fluids as replacements for conventional organic solvents. Chimica Oggi-Chemistry Today, 2004, 22: 39 - 41.
[16] DeSimone J M. Synthesis of fluoropolymers in supercritical carbon-dioxide. Science, 1992, 257: 945 - 947.
[17] DeSimone J M. Dispersion polymerizations in supercritical carbon-dioxide. Science, 1994, 265: 356 - 359.
[18] Liu T, DeSimone J M, Roberts G W. Kinetics of the precipitation polymerization of acrylic acid in supercritical carbon dioxide: The locus of polymerization. Chemical Engineering Science, 2006, 61: 3129 - 3139.
[19] Ahmed T S, DeSimone J M, Roberts G W. Copolymerization of vinylidene fluoride with hexafluoropropylene in supercritical carbon dioxide. Macromolecules, 2006, 39: 15 - 18.
[20] Clark P, Poliakoff M, Wells A. Continuous flow hydrogenation of a pharmaceutical intermediate, [4-(3,4-dichlorophenyl)-3,4-dihydro-2H-naphthalenyidene]-methylamine, in supercritical carbon dioxide. Advanced Synthesis & Catalysis, 2007, 349: 2655 - 2659.
[21] Leitner W. Supercritical carbon dioxide as a green reaction medium for catalysis. Accounts of Chemical Research, 2002, 35: 746 - 756.
[22] Maayan G, Ganchegui B, Leitner W, et al. Selective aerobic oxidation in supercritical carbon dioxide catalyzed by the $H_5PV_2Mo_{10}O_{40}$ polyoxometalate. Chemical Communications, 2006, 21: 2230 - 2232.
[23] 闫世润,张志新,周敬来,等.合成气在超临界流体及 F - T 重质烃中的扩散行为研究.复旦学报(自然科学版),2002,41: 325 - 329.
[24] Lide D R. CRC handbook of chemistry and physics, 87th edition. New York: National

Institute of Standards and Technology, 2006 - 2007.
[25] 程祥珍,宋永才,谢征芳,等.聚二甲基硅烷高温高压合成聚碳硅烷工艺研究.材料工程,2004,8: 39 - 45.
[26] 程祥珍.聚碳硅烷的高温高压合成与碳化硅纤维制备研究.长沙: 国防科技大学,2004.
[27] 宋永才,王玲,冯春祥.聚碳硅烷的分子量分布与纺丝性研究.高技术通讯,1996,1: 6 - 10.
[28] 宋永才,商瑶,冯春祥,等.聚二甲基硅烷的热分解研究.高分子学报,1995,12: 753 - 757.
[29] Yajima S, Hasegawa Y, Hayashi J. Synthesis of continuous silicon carbide fiber with high tensile strength and high Young's modulus: Part Ⅰ synthesis of polycarbosilane as precursor. Journal of Materials Science, 1978, 13: 2569 - 2576.
[30] 连续碳化硅纤维研究课题组.连续碳化硅纤维研究——技术报告系列,2001.

第5章　超支化聚碳硅烷

5.1　超支化聚碳硅烷概述

5.1.1　聚碳硅烷的支化度

1. 超支化聚合物

超支化的概念最初由 Flory 在 1952 年提出[1]：只要单体是 AB_x ($x \geqslant 2$) 型，A、B 均为有反应活性的官能团,就能产生超支化结构。但直到 20 世纪 80 年代末,超支化聚合物才引起研究者的重视。随后经过几十年的发展,超支化聚合物已经迅速成为一类重要的和具有广阔应用潜力的高分子材料[2-3]。

超支化聚合物可以简单描述为具有高度支化结构的聚合物,它既与支化聚合物不同,也与树形分子有别,换而言之,其支化度大于支化聚合物而小于树形分子。树形分子具有完美支化的规整结构,每一个重复单元至少含有一个支化点,而超支化聚合物分子结构中存在大量缺陷和残缺的支链,二者的结构示意图如图 5-1 所示。超支化聚合物虽然存在结构缺陷,但与树形分子结构仍相似,这使其保留了树形分子的许多优良性能,如在有机溶剂中良好的溶解性、低的黏度等。此外正因为超支化聚合物不像树形分子那样追求完美结构,其合成过程要简单很多,不需要进行逐步分离提纯,有望实现大规模工业化生产,这使得超支化聚合物发展迅速。

超支化聚合物在组成、结构与性能上具有很多特点和优势,其中有许多正好满足基体用陶瓷先驱体对性能的要求,集中体现[4]：① 良好的流动性,超支化聚合物的分子结构与线型聚合物的无规线团结构不同,其分子结构较紧密,具有三维立体结构,表现出牛顿流体行为;② 低黏度,超支化聚合物的黏度要比相应的线型聚合物小很多,这对 PIP 工艺制备陶瓷基复合材料十分有利;③ 存在大量端基官能团,可以通过端基官能团进行改性来赋予材料各种性能。但超支化

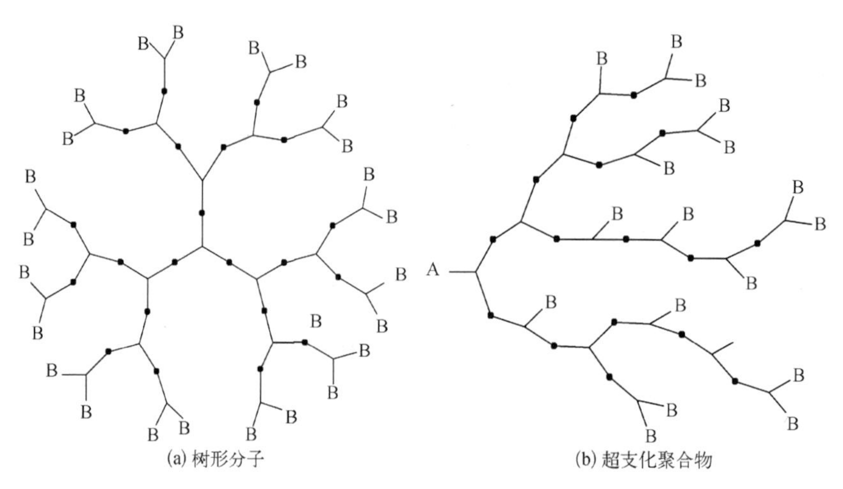

图 5-1　树形分子与超支化聚合物的结构示意图

聚合物也存在分子量不可控、分子量分布宽的不足，这对材料的性能是不利的，需要采取措施进行改进。

2. 聚碳硅烷的支化度

聚碳硅烷以 Si—C 为主链，通常认为 PCS 分子的骨架结构是硅碳原子交替键合结构，其主链方向应为分子链上最长的硅碳交替键合延伸的方向，故可定义 PCS 分子链中的主链方向如图 5-2 中的箭头方向所示。

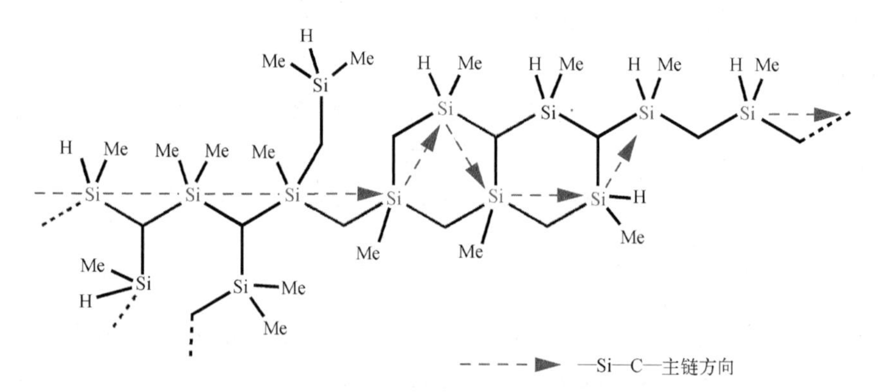

图 5-2　PCS 分子链中的 Si—C 主链方向

除了图中箭头所指的主链方向外，PCS 在主链之外存在一些侧基和侧链。在描述 PCS 结构中的支化情况之前，需根据其分子结构特点，对主链方向、支化链和支化点进行如下定义：

1）分子链中最长的 Si—C 方向为主链方向；

2）氢原子和甲基(Me)作为侧基时不成为支化链，通过氧原子链接出去的链段作为支化链；

3）支化点只存在于硅和碳原子上，并用可能存在的总支化点[$N_t^{B(\mathrm{Si+C})}$]与硅和碳原子总($N_t^{\mathrm{Si+C}}$)的比值来表征材料中分子链上的平均支化程度，即平均支化度(B)定义为

$$\bar{B} = \frac{N_t^{B(\mathrm{Si+C})}}{N_t^{\mathrm{Si+C}}}$$

以 PCS - KD 为例，骨架原子硅和碳中，以硅原子为中心的基团有 SiC_4、SiC_3O、$HSiC_3$、$HSiC_2O$ 和 H_2SiC_2，以碳原子为中心的基团有 CSi_4、$HCSi_3$、H_2CSi_2 和 H_3CSi。其中，H_3CSi 只能作为侧基或端基，该基团的碳原子上无支化点；H_2CSi_2 和 H_2SiC_2 在主链中时，侧基原子均为氢原子，无法形成支化链，可能支化点数也为零。其结构中可能存在的支化点数如下：

1）存在两个可能支化点的基团：SiC_4、SiC_3O 和 CSi_4

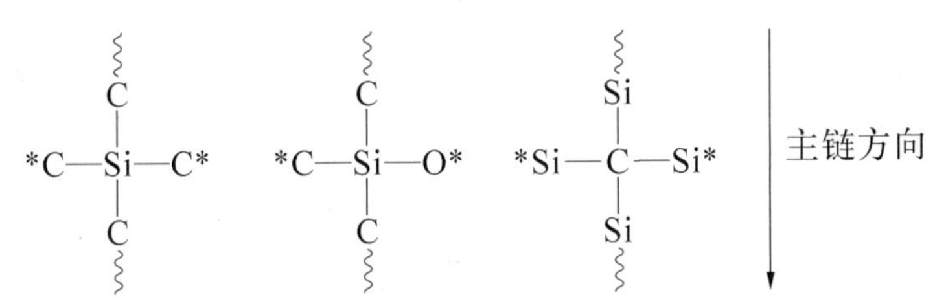

其中，当 C^* 存在于 Me 中时不作为支化链。

2）存在一个可能支化点的基团：$HSiC_3$，$HSiC_2O$ 和 $HCSi_3$

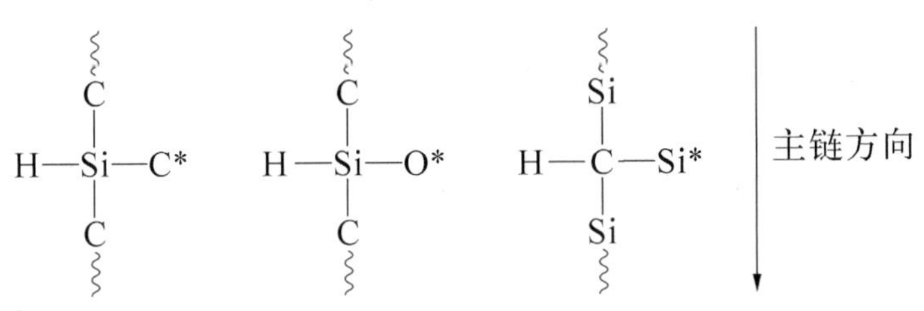

其中，C^* 如果存在于 Me 中，则 HSiC 基团中不存在支化点。

PCS - KD 的经验分子式为 $SiC_{2.29}H_{5.30}O_{0.02}$，即设硅原子总数为 1，则碳、氢和

氧原子数分别为 2.29、5.30 和 0.02，可得以硅原子为中心且存在可能支化点的基团的个数为

SiC_4与 SiC_3O 个数：$N(SiC_4) + N(SiC_3O) = 1 \times (49.95\% + 1.01\%) \approx 0.51$

$HSiC_3$和 $HSiC_2O$ 个数：$N(HSiC_3) + N(HSiC_2O) = 1 \times (44.95\% + 2.24\%) \approx 0.47$

PCS－KD 中的氢元素主要以 C—H、Si—H 和 O—H 三种形式存在，通过核磁共振谱图可以求得各基团中氢原子数占总的氢原子数的百分比，如表 5－1 中所示。由此可算得

C—H 键个数：$N(C—H) = 5.30 \times 89.48\% \approx 4.74$

Si—H 键个数：$N(Si—H) = 5.30 \times 9.74\% \approx 0.52$

以碳原子为中心的基团中，只有 CSi_4和 $HCSi_3$存在可能的支化点。为了获得 CSi_4和 $HCSi_3$中的碳原子数，根据 PCS 的^1H－NMR 谱图计算获得

$HCSi_3$基团的个数为 $N(HCSi_3) = 4.74 \times 4.11\% \approx 0.19$

H_2CSi_2的个数为 $N(H_2CSi_2) = 4.74 \times 12.77\% \div 2 \approx 0.30$

H_3CSi 基团的个数为 $N(H_3CSi) = 4.74 \times 83.12\% \div 3 \approx 1.31$

CSi_4基团的个数为 $N(CSi_4) = 2.29 - 0.19 - 0.30 - 1.31 = 0.49$

按硅和碳原子交替排列的原则，骨架上 Si/C 为 1，多出的碳原子应存在于甲基侧基中，则甲基侧基个数为 2.29 − 1 = 1.29，因甲基侧基不作为支化链，故在计算中应被减去。

表 5－1　以^{1}H－NMR 计算的 PCS 中含氢基团的百分比

样　品	含 H 基团原子百分数/%					
	所有含 H 结构分布			与 C 相连的含 H 结构分布		
	CH	SiH	OH	H_3CSi	H_2CSi_2	$HCSi_3$
PCS	89.48	9.74	0.78	83.12	12.77	4.11

因此，利用上述基础数据可计算得到 S－PCS 中分子链的平均支化度为

$$\overline{B(S-PCS)} = \frac{N_t^{B(Si+C)}}{N_t^{Si+C}} = \frac{N_t^{B(Si)} + N_t^{B(C)}}{N_t^{Si} + N_t^{C}}$$

$$= \frac{2 \times [N(SiC_4) + N(SiC_3O)] + [N(HSiC_3) + N(HSiC_2O)]}{1 + 2.29}$$

$$+ \frac{2 \times N(CSi_4) + N(HCSi_3)}{1 + 2.29} - \frac{N'(H_3CSi)}{1 + 2.29}$$

$$= \frac{1.37}{3.29} \approx 0.42$$

可见,PCS - KD 的平均支化度为 0.42,即每 10 个硅或碳原子上可存在 4 个支化点或引出 4 条支化链,与文献报道的实验数据相一致。该方法可扩展应用到类似的先驱体体系中,用于分析不同先驱体样品中支化程度的差异。

5.1.2　超支化聚碳硅烷的合成方法

液态超支化聚碳硅烷(liquid hyperbranched polycarbosilane, LHBPCS)的合成方法有很多,根据聚合机理可分为均聚和共聚两大类,根据反应类型可分为开环聚合,Grignard 偶联和硅氢化反应[5-6]。本节简要介绍开环聚合、Grignard 偶联和硅氢化反应三种方法。

1. 开环聚合法

开环聚合法的原料一般是硅杂环丁烷,主要是因为硅杂环丁烷为四元环,其可在环张力的驱动下,采用催化剂开环,形成 Si—C 链,进而聚合形成含 Si—C 主链的聚碳硅烷。

采用 1,3 -二硅杂环丁烷为原料在铂催化剂的作用下开环聚合合成了全氢的聚碳硅烷,其合成路线如式(5 - 1)所示[7]。所合成的先驱体可溶,500℃时 Si—H 键脱氢缩合交联,700℃时 Si—H 键基本全部断裂,900℃失重为 10.1%,并且热分解产物开始结晶。

$$n\ H_2Si\!\left\langle\begin{matrix}CH_2\\CH_2\end{matrix}\right\rangle\!SiH_2 \xrightarrow[\text{甲苯戊庚烷}\ 75\sim100℃]{\text{铂催化剂}} 2\left[\begin{matrix}H & H\\ | & |\\ Si & C\\ | & |\\ H & H\end{matrix}\right]_n \qquad (5-1)$$

以 1,1,3,3 四氯- 1,3 -二硅杂环丁烷为原料,在铂催化剂的作用下进行开环聚合,合成出液态的 SiC 陶瓷先驱体,如式(5 - 2)示[8]。合成的先驱体的数均分子量 M_n 为 12 300,TGA 表明氮气下热失重主要发生在 100 ~ 600℃,900℃时的陶瓷产率为 87%,1 000℃结晶形成 β - SiC,晶粒尺寸为 2.5 nm。将式(5 - 2)反应生成的中间产物氯化聚碳硅烷与烯丙基格氏试剂反应,通过调节加入的烯丙基格氏试剂的量,合成出组成为 $[SiH_2CH_2]_{0.9n}[SiH(CH_2CHCH_2)CH_2]_{0.1n}$ 的 AHPCS,如式(5 - 3)所示。

$$n\ \mathrm{Cl_2Si{<}(CH_2)_2{>}SiH_2} \xrightarrow[\text{乙醚式四氢呋喃}]{\text{铂催化剂}} 2\left[\mathrm{SiCl_2{-}CH_2}\right]_n \xrightarrow{\mathrm{AlLiH_4}} 2\left[\mathrm{SiH_2{-}CH_2}\right]_n \tag{5-2}$$

$$\left[\mathrm{SiCl_2{-}CH_2}\right]_n \xrightarrow[\text{乙醚式四氢呋喃}]{\mathrm{CH_2{=}CHCH_2MgCl}} \left[\mathrm{SiH(CH_2CH{=}CH_2){-}CH_2}\right]_{0.1n}\left[\mathrm{SiH_2{-}CH_2}\right]_{0.9n} \tag{5-3}$$

开环聚合法可以合成出 LHBPCS，分子量一般较高，工艺流程短，对设备要求不高，但是合成所需的原料难于获得，合成成本较高，不利于产业化。

2. 硅氢加成聚合法

硅氢加成是有机硅化学中应用最广泛、研究最多的一种反应。其特点是不受分子中羰基、环氧基以及氯原子等活性基团的干扰，在室温或稍高温下即可进行反应，在 150~300℃ 可迅速完成。常用催化剂为第八族过渡金属，其中 Pt 催化效果最好。硅氢加成法常用的单体是 AB_x 型，如甲基乙基氯硅烷、二甲基烯丙基氯硅烷、甲基二乙炔基硅烷、甲基双(甲基乙基乙烯基硅氧基)氢硅烷等。

采用甲基二乙炔基硅烷发生硅氢加成聚合，得到了超支化的有机硅聚合物[9]。由于乙炔基的存在，该聚合物可在光或热的诱导下交联，交联产物在 N_2 和空气中以 10℃/min 的加热速率加热到 1 300℃，失重分别为 13%和 38%，可见交联产物具有优良的热稳定性。使用甲硅烷基取代的呋喃和噻吩在 Karstedt 催化剂作用下，发生硅氢化聚合生成含有呋喃和噻吩的超支化有机硅聚合物[10]，产率为 78%~98%，数均分子量为 2 000~4 000，聚合物溶于乙醚、THF、正己烷和氯仿等溶剂。采用甲基二烯丙基硅烷在 $Pt(acac)_2$ 的催化下，通过紫外光活化的硅氢化反应合成了超支化的聚碳硅烷，紫外光辐照活化的聚合反应比热活化的聚合反应快，但紫外光活化聚合形成的 PCS 与热活化聚合形成的 PCS 具有相同的支化结构[11]。以 1,1′-双(二甲硅基)二茂铁、甲基三乙烯基硅烷及硼烷-二甲硫醚络合物为原料，经硅氢加成及硼氢加成反应合成了含元素硼、铁的超支化聚碳硅烷[12]，该聚合物有望用于制备耐高温磁性纳米结构陶瓷。

硅氢加成聚合法就是利用硅氢加成反应，其原理简单、工艺流程短、副反应少，通过选用不同的单体可以合成具有不同特性的超支化聚碳硅烷，但单体难以获得，硅氢加成法是合成具有多功能且有特殊用途的超支化聚碳硅烷的有效方法。

3. Grignard 偶联聚合法

Grignard 偶联法合成液态超支化聚碳硅烷的原料是氯甲基三氯硅烷及其类似物，通过格氏偶联反应头尾聚合形成聚合物，由于氯甲基三氯硅烷这类物质的活性官能团较多，合成的聚合物呈支化结构，并且氯甲基三氯硅烷这类物质成本较低，因而此合成方法成本较低。

以 Cl_3SiCH_2Cl、Mg 以及 Et_2O 为原料，通过 Grignard 偶联反应，缩聚合生成氯化聚碳硅烷，氯化聚碳硅烷在 $LiAlH_4$ 的还原作用下，合成出 HPCS，如式(5－4)所示[13]。合成的 HPCS 为淡黄色液体，数均分子量 M_n 为 747，在 150～300℃较低温度下进行热交联。未经交联的 HPCS 在 1 200℃氮气下裂解陶瓷产率为 30%～60%，热交联几个小时后的 HPCS 在 1 200℃氮气下陶瓷产率为 80%～90%，接近理论值(90%)，并且在 1 000℃裂解后的陶瓷为无定形，1 600℃裂解 6 h 转变为 β－SiC 微晶。

$$\mathrm{Cl-\underset{Cl}{\overset{Cl}{|}}{Si}-CH_2Cl} \xrightarrow[\mathrm{Et_2O}]{\mathrm{Mg}} \left[\mathrm{\underset{Cl}{\overset{Cl}{Si}}-\underset{H}{\overset{H}{C}}} \right]_n \xrightarrow[\mathrm{H_2O/HCl}]{\mathrm{AlLiH_4}} \left[\mathrm{\underset{H}{\overset{H}{Si}}-\underset{H}{\overset{H}{C}}} \right]_n \tag{5-4}$$

将式(5－4)反应生成的聚氯碳硅烷与烯丙基格氏试剂反应，也可合成出含烯丙基的液态聚碳硅烷 AHPCS。AHPCS 也为淡黄色液体，含烯丙基可进行原位交联，并且在催化剂的作用下可进行低温交联，氮气下裂解到 1 200℃的陶瓷产率为 72%，其中含 10%烯丙基的 AHPCS 的陶瓷产率理论值为 85%[14]。最具代表性的是美国 Starfire 公司合成的烯丙基取代的氢化聚碳硅烷(SMP－10)，其典型结构如图 5－3 所示。该先驱体以 Si 和 C 交替连接构成主链，侧基含有烯丙基，除了交联点其余侧基皆为 H。SMP－10 室温为液态，黏度为 40～100 mPa · S，密度为 0.95 g/cm_3，可在 200～400℃下进行 Si—H 与 C ═ C 的原位加成交联，900℃氮气下的陶瓷产率为 80%左右，热解陶瓷产物的 Si/C(摩尔比)接近 1∶1，是用于制备 SiC 基复合材料较为理想的先驱体。

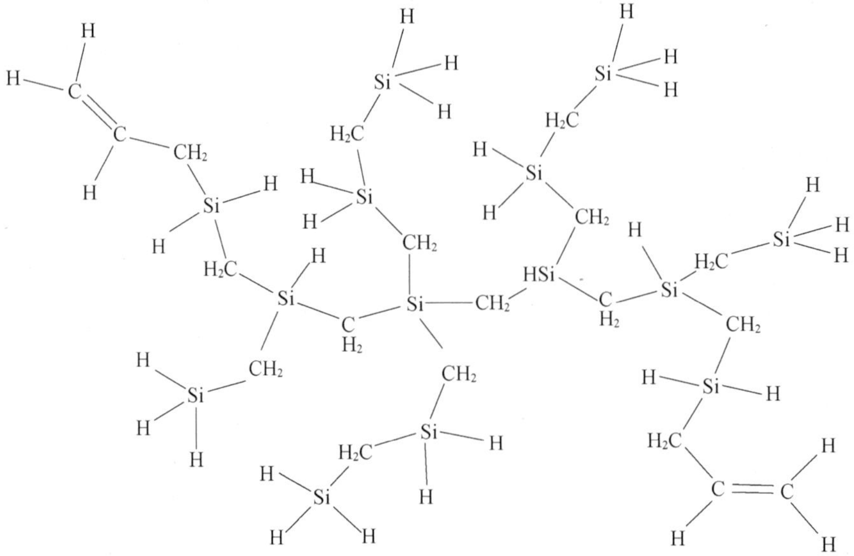

图 5－3　AHPCS 的典型结构

在这个合成路线基础上，调整反应物和反应条件，可以制备出类似的超支化 PCS。如果在除去多余 $LiAlH_4$ 时采用水洗，导致合成的 HPCS 含氧，所合成的 HPCS 为白色固态聚合物，其组成主要为 SiH_3：53%；SiH_2：32%；SiH：16%，氮气下 1 000℃热解时其陶瓷产率为 74%～85%，1 300℃热解时陶瓷产率为 71%～76%。预先以甲醇对 Cl_3SiCH_2Cl 进行烷氧化反应，一般 MeOH 与 Cl_3SiCH_2Cl 的摩尔比为 1.5～2.5，1.75 时最宜，使 Si—Cl 被 Si—OCH_3部分取代，然后经过格氏偶联反应和还原反应，制备了低氧含量液态超支化聚碳硅烷。这主要是 Si—OCH_3的活性较 Si—Cl 低，可以有效抑制溶剂四氢呋喃的开环副反应，从而降低先驱体中氧含量。

将 Cl_3SiCH_2Cl、$Cl_2Si(CH_3)CH_2Cl$、CH≡CMgBr、Mg 及 THF 混合，采用一步法合成了含乙炔基的液态超支化聚碳硅烷(EHPCS)，反应如式(5－5)所示[15]。合成的 EHPCS 为淡黄色液态聚合物，产物中含有 Si—H 以及 C≡C，并且侧基还含有部分 CH_3，140℃下 6 h 热交联后的产物在 900℃氮气下的陶瓷产率为 78%。

$$\left.\begin{array}{l} Cl_3SiCH_2Cl \\ Cl_2(CH_3)SiCH_2Cl \\ HC\equiv CMgBr \end{array}\right\} \xrightarrow[THF]{Mg} [SiCl_{1.47}(CH_3)_{0.33}(C\equiv CH)_{0.2}CH_2]_n$$

$$\xrightarrow{LiAlH_4} [SiH_{1.47}(CH_3)_{0.33}(C\equiv CH)_{0.2}CH_2]_n \quad (5-5)$$

Grignard 偶联法可以一锅合成,操作简单,中间产物不需要提纯,其原料 Cl_3SiCH_2Cl 这类物质成本较低,同时可以采用 Cl_3SiCH_2Cl、$Cl_2SiMeCH_2Cl$、$Cl_3SiMeCHCl_2$ 等多种原料相混合的方法,对其产物的组成和结构进行调节控制,以得到可以满足不同性能需求的产物,因而该方法有希望进行大批量生产,是目前研究最多的也是最有前景的方法。

5.1.3　陶瓷先驱体的应用举例

液态超支化聚碳硅烷具有流动性好、可自交联及陶瓷产率高等优点,是制备 SiC 陶瓷的理想先驱体,同时 LHBPCS 中含大量的活性基团,如 Si—H 键、乙烯或乙炔基等不饱和基团,通过功能化改性后可应用于材料改性剂、催化剂、生物材料、高聚物薄膜等。

1. 制备碳化硅基复合材料

液态超支化聚碳硅烷常温下为液态,C 纤维或 SiC 纤维的编织物可直接在 LHBPCS 中浸渍,通过聚合物浸渍和热解(polymer-impregnation and pyrolysis, PIP)工艺可制备碳化硅基复合材料,尤其是制备连续纤维增强 SiC 基复合材料。

以 SiC 颗粒为增强体,AHPCS 为基体先驱体,制备了 SiC_p/SiC 复合材料,开孔率很低,高温稳定性良好,具有较高的强度和较好的韧性。用 Tyranno – SA™ 纤维作为增强体,AHPCS 作为基体先驱体,制备了性能优异的 SiC_f/SiC 复合材料[16]。与以固态 PCS 为基体先驱体的 SiC_f/SiC 复合材料比较,具有更好的抗氧化性和热稳定性,同时由于 AHPCS 黏度低、流动性好,使其浸渍效率高。以 AHPCS 作为基体先驱体,有望提高 SiC/SiC 复合材料的抗环境侵蚀能力。以 T – 300 碳纤维为增强体,AHPCS 和 ZrB_2 粉末为基体,采用 PIP 结合 CVD(或 CVI)法制备了二维(2D)C_f/ZrB_2—SiC 复合材料[17],其机械性能比 C_f/SiC 复合材料优异,具有很好的弯曲强度和韧性,并具有极高的耐温性能和抗氧化性能。

2. 用于共混纺丝

固态聚碳硅烷 PCS 具有高环化度、高相对分子质量的特点,导致 PCS 原丝脆性大、纺丝过程中容易断丝,纺丝连续性较差,不利于高性能 SiC 连续纤维的制备,将液态超支化聚碳硅烷用于固态 Yajima PCS 的共混改性来制备 SiC 纤维可以解决上述问题。

将 AHPCS 加入固态 PCS 中进行物理共混,由于二者结构相近,相容性好,混合非常均匀,20% AHPCS 的加入可使得固态 PCS 的纺丝温度从不含 AHPCS 时的 320℃下降到 230℃,显著地提高固态 PCS 的纺丝性能[18],纤维表面质量提高,加快了氧化交联速度,交联时间缩短,同时降低了纤维的碳含量,有利于提高纤维的抗高温氧化性和抗高温蠕变性。

3. 制备碳化硅功能薄膜

液态超支化聚碳硅烷还可用于制备 SiC 功能薄膜。此外,鉴于 LHBPCS 含大量活性基团、易改性的特点,可根据不同需要,将具有特定光学性能和电学性能等的功能化基团接枝到超支化聚碳硅烷薄膜中以制备特殊功能性薄膜。

采用溶胶-凝胶法将一种烷氧基取代的液态超支化聚碳硅烷制成薄膜[19],该种薄膜不仅具有低介电常数,还具有良好的热稳定性和较好的力学性能,并且可以通过改变液态超支化聚碳硅烷的结构和侧基类型来改变介电常数值,这种膜已被用于集成电路领域,如半导体器件的电介质夹层等。Rathore 等[20]在 Lu 的基础上采用新工艺制成多孔薄膜,显著降低了介电常数,但仍能保持致密且不影响膜的机械性质。Elyassi 等[21]将 AHPCS 用于无定形多孔 SiC 薄膜的制备,所制得的薄膜具有的特定结构使其渗透率比传统方法制备的 SiC 薄膜高 2~3 倍。

4. 其他应用

液态超支化聚碳硅烷由于其特殊的结构,可以通过改性来制备超支化大分子催化剂,此类催化剂反应后可以把催化剂体系方便地从反应体系中移除。

Schlenk 等[22]通过三烯丙基硅烷的硅氢加成反应合成了端基为烯丙基的超支化聚碳硅烷并进行了 NCN 末端改性,进而制备了含有 Pd(Ⅱ)的活性催化剂体系。制得的催化剂可用来催化苯甲醛和异氰基醋酸甲酯的缩合反应来制备噻啉,催化效果与树枝状催化体系相似。通过在 HPCS 上悬挂含氧聚乙烯基团进行改性,发现改性后的产物能溶解各种锂盐,具有很强的 Li^+ 传输能力,因而用来做锂离子电池的电解液[23]。Houser[24]等合成了一种含羟基的超支化聚碳硅烷,具有化学敏感性,可以探测到有毒的或具有爆炸性的化学气体,如一些有机磷、硝基取代物,将其作为化学传感器的涂层材料,可以提高化学传感器的选择性和敏感性。

5.2　氢化超支化聚碳硅烷

5.2.1　氢化超支化聚碳硅烷的合成

1. HBPCS 的合成路线

氢化超支化聚碳硅烷(HBPCS)的 Si—H 含量高,交联固化后陶瓷产率高,适宜 PIP 工艺制备陶瓷基复合材料,也是适宜进行化学改性和功能化修饰的聚碳硅烷。借鉴超支化聚合物的合成策略,采用“有核慢滴加”技术,成功合成了 HPCS 先驱体。主要合成过程：首先将反应器抽真空,冲干燥氮气,反复至少三次,然后将镁屑、THF 和少量 $Cl_2SiHCH_2SiCl_2CH_3$依次加入反应器中,在室温氮气气氛保护下,搅拌的同时缓慢滴加 Cl_3SiCH_2Cl,滴加完毕后,按一定升温制度将体系升至预定温度并保温一定时间,随后冷却再加入 $LiAlH_4$的 THF 溶液,随后再升至一定温度并保温一段时间,最后经萃取、干燥及减压蒸馏得到黏稠的黄色油状物,即为氢化聚碳硅烷(HPCS)。

实验的反应历程如图 5－4 所示,主要分两步：第一步是 Grignard 偶联反应,包括由 Cl_3SiCH_2Cl 反应生成 Cl_3SiCH_2MgCl 单体(AB_3),AB_3 单体与核分子 $Cl_2SiHCH_2SiCl_2CH_3$(B_4)之间及 AB_3单体之间偶联反应生成氯化聚碳硅烷,格氏反应和偶联反应是同时发生的;第二步是将上一步合成的氯化聚碳硅烷中的 Si—Cl 还原成 Si—H,从而得到氢化聚碳硅烷(HPCS)。由于中间产物氯化聚碳硅烷与最终产物 HPCS 的结构相同,决定产物组成和结构的是第一步格氏偶联反应过程,第二步反应中还原剂 $LiAlH_4$过量保证反应充分进行,不会对产物的组成和结构带来影响,并且 $LiAlH_4$对氯硅烷的还原反应在工业上已很成熟,因此本节只对第一步格氏偶联反应的工艺条件加以研究。

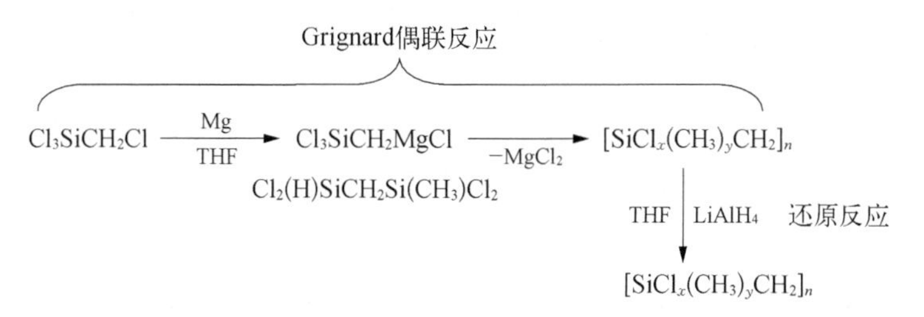

图 5－4　HPCS 的合成路线

超支化聚合物由于结构上存在缺陷，与传统的大分子相似，其分子量的分散性大[25]。为解决该问题，一些研究者尝试在合成过程中引入核分子（多为二官能度和三官能度核分子）来对分子量进行调控[26-27]，另有研究者采用“慢滴加法”来调控分子量[28]。国防科技大学曹适意等结合“有核法”与“慢滴加法”，采用“有核慢滴加法”以四官能度分子 $Cl_2SiHCH_2SiCl_2CH_3$(B_4)为核，对分子量及分布进行调控。

“有核慢滴加法”的提出基于以下构想，先将核 $Cl_2SiHCH_2SiCl_2CH_3$(B_4)溶于溶剂中，再将单体 Cl_3SiCH_2Cl(AB_3)缓慢滴入，滴入速度要慢，保证反应混合物中单体的浓度远低于核的浓度，从而单体 AB_3中的 A 官能团优先与核 B_4中的 B 官能团反应，AB_3单体之间基本不发生反应。其反应机理示意图如图 5－5 所示。

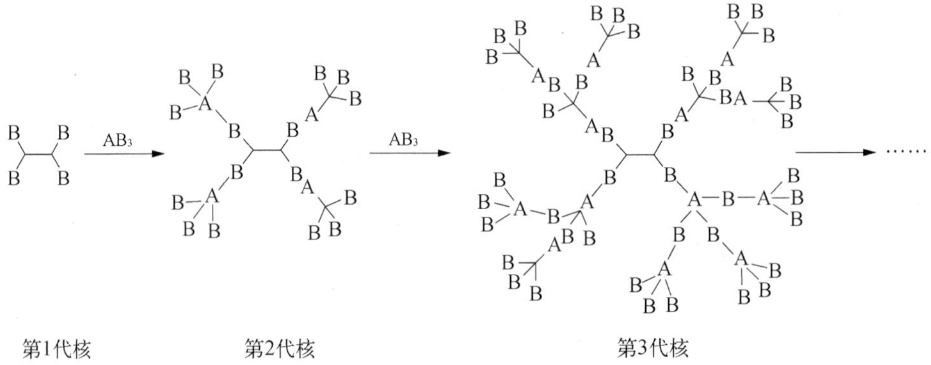

第1代核　　第2代核　　第3代核

图 5－5　“有核慢滴加法”机理示意图

最开始以 B_4为第一代核，后续缓慢滴入的 AB_3单体与 B_4核发生反应形成第二代核，AB_3单体再与第二代核发生反应形成第三代核，依次类推，直至单体消耗完毕。这只是理论模型，实际反应过程中核分子中的 B 官能团受活性和空间位阻等影响不会全部发生反应，单体之间也不会完全不发生反应，同时原料中的杂质等对其过程也会造成影响。虽然如此，该模型可以作为一条研究思路，通过改变核分子的用量与核分子的官能度对产物进行调控。

2. HBPCS 的合成反应参数

研究了 HPCS 先驱体的合成工艺，重点考察了合成温度、反应时间和核与单体摩尔比等工艺条件对 HPCS 陶瓷先驱体性能的影响。

（1）合成温度的影响

合成温度是先驱体合成过程中一个重要的影响因素。氯代烷烃的格式反应可在室温进行，格式试剂的偶联反应应该在较高的温度进行，而溶剂 THF 沸点为 67℃，实验温度在 25～67℃之间。表 5－2 为核分子用量（$Cl_2SiHCH_2SiCl_2CH_3$ 与 Cl_3SiCH_2Cl 摩尔比为 5%）和反应时间（12 h）一定的条件下，在不同温度下合成的先驱体情况。

表 5－2　不同合成温度下合成 HPCS 的性质

合成温度/℃	格式偶联产物	最终产物	合成产率/%
25	灰褐色溶液	白色不溶	0
50	黄褐色溶液+白色沉淀	黄色油状液体	46.2
60	橙黄色溶液+白色沉淀	黄色油状液体	62.7
67	橙黄色溶液+白色沉淀	黄色油状液体+少量黄色不溶物	55.6

在 25℃时，反应体系（格氏偶联反应后）为灰褐色稀溶液，是格式试剂的颜色，反应体系没有变黏稠，说明发生了格式反应但没有发生偶联反应或偶联反应速率很慢；当温度为 50℃时，反应体系开始变黏稠，有白色 $MgCl_2$ 沉淀生成，说明，在此温度下 Cl_3SiCH_2MgCl 之间发生了偶联反应；当温度为 60℃时，中间产物为橙黄色溶液，最终产物（还原反应后提纯产物）为纯的黄色油状液体，合成产率为 62.7%；当合成温度为 67℃时反应体系中开始出现黄色固态不溶物，导致合成产率下降至 55.6%。由以上分析可知，该反应的最佳温度应为 60℃。

（2）反应时间的影响

反应时间对先驱体的合成有重要影响。在合成过程中，既要保证合成目标先驱体，又要使反应高效，具有较高的合成产率，因此需要对反应时间进行研究。为研究反应时间的影响，固定核分子用量（$Cl_2SiHCH_2SiCl_2CH_3$ 与 Cl_3SiCH_2Cl 摩尔比为 5%）和合成温度（60℃），通过控制不同反应时间合成出不同性质的先驱体，该先驱体的性质如表 5－3 所示。

表 5－3　不同反应时间下合成 HPCS 的性质

反应时间/h	最终产物	合成产率/%
6	黄色油状液体+白色不溶物	39.4
12	黄色油状液体	62.7
18	黄色油状液体	68.3
24	黄色油状液体	67.1
30	黄色油状液体+少量黄色不溶物	61.5

在 100℃下，反应 6 h 得到的产物为黄色油状液体和白色不溶物，黄色油状液体为目标产物，而白色不溶物是剩余的大量未反应的氯硅烷水解产物；当反应

时间为 30 h 时最终产物中含少量黄色不溶物；而当反应时间为 12 h、18 h、24 h 时产物为较纯的黄色油状液体，再考虑到合成产率，反应时间控制在 18 h 为宜。

（3）核分子用量的影响

超支化聚合物存在分子量不可控、分子量分布宽的缺点，有必要通过引入核分子期望对分子量进行调控。图 5－6 为不同核分子用量下合成的 HPCS 分子量分布曲线，随着核分子用量的增加，分子量分布曲线变窄，且曲线有向低分子区移动的趋势，其具体的重均分子量与分子量分散系数如表 5－4 所示。

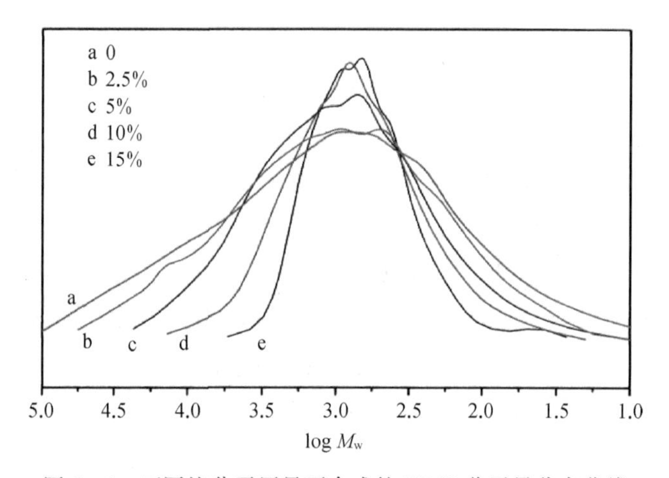

图 5－6　不同核分子用量下合成的 HPCS 分子量分布曲线

表 5－4　不同核分子用量下合成的 HPCS 的分子量及分散系数

核与单体摩尔比/%	分子量(M_n)	分子量(M_w)	分散系数
0	497	2 000	4.02
2.5	476	1 713	3.60
5	483	1 405	2.91
10	425	890	2.07
15	389	719	1.85

随着核与单体摩尔比的增加，先驱体的数均分子量由 497 变为 389 整体呈缓慢下降趋势，而重均分子量由 2 000 变为 719 呈快速下降趋势，同时分散系数降低。当核与单体摩尔比为 5%时，既有比较高的分子量，同时分散系数也比较小，较为适宜。结果表明，通过改变核分子的用量能够有效调控先驱体的分子量及分布，验证了采用“有核慢滴加法”调控的可行性。

进一步分析核分子用量对先驱体产物分子量及其分布的影响，将重均分子量、分布系数对核与单体摩尔比作如图 5－7 所示。随着核与单体摩尔比的增加，重均分子量与分布系数均呈下降趋势，当核与单体摩尔比达到 0.1 以后下降趋势有所缓和。

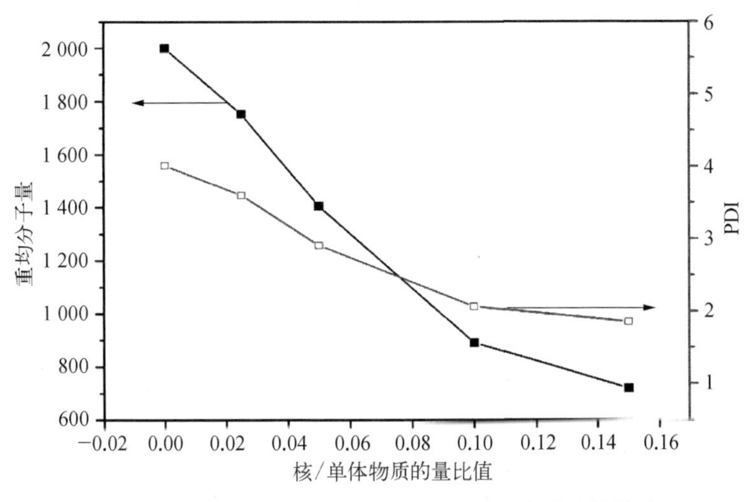

图 5－7 核分子用量对产物分子量及分子量分布的影响

综上所述，合成 HPCS 陶瓷先驱体的适宜工艺条件是：合成温度为 60℃，反应时间为 18 h，核与单体摩尔比为 5%，所合成的陶瓷先驱体为黄色油状液体，先驱体的合成产率为 68.3%。同时可以采用"有核慢滴加法"，通过改变原料中核分子用量来对先驱体分子量大小及分布进行调控。

5.2.2 HPCS 的结构与性能

1. HPCS 的结构表征

HPCS 的红外光谱结果如图 5－8 所示。其中，2 921 cm^{-1}、2 881 cm^{-1} 为 Si—CH_3 和 Si—CH_2—Si 的 C—H 伸缩振动峰，2 132 cm^{-1} 为 Si—H 的伸缩振动峰，1 410 cm^{-1}、1 253 cm^{-1} 为 Si—CH_3 的变形振动峰，1 356 cm^{-1} 为 Si—CH_2—Si 的变形振动峰，1 046 cm^{-1} 为 Si—O—Si 的伸缩振动峰，1 030 cm^{-1} 为 Si—CH_2—Si 的骨架振动峰，841～764 cm^{-1} 为 Si—CH_3 骨架振动峰。结果表明合成的 HPCS 中含有 Si—H、Si—CH_3、Si—CH_2—Si 等结构单元，其中 Si—H 基团含量丰富而 Si—CH_3 较少，这将有利于制备近化学计量比陶瓷和提高陶瓷产率。

进一步对 HPCS 做了 ^{1}H－NMR、^{13}C－NMR 与 ^{29}Si－NMR 测试，其结果如图

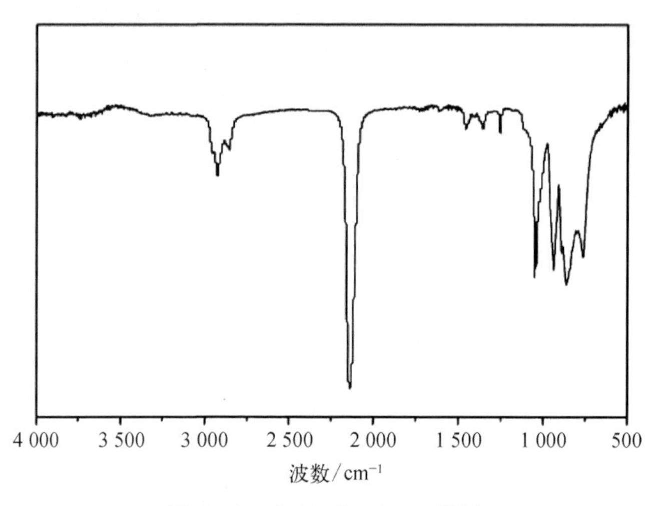

图 5－8　HPCS 的 FT－IR 谱图

5－9 所示。^1H－NMR 光谱中，化学位移 $\delta=0\sim0.5$ ppm 为 Si—CH_2—Si、Si—CH_3 的质子振动吸收峰，$\delta=3.5\sim4.5$ ppm 处多重峰分别对应 SiH_3、SiH_2、SiH 的质子振动峰，$\delta=0.8\sim2$ ppm 是副反应产物 $SiOCH_2CH_2CH_2CH_2Si$、未反应物 $SiCH_2Cl$ 和溶剂 $CH_3CH_2CH_2CH_2CH_2CH_3$ 的质子振动峰，并且副反应产物 $SiOCH_2CH_2CH_2CH_2Si$ 在 $\delta=1.8$ ppm 附近的特征振动峰相对较弱，表明副反应较少；同时，SiH_3、SiH_2、SiH 结构特征表明 HPCS 为支化结构。^{13}C－NMR 光谱中的数据与 ^1H－NMR 谱中一致，$\delta=-20\sim10$ ppm 处复杂多重峰为 Si—CH_2—Si 中的碳信号，$\delta=20\sim40$ ppm 为副产物 $SiOCH_2CH_2CH_2CH_2Si$ 及未反应物 $SiCH_2Cl$ 的振动峰，$\delta=40\sim70$ ppm 为溶剂 $CH_3CH_2CH_2CH_2CH_2CH_3$ 的振动峰。^{29}Si－NMR 光谱中化学位移 $\delta=15\sim6$ ppm、$\delta=-2\sim-25$ ppm、$\delta=-24\sim-44$ ppm、$\delta=-56\sim-72$ ppm 分别为 $(CH_2)_4Si$、$(CH_2)_3SiH$、$(CH_2)_2SiH_2$ 与 $(CH_2)SiH_3$ 单元上的 Si 信号。$(CH_2)_4Si$、$(CH_2)_3SiH$、$(CH_2)_2SiH_2$ 等单元的存在，证明了液态 HPCS 具有超支化的分子结构。

超支化聚合物的结构不像树枝状分子那样完美，通常用支化度(degree of branching, DB)来描述其结构与树形分子的接近程度。支化度是指完全支化单元和末端单元所占的摩尔分数，是表征超支化聚合物形状结构的重要参数。对于 AB_3 单体反应体系，支化度的计算公式如下，式中 L 为线性单元，sD 为半树形支化单元，D 为树形支化单元。

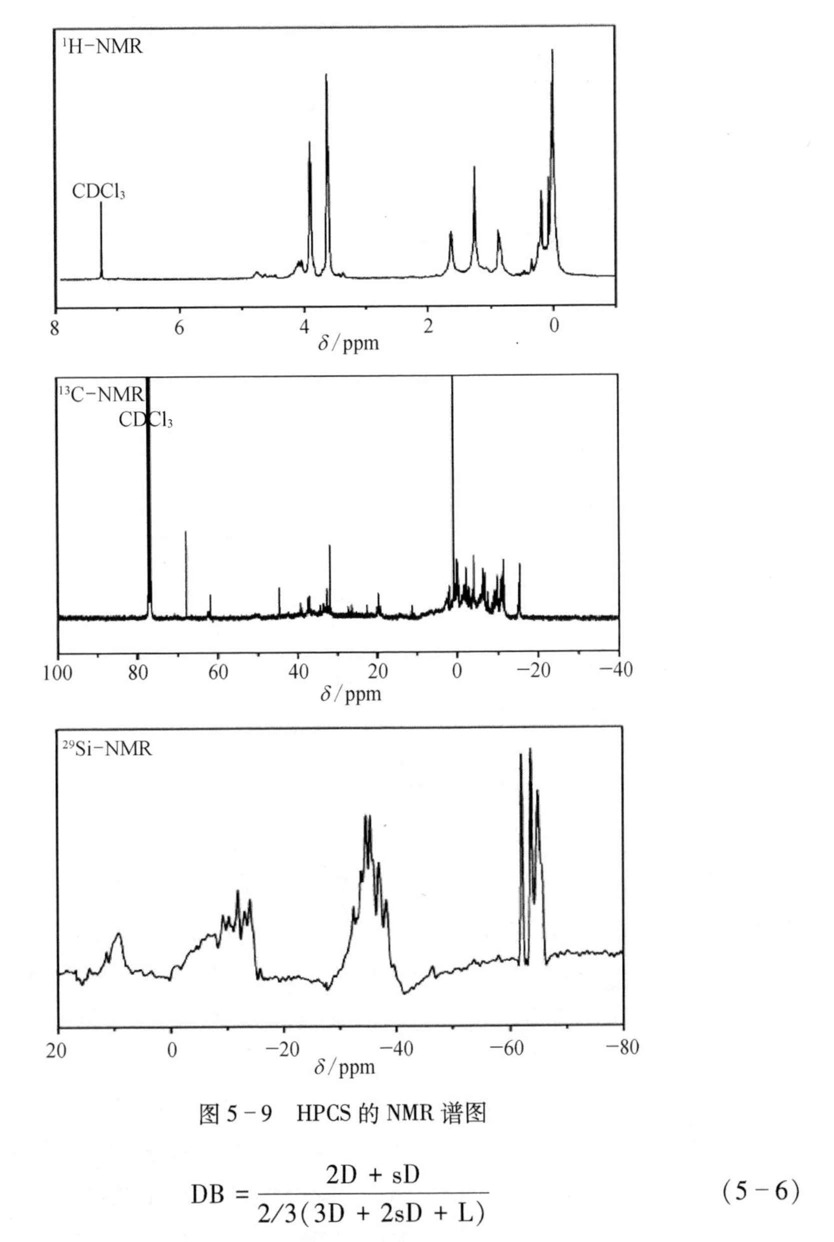

图 5-9　HPCS 的 NMR 谱图

$$DB = \frac{2D + sD}{2/3(3D + 2sD + L)} \tag{5-6}$$

利用核磁共振法来测定支化度，相关核磁共振图如 5-9 所示，在^{29}Si-NMR 光谱中$(CH_2)_2SiH_2$结构为线性单元 L，$(CH_2)_3SiH$ 结构为半树形支化单元 sD，$(CH_2)_4Si$ 结构为树形支化单元 D。在^{29}Si-NMR 光谱中测出各单元对应峰的积分面积，即可计算出 HPCS 的支化度为 0.53。文献报道[4]的大部分超支化聚合物，其支化度实际上都接近 0.5。

2. HPCS 的基本性能

HPCS 外观上为黄色油状液体，室温下具有很好的流动性，能溶于正己烷、氯仿、四氢呋喃、甲苯等普通有机溶剂。对 HPCS 黏度随温度的变化进行了分析，结果如图 5-10 所示。

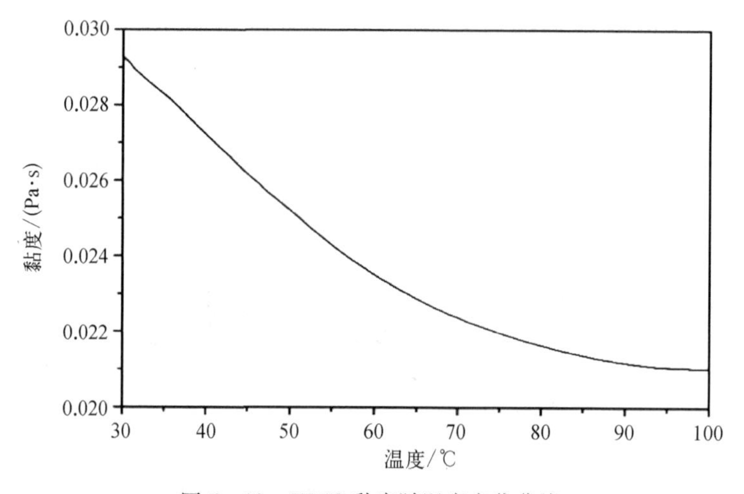

图 5-10　HPCS 黏度随温度变化曲线

HPCS 在室温 30℃时黏度为 0.029 3 Pa · s，在 30~100℃温度范围内黏度随着温度升高而降低。通常，制备 SiC 陶瓷基体复合材料，适宜浸渍 PIP 工艺的 PCS 二甲苯溶液的黏度约为 0.025 Pa · s，HPCS 的黏度在 30~100℃温度范围内均接近 0.025 Pa · s，在 30~100℃内均能用于 PIP 工艺。一般 Si—H 越多的 PCS，在空气中的稳定性会越差。HPCS 黏度随储存时间的变化，结果如图 5-11 所示。室温密封保存时，随时间增加 HPCS 黏度显著增加，30 天后黏度变为 1.206 Pa · s，影响浸渍；而-10℃冷冻密封保存时，随时间增加 HPCS 黏度无明显变化，仍能够满足浸渍性对黏度的要求。因此，HPCS 应在-10℃冷冻密封保存。

考察 HPCS、水与纤维布的润湿情况，检验 HPCS 与 SiC 纤维布的润湿性，分别如图 5-12 所示，图 5-12(a)为小水珠在碳纤维编织件上的照片，图 5-12(b)为 HPCS 小液滴在碳纤维编织件上的照片。尽管水的黏度很低，但与 SiC 纤维布的润湿性很差，润湿角大于 90°，而 HPCS 可以迅速均匀扩散到纤维布中，完全铺展开并渗透入纤维织物中，与 SiC 纤维具有良好的润湿性。说明 HPCS 在 PIP 工艺的浸渍效果很好。

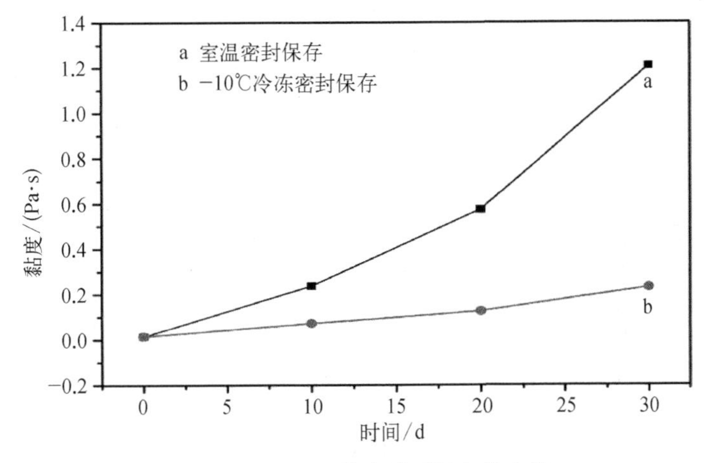

图5-11 HPCS黏度随时间变化曲线

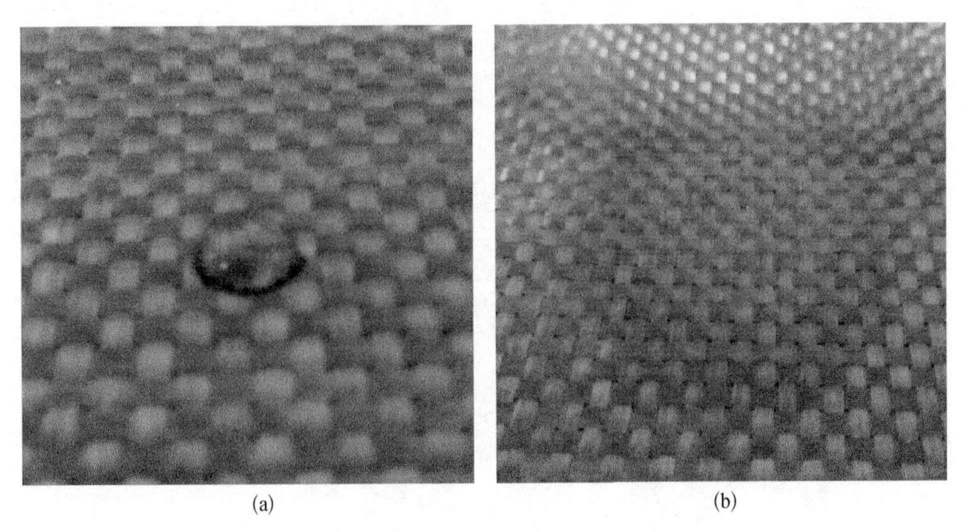

(a) (b)

图5-12 HPCS润湿性测试光学照片

5.2.3 HPCS的陶瓷化与陶瓷产物

1. HBPCS的有机无机转化

(1) HPCS的交联固化

陶瓷产率是先驱体的一个重要指标。对HPCS进行热重分析,结果如图5-13所示。HPCS在1 200℃氩气气氛中陶瓷产率为45.6%,陶瓷产率偏低,为提高陶瓷产率,有必要对HPCS进行交联固化研究。

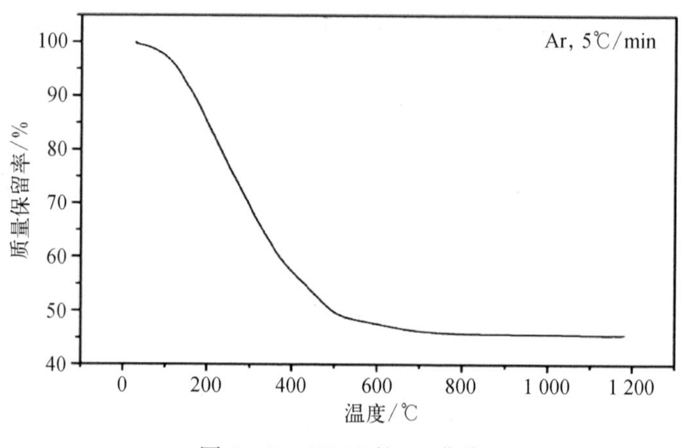

图 5-13　HPCS 的 TG 曲线

图 5-14 是 HPCS 的 DSC 曲线。在升温过程中 HPCS 有明显的放热峰，放热峰大约从 200℃开始，到 270℃达到顶峰，于 325℃左右结束，表明交联固化反应主要发生在 200~325℃温度区间内。同时，HPCS 的流变曲线(图 5-15)也表明，HPCS 的黏度从 260℃开始急剧上升，说明在该温度左右快速发生交联固化反应，结果与 DSC 曲线相互印证。因此在 200~325℃温度区间内进行固化实验比较合适。

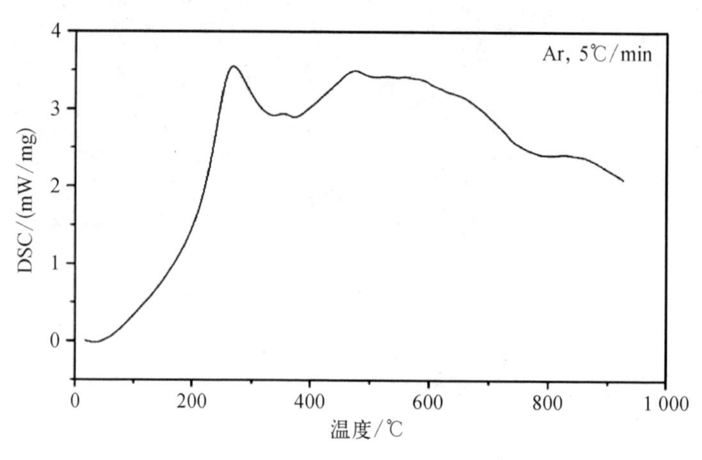

图 5-14　HPCS 的 DSC 曲线

将 HPCS 置于烘箱内，在 N_2 气氛保护下，以 1℃/min 的升温速率升至目标温度，在该温度下保温 2 h 后随炉冷却。通过测定不同温度下固化产物的凝胶含量及固化质量保留率来分析固化过程，结果如表 5-5 所示。当在 300℃固化 2 h 后，固化产物凝胶含量大于 90%，满足固化要求。因此，HPCS 可在 300℃实现交联固化。

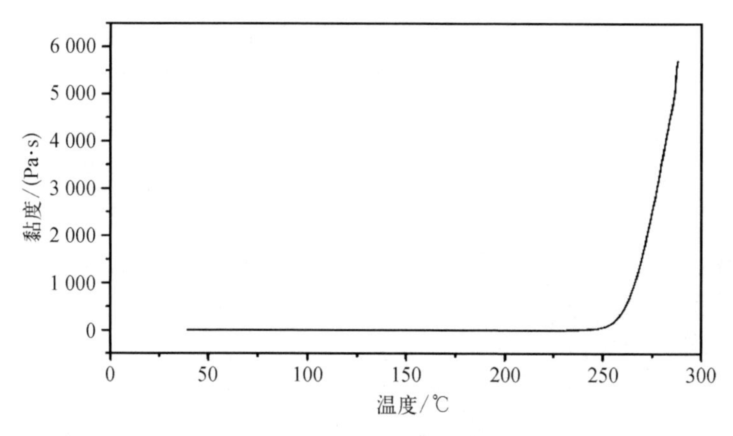

图 5 - 15　HPCS 的流变曲线

表 5 - 5　不同固化条件下 HPCS 的凝胶含量及质量保留率

温　度	200℃	250℃	300℃	350℃
凝胶含量	38.7%	67.3%	92.7%	93.2%
固化质量保留率	82.6%	83.7%	82.9%	82.1%

分析 HPCS 不同温度固化产物的红外光谱(图 5 - 16),随着固化温度的升高,产物中 Si—H 键(位于 2 100 cm^{-1}的伸缩振动峰)的强度明显降低,处理温度从室温升至 350℃,产物中 2 100 cm^{-1}处的 Si—H 吸收峰与 1 250 cm^{-1}处的 Si—CH_3 吸收峰的吸光度比值($A_{Si—H}/A_{Si—CH_3}$)从 11.8 降至 1.2。这主要归因于 Si—H 键

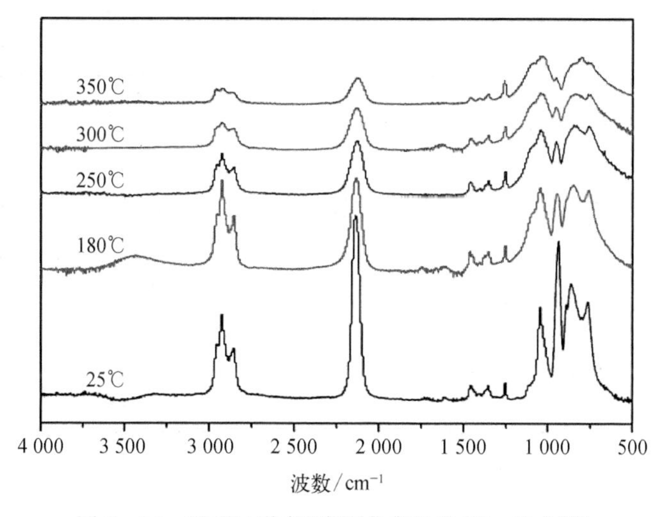

图 5 - 16　HPCS 不同温度固化产物的 FT - IR 图谱

之间的偶合脱氢反应，该反应形成 Si—Si 键作为桥联结构，因此体系形成空间网络结构，HPCS 由液态逐渐转变为不溶不熔的固体。

图 5-17　HPCS 交联产物光学照片

从 HPCS 交联产物光学照片（图 5-17）可以看出，交联固化产物不致密，存在较多气孔，这与 HPCS 的交联固化过程中产生大量气体有关。对 HPCS 在 300℃ 的固化产物进行了元素分析，其中 Si 含量为 59.16%、C 含量为 30.96%、O 含量为 4.23%，碳硅原子比为 1.22。采用真空或者加压条件的固化，有利于获得致密的固化产物。

（2）HPCS 固化产物的热解无机化

陶瓷先驱体需要通过高温热解转变为陶瓷。图 5-18 为 HPCS 固化产物 N_2 气氛下 TG 曲线，室温至 350℃ 温度区间内几乎没有失重；在 350~650℃ 温度区间有比较大的失重，失重为 27.2%，主要是固化产物以 Si—Si 键作为桥联结构，在升温过程中会断键重排，而 Si—Si 键键能较小，重排过程中也容易发生小分子逸出失重，同时侧链或支链上的小分子断键逸出也会导致失重；在 650~900℃ 温度区间内仍有 5.3%的失重，仍有有机基团发生反应而逸出，但相对 350~650℃ 温度区间失重速率明显变缓、失重程度明显降低；到 1 000℃ 后基本不失重，先驱

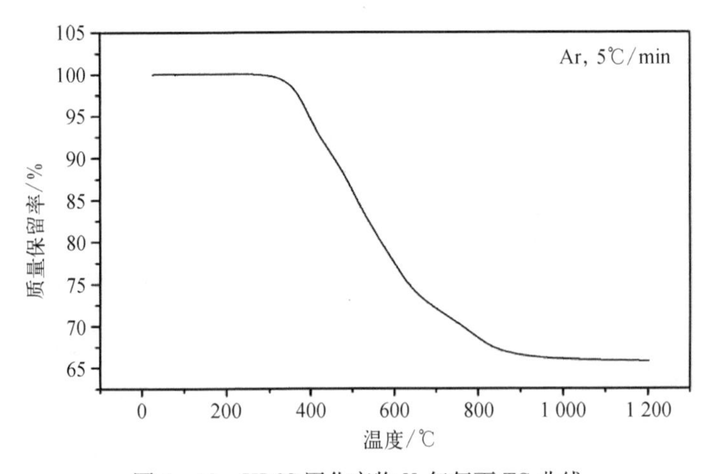

图 5-18　HPCS 固化产物 N_2 气氛下 TG 曲线

体已实现无机化。固化产物 1 200℃时热解产率为 66.5%，前面已知道固化质量保留率为 82.9%，总体上，HPCS 陶瓷产率为 55.1%。

图 5 - 19 是 HPCS 不同温度热解产物的 FT - IR 谱图。从图可以看出，HPCS 的陶瓷化过程主要分为三个阶段：第一阶段为室温至 400℃，该阶段主要发生 Si—H 之间缩合脱氢反应，其位于 2 100 cm^{-1} 的 Si—H 特征峰明显减弱；第二阶段为 400~800℃，这是陶瓷化的主要阶段，在 600℃下的热解产物仍然是有机物，存在 Si—H、Si—CH_3、C—H 等有机基团，但相对于 400℃的热解产物，其位于 2 100 cm^{-1} 的 Si—H 特征峰及 1 250 cm^{-1} 的 Si—CH_3 特征峰明显减弱，HPCS 的 800℃热解产物已基本为无机结构，原位于 2 950 cm^{-1}、1 410 cm^{-1} 的 C—H 特征峰、2 100 cm^{-1} 的 Si—H 特征峰、1 250 cm^{-1} 的 Si—CH_3 特征峰基本消失，仅存在 1 080 cm^{-1} 处的 Si—O—Si 的特征吸收峰与 830 cm^{-1} 处的 Si—C 特征吸收峰，并且两者叠加形成宽峰；第三阶段为 800~1 200℃，这是深度陶瓷化阶段，热解温度为 1 000℃时，Si—O—Si 与 Si—C 特征吸收峰叠加形成宽峰，此时 HPCS 的热解产物已经完全从有机结构转化成无机结构。

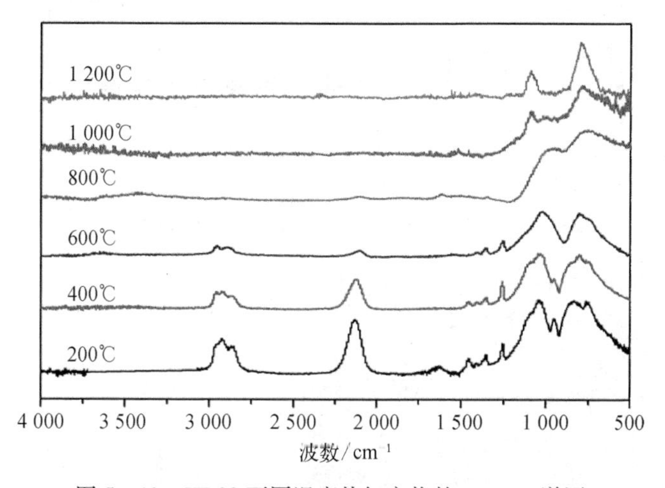

图 5 - 19　HPCS 不同温度热解产物的 FT - IR 谱图

通过 XRD 对 HPCS、PCS 热解产物的相结构进行比较分析，结果如图 5 - 20 所示。HPCS 与 PCS 有着相同的从非晶态向晶态转变过程，800℃热解产物为无定形态，1 000℃热解产物开始出现归属于(111)面 ($2\theta = 36.5°$) 的 β - SiC 微晶的衍射峰。1 200℃热解后，$2\theta = 36.5°$ 处的 β - SiC 衍射峰增强，同时出现归属于(220)面 ($2\theta = 60.1°$)、(311)面 ($2\theta = 71.9°$) 的 β - SiC 微晶的衍射峰。图 5 - 21 为 1 200℃热解样品 SEM 照片，整体较为光滑致密，存在少量孔洞。由 EDS 面扫描

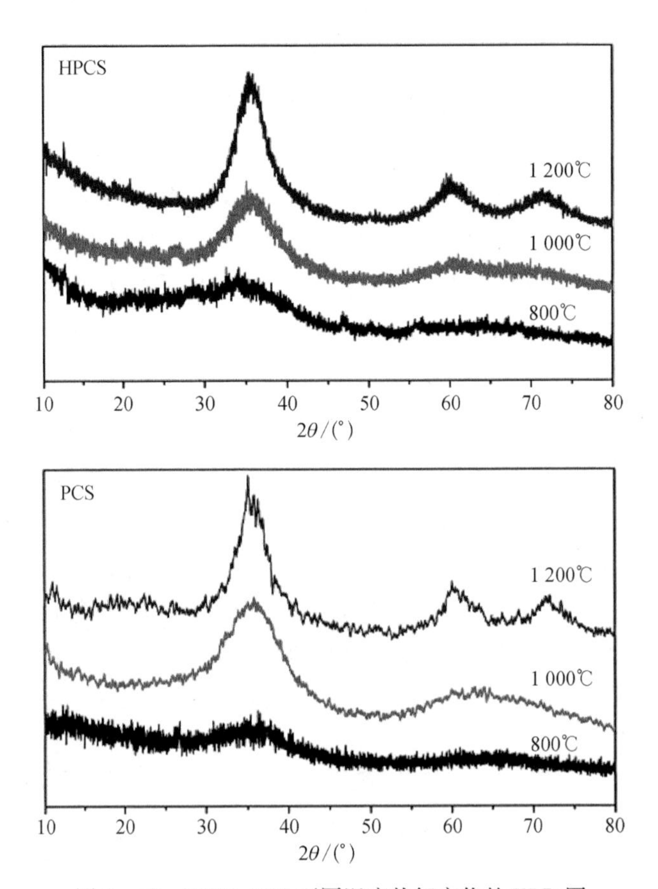

图 5－20　HPCS、PCS 不同温度热解产物的 XRD 图

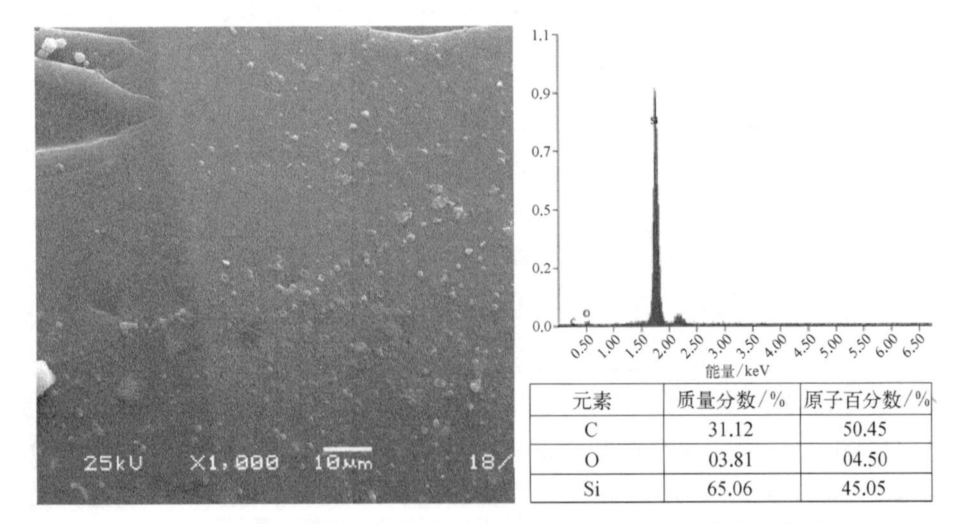

元素	质量分数/%	原子百分数/%
C	31.12	50.45
O	03.81	04.50
Si	65.06	45.05

图 5－21　HPCS 1 200℃热解样品 SEM 照片及 EDS 面扫描分析结果

能量色散能谱可知,1 200℃热解产物表面碳硅比为 1.12,含有少量氧,组成为 $SiC_{1.12}O_{0.10}$。

2. HPCS 热解陶瓷产物的性能

SiC 陶瓷基复合材料主要应用在一些条件苛刻的高温领域,如航空、航天及空间等,耐高温能力和抗氧化性是陶瓷产物的重要评价指标。

(1) HPCS 陶瓷产物的耐高温性

将 HPCS 的 1 200℃热解样品(记为 HPCS-1 200),在高温炉氩气气氛中一定温度下保温 1 h,考察高温处理前后产物重量、组成及结构等变化。

图 5-22 为 HPCS 1 200℃陶瓷产物在不同高温温度下处理的失重曲线,并与 PCS 1 200℃陶瓷产物(记为 PCS-1 200)相应情况进行比较。HPCS-1 200 高温处理后失重很小,经 1 800℃高温处理后失重仅为 5.2%。而 PCS 陶瓷产物失重更小,这可能是因为 HPCS 合成过程原料对氧敏感,导致 HPCS 中含有氧,从而 HPCS-1 200 中含少量氧,并以 SiC_xO_y 相存在,SiC_xO_y 相在 1 200℃以上时会发生分解反应,生成气体逸出而失重。虽然与 PCS 相比,HPCS 陶瓷产物高温失重稍有增加,但失重仍很小,说明 HPCS 陶瓷产物具有较好的耐高温性能。

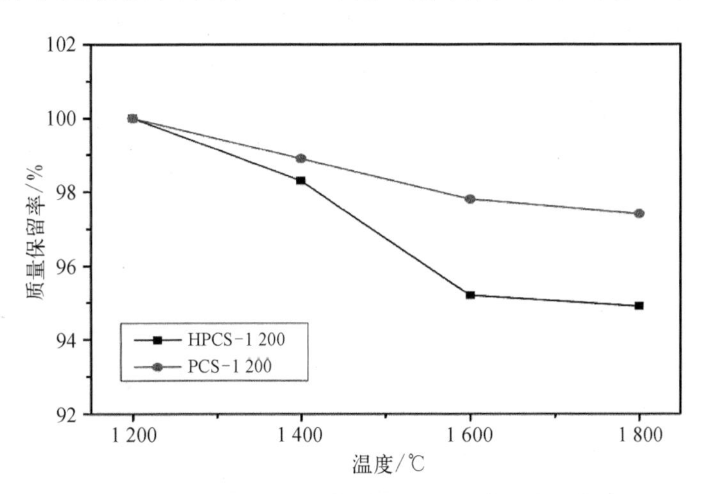

图 5-22　HPCS-1 200 与 PCS-1 200 高温失重曲线

对 HPCS-1 200 及 1 800℃高温处理产物进行 ^{29}Si CP MAS NMR 分析,如图 5-23 所示。HPCS-1 200 中 Si 存在两种结构,化学位移 δ =-10 ppm 附近的 SiC_4 结构,及 δ =-32 ppm 附近的 SiC_2O_2 结构,SiC_2O_2 结构含量很低。而经 1 800℃处理后的产物中只存在 δ =-18 ppm 附近的 SiC_4 结构,且其峰型更尖锐。

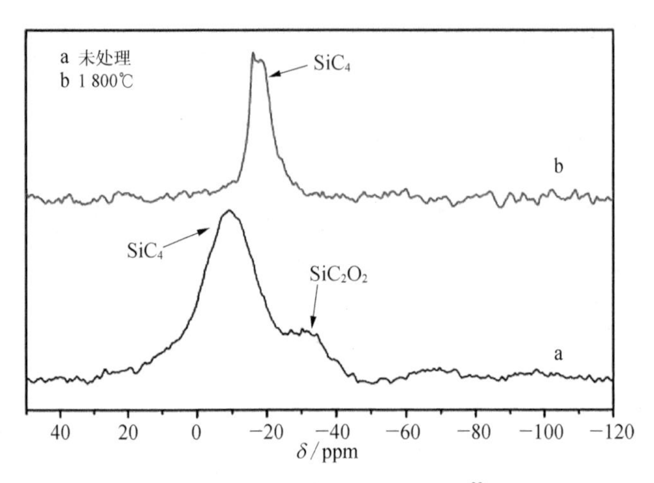

图 5 - 23　HPCS - 1 200 及 1 800℃高温处理产物的^{29}Si CP MAS NMR 谱图

SiC_2O_2结构的消失，SiC_2O_2结构发生分解，得到纯的 SiC 陶瓷。

将 HPCS - 1 200 在氩气中进行高温处理，对其高温处理后的产物进行 XRD 分析，如图 5 - 24 所示。经 1 400℃处理后，$2\theta = 35.6°$ 处 β - SiC 微晶衍射峰稍有增强，在 $2\theta = 60.1°$ 处、$2\theta = 71.8°$ 处的 β - SiC 微晶的衍射峰无明显变化。1 600℃处理后，XRD 谱图与 1 400℃处理后的 XRD 谱图类似，只是峰形更加尖锐，陶瓷产物的结晶程度更高，1 800℃处理后，$2\theta = 33.6°$ 出现了 α - SiC 结晶衍射峰、出现了 $2\theta = 41.4°$ 的 β - SiC 微晶的衍射峰，同时相对 1 600℃处理后产物峰形更加尖锐，表明陶瓷产物的结晶程度非常高。利用不同

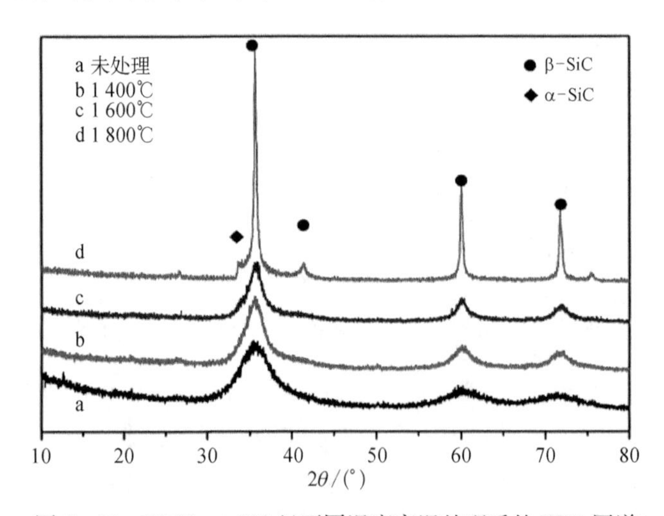

图 5 - 24　HPCS - 1 200 经不同温度高温处理后的 XRD 图谱

高温下处理后产物的 XRD 图谱，根据 β－SiC(111)峰的半峰宽，通过 Scherrer 方程计算高温处理后产物中 β－SiC 晶粒尺寸，HPCS－1 200 中 β－SiC 晶粒尺寸为 2.17 nm，在 1 400℃ 和 1 600℃ 下处理 1 h 后的晶粒尺寸分别为 3.46 nm 和 4.11 nm，而在 1 800℃ 处理 1 h 后，β－SiC 的晶粒尺寸为 31.34 nm。即使经 1 800℃ 处理后晶粒尺寸也不是很大，这也反映了 HPCS 的陶瓷产物结构具有较好的高温稳定性。

图 5－25 为 HPCS－1 200 经 1 800℃ 处理产物的 SEM 图及 EDS 分析结果。处理后的陶瓷产物较致密，存在少量微孔，表面有结晶小颗粒，虽然产物宏观上多孔，但微观上仍能保持致密结构。由 EDS 面扫能量色散能谱可知，1 800℃ 处理产物表面碳硅比为 1.03，接近 SiC 化学计量比，同时不含氧，可见经 1 800℃ 高温处理后表面的 SiC_xO_y 相彻底分解。

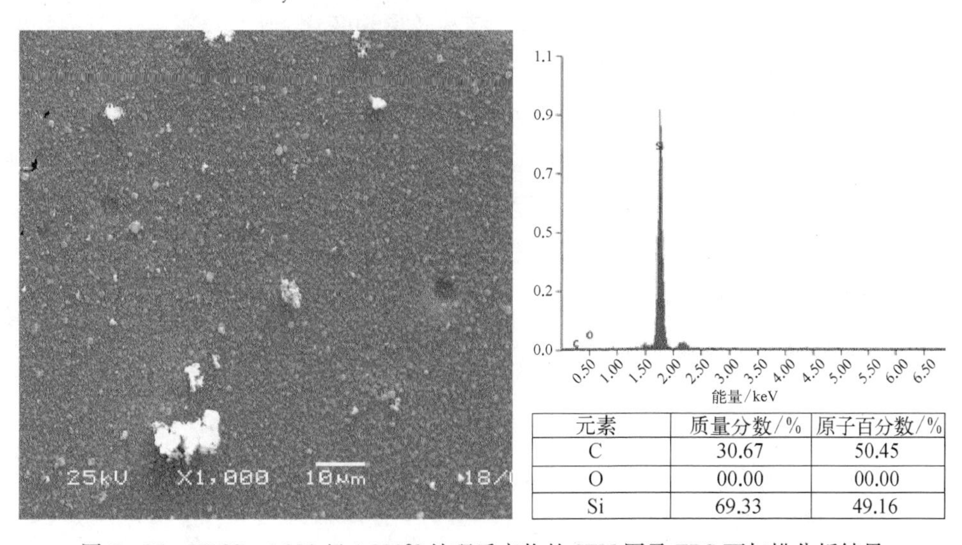

元素	质量分数/%	原子百分数/%
C	30.67	50.45
O	00.00	00.00
Si	69.33	49.16

图 5－25　HPCS－1 200 经 1 800℃ 处理后产物的 SEM 图及 EDS 面扫描分析结果

HPCS 固化产物及热解产物的元素组成，并与 PCS 进行比较分析，结果见表 5－6。HPCS 固化产物的 C 含量低于 PCS，这是因为合成 HPCS 的原料 Cl_3SiCH_2Cl 中的 C/Si 比例为 1，而 PCS 的侧链上含有比较多的—CH_3，因而 PCS 中 C/Si 比例较高；而 O 含量高于 PCS，这是因为合成过程和溶剂 THF 的副反应使 HPCS 中引入了 O 元素。经过 1 200℃ 热解后，C/Si 比减小。而 PCS1 200℃ 热解前后 O 含量明显增加。经过 1 800℃ 高温热解后，HPCS 与 PCS 陶瓷产物的 C 含量、O 含量降低，而 Si 含量提高，这是由于 SiC_xO_y 相发生热解生成小分子逸出所致。

表 5－6　HPCS 固化产物及热解产物的元素组成

先驱体	最终处理温度/℃	w(C)/%	w(Si)/%	w(O)/%	C/Si(原子比)
HPCS	300	30.96	59.16	4.23	1.22
	1 200	31.12	62.08	4.39	1.17
	1 800	28.92	69.10	1.82	0.98
	420	36.48	51.66	0.51	1.65
PCS	1 000	32.92	54.11	4.12	1.41
	1 800	31.51	66.16	2.58	1.11

（2）HPCS 热解陶瓷产物的抗氧化性

SiC 基复合材料之所以得到广泛关注，其良好的抗氧化能力是重要原因。将 HPCS－1 200 置于马弗炉中，在空气气氛下于不同温度氧化处理 1 h，考察 HPCS－1 200 氧化处理前后重量、组成、结构及形貌变化。

图 5－26 为 HPCS－1 200 及 PCS－1 200 在不同温度进行氧化处理后样品重量变化情况。在空气气氛下氧化处理 1 h 后，HPCS－1 200 有微量增重，而 PCS－1 200 有微量失重，造成区别的主要原因是含碳量不同，PCS 富碳，氧化处理过程中碳损失量大于氧引入量而造成微量失重，而 HPCS 热解产物氧化处理过程中氧引入量大于碳损失量而造成微量增重。但两者质量变化均在±1.5%之间，表明均有较好的抗氧化性能。

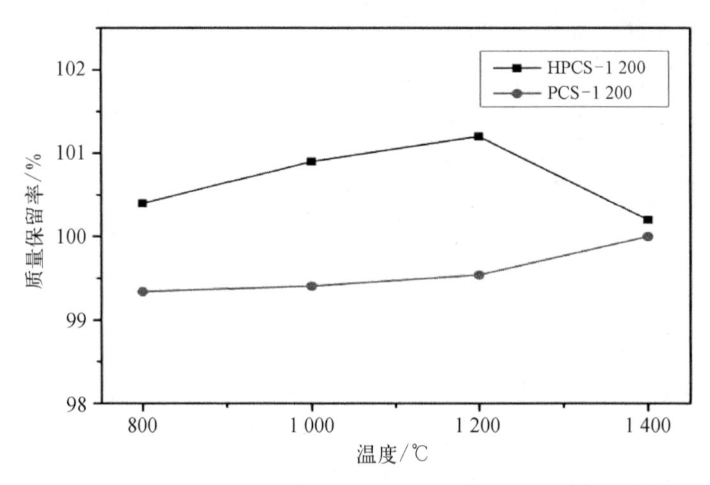

图 5－26　HPCS－1 200 与 PCS－1 200 氧化处理过程重量变化

对 HPCS－1 200 及 1 400℃氧化处理后产物进行^{29}Si CP MAS NMR 分析，结果如图 5－27 所示。经 1 400℃氧化处理后 Si 存在四种结构，化学位移 δ = －10 ppm

附近的 SiC_4结构，δ =－32 ppm 附近的 SiC_2O_2结构，δ =－71 ppm 处的 $SiCO_3$结构以及 δ =－100 ppm 附近的 SiO_4结构。相比 HPCS－1 200 而言，SiC_2O_2峰增强，SiC_2O_2峰的面积与 SiC_4峰的面积之比从 0.234 增加到 0.283，同时多了 $SiCO_3$峰及的 SiO_4峰，说明有部分 SiC_4结构被氧化成 SiC_2O_2结构，进一步氧化而形成 $SiCO_3$结构与 SiO_4结构，但 $SiCO_3$峰与 SiO_4峰型很弱。虽然 HPCS－1 200 经 1 400℃ 氧化处理后发生了部分氧化，但氧化并不严重，反映出 HPCS 陶瓷产物具有较好的抗氧化性能。

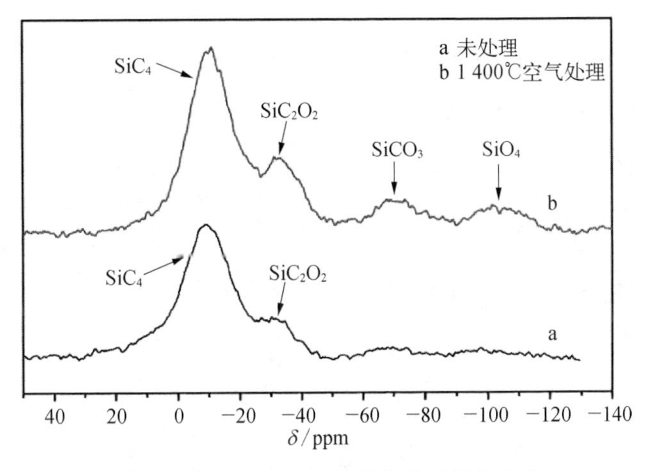

图 5－27　HPCS－1 200 氧化前后结构变化

对 HPCS－1 200 在不同温度氧化处理 1 h 的产物进行 XRD 分析，结果如图 5－28 所示。经氧化处理后，位于 $2\theta = 35.6°$、$2\theta = 60.1°$、$2\theta = 71.8°$ 处的 β－SiC

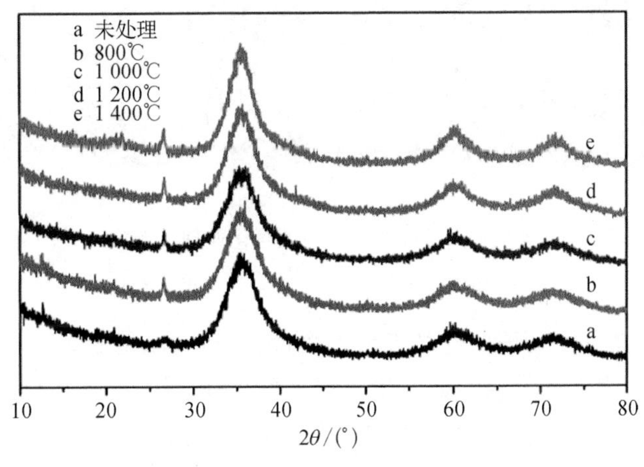

图 5－28　HPCS－1 200 经不同温度氧化处理后产物的 XRD 图

微晶衍射峰稍有增强无其他明显变化。比较显著地变化是经氧化处理后 2θ 为 26.4°的位置出现了一个尖锐的 SiO_2 晶粒衍射峰,且随着氧化处理温度的提高衍射峰增强,说明经氧化处理后形成少量 SiO_2。

图 5－29 为 HPCS－1 200 在不同温度氧化处理后产物的 SEM 照片。经 1 200℃氧化处理之后,陶瓷产物表面仍能保持光滑平整,但 1 400℃处理之后,表面粗糙,存在明显的烧蚀凹陷。由此可知,HPCS 陶瓷产物在不高于 1 200℃的氧化气氛中能保持很好的形貌。

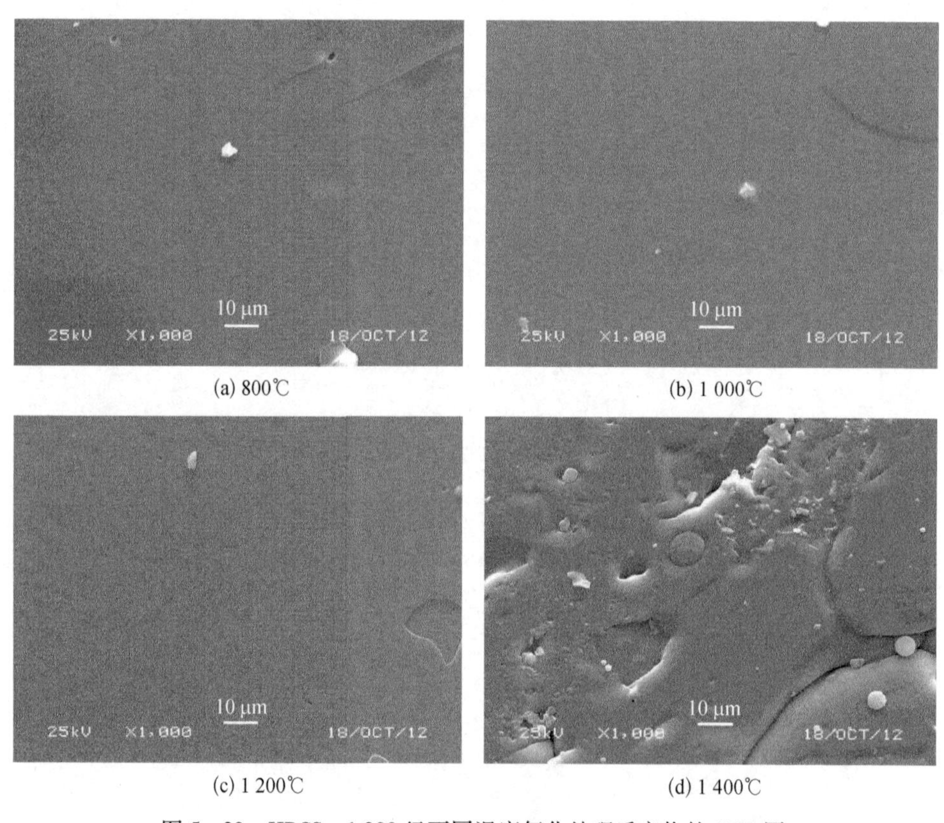

(a) 800℃　(b) 1 000℃

(c) 1 200℃　(d) 1 400℃

图 5－29　HPCS－1 200 经不同温度氧化处理后产物的 SEM 图

对不同温度氧化处理后样品进行 EDS 能谱分析,结果表 5－7 所示。经过氧化处理后,陶瓷表面的元素组成发生变化,随着处理温度的提高 C 元素含量降低而 O 元素含量增加,这是由于碳生成气体逸出而氧引入造成的,但元素含量变化不是特别明显,说明 HPCS 陶瓷产物有较好的抗氧化能力。

表5-7　HPCS-1 200在不同温度氧化处理后产物的EDS面扫描分析结果

温度/℃	元素组成			化学式
	$w(Si)/\%$	$w(C)/\%$	$w(O)/\%$	
800	64.45	28.59	6.97	$SiC_{1.04}O_{0.19}$
1 000	67.57	27.46	4.97	$SiC_{0.95}O_{0.13}$
1 200	66.71	24.53	8.96	$SiC_{0.86}O_{0.23}$
1 400	65.39	23.13	11.48	$SiC_{0.83}O$

总的来说，以氯甲基三氯硅烷和1,1,3,3-四氯-1,3-二硅丁烷为原料，经过格氏偶联反应和还原反应合成的HPCS，主要由Si、C、H和少量O组成，以SiC_4、SiC_3H、SiC_2H_2结构为主，侧基为Si—H活性基团，呈超支化结构，支化度为0.53。HPCS的室温黏度为0.029 3 Pa·s，与SiC纤维毡具有良好的润湿性，能在-10℃长期冷冻密封保存。HPCS含有大量的Si—H活性基团，通过硅氢偶合脱氢反应实现交联固化，300℃固化产物的质量保留率达82.9%，1 200℃陶瓷产率为55.1%，1 200℃陶瓷产物组成为$SiC_{1.17}O_{0.12}$，相结构为β-SiC微晶。这种陶瓷产物表现出较好的耐高温性能和抗氧化性能，经1 800℃处理1 h后失重为5.2%，经1 200℃空气气氛处理后增重1.2%。

HPCS主要存在两点不足：陶瓷产率仍不够高，固化产物不致密。这由HPCS自身的结构特点决定的，HPCS含有大量Si—H活性基团，利用Si—H的脱氢反应形成Si—Si结构而交联固化，交联反应产生大量氢气而使固化产物发泡，同时陶瓷产率与AHPCS相比偏低。

5.3　乙烯基超支化聚碳硅烷

5.3.1　VHPCS的合成

1. VHPCS的合成与结构表征

VHPCS引入乙烯基的目的是促进交联，合成方法与HPCS大致相同，其反应历程如图5-30所示，在第一步格氏偶联反应生成中间产物氯化聚碳硅烷后，加入CH_2═CHMgCl进行第二步格氏偶联反应来引入乙烯基，最后经还原生成VHPCS。

在合成过程中分别以原料配比（CH_2═CHMgCl与Cl_3SiCH_2Cl摩尔比）为10%、15%、20%投料，合成具有不同乙烯基含量的先驱体，配比对VHPCS陶瓷产

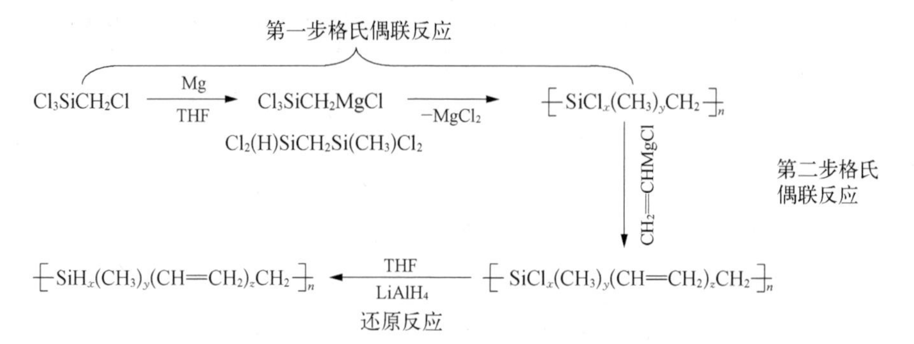

图 5-30　VHPCS 的反应历程

率的影响,结果如图 5-31 所示。不含乙烯基的 HPCS 陶瓷产率低,在 1 200℃氩气气氛中陶瓷产率为 45.6%,原料配比($CH_2=CHMgCl$ 与 Cl_3SiCH_2Cl 摩尔比)为 10%、15%、20%时合成的 VHPCS 陶瓷产率分别为 53.1%、63.7%和 65.2%,与 HPCS 相比陶瓷产率明显提高。且随着乙烯基增加,产物陶瓷产率增加,但当原料配比达到 15%以后,产物陶瓷产率增加趋势明显降低。合成的 VHPCS 为黄褐色油状液体,能够溶于四氢呋喃、正己烷、苯、甲苯、二甲苯、氯仿等普通有机溶剂,合成产率为 67.5%。

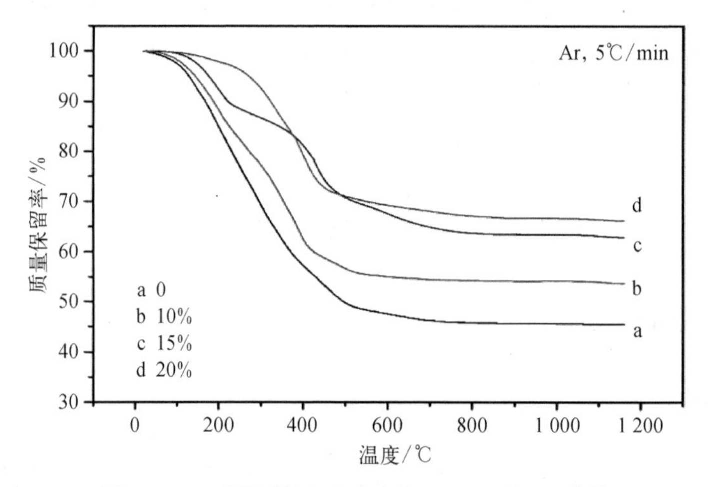

图 5-31　不同原料配比合成的 VHPCS 的 TG 曲线

对合成的 VHPCS 进行了红外分析,结果如图 5-32 所示。与 HPCS 的 FT-IR 谱图相似,3 057 cm^{-1}、1 610 cm^{-1}两个新峰分别为—CH ═CH_2的 C—H 伸缩振动峰与—CH ═CH_2的 C ═C 伸缩振动峰。结果表明,VHPCS 中引入了乙烯基但仍基本保持了 HPCS 的结构,VHPCS 中同样含有大量 Si—H 活性基团,同时

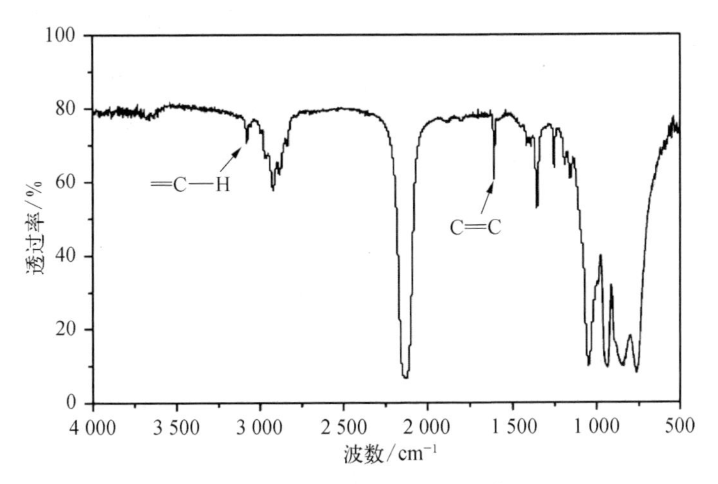

图5-32　VHPCS的FT-IR谱图

含有部分—CH=CH_2基团。

VHPCS的^1H-NMR测试结果如图5-33所示。与HPCS相比，在6.15 ppm处及5.87 ppm处新出现了两个振动峰，分别为CH^*=CH_2中的质子信号和CH=$CH_2{}^*$中的质子信号，VHPCS中确实含有乙烯基。同时^1H-NMR光谱中δ = 3.5 ~ 4.5 ppm处多重峰分别对应SiH_3、SiH_2、SiH的质子振动峰，0.2 ppm处为Si—CH_3中的质子振动峰，-0.05 ppm处为Si—CH_2—Si中质子振动峰。

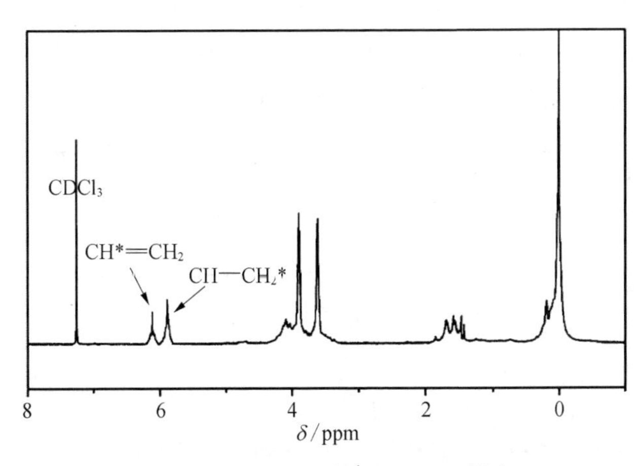

图5-33　VHPCS的^1H-NMR谱图

VHPCS的组成可表示为式(5-7)的形式。

$$\left[SiH_x(CH_3)_y(CH=CH_2)_zCH_2 \right]_n,\ x+y+z=2 \tag{5-7}$$

在[1]H - NMR 谱图中,相同化学环境中的 H 原子的个数与其相应的共振峰的峰面积是成正比的,因此可用各峰的峰面积(A)表示各相应含 H 基团中 H 的含量。若用 $A_{Si—H}$表示 Si—H 中 H 原子的含量,$A_{Si—CH_3}$表示 Si—CH_3中 H 原子的含量,用 $A_{—CH=CH_2}$表示—CH =CH_2中 H 原子的含量,根据这两种结构单元中不同 H 原子的个数及化学位移,有如下关系式:

$$\frac{y}{x}=\frac{\frac{1}{3}A_{Si—CH_3}}{A_{Si—H}} \tag{5-8}$$

$$\frac{z}{x}=\frac{\frac{1}{3}A_{—CH=CH_2}}{A_{Si—H}} \tag{5-9}$$

依据 VHPCS 的[1]H - NMR 谱图中各基团对应峰的面积,再根据上述关系式可计算得到 $x = 1.76$, $y = 0.15$, $z = 0.09$。因此乙烯基含量为 9%(—CH =CH_2与 Si 摩尔比),而原料中 CH_2=CHMgCl 与 Cl_3SiCH_2Cl 摩尔比为 15%,VHPCS 的组成为$[SiH_{1.76}(CH_3)_{0.15}(CH=CH_2)_{0.09}CH_2]_n$,约 62%的 CH_2=CHMgCl 有效转化为 VHPCS 的乙烯基。

图 5 - 34 为 VHPCS 的[29]Si - NMR 谱图,谱图中化学位移 δ = 12 ～ 8 ppm、δ =- 2 ～ - 25 ppm、δ =- 24 ～- 44 ppm、δ =- 56 ～- 72 ppm 处分别对应$(CH_2)_4Si$、$(CH_2)_3SiH$、$(CH_2)_2SiH_2$与$(CH_2)SiH_3$单元上的 Si 信号,证明了液态 VHPCS 同样具有超支化的分子结构,计算得出其支化度为 0.51。

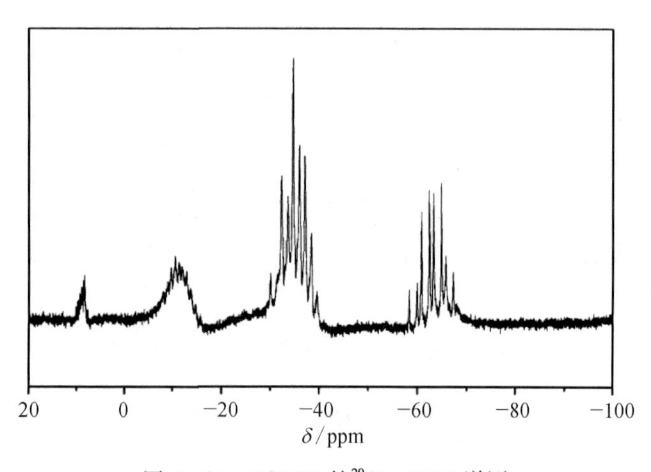

图 5 - 34　VHPCS 的[29]Si - NMR 谱图

2. VHPCS 的性能研究

针对 SiC 陶瓷基体使用要求,对 VHPCS 的基本理化性能进行表征。VHPCS 的数均分子量为 506,重均分子量为 1 411,分散系数为 2.79,其 GPC 曲线如图 5-35 所示。同条件下合成的 HPCS 数均分子量为 483,重均分子量为 1 405,分散系数为 2.91,VHPCS 的数均分子量略高于 HPCS,这是由于 VHPCS 中引入了乙烯基导致分子量有所增加,同时 VHPCS 的分子量分散系数少量降低,这可能是因为低分子量的氯化聚碳硅烷因空间位阻小而活性高,优先与 CH_2═CHMgCl 发生格式偶联反应,减少了部分小分子,从而是最终产物的分子量分布变窄。

同样测试了 VHPCS 的黏度随温度变化情况,结果如图 5-36 所示。在室温

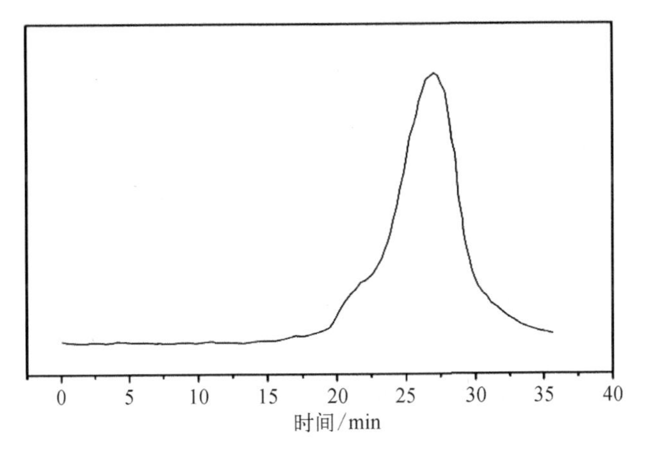

图 5-35　VHPCS 的 GPC 曲线

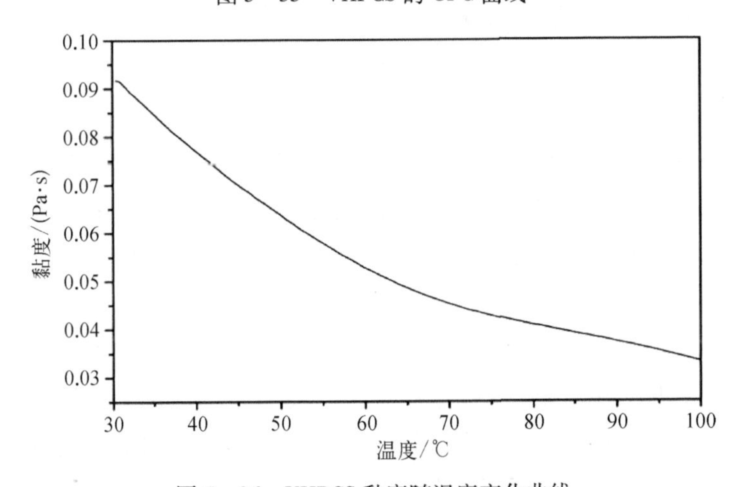

图 5-36　VHPCS 黏度随温度变化曲线

30℃时黏度为 0.091 6 Pa · s,VHPCS 比 HPCS 的黏度有所增加,在 30~100℃温度范围内黏度随着温度升高而降低。将先驱体直接滴在 SiC 纤维布上,VHPCS 可以迅速地在纤维布上铺展开来,说明与 SiC 纤维具有较好的润湿性。VHPCS 的浸渍性能在 30~100℃内均能用于 PIP 工艺。

如图 5－37 所示,室温密封保存时,随储存时间增加,VHPCS 黏度显著增加,30 天后黏度变为 1.513 Pa · s,不再适合 PIP 工艺;而-10℃冷冻密封保存时,随时间增加 VHPCS 黏度无明显变化,仍能够满足浸渍性对黏度的要求。因此 VHPCS 在-10℃冷冻密封条件下可以长时间储存。

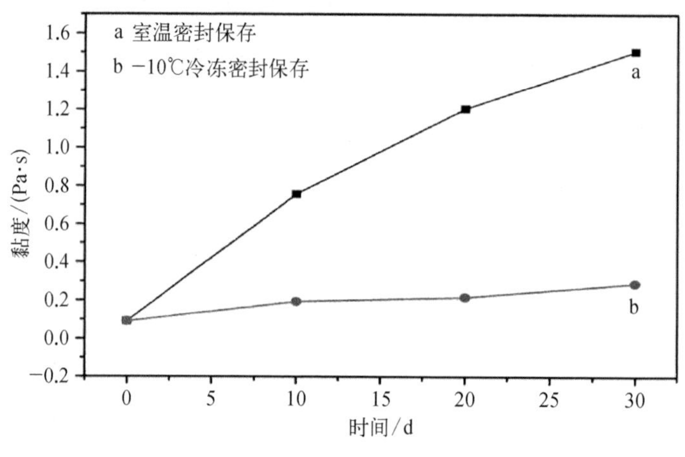

图 5－37　VHPCS 黏度随时间变化曲线

5.3.2　VHPCS 的有机无机转化

1. VHPCS 的交联固化

VHPCS 失重曲线(图 5－38)大致分成三个阶段:第一阶段为室温至 200℃,此温度段先驱体失重在 10%左右,主要是溶剂、低分子物等小分子的逸出段;第二阶段为 200~500℃,失重达 20%,主要是未交联的小分子以及热解过程中产生的气体分子如 H_2、CH_4等逸出;第三阶段为 500~900℃,基本实现了无机化,失重约为 7%,热解产生气体小分子造成,但程度明显降低。900℃以后失重很小,无机化过程已基本完成。DSC 曲线显示,在升温过程中 VHPCS 有明显的放热峰,放热峰大约从 150℃开始,于 210℃左右结束,表明在 150~210℃温度区间内发生了交联反应,也给出了适合进行固化的温区。

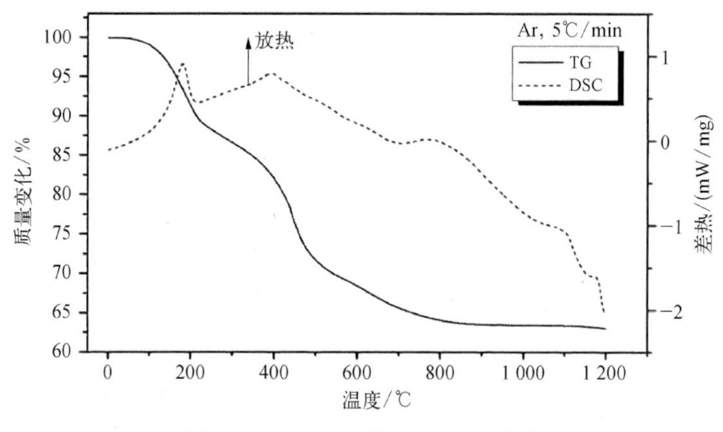

图 5－38　VHPCS 的 DSC－TG 曲线

将 VHPCS 置于烘箱内，在 N_2 气氛保护下，以 1℃/min 的升温速率升至目标温度，在该温度下保温 2 h 后随炉冷却。不同温度下固化产物的凝胶含量及固化质量保留率如表 5－8 所示。当在 220℃ 固化 2 h 后，固化产物凝胶含量大于 90%，可以实现交联固化，固化温度较 HPCS 的 300℃ 明显降低。

表 5－8　不同条件下 VHPCS 固化产物的凝胶含量及质量保留率

温度/℃	150	180	220	250
凝胶含量/%	53.9	85.2	93.1	92.7
固化质量保留率/%	88.3	89.5	88.7	89.2

测定 VHPCS 不同温度固化产物的 FT－IR 图谱（图 5－39），以此来研究 VHPCS 的固化过程以及固化机理。经 150℃ 处理后，位于 3 047 cm^{-1} 处

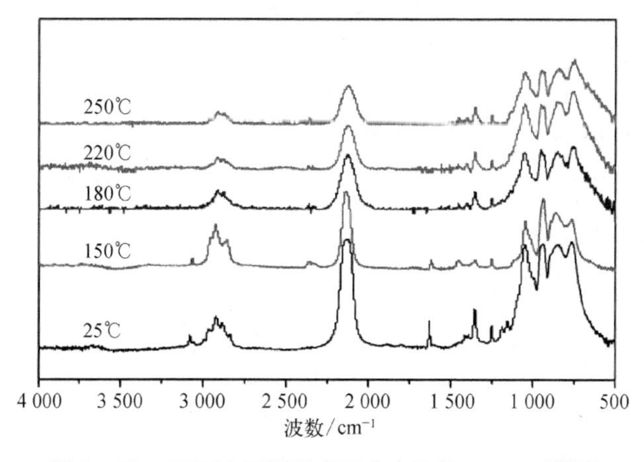

图 5－39　VHPCS 不同温度固化产物的 FT－IR 谱图

—CH ═CH_2的 C—H 伸缩振动峰及 1 610 cm^{-1}处的 C ═C 伸缩振动峰明显减弱，在 220℃ 处理后，这两个峰彻底消失，说明 VHPCS 中的乙烯基已彻底反应掉，同时随着固化温度的升高，产物中 Si—H 键（位于 2 100 cm^{-1}的伸缩振动峰）的强度明显降低，故可以推测—CH ═CH_2与 Si—H 键之间发生了加成反应，与 DSC 曲线放热峰相对应。交联固化反应形成空间网络结构，VHPCS 由液态逐渐转变为不溶不熔的坚硬固体。

图 5－40 为 VHPCS 交联产物光学照片。VHPCS 交联固化产物较 HPCS 的交联固化产物要致密，说明乙烯基的引入有利于固化产物致密度的提高，这是因为硅氢加成固化反应不会产生小分子气体。但是 VHPCS 中含有大量 Si—H 基团，其数量远大于—CH ═CH_2基团的数量，因而 Si—H 基团脱氢反应不可避免，仍有较多 H_2逸出而在产物内留下气孔。VHPCS 220℃ 固化产物的 Si 元素含量为 60.21%、C 含量为 32.77%，O 含量占 1.92%，碳硅原子比为 1.27。

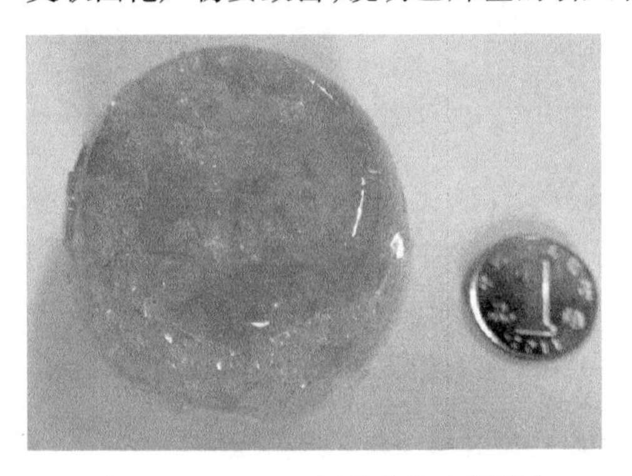

图 5－40　VHPCS 固化产物光学照片

2. VHPCS 的热解无机化

作为碳化硅陶瓷先驱体，不仅要求先驱体易于浸渍、可交联固化，还要能保持尽可能高的陶瓷产率。由 VHPCS 固化产物 TG 曲线（图 5－41）可知，固化产物 1 200℃时热解产率为 78.1%，固化质量保留率为 88.7%，1 200℃ 陶瓷产率为 69.3%，陶瓷产率比 HPCS 的 55.1%明显提高，乙烯基的引入对提高陶瓷产率起到了重要作用。通常 PCS 陶瓷产率为 50%～60%，但浸渍时使用 50%的 PCS 二甲苯溶液，导致相同体积浸渍液的陶瓷产率仅为 30%左右，浸渍周期很长。而 VHPCS 为液态，可以直接浸渍，有效减少浸渍次数，缩短整个工艺周期，在 PIP 工艺制备陶瓷材料方面具有明显的优势。

图 5－42 为 VHPCS 不同温度热解产物 FT－IR 谱图。在 600℃下 VHPCS 的热解产物仍然是有机物，存在 Si—H、Si—CH_3、C—H 等有机基团，但相对 400℃时有机基团特征峰明显减弱，VHPCS 800℃时的热解产物已基本为无机结构，有机基团特征峰完全消失，仅存在 1 046 cm^{-1}处的 Si—O—Si 的特征吸收峰与 830 cm^{-1}处的 Si—C 特征吸收峰，并且两者叠加形成宽峰。可见有机基团的热分解并转

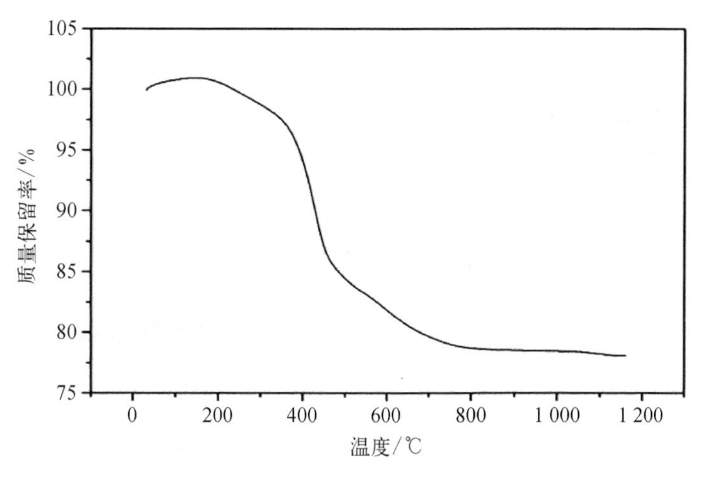

图 5－41　VHPCS 固化产物 TG 曲线

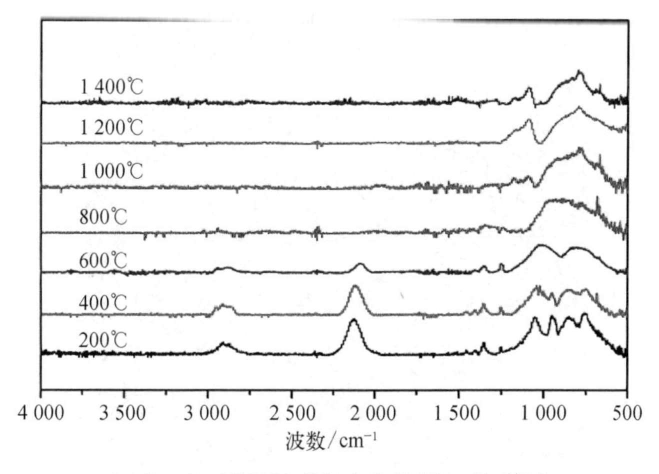

图 5－42　VHPCS 热解产物的 FT－IR 谱图

化为无机结构主要发生在 400~800℃。VHPCS 热解产物的 XRD 分析结果如图 5－43 所示。1 000℃热解产物为无定形态,没有出现明显的结晶峰。经 1 200℃热解后,开始出现归属于(111)面($2\theta = 36.5°$)、(220)面($2\theta = 60.1°$)、(311)面($2\theta = 71.9°$)的 β－SiC 微晶的衍射峰。相对于 HPCS,VHPCS 中碳含量相对增加,VHPCS 热解产物结晶温度也更高。

VHPCS 1 200℃热解样品的 SEM 照片及 EDS 分析结果如图 5－44,产物整体较为光滑致密,存在少量孔洞。热解产物组成为 $SiC_{1.16}O_{0.01}$,可见氧含量非常低,碳含量比 HPCS 相应产物略有增加。

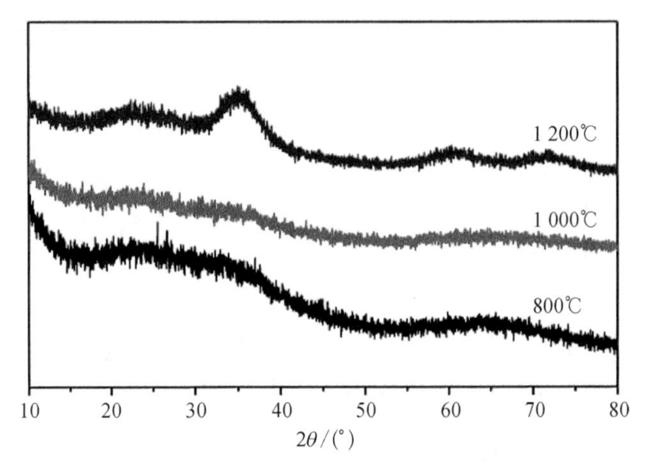

图 5-43　VHPCS 不同温度热解产物的 XRD 图

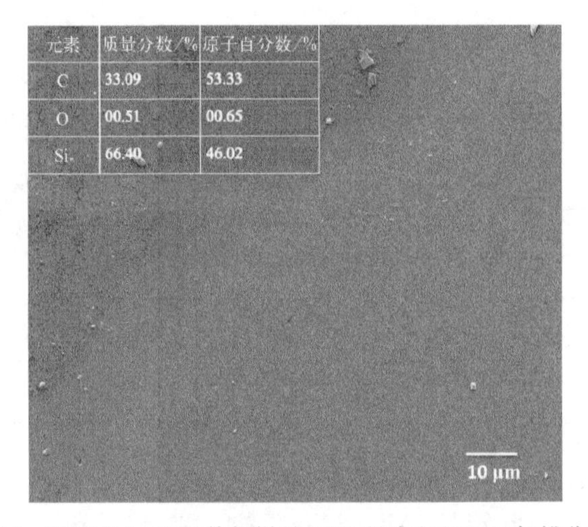

元素	质量分数/%	原子百分数/%
C	33.09	53.33
O	00.51	00.65
Si	66.40	46.02

图 5-44　VHPCS 1 200℃热解样品 SEM 照片和 EDS 面扫描分析结果

5.3.3　VHPCS 的热解陶瓷产物

1. VHPCS 陶瓷产物的耐高温性

将其 1 200℃热解产物(记为 VHPCS-1 200)在氩气气氛下进行高温处理,从其高温失重、组成结构变化以及结晶情况等方面进行分析。图 5-45 为 VHPCS-1 200 高温处理后失重曲线。处理到 1 800℃时失重为 2.3%,说明 VHPCS 陶瓷产物的耐高温性能与 PCS 陶瓷产物相当。VHPCS-1 200 及

1 800℃处理后产物的元素分析结果(表 5 - 9),VHPCS - 1 200 元素组成为 $SiC_{1.21}O_{0.04}$,经 1 800℃高温处理后元素组成为 $SiC_{1.08}O_{0.02}$,氧含量低是 VHPCS 陶瓷产物高温失重小的原因。

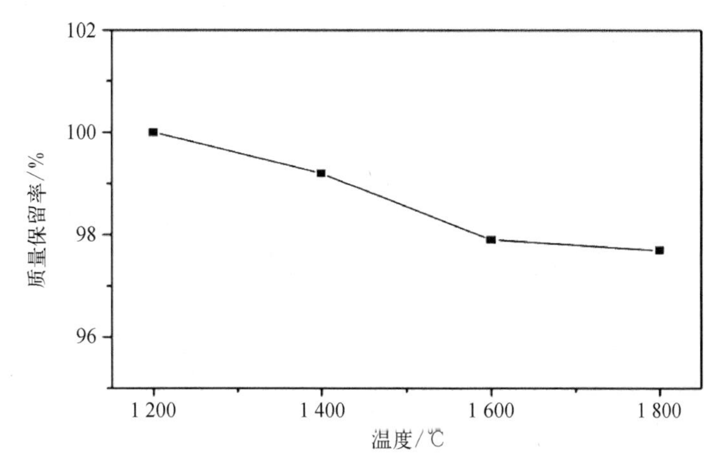

图 5 - 45　VHPCS - 1 200 高温处理过程失重曲线

表 5 - 9　VHPCS - 1 200 及 1 800℃处理后元素分析结果

先驱体	最终处理温度/℃	w(C)/%	w(Si)/%	w(O)/%	C/Si(原子比)
VHPCS	1 200	32.71	63.08	1.49	1.21
	1 800	31.06	67.10	0.77	1.08

采用 ^{29}Si CP MAS NMR 分析 VHPCS - 1 200 高温处理后产物的结构变化,结果如图 5 - 46 所示。VHPCS - 1 200 中 Si 存在两种形式,化学位移-10 ppm 附近的 SiC_4结构,及化学位移-32 ppm 附近的 SiC_2O_2结构,相比 SiC_4峰,SiC_2O_2峰很低, 通过分峰拟合处理后得出 SiC_2O_2峰的峰面积与 SiC_4峰面积之比为 0.086,这与元素分析结果一致。而经 1 800℃处理后的产物中只存在 $\delta = -18$ ppm 附近的 SiC_4结构。

此外,采用 X 射线衍射分析了高温处理样品的结晶情况,结果如图 5 - 47 所示。经 1 400℃处理后,结晶情况没有明显变化,仍保持微晶状态。经 1 600℃处理后,峰型明显变得更尖锐,且在 $2\theta = 60.1°$ 处、$2\theta = 71.8°$ 出现了 β - SiC 衍射峰,1 800℃处理后,峰形更加尖锐,表明先驱体陶瓷产物的结晶程度更高,同时在 $2\theta = 33.6°$ 出现了 α - SiC 结晶衍射峰,说明在 1 800℃部分 β - SiC 向 α - SiC 晶型转变。通过 Scherrer 方程计算 VHPCS 热解产物在氩气中高温热处理后

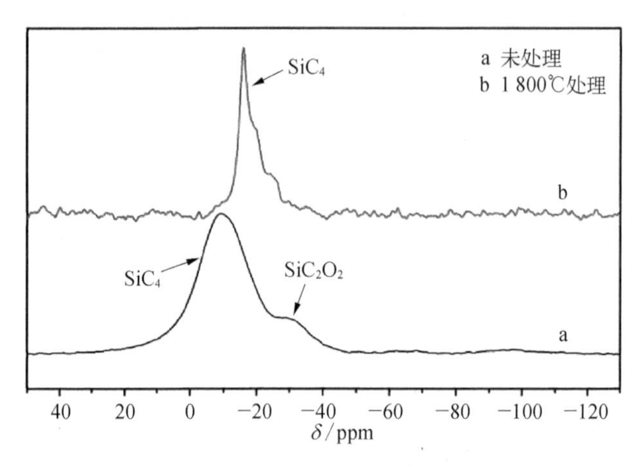

图 5 - 46　VHPCS - 1 200 经 1 800℃高温处理后结构变化

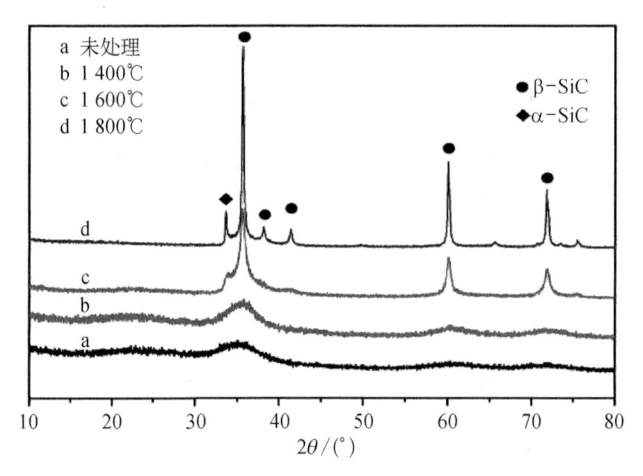

图 5 - 47　VHPCS - 1 200 经不同温度高温处理后的 XRD 图谱

(111)面($2\theta = 36.5°$) β - SiC 晶粒尺寸的变化,结果如图 5 - 48 所示。VHPCS - 1 200 中 β - SiC 晶粒尺寸为 2.13 nm,在 1 400℃和 1 600℃处理 1 h 后的晶粒尺寸分别为 3.81 nm 和 14.76 nm,而在 1 800℃处理 1 h 后,β - SiC 的晶粒尺寸增加到 41.45 nm。

2. VHPCS 陶瓷产物的抗氧化性能

将 VHPCS - 1 200 置于马弗炉中,在空气气氛下于不同温度氧化处理 1 h,通过考察 VHPCS - 1 200 氧化处理前后重量、组成、结构及形貌变化来研究其抗

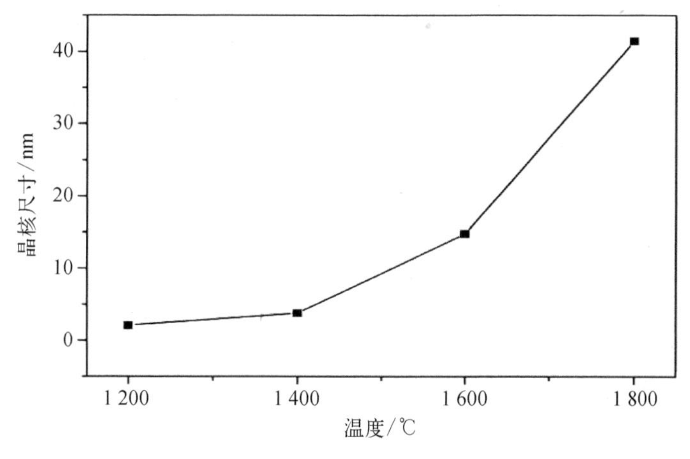

图 5－48　VHPCS－1 200 高温处理后晶粒尺寸变化

氧化性能。VHPCS－1 200 在不同温度进行氧化处理前后样品重量变化结果如图 5－49。VHPCS－1 200 在空气气氛下 800℃ 氧化 1 h 后约有 1% 的失重，1 000℃ 氧化处理后有 0.71% 的增重，1 200℃ 氧化处理后有 1.24% 的失重，1 400℃ 处理后质量基本无变化，因为氧化处理时碳会生成气体逸出造成失重，引入氧会增重，当碳损失量大于氧引入量而造成失重，当氧引入量大于碳损失量时会引起增重。但在 1 400℃ 内氧化处理时质量变化均在 ±1.5% 之间，表明 VHPCS 陶瓷产物具有较好的抗氧化性能。

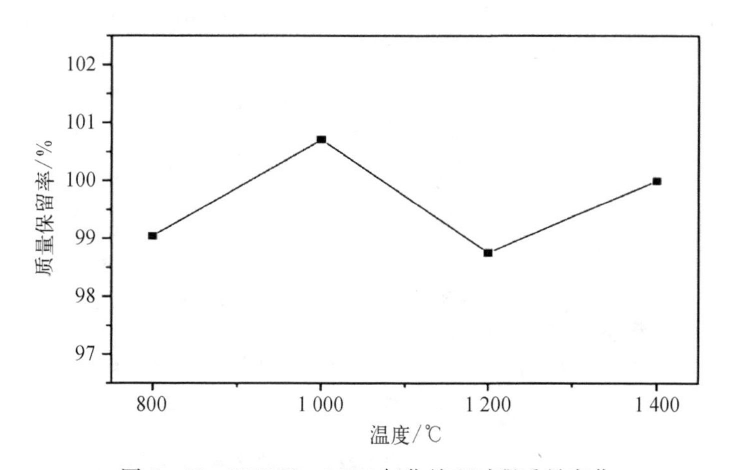

图 5－49　VHPCS－1 200 氧化处理过程重量变化

对 VHPCS－1 200 及 1 400℃ 氧化处理后的产物进行 ^{29}Si CP MAS NMR 分析，结果如图 5－50 所示。经 1 400℃ 氧化处理后 Si 的结构并没有发生很大变化，只是 $\delta=-32$ ppm 附近的 SiC_2O_2峰稍有增强，SiC_2O_2峰的面积与 SiC_4峰的面积之比从 0.086 增加到 0.153，这是少量 SiC_4结构被氧化成 SiC_2O_2结构所致。同时谱图中没有出现 HPCS 1 400℃氧化处理产物中的 $SiCO_3$结构与 SiO_4结构，说明 VHPCS 陶瓷产物具有比 HPCS 陶瓷产物更优异的抗氧化性能。

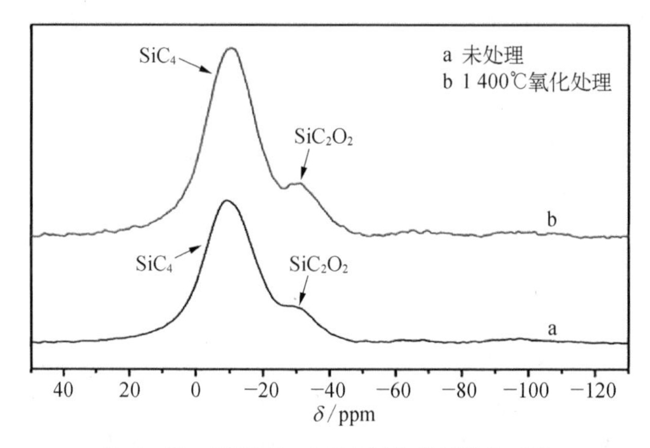

图 5－50　VHPCS－1 200 氧化前后结构变化

对 VHPCS－1 200 在不同温度下氧化 1 h 的产物进行 XRD 分析，结果如图 5－51 所示。VHPCS－1 200 经不同温度氧化处理后，峰型无很大变化，位于 $2\theta=35.6°$、$60.1°$、$71.8°$ 处的 β－SiC 微晶衍射峰由于处理温度的升高稍有增强，主要是 $2\theta=26.4°$ 的位置出现了一个很小的 SiO_2晶粒衍射峰，说明经氧化处理后有 SiO_2的形成。

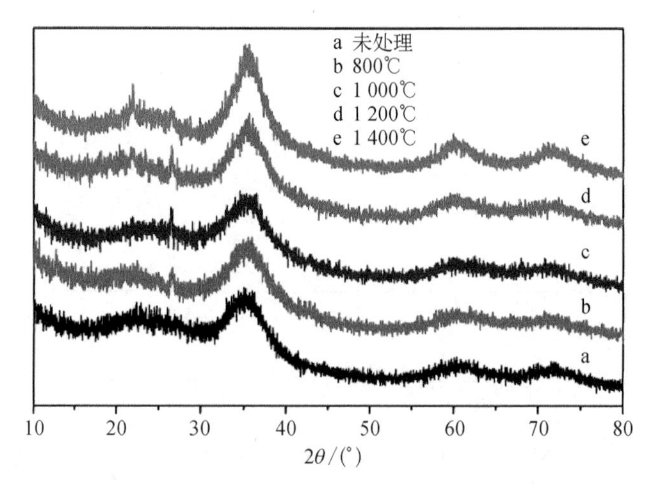

图 5－51　VHPCS－1 200 在不同温度氧化处理后产物的 XRD 图

对不同温度氧化处理后样品进行 EDS 能谱分析，结果如表 5-10 所示。经过氧化处理后，陶瓷表面的元素组成发生了变化，总体上 O 元素含量增加而 C 元素含量降低，但元素含量变化不是很大且没有 HPCS 陶瓷产物变化明显，说明 VHPCS 陶瓷产物具有更好的抗氧化能力，这与^{29}Si CP MAS NMR 分析结果一致。

表 5-10　VHPCS-1 200 在不同温度氧化处理后的 EDS 面扫描分析结果

温度/℃	元素组成			化学式
	w(Si)/%	w(C)/%	w(O)/%	
800	65.94	31.98	2.08	$SiC_{1.13}O_{0.06}$
1 000	66.02	30.72	3.26	$SiC_{1.08}O_{0.09}$
1 200	67.52	28.53	3.95	$SiC_{0.99}O_{0.10}$
1 400	67.82	26.03	6.15	$SiC_{0.89}O_{0.16}$

总的来说，含乙烯基的液态超支化聚碳硅烷-乙烯基氢化聚碳硅烷(VHPCS)与 HPCS 相比，有以下优点：① VHPCS 中含乙烯基，交联反应以硅氢加成反应为主，交联温度低，固化产物比较致密；② 交联固化产物的陶瓷产率高，达 78.1%，有利于提高 PIP 工艺的效率；③ 陶瓷产物表现出优异的耐高温和抗氧化性能，是一种比较理想的 SiC 先驱体。

参考文献

[1] Flory P J, Wagner H L. Molecular dimensions of natural rubber and gutta percha. Journal of the American Chemical Society, 1952, 74: 195-200.

[2] Yates C R, Hayes W. Synthesis and applications of hyperbranched polymer. European Polymer Journal, 2004, 40: 1257-1281.

[3] 张传海，李化毅，张明革，等.超支化聚合物制备方法的研究进展.高分子通报，2008, 2: 16-26.

[4] 谭惠民，罗运军.超支化聚合物.北京：化学工业出版社，2004.

[5] Interrante L, Shen Q H. Silicon-containing dendritic polymers. New York: Springer, 2009.

[6] Jikei M, Kakimoto M. Hyperbranched polymers: A promising new class of materials. Progress in Polymer Science, 2001, 26: 1233-1285.

[7] Smith J. Process for the production of silicon carbide by the pyrolysis of a polycarbosilane polymer: US4631179, 1986.

[8] Wu H J, Interrante L V. Preparation of a polymeric precursor to silicon carbide via ring-opening polymerization: Synthesis of poly [(methylchlorosilylene) methylene] and poly (silapropylene). Chemistry of Materials, 1989, 1: 564-568.

[9] Xiao Y, Wong R A, Son D Y. Synthesis of a new hyperbranched poly (silylenevinylene) with

ethynylfunctionalization. Macromolecules, 2000, 33: 7232 - 7234.

[10] Rim C, Son D Y. Hyperbranched poly (carbosilanes) from silyl-substituted furans and thiophenes. Macromolecules, 2003, 36: 5580 - 5584.

[11] Zhang G B, Kong J, Fan X D, et al. UV-activated hydrosilylation: A facile approach for synthesis of hyperbranched polycarbosilanes. Applied Organometallic Chemistry, 2009, 23: 277 - 282.

[12] Kong J, Schmalz T, Motz G, et al. Novel hyperbranched ferrocene-containing poly (boro) carbosilanes synthesized via a convenient "A2+B3" approach. Macromolecules, 2011, 44: 1280 - 1291.

[13] Whitmarsh C K, Interrante L V. Carbosilane polymer precursors to silicon carbide ceramics: US5153295, 1992.

[14] Moraes K, Interrante L V. Silicon-based ceramics from polymer precursors. Pure and Applied Chemistry, 2002, 74: 2111 - 2117.

[15] Fang Y H, Huang M H, Yu Z J, et al. Synthesis, characterization, and pyrolytic conversion of a novel liquid polycarbosilane. Journal of the American Ceramic Society, 2008, 91: 3298 - 3302.

[16] Masaki K, Yutai K, Akira K. Fabrication and oxidation-resistance property of allylhydridopolycarbosilane-derived SiC/SiC composites. Journal of the Ceramic Society of Japan, 2003, 111: 300 - 307.

[17] Li H B, Zhang L T, Cheng L F, et al. Oxidation analysis of 2D/C/ZrC-SiC composites with different coating structures in CH_4 combustion gas environment. Ceramics International, 2009, 35: 2277 - 2282.

[18] Tang M, Yu Z J, Yu Y X, et al. Preparation of silicon carbide fibers from the blend of solid and liquid polycarbosilanes. Journal of materials science, 2009, 44: 1633 - 1640.

[19] Lu N. Hyperbranched polycarbisilanes: Synthesis, characterization and applications. New York: Rensselaer Polytechnic Institute, 2004.

[20] Rathore J S, Interrante L V, Dubois G. Ultra low-k films derived from hyperbranched polycarbosilanes (HBPCS). Advanced Functional Materials, 2008, 18(24): 4022 - 4028.

[21] Elyassi B, Sahimi M, Tsotsis T. A novel sacrificial interlayer-based method for the preparation of silicon carbide membranes. Journal of Membrane Science, 2008, 316: 73 - 79.

[22] Schlenk C, Kleij A W, Frey H, et al. Macromolecular-multisite catalysts obtained by grafting diaminoaryl palldium (Ⅱ) complexes onto a hyperbranched-polytrially support. Angewandte Chemie International Edition, 2000, 39: 3445 - 3447.

[23] Zheng C M. Synthesis and characterization of polycarbosilane with grafted polyethylene oxide as polymer electrolytes. New York: Rensselaer Polytechnic Institute, 2006.

[24] Houser E J, McGill R A. Hyperbranched chemoselective silicon-based polymers for chemical sensor applications: US7078548, 2006.

[25] Mansfield M L. Molecular weight distributions of imperfect dendrimers. Macromolecules, 1993, 26: 3811 - 3814.

[26] Bernal D P, Bedrossian L, Collins K, et al. Effect of core reactivity on the molecular weight,

polydispersity, and degree of branching of heperbranched poly (arylene ether phosphine oxide)s. Macromolecules, 2003, 36: 333 - 338.

[27] Parke D, Feast W J. Synthesis, structure, and properties of core-terminated hyperbranched polyesters based on dimethyl 5-(2-hydroxyethoxy) isophthalate. Macromolecules, 2001, 34: 5792 - 5798.

[28] Bharathi P, Moore J S. Controlled synthesis of hyperbranched polymers by slow monomer addition to a core. Macromolecules, 2000, 33: 3212 - 3218.

第 6 章　含异质元素 PCS 先驱体

6.1　概　　述

随着科技的发展，以航天飞机、无人深空探测器、可重复使用运载器和高超音速导弹为代表的空天飞行器对集耐高温、抗氧化、低密度于一体的耐超高温材料提出了迫切的需求[1]。陶瓷基复合材料（CMCs）具有低密度、高强度、高模量、高硬度、耐磨损、抗腐蚀、耐高温和抗氧化等优异性能，作为一种高温热结构材料，能应用于超高温和某些苛刻环境中，被认为是 21 世纪高温结构部件最有希望的候选材料。发展耐超高温、低密度的陶瓷基复合材料来代替传统的高温合金和难熔金属材料已成为提高飞行器发动机推重比和火箭比冲的基础和关键。耐超高温陶瓷基复合材料的关键原料是耐超高温陶瓷的有机先驱体和耐超高温陶瓷纤维。

与碳纤维、氧化物纤维等其他高性能纤维相比，SiC 纤维具有高强度、低密度、耐高温氧化性、耐化学腐蚀性、耐热冲击性、高的抗拉强度、良好的抗蠕变性能以及与陶瓷基体良好的相容性等一系列的优异性能，且纤维柔韧性良好，是先进复合材料常用的高性能增强纤维之一，其未来发展趋势很可能取代 C 纤维，成为制备耐超高温、抗氧化高性能复合材料的主要增强纤维[2]。SiC 陶瓷有极佳的耐温潜力，纯 β－SiC 晶体可耐高温达 2 600℃，但 SiC 陶瓷纤维的耐高温性却远达不到此理论温度，其根本原因在于 SiC 陶瓷纤维并不是由纯 β－SiC 晶体组成。在 SiC 陶瓷纤维升温过程中，当温度达到 1 400℃以上，原有的 β－SiC 微晶不断从连续相获得新的补充，使晶粒急剧长大，直径达到 7 nm 以上，而原来的玻璃态连续相变成大晶粒间的隔离层，大的晶粒与充满缺陷的隔离层间形成很大的界面应力，造成 SiC 陶瓷纤维力学性能下降。当温度超过 1 800℃后，β－SiC 晶粒尺寸可超过 1 μm，并开始从纤维表面析出，造成 SiC 陶瓷纤维粉末化，使 SiC 陶瓷纤维的力学性能急剧降低[3]。

为了提高 SiC 陶瓷及其纤维的性能，在制备 SiC 陶瓷及纤维过程中引入高熔点化合物或异质元素,制备含异质元素 SiC 陶瓷及纤维,已成为当今高性能 SiC 陶瓷材料发展的重要方向。陶瓷中异质元素的存在可以有效地抑制超高温条件下 β-SiC 析晶,并能愈合陶瓷中的裂纹,起到烧结助剂作用,使陶瓷的综合性能明显提高。在含异质元素 SiC 陶瓷中大量细小的 β-SiC 晶粒均匀分布在无定形 SiC 相中,使 SiC 陶瓷具有很高的耐超高温性能。

先驱体转化法是以有机聚合物(一般为有机金属聚合物)为先驱体,利用其可溶可熔等特性成型后,经高温热分解处理,使之从有机物转变为无机陶瓷材料的方法与工艺。该有机金属聚合物就称为有机先驱体或陶瓷先驱体[3]。目前,先驱体转化法已成为制备陶瓷纤维、陶瓷基复合材料的主要方法之一。先驱体转化法具有过程温度低、简单易控、易于成形、产物纯度高、生产效率高、易于工业化等优点[4],因而成为制备含异质元素 SiC 陶瓷先驱体的最常用方法。目前,制备含异质元素 SiC 陶瓷先驱体的方法主要有两种。

1) 采用物理混合法在 PCS 先驱体中添加纳米金属单质或金属化合物。在 N_2、Ar 或 NH_3 中共裂解后,形成含异质元素的复相陶瓷。研究表明,在 PCS 裂解过程中添加 Al、Ta、Ti、W 等金属单质后,形成碳化物或氮化物,能有效提高裂解陶瓷的力学性能。国防科技大学的王军等[5]在 PCS 先驱体中掺混 Fe、Co、Ni 纳米微粉,经纺丝、不熔化和烧成,制备出有良好力学性能和电性能的掺混型 SiC 纤维。将掺混型 SiC 纤维与环氧树脂复合制成厚度为 4~5 mm 的多层结构吸波材料,这种材料对 X-波段的电波具有较好的吸收性能。

2) 化学法合成含异质元素的 SiC 陶瓷先驱体。

化学合成法是制备含异质元素 SiC 陶瓷先驱体较为成熟的方法,其主要见于耐高温或吸波 SiC 纤维先驱体的报道[6]。从大量的研究工作看来,所有 SiC 陶瓷先驱体中,PCS 是最重要、研究、应用最为广泛的陶瓷先驱体。因此,耐超高温 SiC 纤维制备过程中,在 SiC 先驱体 PCS 中引入异质元素(如 Ti、Al、Zr、Mo、Ta、Nb、Re、Hf 等),用于提高 SiC 纤维的耐温及抗氧化性,其技术关键在于含异质元素 SiC 陶瓷先驱体的合成。在 SiC 陶瓷先驱体中引入异质元素后,由于异质元素具有价态多样性,异质元素与先驱体基体反应成键,可以起交联助剂的作用,提高先驱体的合成产率,获得高软化点、高分子量、高陶瓷产率的先驱体,缩短材料的制备周期。异质元素在先驱体中达分子级别匀化,且含量可控可调,并能改善先驱体的流变性能,有利于先驱体再成型加工,如制备含异质元素 SiC 陶瓷纤维或用作耐超高温复合材料的基体。先驱体经高温陶瓷化制备含异质元素 SiC 陶瓷后,异质元素在陶瓷中均匀分布,有利于避免多相材料因为热膨胀系数不匹配而产生的一系列问题，能充分发挥异质元素提高 SiC 陶瓷耐超高温的作用。同时还具有低温制备含难熔金属元素化合物的 SiC 陶瓷的优点，避免了碳的引入而导致的副反应以及相关的质量、体积与热量变化，除了提高材料高耐高温性能、抗氧化性能外，还能有效提高材料的抗烧蚀性能。目前，国内外已合成多种含异质元素 SiC 陶瓷先驱体，并制备了含异质元素 SiC 陶瓷或纤维，能适合各种不同的应用环境。

先驱体转化法制备含异质元素 SiC 陶瓷先驱体及其纤维的技术关键在于异质元素的引入方法及合成工艺条件的控制。

6.2　聚钛碳硅烷的合成及性质

6.2.1　聚钛碳硅烷简介

含钛碳化硅纤维具有高模量、高强度以及耐高温等优点，同时其电阻率可调，因而表现出良好的吸波性能，是较为理想的结构吸波复合材料用增强纤维。通过有机合成，在 SiC 纤维中引入 Ti，调控纤维中的含 Ti 量，可改变纤维的组成，调节纤维的电阻率，有效提高 SiC 的耐高温性能和吸波性能，因此国内外开展了大量先驱体转化制备含钛 SiC 陶瓷或纤维的研究。

含 Ti 的 SiC 陶瓷先驱体的典型代表是日本宇部兴产公司 TyrannoLox 纤维的先驱体-聚钛碳硅烷(polytitanocarbosilane, PTCS)[7-8]，由 Mark Ⅲ型 PCS 和钛酸丁酯(titanium tetrabutoxide)在二甲苯溶液中，氮气保护下反应制得，其反应机理如图 6-1 所示。PTCS 先驱体中含有 Si—O—Ti 键，熔点为 200℃，数均分子量约为 1 600，经熔融纺丝，不熔化处理，高温烧成可以制备 Tyranno Lox 型陶瓷纤维。引入 Ti 元素以后，Tyranno Lox 陶瓷纤维的耐温性由 1 000℃上升到 1 400~1 500℃。在先驱体无机化过程中，Ti 的引入能够抑制 β-SiC 晶粒的高

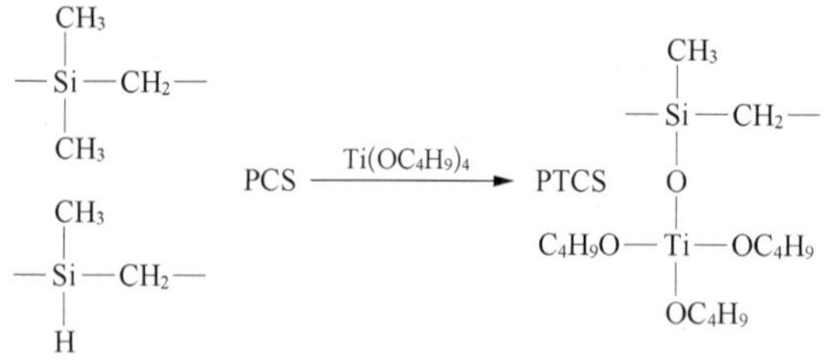

$$\left[-\mathrm{Si}(CH_3)_2-CH_2-\right],\ \left[-\mathrm{Si}(CH_3)(H)-CH_2-\right]\ \text{PCS}\xrightarrow{Ti(OC_4H_9)_4}\text{PTCS}\ \left[-\mathrm{Si}(CH_3)(O-Ti(OC_4H_9)_3)-CH_2-\right]$$

图 6-1　由 Mark Ⅲ型 PCS 和钛酸丁酯合成 PTCS 的反应机理

温析晶,极大地提高了 SiC 陶瓷纤维的耐温性能。同时,Tyranno Lox 陶瓷纤维由于含有金属元素钛,还表现出良好的吸波特性。

国防科技大学在聚钛碳硅烷的合成方面也开展了一系列研究,并以低分子量聚硅烷(LPS)和钛酸四丁酯[$Ti(OBu)_4$]为原料,通过裂解重排反应,合成含碳量不同的聚钛碳硅烷(PTCS)先驱体。

6.2.2　不同含 Ti 量的 PTCS 先驱体合成

在合成反应中,通过在 LPS 中加入不同量的 $Ti(OBu)_4$从而合成不同 Ti 含量的 PTCS 先驱体,其中 $Ti(OBu)_4$/LPS 的质量比分别为 0.0%、4.0%、8.0%、12.0%、16.0%,详细合成反应条件和 VPO 测定结果如表 6－1。

表 6－1　PTCS 的合成条件及其熔点和数均分子量

样　品	[$Ti(OBu)_4$/LPS]/%	合成温度/℃	合成时间/h	PTCS 熔点/℃	数均分子量
PCS	0	460	4	180～190	1 153
PTCS－1	4	440	4	180～187	1 469
PTCS－2	8	430	4	180～195	1 422
PTCS－3	12	420	4	185～195	1 504
PTCS－4	16	410	4	170～180	1 560

从表 6－1 可知,随着 PTCS 中 Ti 含量的增高,合成温度是降低的,原因是 $Ti(OBu)_4$与 Si—H 键的缩合反应及其对 Si—Si 键转化为 Si—CH_2—Si 键的催化作用使得分子量在低温时就迅速增大。因此,在 $Ti(OBu)_4$与 LPS 合成反应中,随着 $Ti(OBu)_4$量的增加,温度升高,分子量迅速增加,为了制备分子量适中,分子量分布均匀的不同含 Ti 量的 PTCS 先驱体,根据 $Ti(OBu)_4$/LPS 比例增加要相应降低合成合成温度。表 6－1 中结果表明在合适的合成温度制备出了初始产物熔点在 110～130℃,经溶解过滤、减压蒸馏后最终产物熔点在 180～190℃的含 Ti 量不同的 PTCS 先驱体。VPO 测定结果表明 PTCS 的数均分子量基本接近在 1 400～1 560 之间,随其熔点变化而略有变化。而 PCS 熔点虽然与 PTCS 接近,但由于其合成反应是先热解重排后发生缩合反应,其分子量增长不如 PTCS 快,因此其合成温度虽然比 PTCS 高而分子量却比 PTCS 小。

表 6－2 是各种 PTCS 先驱体的元素组成。随着 $Ti(OBu)_4$/LPS 比例的增加,PTCS 中的 Ti 含量也明显增大,$Ti(OBu)_4$/LPS 比例在 0～16.0%之间合成制备出了含 Ti 量在 0～2.75%的 PTCS 先驱体。在进行 PTCS 后处理溶解过滤时,可能少量超大分子的 PTCS 不能溶解在二甲苯中,造成 Ti 含量的损失,另外还有

分析方法误差的原因,因此 Ti 含量不是倍数关系。与 PCS 相比,PTCS 中 Si 含量明显增加而 C 含量明显减少。各 PTCS 之间相比,Si、C 含量基本接近,与其含 Ti 量无明显的关系。

表 6-2 PTCS 先驱体的元素组成

样 品	w(Si)/%	w(Ti)/%	w(C)/%	w(H)/%
PCS	39.53	0	40.70	7.95
PTCS-1	41.46	1.04	36.82	7.42
PTCS-2	41.94	2.25	37.35	7.87
PTCS-3	39.59	2.46	37.34	7.97
PTCS-4	40.99	2.75	34.54	7.93

6.2.3 不同 Ti 含量 PTCS 的结构与热解特性

不同含 Ti 量的 PTCS 先驱体的合成反应由于引入 $Ti(OBu)_4$的量不同,使得 PTCS 先驱体的结构也发生了一些变化。从它们的 IR 谱图上可以发现,Si—H 键(2 100 cm^{-1},伸缩振动)、Si—CH_2—Si 键(1 350 cm^{-1},C—H 的弯曲振动)、Si—CH_3键(1 400 cm^{-1},CH_2对称弯曲振动)都发生了变化,C—H 键(2 950 cm^{-1},伸缩振动)在反应过程中不发生反应,吸收峰比较稳定,可以用 A_{2100}/A_{2950}、A_{1350}/A_{2950}、A_{1400}/A_{2950}表征反应基团的变化,结果如表 6-3 所示。

表 6-3 PTCS 树脂红外光谱吸光度比值

样 品	A_{2100}/A_{2950}	A_{1400}/A_{2950}	A_{1350}/A_{2950}
PCS	1.553 3	0.342 9	0.356 1
PTCS-1	1.491 4	0.298 3	0.312 0
PTCS-2	1.208 3	0.280 0	0.257 9
PTCS-3	1.180 0	0.281 8	0.248 3
PTCS-4	1.040 0	0.280 9	0.243 6

从表 6-3 中可发现,随着 PTCS 中 Ti 含量的增大,A_{2100}/A_{2950}值是递减的,这表明 PTCS 先驱体的 Si—H 键减少,Ti 含量越大,Si—H 键减少更多,原因可能是 PCS 的合成只是 Si—Si 键的热解重排后再发生缩合反应,而 PTCS 合成是活泼的 Si—H 键先与 $Ti(OBu)_4$发生缩合反应再热解重排,因此将消耗一部分 Si—H 键。A_{1350}/A_{2950}值也有同样随 Ti 含量增加而减少的趋势而 A_{1400}/A_{2950}随 PTCS 中 Ti 含量的增大而略有减少。这是由于在合成反应过程中,PTCS 中 Ti 含量越大,

合成合成温度越低，Si—Si 键转化为 Si—CH_2—Si 键的重排反应被抑制，因此 Si—CH_2—Si 键减少，而 Si—CH_3键变化不大，略有减少。

不同含 Ti 量的 PTCS 先驱体的 GPC 图见图 6－2。从 GPC 图中可看出，各种 PTCS 先驱体的分子量分布都比较均匀，但相对 PCS 来说，PTCS 的分子量分布比 PCS 宽，GPC 曲线的起始部分出现明显的肩峰。随着 PTCS 先驱体中 Ti 含量的增加，分子量分布逐步加宽，这是高分子量分子增多及部分小分子未除去所致。表明加入 $Ti(OBu)_4$量越多，过高分子量分子增多，导致 PTCS 先驱体分子量分布加宽，由于 $Ti(OBu)_4$为四官能团的反应物，在整个合成过程中随反应程度的增加，必然引起分子中支化、交联结构增多，影响 PTCS 先驱体的线性。

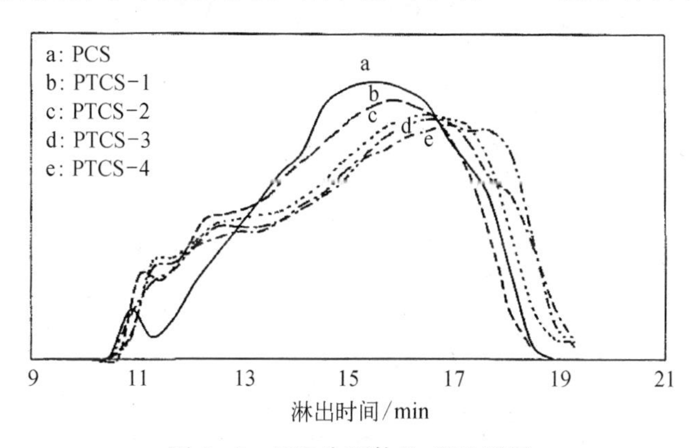

图 6－2 PCS 先驱体的 GPC 谱图

为了观察不同含 Ti 量的 PTCS 氧化反应活性，将不同含 Ti 量的 PTCS 先驱体在氧气中加热，其 DTA 图和 TG 图分别见图 6－3 和图 6－4。从 DTA 图中可以发现，各种 PTCS 先驱体及 PCS 虽然含 Ti 量不同，但它们在氧气中的放热峰的位置大致相同，这是因为 PTCS 先驱体及 PCS 在氧气中都与氧气发生氧化交联反应，这是个 Si—H 键的断裂和 Si—O—Si 键形成的过程，为放热反应，其放热峰温度主要取决于 Si—H 键和 Si—O—Si 键的键能，而与 PTCS 中含 T 量无关，所以 PTCS 及 PCS 的放热效应大致相同。

图 6－3 是各 PTCS 先驱体在氧气中热处理时的增重曲线。从图 6－3 中得知，PTCS 先驱体在氧气中热处理是一个增重的过程，同样的氧化条件下，PCS 与 PTCS 的增重情况不同，在低温区，PCS 就有明显的增重，而 PTCS 几乎没有增重。随着温度升高，PCS 与 PTCS 的增重都加大，但 PTCS 增重始终小于 PCS，PTCS 中含 Ti 量越多，增重越小，原因是 Si—H 键随 PTCS 中 Ti 含量增大而减少，由 Si—H 键氧化为 Si—O—Si 键而引起的增重也相应减少，这与表 6－3 中得

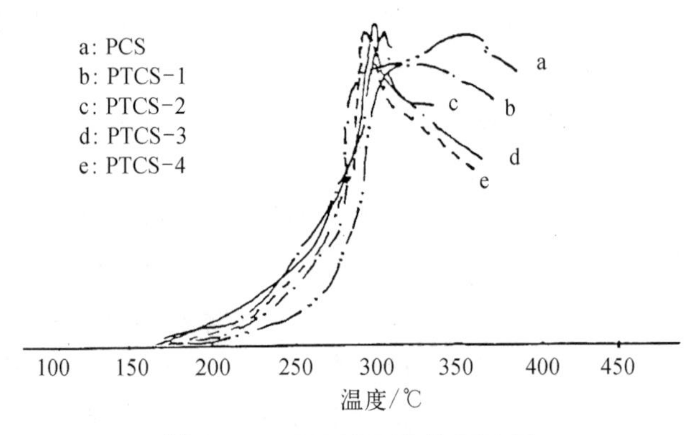

图 6-3　PTCS 及 PCS 的 DTA 图

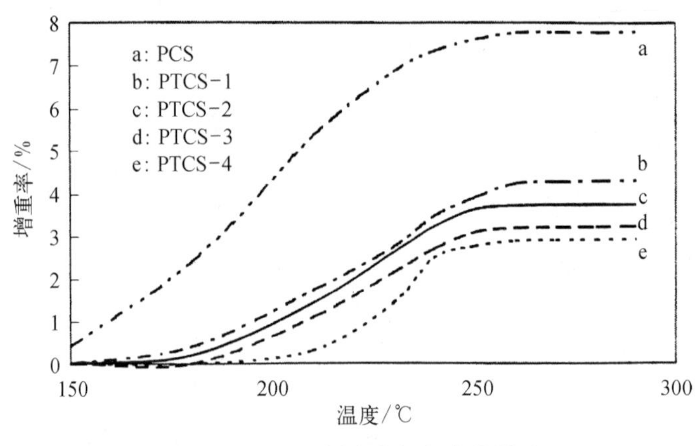

图 6-4　PTCS 树脂在氧气中热增重

出的结论相符。

图 6-5 为 PTCS 先驱体在氮气中的热失重图。从图中可以看出,在低温区 PTCS 和 PCS 热失重差不多,都比较小,但随着温度的升高,热失重发生变化。在高温区,PTCS 的热解残存率比 PCS 要大,而且随着 PTCS 中 Ti 含量的增加热解残存率增大。原因是 PTCS 中高分子量分子比 PCS 中多,Ti 含量增加高分子量分子增多,热解残存率增大,这与 GPCS 图中得出的结论相符。

上述分析表明,要制备分子量大致接近、熔点大致相同而含 Ti 量不同的 PTCS 先驱体,其合成合成温度随 Ti 含量的增高而要相应地降低,这样才能制备出分子量分布较窄、可纺性较好的 PTCS 先驱体。随着 PTCS 中 Ti 含量的增高其结构也相应变化。主要是 Si—H 键随 Ti 量增加明显减少,从而导致 PTCS 在 O_2中的加热增重减少。但 DTA 放热峰位置与 PTCS 的含 Ti 量无关。另外,由于

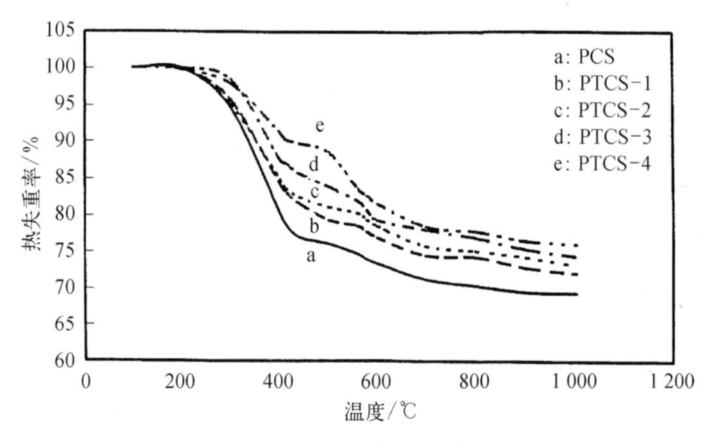

图6-5　PTCS在空气中的热失重图

PTCS分子量分布随Ti含量增大而加宽,高分子量分子增多,因而PTCS在N_2中的热解残存率随Ti含量而增大。这些结果表明PTCS中Ti含量对其结构与性能影响很大。含Ti量直接影响合成的PTCS的分子量及分子量分布,因而可能影响其纺丝性:Ti含量不同引起合成的PTCS的结构变化,造成在O_2中的增重减少,可能会导致PTCS纤维的不熔化处理过程与PCS纤维有差异;PTCS在N_2中热解残存率随Ti含量的变化,也会影响到Si—Ti—C—O纤维的高温烧成。因此,在合成过程中,Ti含量是合成出具有实际利用价值的PTCS的关键之一,其影响可能贯穿整个Si—Ti—C—O纤维的制备过程。

6.3　聚锆/铪碳硅烷的合成及性质

锆和铪元素在聚碳硅烷的无机化过程中具有重要的作用,既能有效抑制β-SiC在高温下的析晶,提高纤维的耐温性能,又能愈合SiC在高温烧成过程中产生的孔洞和裂纹等缺陷,提高SiC纤维的致密化程度,改善SiC纤维的性能。因此,国内外在聚锆碳硅烷(polyzirconocarbosilane, PZCS)和聚铪碳硅烷(polyhafnocarbosilane, PHCS)的合成方面也开展了大量的研究工作。由于锆和铪均是IVB族元素,其电子结构相似,PZCS和PHCS的合成方法、结构和高温热解性能等具有较大的相似性。本节将以PZCS为例,重点介绍PZCS的合成、组成结构和高温热解性能。

早在20世纪90年代日本就开始了PZCS的合成研究。日本Yamaoka、

Ishikawa 等[9-10]通过 Mark Ⅲ型 PCS 和乙酰丙酮锆[Zr(acac)$_4$]在 300℃氮气保护下反应制得 PZCS，再经熔融纺丝、空气交联不熔化及 1 300℃惰性气氛中裂解，可以得到 Tyranno ZM 型陶瓷纤维，发现 Si—Zr—C—O 陶瓷纤维的耐高温性能明显优于 Si—Ti—C—O 陶瓷纤维，在 2 000℃高温条件下具有良好的力学性能。俄罗斯的 Tsirlin 等[11]以 $ZrCl_4$、Cp_2ZrCl_2等锆源与小分子 PCS(M_n = 300～600)为原料，以低沸点有机物(如正己烷、四氢呋喃)为溶剂，在惰性气氛中低氯含量的 PZCS，这类先驱体中存在纳米颗粒或金属簇，软化点为 105～235℃，M_n 约为 760～1 400，M_w 约为 1 700～3 900。国防科技大学曹淑伟[12]等利用聚二甲基硅烷(PDMS)热解制得的液相产物与乙酰丙酮锆[Zr(acac)$_4$]反应，制备了含锆 SiC 陶瓷纤维的先驱体 PZCS。选用液相 PSCS 作为反应原料，可使锆元素在先驱体中分布更加均匀，并能防止 Zr(acac)。在反应过程中升华。同时，合成的 PZCS 还具有陶瓷产率高、可纺性好的优点。

6.3.1 聚锆碳硅烷先驱体的合成

PZCS 是一种淡黄色半透明树脂状聚合物，其合成是在惰性气氛保护下，以 LPCS 与 Zr(acac)$_4$为原料首先反应得到聚锆碳硅烷(PZCS)粗料，再经二甲苯溶解、过滤及减压蒸馏等处理便得到 PZCS。

表 6－4 是研究合成温度、反应时间、异质元素添加量以及裂解温度等条件对 PZCS 产率、分子量和软化点的影响。可以看出，当 Zr(acac)$_4$的引入量为 4%～10%、合成温度在 390～450℃、反应时间为 4～8 h、裂解温度在 480～520℃时，合成的 PZCS 先驱体的数均分子量在 1 300～3 000 之间，重均分子量在 20 000～50 000 之间，软化点在 160～270℃之间，先驱体产率在 40%～60%之间。

表 6－4 反应条件对 PZCS 产率、分子量和软化点的影响

先驱体	[Zr(acac)$_4$/LPCS]/%	裂解温度/℃	反应时间/h	合成温度/℃	产率/%	$\overline{M}_n$	$\overline{M}_w$	熔点/℃
PZCS－1	4	520	6	420	42.6	2 610	36 590	270
PZCS－2	4	480	6	420	41.2	2 440	45 500	210
PZCS－3	4	500	4	420	43.3	1 820	37 230	195
PZCS－4	4	500	6	420	41.8	2 510	39 280	225
PZCS－5	4	500	8	420	43.5	3 070	51 820	260
PZCS－6	4	500	6	390	35.7	1 690	4 050	160
PZCS－7	4	500	6	450	52.8	1 730	32 340	190
PZCS－8	6	500	6	420	50.0	2 040	28 910	240
PZCS－9	8	500	6	420	62.8	1 340	22 120	185

进一步通过元素分析，考察了不同反应条件制备的 PZCS 的元素组成，表 6-5 为合成的 PZCS 的元素组成分析结果。从表中可以看出，合成的 PZCS 的锆含量在 1.0%~2.0%之间，氧含量明显地高于 PCS，C/Si 在 1.6~2.7 之间，与 PCS 的 C/Si 相近，O/Si 在 0.05~0.1 之间，明显高于 PCS，氧主要来源于 $Zr(acac)_4$，Zr/Si 在 0.01 左右，O/Zr 在 5~11 之间。由此可知，在 PZCS 中引进锆元素的同时，也引入了过量的氧元素，这对后续的 Si—Zr—C—O 陶瓷纤维的性能是不利的，因此需要严格控制合成先驱体 PZCS 的反应物配比。

表 6-5　PZCS 的元素组成分析结果

先驱体	元素分析					化学式	O/Zr
	w(Si)/%	w(C)/%	w(O)/%	w(Zr)/%	w(H)/%		
PZCS-1	40.04	39.44	1.80	1.26	NA	$SiC_{2.30}H_xO_{0.079}Zr_{0.0097}$	8.14
PZCS-2	47.30	38.47	2.54	1.27	NA	$SiC_{1.90}H_xO_{0.094}Zr_{0.0083}$	11.33
PZCS-3	46.90	37.77	2.23	1.60	NA	$SiC_{1.88}H_xO_{0.083}Zr_{0.0105}$	7.9
PZCS-4	45.07	40.83	1.79	1.35	NA	$SiC_{2.12}H_xO_{0.070}Zr_{0.0092}$	7.61
PZCS-5	42.73	41.18	1.96	1.43	NA	$SiC_{2.25}H_xO_{0.081}Zr_{0.0103}$	7.86
PZCS-6	35.25	39.73	2.12	1.49	NA	$SiC_{2.64}H_xO_{0.106}Zr_{0.0130}$	8.15
PZCS-7	41.62	42.63	1.51	1.06	NA	$SiC_{2.40}H_xO_{0.064}Zr_{0.0078}$	8.21
PZCS-8	47.37	39.31	1.78	1.60	NA	$SiC_{1.94}H_xO_{0.066}Zr_{0.0104}$	6.35
PZCS-9	57.85	40.56	1.75	2.00	NA	$SiC_{1.64}H_xO_{0.053}Zr_{0.0106}$	5
PCS-10	47.31	38.87	0.63	0	NA	$SiC_{1.92}H_xO_{0.023}$	—

PZCS 的分子量随工艺条件变化的趋势可通过 GPC 测试进行分析。图 6-6 是 PZCS、PCS 和 LPCS 的 GPC 曲线。对不同条件下制备的 PZCS 作 GPC 分析，可得知 PZCS 分子量分布与 $Zr(acac)_4$ 的用量、合成温度、裂解温度以及反应时间的关系。从图中可以看出，在 6~11 min 之间，PZCS 的 GPC 曲线与 PCS、LPCS 相比出现了新的宽峰，表明 PZCS 高分子量部分的淋出时间早于 PCS、LPCS。在 11~20 min 之间，LPCS 单峰分裂为 PZCS、PCS 中的双峰。对不同 $Zr(acac)_4$用量的 PZCS 以及 PCS、LPCS 作 GPC 分析可以看出，PZCS 的分子量大小及分布与 $Zr(acac)_4$的用量有关。先驱体中的锆含量随着 $Zr(acac)_4$引入量的增加而增加，C/Si 比降低，碳含量降低，同时先驱体的产率增加，表明锆原子在 PZCS 中起交联作用，使先驱体交联度增加，产率相应增加。PZCS 的高分子量部分越大，分子量分布越宽，其纺丝性能也就相应变差。在 PZCS 的 GPC 图上可以看出 PZCS 中低分子量部分占较大比例，因此利用 PZCS 可以制备性能优异的 Si—Zr—C—O 纤维。后续结果证明，PZCS 的可纺性较好。因此，所制备 PZCS 的分子量高于

PCS,低分子量组分低于 LPCS,与同样条件下由 LPCS 制备的 PCS 相比,PZCS 也具有较高的分子量,三者分子量大小的顺序为 PZCS>PCS>LPCS。故可推测,PZCS 不是 LPCS 热解重排产物与 $Zr(acac)_4$的简单混合物,而是两者发生了使分子量增大的交联反应的聚合产物。

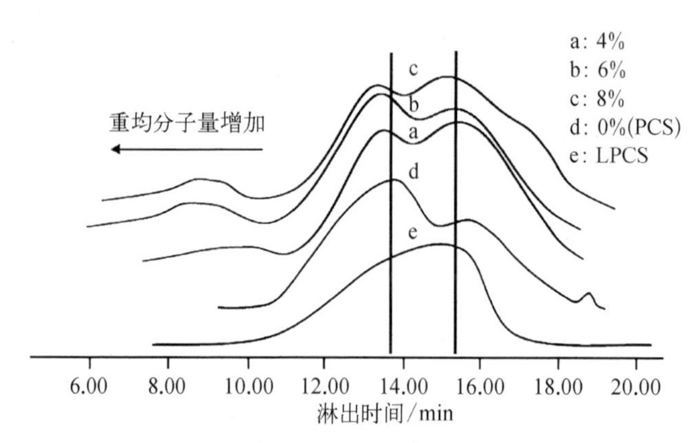

图 6-6 PCS,LPCS 及不同 $Zr(acac)_4$ 添加量合成的 PZCS 的 GPC 谱图

裂解温度对 PZCS 分子量的影响较大,采用 GPC 可定量分析不同裂解温度制备的 PZCS 的分子量。如图 6-7 所示,随裂解温度升高,PZCS 的数均分子量升高,重均分子量降低,先驱体中的氧含量降低,C/Si 升高,碳含量增加,裂解温度过高时,会在 PZCS 中产生焦化碳。当裂解温度为 520℃时,PZCS 发生过度交联反应,合成的 PZCS 不存在软化点。因此,裂解温度的不同明显影响 PZCS 的分子量分布,进而影响到先驱体的产率和软化点。在合成 PZCS 时,应严格控制裂解温度,合成 PZCS 的优选裂解温度为 480~500℃。

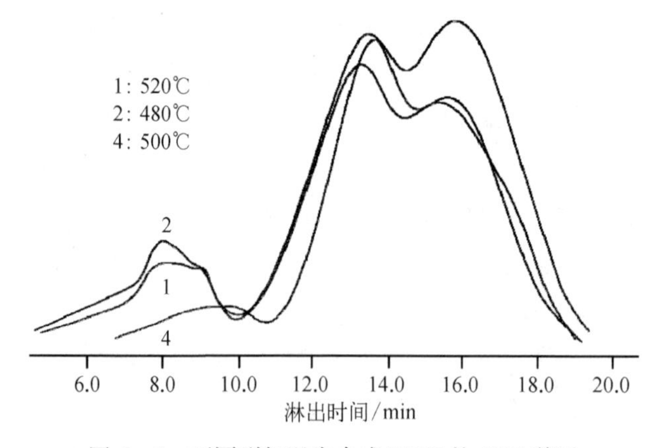

图 6-7 不同裂解温度合成 PZCS 的 GPC 谱图

为了研究反应时间对PZCS分子量的影响,将不同反应时间制备的PZCS的GPC曲线进行分析,如图6-8所示。随着反应时间的增加,PZCS的数均分子量增加,重均分子量增加,表明分子链随反应时间增加逐渐长大。PZCS的高分子量部分随着反应时间的增加而增加,氧含量增加,C/Si升高,碳含量增加,表明合成PZCS时,延长反应时间能提高PZCS的数均和重均分子量,并能使LPCS与$Zr(acac)_4$反应更加充分,从而使$Zr(acac)_4$中的氧更多的形成Si—O键引入到PZCS链结构中,造成PZCS中氧含量增加。合成PZCS的优选反应时间为4~8 h。

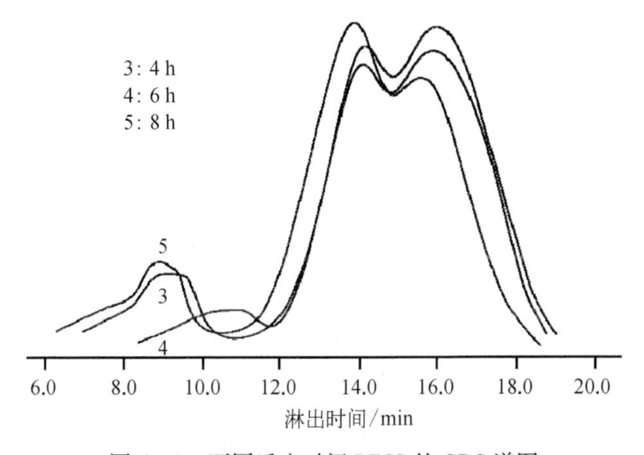

图6-8 不同反应时间PZCS的GPC谱图

图6-9所示为不同合成温度制备的PZCS的GPC曲线。随着合成温度的增加,PZCS的高分子量部分渐增加,分子量分布变宽,重均分子量有增加趋势,表明合成温度越高,PZCS的分子链越容易长大交联。PZCS中氧含量及锆含量随合成温度升高而降低,当合成温度过高时,$Zr(acac)_4$部分发生分解,并产生含氧小分子溢出体系,分解后的$Zr(acac)_4$不能再与LPCS反应,使PZCS中的锆含量及氧含量降低,因此,过高的合成温度不利于$Zr(acac)_4$充分与LPCS反应,合成PZCS的优选温度为390~450℃。

综上所述,相同裂解温度、合成温度和反应时间下,$Zr(acac)_4$与LPCS的配比越大,PZCS的分子量越大,分子量的分布越集中,但过高的配比会使反应变得不均匀,且引入过多氧,又不利于PZCS纺丝及纤维的耐超高温性,因此必须严格控制$Zr(acac)_4$与LPCS的配比。当反应物配比一定时,合成温度和裂解温度越高,PZCS的分子量越大,且随反应时间的延长,PZCS的分子量也会增加。因此,要想制得分子量分布较为集中、可纺性良好的PZCS,必须严格

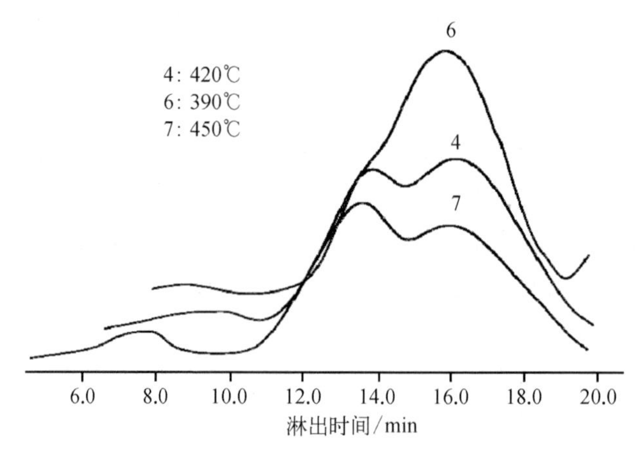

图 6-9　不同合成温度合成 PZCS 的 GPC 谱图

控制反应条件。

6.3.2　PZCS 先驱体的组成结构

图 6-10 为 LPCS、PCS、PZCS 和 $Zr(acac)_4$ 的红外谱图。不同条件合成 PZCS 的红外图谱与 LPCS、PCS 的红外图谱相比具有类似的特征峰，但峰强度不同。分析红外谱图可知在 2 952 cm^{-1} 为 C—H 伸缩振动峰，2 101 cm^{-1} 为 Si—H 伸缩振动峰，1 410 cm^{-1} 是 Si—CH_3 结构中 C—H 变形振动峰，1 356 cm^{-1} 为 Si—CH_2—Si 结构中的—CH_2—面外摇摆振动峰，1 253 cm^{-1} 为 Si—CH_3 结构中 CH_3 变形振动峰，1 020 cm^{-1} 为 Si—CH_2—Si 结构中 Si—C—Si 伸展振动峰，820 cm^{-1} 为 Si—C 伸展振动峰。对照谱图可以发现：LPCS 谱图中 1 350 cm^{-1} 的 Si—CH_2—Si 结构中的—CH_2—面外摇摆振动峰的峰强度和 1 023 cm^{-1} Si—CH_2—Si 结构中 Si—C—Si 伸展振动峰的峰强度明显弱于 PCS、PZCS，表明 LPCS 中大量的 Si—Si 结构在合成 PZCS 过程中，经过 Kumada 重排反应后转变为 Si—CH_2—Si 结构。同时 PZCS 的红外图谱上并未出现了 $Zr(acac)_4$ 中出现的特征峰（1 590 cm^{-1}、1 535 cm^{-1}），1 590 cm^{-1} 是 C ═O 的伸缩振动吸收峰，1 535 cm^{-1} 是 C ═C 的伸缩振动吸收峰，这两个吸收峰是 $Zr(acac)_4$ 的烯醇式结构中存在的羰基和碳碳双键，表明 PZCS 中不存在 $Zr(acac)_4$ 残留物。从 PZCS 的 FT-IR 谱中没有获得锆与硅成键的直接信息，即没有 Si—Zr 或 Si—O—Zr 键的吸收峰，分析原因可能是 PZCS 中锆含量太低，FT-IR 仪器灵敏度较低或是 Si—Zr、Si—O—Zr 键本身是不稳定结构，因此，Si—Zr 和 Si—O—Zr 键的存在还需要进一步证明。

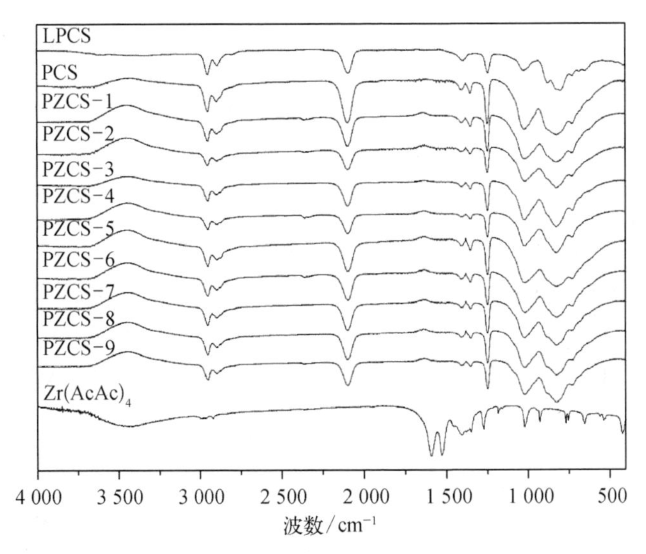

图6-10 不同条件下合成PZCS、PCS、LPCS及Zr(acac)$_4$的IR的谱图

采用^{1}H-NMR分析可研究不同Zr(acac)$_4$添加量合成的PZCS中H原子的周围环境。图6-11是LPCS和不同Zr(acac)$_4$添加量合成的PZCS的^{1}H-NMR谱。其中,低锆含量的PZCS与高锆含量的PZCS谱图差别不大,化学位移在0 ppm附近的谱峰是Si—CH_3和Si—CH_2中C—H的特征峰,中心位于4.2 ppm处的谱峰是Si—H峰,而LPCS中Si—H峰的化学位移位于3.8 ppm处。PZCS与LPCS中Si—H峰化学位移的不同是由它们的主链结构不同引起的,中心位于3.8 ppm左右的共振峰归属于Si—Si链上的Si—H,而中心位于4.2 ppm左右的共振峰归属于C—Si—C链上的Si—H,Si比C具有较小的电负性是导致两种Si—H的化学位移不同的原因,这一点与红外谱图分析PZCS中含大量的C—Si—C结构的结果是一致的。PZCS与LPCS的C—H共振峰的化学位移也有所不同,LPCS的处于-0.2~0.3 ppm,中心位于0.2 ppm;PZCS的处于-1.0~1.0 ppm,中心位于0 ppm。具体的PZCS、LPCS和PCS的^{1}H-NMR化学位移值如图6-11所示。从表中可以看出PZCS的Si—H和C—H峰都比LPCS的宽化,表明PZCS并不是Si—C—Si的线性链结构,而是存在分子支化的结构。

在^{1}H-NMR图中,相同化学环境中的H原子的个数与其相应的共振峰的峰面积是成正比的,因此根据各峰的峰面积可以确定PZCS中各相应含H基团的组成比。表6-6给出了LPCS、PCS、PZCS-4、PZCS-8、PZCS-9的^{1}H-NMR中Si—H与C—H的积分面积比。LPCS含较高比例的Si—H,这正是选用LPCS

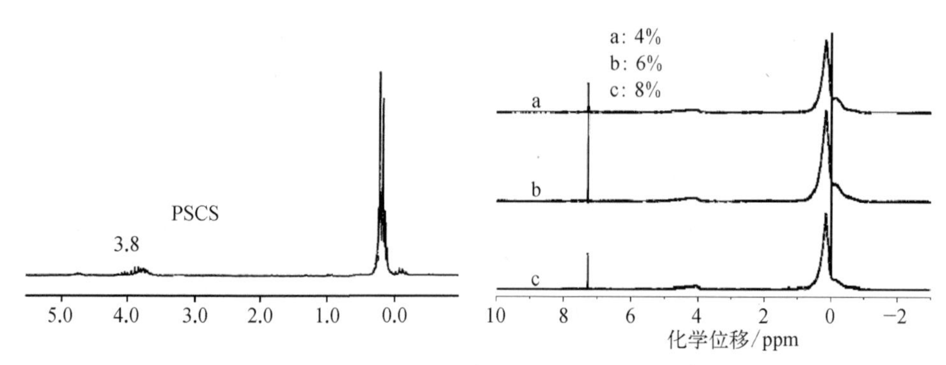

图 6-11 LPCS 及不同 $Zr(acac)_4$ 添加量合成的 PZCS 的 ^1H-NMR 谱图

作为反应物的重要原因。PZCS-4、PZCS-8、PZCS-9 的 Si—H 键含量比 LPCS 低，表明合成 PZCS 的反应消耗了 LPCS 中一部分 Si—H 键，这与红外图谱中得出的结论一致。

表 6-6 LPCS、PCS、PZCS 的 ^1H-NMR 化学位移及 Si—H/C—H 比

样 品	化学位移/ppm		积 分 比
	Si—H	C—H	Si—H/C—H
LPCS	3.6~4.0	−0.2~0.3	0.132
PCS	3.8~5.8	−1.0~1.0	0.103
PZCS-4	3.7~5.4	−1.0~1.0	0.086
PZCS-8	3.7~5.2	−1.0~1.0	0.085
PZCS-9	3.8~5.2	−1.0~1.0	0.096

图 6-12 为不同 $Zr(acac)_4$ 添加量合成 PZCS 的 $^{29}Si-NMR$ 谱图。PZCS 中硅的存在形式有三种：0 ppm 附近的 SiC_4 结构，−16 ppm 附近的 SiC_3H 结构，以及−100 ppm 附近的 Si—O 结构。核磁共振对聚合物的分辨率一般不如小分子物质，所以图谱中三种结构单元的化学位移都表现为宽峰，尤其是 Si—O 结构。且图中这三种结构单元的峰强度有随 $Zr(acac)_4$ 添加量的增加而增加的趋势，Si—O 峰强度的逐渐增加表明随 $Zr(acac)_4$ 添加量的增加，LPCS 中的 Si—H 键与 $Zr(acac)_4$ 反应生成 Si—O 结果的量也增加。图谱中没有在−35.75 ppm 出现 Si—Si 吸收峰，表明 LPCS 在合成反应中发生的裂解重排反应很完全。−16 ppm 附近的 SiC_3H 结构证明了 PZCS 中 Si—H 和 Si—CH_2—Si 结构的存在。由于 PCS 本身不含水和氧，−100 ppm 附近的 Si—O 结构应为 Si—O—Zr 或 Si—O—Si 结构峰，氧主要来源于 $Zr(acac)_4$。由于乙酰丙酮沸点为 140℃，而 PZCS 的合成温度

在400℃以上，因此 PZCS 中过高的氧含量不可能来源于由于部分 Zr(acac)$_4$热分解而产生的乙酰丙酮残留，同时由于合成 PZCS 过程中，Zr(acac)$_4$完全溶解，PZCS 中也没有出现不溶物，表明反应过程中 Zr(acac)$_4$发生热分解的量很少，PZCS 中过高的氧含量也不可能来源于 Zr(acac)$_4$的热分解产物 ZrO_2。由于大部分 Zr(acac)$_4$和 LPCS 反应，所以 PZCS 中过高的氧是结合在 PZCS 主链上，以 Si—O 键的形式存在于 PZCS 中，表明合成 PZCS 过程中，Si—H 键直接与 Zr(acac)$_4$反应形成了 Si—O 键。PZCS－a、PZCS－b 和 PZCS－c 的 Si 核磁共振谱中 SiC_4与 SiC_3H 峰面积比分别为 1.15、1.16、1.11，一般来说陶瓷先驱体中 SiC_4/SiC_3H 越接近 1，表明该先驱体越适合制备 SiC 纤维，日本 Nicalon 纤维的先驱体 PCS－470 中 SiC_4与 SiC_3H 的比值为 1.04。

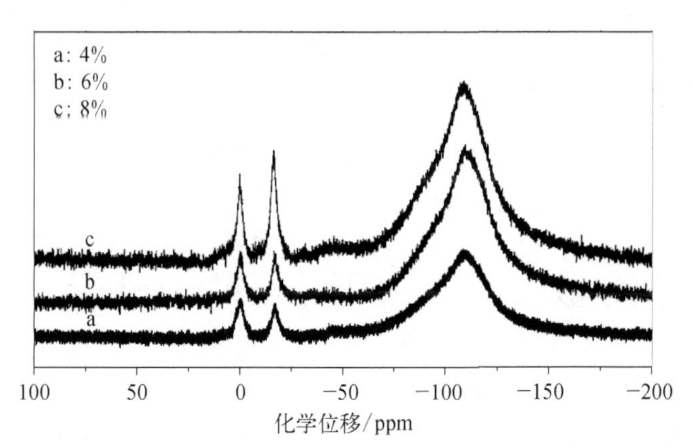

图 6－12　不同 Zr(acac)$_4$ 添加量合成 PZCS 的^{29}Si－NMR 谱图

图 6－13 是不同 Zr(acac)$_4$添加量合成 PZCS 的^{13}C－NMR 谱。不同 Zr(acac)$_4$添加量合成 PZCS 的^{13}C－NMR 图谱差别不大，这与碳谱的分辨率不高有关。图谱中除 76 ppm 处溶剂 $CDCl_3$的核磁振动吸收峰外，只有 0 ppm 附近的饱和碳吸收峰（烯烃、芳烃等不饱和碳的化学位移在 120 ppm 附近）比较明显，此位置的碳与硅相连，也即 Si—CH_3和 Si—CH_2—Si 结构的重叠峰，由于这两种结构在碳谱中的化学偏移差别很小，表现为重叠峰。高锆含量 PZCS 的^{13}C－NMR 谱中 164.6 ppm 附近出现了微弱的不饱和碳的振动峰，表明 PZCS 中存在微量的不饱和 C ═O 副产物。

由以上 PZCS 的分析结果可知，PZCS 与 PCS 的官能团结构基本相似，少量的锆对 PZCS 组成结构的影响较小。PZCS 的^{1}H－NMR 谱给出了氢原子结构环境，PZCS 中存在 C—Si—C 链上的 Si—H，而不存在 Si—Si 链上的 Si—H。

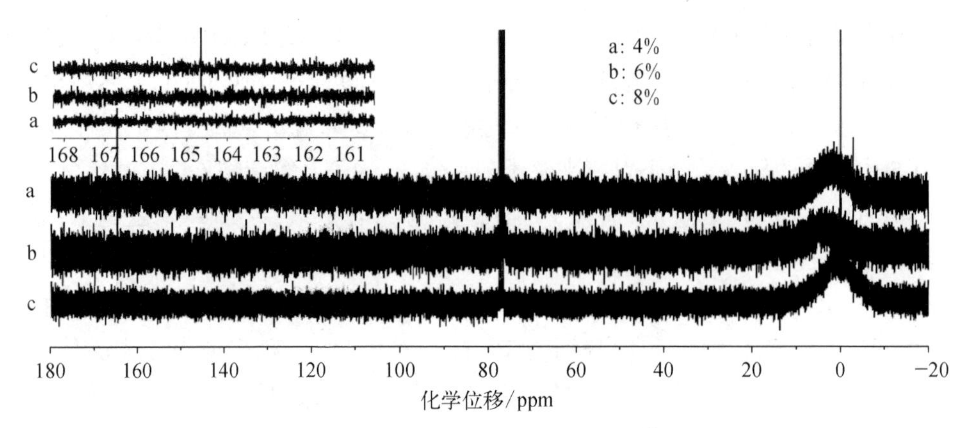

图 6-13　不同 $Zr(acac)_4$ 添加量合成 PZCS 的 ^{13}C-NMR 谱图

PZCS 的 ^{29}Si-NMR 谱给出了硅原子周围三种结构环境，即：SiC_4、SiC_3H 和 Si—O。

图 6-14 是含锆 2%的 PZCS 的 X 射线光电子能谱图。从图中可以看出，图中除了 Si_{2p}(101.9 eV)、Si_{2s}(153 eV)、C_{1s}(285.5 eV)、O_{1s}(533.3 eV)和 O 的俄歇谱峰外，在 183.9 eV 处出现了微弱的 Zr_{3d} 的能谱峰。由于 XPS 可以鉴定周期表上除 H 以外的所有元素，通过对样品进行全扫描，一次测定可检出全部或大部分元素，并且定性分析的绝对灵敏度高。因此可以认为 PZCS 中含有 Si、C、O、Zr 及未检测到的 H，这点与元素分析结果一致，PZCS 的 XPS 元素分析结果如表 6-7 所示。PZCS 的 XPS 全扫描图谱上 O_{1s} 峰的强度很高，表明 PZCS 中的氧含量很高，这应该是从 $Zr(acac)_4$ 中引入的氧。

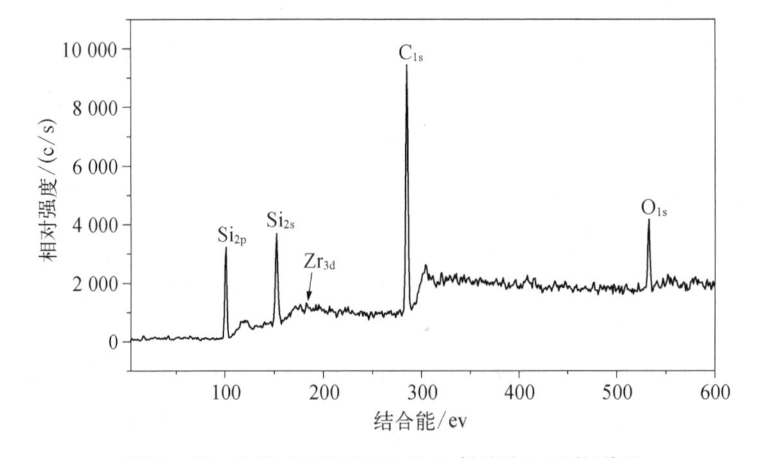

图 6-14　含锆 2%的 PZCS 的 X 射线光电子能谱图

表 6－7　PZCS 的 XPS 的元素分析结果

峰	峰位置/eV	半峰宽/eV	积分面积/CPS	RSP	原子量	原子浓度/%	质量浓度/%
O_{1s}	535.114	1.570	1 977.8	0.780	15.999	7.22	7.08
C_{1s}	287.264	1.948	6 498.9	0.278	12.011	69.15	50.87
Zr_{3d}	185.664	1.086	307.9	2.576	91.255	0.36	2.02
Si_{2p}	103.764	1.643	2 435.9	0.328	28.086	23.27	40.03

图 6－15 是 Si_{2p}、C_{1s}、O_{1s}和 Zr_{3d}的 X 射线光电子能谱的拟合图。从 C_{1s}能谱峰的拟峰可知，C 主要的键合形式有 C—H（283.8 eV），C—Si（284.7 eV）和 C—O，C ═O（285.5 eV），由于 XPS 的积分峰面积可定量样品中元素的含量，因此根据它们的积分面积比可知 C 主要和 Si 成键。由于 C—O 和 C ═O 的结合能比较接

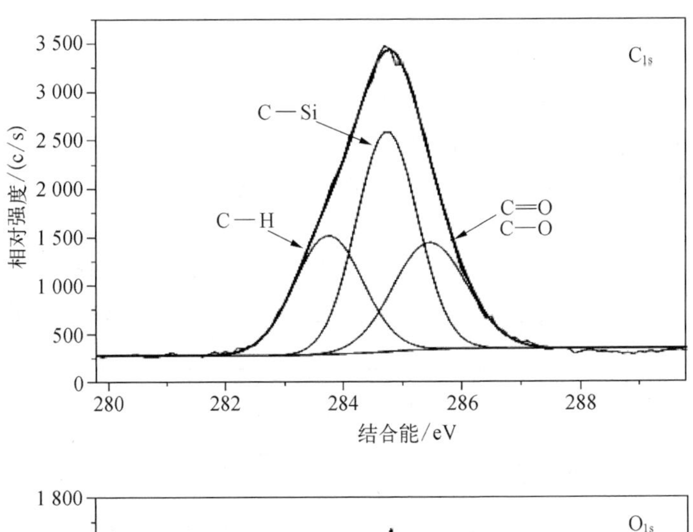

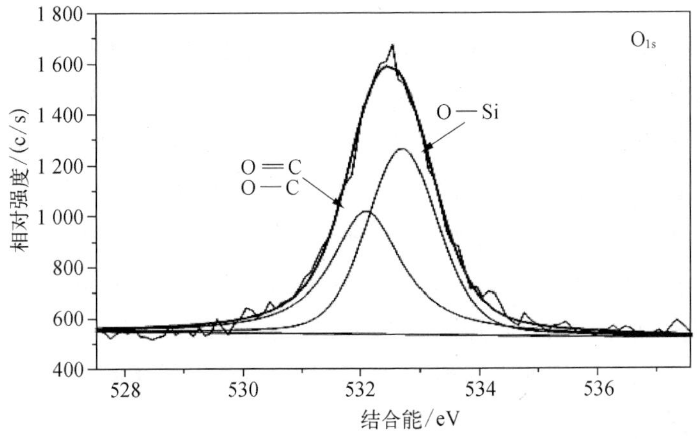

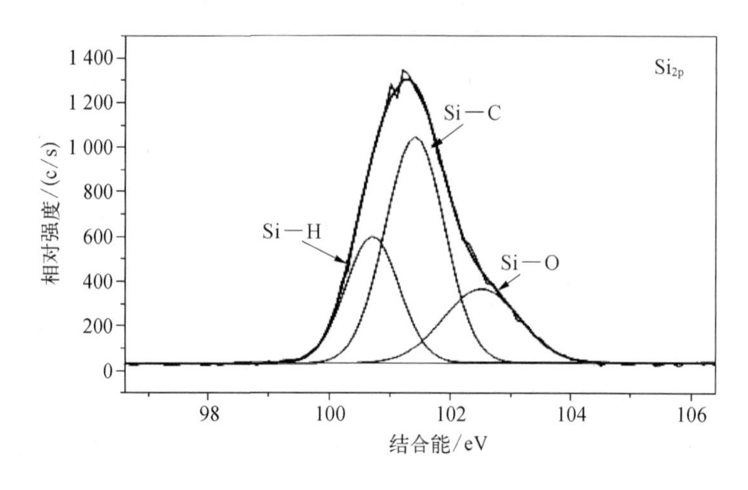

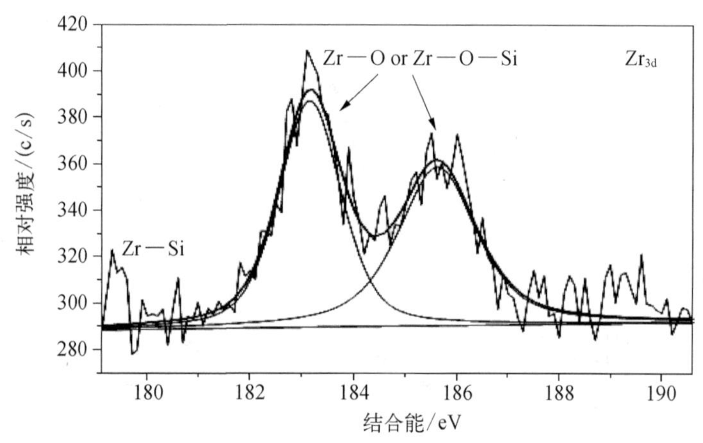

图 6-15　PZCS 的 X 射线光电子能谱图拟合图

近能谱峰没有分开。O_{1s}能谱峰可拟合成中心分别位于 532.1 eV 和 532.8 eV 的两个峰,分别归属 O—C 键、O—Si 键和 O—H 键。Si_{2p}的能谱峰可以拟合成中心分别位于 100.9 eV、101.4 eV 和 102.6 eV 的三个峰,分别归属 Si—H、Si—C 和 Si—O 三种键合形式,根据它们的积分面积比可知 Si 主要和 C、H 结合,和 O 结合的比重较少。Zr_{3d}能谱峰可拟合成中心明显分为 183.2 eV 和 185.6 eV 两个峰,归属于 Zr—O 或键 Zr—O—Si 键,而在 179.1 eV 和 181.4 eV 附近没有出现 Zr—Si 键的能谱峰,表明 Zr 主要和 O 结合形成 Zr—O—Si 键。

综合上述分析,PZCS 中的 Si、C、O、Zr、H 元素的周围环境主要以如图 6-16 所示的结构形式存在。

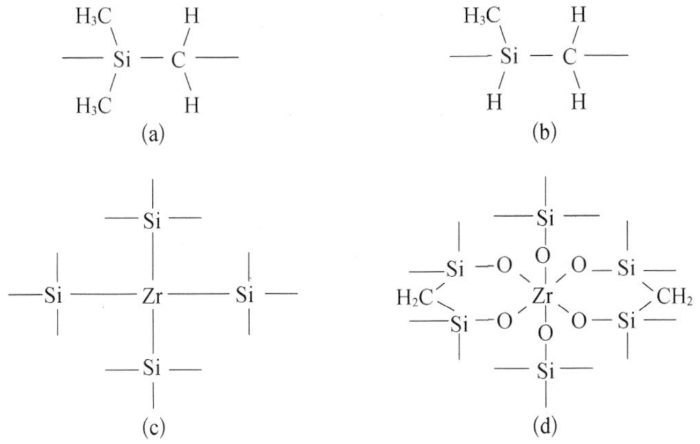

(a)　(b)　(c)　(d)

图 6－16　PZCS 中存在的结构单元

图 6－16(a)和(b)是 PZCS 存在的主体结构形式,与 PCS 类似;图 6－16(c)和(d)是 PZCS 中锆可能存在的配位结构。从这些结果出发,结合 PCS 的结构模型,可以对 PZCS 的分子结构作如下描述: PZCS 是以 Si—C 键为主链的聚合物,其侧基为 CH_3和 H,分子支化较多。锆在 PZCS 中主要以 Si—Zr 或 Si—O—Zr 键形式存在,形成配位结构,锆原子在 PZCS 中起交联点的作用,使小部分分子链形成高度支化交联。

根据以上分析结果可推测 LPCS 与 $Zr(acac)_4$的反应机理。图 6－17 是 LPCS 与 $Zr(acac)_4$的反应机理示意图。LPCS 中含有活性较高的 Si—H 键,且 LPCS 在反应中不断地裂解重排成 PCS 结构,产生新的 Si—H 键,而乙酰丙酮锆中的次甲基上的碳有一定的得氢能力,所以在加热条件下,Si—H 键中的 H 进攻乙酰丙酮锆次甲基上的碳,同时乙酰丙酮基上的 O 与 Zr 形成的配位键发生电子转移,最终脱去乙酰丙酮,形成 Si—Zr—Si 键。X 射线光电子能谱及 NMR 结果表明,Zr 在 PZCS 中除了少量和 Si 形成 Si—Zr—Si 键外,Zr 的主要的键合形式是 Si—O—Zr 键,LPCS 中 Si—H 进攻乙酰丙酮锆═CH—O—中的碳,Si 与乙酰丙酮锆═CH—O—中的氧形成 Si—O 键的同时,═CH—O—中的 C—O 键发生断裂,从而形成了 Si—O—Zr 键。由于 Si—O—Zr 键比 Si—Zr—Si 键稳定,所以在 PZCS 中前者较多,后者较少。在实际合成 PZCS 的反应中,除了上述的 Zr 的主要反应之外,最主要的反应是 LPCS 的裂解重排反应,其反应机理是 Kumada 重排反应,少量乙酰丙酮锆在反应中起交联助剂作用。

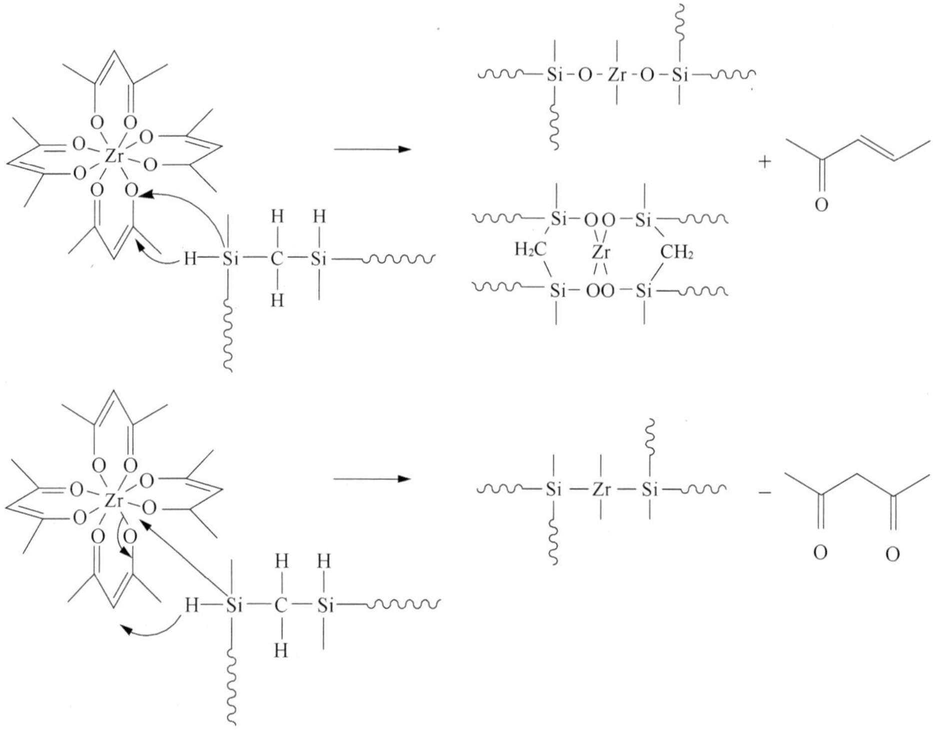

图 6 - 17　LPCS 与 $Zr(acac)_4$ 反应生成 PZCS 的机理示意图

6.3.3　PZCS 的高温热解特性

图 6 - 18 是 PZCS 在不同温度下陶瓷化产物的 XRD 谱图。PZCS 在 1 000℃下的陶瓷化产物为无定形态,没有出现明显的结晶峰。从 1 200℃陶瓷化产物的 XRD 谱图中可以明显地观察到归属于 β - SiC 的 3 个衍射峰,即 2θ 分别为 36.5°,60.1°和 72°的(111),(220)和(311)衍射峰,表明 β - SiC 在 1 200℃时开始结晶,但 1 200℃的陶瓷化产物在(220)和(311)衍射峰的位置只存在较宽的鼓包,根据(111)峰的半高宽通过 Scherrer 公式求得 β - SiC 晶粒尺寸只有 2.0 nm 左右,表明陶瓷化产物结晶性不高,其中含有大量 β - SiC 微晶。

图 6 - 19 是不同 $Zr(acac)_4$添加量合成的 PZCS 经 1 200℃处理后的陶瓷化产物的 XRD 谱图。不同 $Zr(acac)_4$添加量合成的 PZCS 的陶瓷化产物 XRD 谱图相似,只存在 β - SiC 的 3 个衍射峰,且都为较宽的鼓包。谱图中只在(111)面衍射峰的位置有一个非常宽的衍射峰,在(220)和(311)面衍射峰的位置没有明显

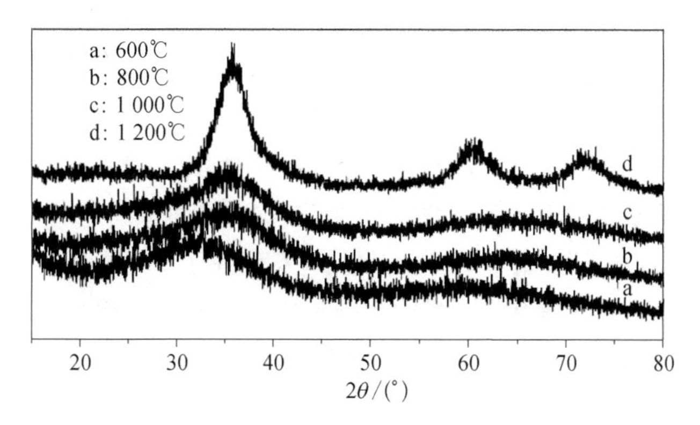

图 6－18　PZCS 在不同陶瓷化温度下的 XRD 图

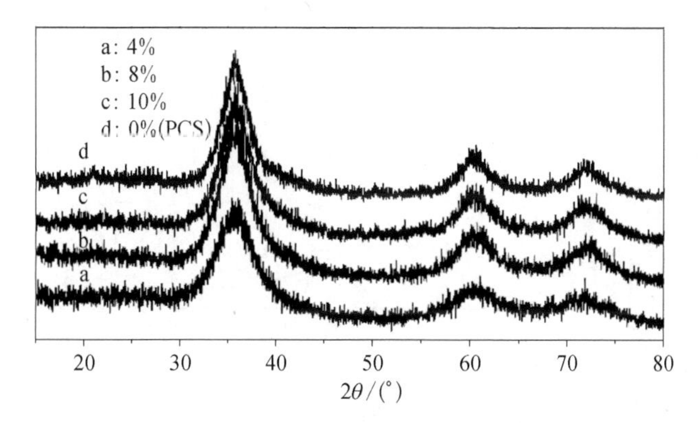

图 6－19　不同 Zr(acac)$_4$ 添加量合成的 PZCS 经 1 200℃处理后陶瓷化产物的 XRD 谱图

β－SiC 晶体的衍射峰，表明陶瓷化产物为非晶态，结晶度不高。利用 PZCS 陶瓷化产物的 XRD 谱图，根据(111)峰的半高宽通过 Scherrer 公式求得 1 200℃处理后的陶瓷化产物的晶粒尺寸 L_{111} 大小为 2.0 nm 左右，小于同条件下 PCS 陶瓷化产物的晶粒大小。

图 6－20 为不同 Zr(acac)$_4$添加量合成的 PZCS 的 TG 曲线。不同 Zr(acac)$_4$添加量合成的 PZCS 在 N_2中热解过程有所差异。1 300℃时，PCS 的陶瓷产率为 61.2%，PZCS－b 的陶瓷产率为 70.2%，PZCS－c 陶瓷产率为 82.4%，高于 PCS 的陶瓷产率。PZCS－c 的陶瓷产率大于 PZCS－b，表明随着 Zr(acac)$_4$用量的增加，PZCS 的交联程度也在增加，Zr 在 PZCS 中起交联作用，提高了 PZCS 的陶瓷产率。PCS 在 250℃时开始明显地失重，而 PZCS 到 400℃左右才开始明显失重，表明 PZCS 中大分子的含量多于 PCS，且 PCS 中小分量较多，锆的引入提高了 PZCS 中大分子的含量，进而提高了 PZCS 的陶瓷产率。在 300～750℃阶段，此

温度段为 PZCS 主要无机化阶段，TG 曲线表明此温度段 PZCS 有较大的失重，约为 20%，热解产生的气体中含有 H_2、CH_4。在 750～1 000℃阶段，此温度段为深度无机化阶段，PZCS 中大部分有机基团断键，并产生 H_2 和 CH_4 等分子气体，PZCS 失重率约为 3%，由于小分子逸出，在陶瓷中形成了大量孔洞，PZCS 在此阶段基本完成了无机陶瓷化。在 1 000～1 300℃阶段，PZCS 的热失重量很小，曲线趋于平行，此温度段仅失重 2%左右，这是 PZCS 在 1 000℃热解后残存的少量 C—H 发生进一步的热解脱氢引起的。陶瓷化温度进一步提高，PZCS 陶瓷化产物中产生含氧相和 SiC 晶粒，PZCS 真正完成无机化，转化为多孔 SiC(Zr)陶瓷。

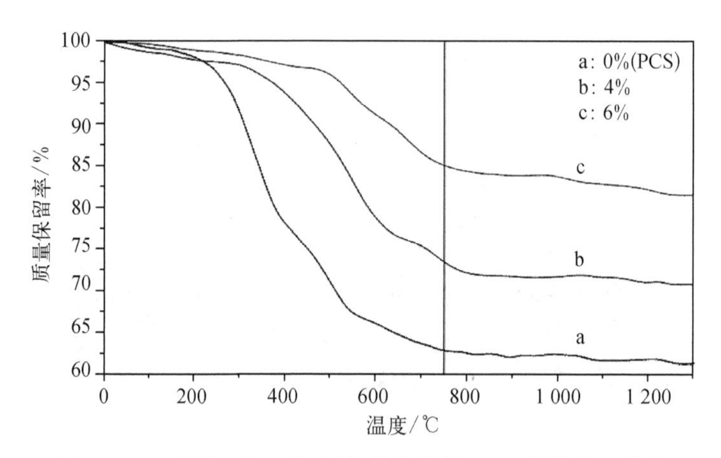

图 6－20　不同 Zr(acac)$_4$ 添加量合成的 PZCS 的热失重曲线

采用化学分析法将 PZCS－4 在 1 200℃陶瓷化产物进行元素组成分析，结果如表 6－8 所示。SiC(Zr)陶瓷的化学式为 $SiC_{1.34}H_xO_{0.15}Zr_y$，C/Si 与普通的 SiC 陶瓷接近，O/Si 高于 SiC 陶瓷，氧主要来自合成先驱体过程中引入的 Zr(acac)$_4$。

表 6－8　PZCS－4 在 1 200℃陶瓷化产物的元素组成

陶瓷样品	元素分析					化学式
	w(Si)/%	w(C)/%	w(O)/%	w(Zr)/%	w(H)/%	
SiC(Zr)	58.42	33.59	5.16	—	—	$SiC_{1.34}H_xO_{0.15}Zr_y$
SiC	60.47	37.27	2.09	0	—	$SiC_{1.43}H_xO_{0.06}$

6.3.4　PHCS 的合成及高温热解性能

与 PZCS 的合成方法相似，采用 Hf(acac)$_4$与 LPCS 为原料经高温热解可制备 PHCS。如表 6－9 所示为不同合成条件下合成 PHCS 的产率、分子量和软化点。从表中可以看出,当 Hf(acac)$_4$的引入量为 2%~15%、合成温度在 450℃、反应时间为 13~17 h、裂解温度在 500℃时,PHCS 先驱体的产率在 64%~67%之间,高于 PCS。数均分子量在 3 600~3 700 之间,重均分子量在 9 000~13 000 之间,软化点在 160~300℃之间。

表 6-9　PHCS 的合成条件及其相关性质表

先驱体	w[Hf(acac)$_4$]/%	裂解温度/℃	反应时间/h	合成温度/℃	产率/%	$\overline{M}_n$	$\overline{M}_w$	熔点/℃
PHCS-1	2	500	14	450	64.4	3 660	10 040	175
PHCS-2	4	500	14	450	64.9	3 640	10 620	180
PHCS-3	8	500	13	450	67.0	3 620	9 200	165
PHCS-4	15	500	17	450	67.2	3 670	12 340	300

图 6-21 为 LPCS、PCS、PHCS 和 Hf(acac)$_4$的 FT-IR 谱图。不同铪含量 PHCS 的 FT-IR 特征峰均与 PCS 的官能团特征峰相似,表明 PHCS 中引入少量的铪对先驱体组成结构的影响较小。其中,2 950 cm^{-1}为 C—H 伸缩振动峰,2 100 cm^{-1}为 Si—H 伸缩振动峰,1 409 cm^{-1}是 Si—CH$_3$结构中 C—H 变形振动峰,1 358 cm^{-1}为 Si—CH$_2$—Si 结构中的—CH$_2$—面外摇摆振动峰,1 252 cm^{-1}为 Si—CH$_3$结构中 CH$_3$变形振动峰,1 027 cm^{-1}为 Si—CH$_2$—Si 结构中 Si—C—Si 伸展振动峰,820 cm^{-1}为 Si—C 伸展振动峰。LPCS 的谱图中,1 358 cm^{-1}的 Si—CH$_2$—Si 结构中—CH$_2$—面外摇摆振动峰的峰强度和 1 027 cm^{-1}的 Si—CH$_2$—Si 结构中 Si—C—Si 伸展振动峰的峰强度明显弱于 PCS、PHCS,表明 LPCS 中大量的 Si—Si

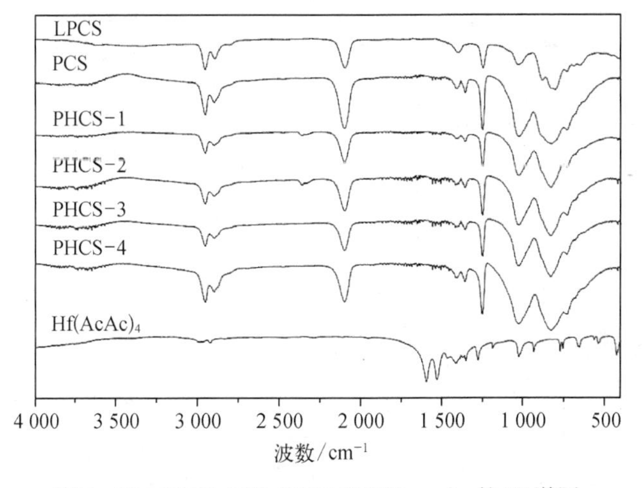

图 6-21　LPCS、PCS、PHCS 和 Hf(acac)$_4$ 的 IR 谱图

结构在合成 PHCS 过程中，经过 Kumada 重排反应后转变为 Si—CH_2—Si 结构。同时 PHCS 的红外图谱上并未出现了 Hf(acac)$_4$中出现的特征峰(1 594 cm^{-1}、1 531 cm^{-1})，表明 PHCS 中不存在 Hf(acac)$_4$残留物。从 PHCS 的 FT－IR 谱中没有获得铪与硅成键的直接信息，Si—Hf 和 Si—O—Hf 键的存在还需要进一步证明。

图 6－22 是不同 Hf(acac)$_4$添加量合成的 PHCS 中 H 原子周围环境分析。低铪含量的 PHCS 与高铪含量的 PHCS 谱图差别不大，化学位移在 0 ppm 附近的谱峰是 Si—CH_3和 Si—CH_2中 C—H 的特征峰，中心位于 4.2 ppm 处的谱峰是 Si—H 峰。PHCS 与 LPCS 中 Si—H 峰化学位移的不同是由它们主链结构不同引起的，中心位于 3.8 ppm 左右的共振峰归属于 Si—Si 链上的 Si—H 的共振峰，中心位于 4.2 ppm 左右的共振峰归属于 C—Si—C 链上的 Si—H 的共振峰，Si 比 C 具有较小的电负性是导致两种 Si—H 的化学位移不同的原因。PHCS 与 LPCS 的 C—H 共振峰的化学位移也有所不同，LPCS 的 C—H 共振峰处于−0.2～0.3 ppm，中心位于 0.2 ppm；PHCS 的 C—H 共振峰处于－1.0～1.0 ppm，中心位于 0 ppm。PHCS 的 Si—H 峰和 C—H 峰都比 LPCS 的宽化，表明 PHCS 并不是 Si—C—Si 的线性链结构，而是存在分子支化的结构。

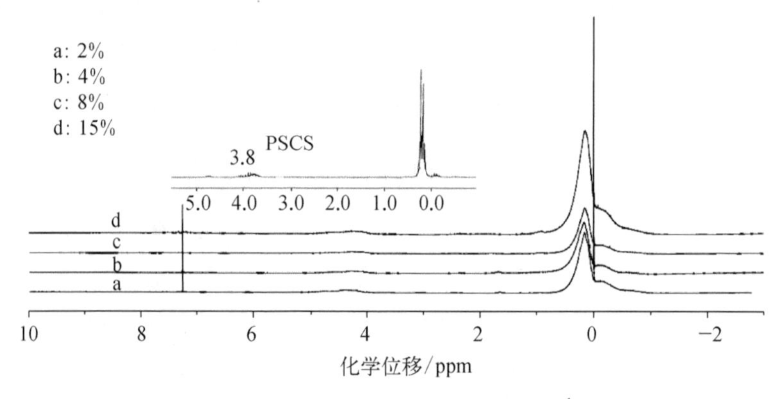

图 6－22　不同 Hf(acac)$_4$ 添加量合成的 PHCS 的^{1}H－NMR 谱图

图 6－23 为不同 Hf(acac)$_4$添加量合成的 PHCS 的^{29}Si－NMR 谱图。PHCS 中硅有三种形式：0.7 ppm 附近的 SiC_4结构，−17.3 ppm 附近的 SiC_3H 结构，以及−100 ppm 附近的 Si—O 结构。核磁共振对聚合物的分辨率一般不如小分子物质，所以图谱中三种结构单元的化学位移都表现为宽峰，尤其是 Si—O 结构。Si—O 结构主要是 LPCS 的主要反应基团 Si—H 键与 Hf(acac)$_4$反应生成了大量

的Si—O键。图谱中没有在-35.75 ppm出现Si—Si吸收峰，表明LPCS在合成反应中发生的裂解重排反应很完全。-17.3 ppm附近的SiC_3H结构验证了PHCS中Si—H、Si—CH_2—Si结构的存在。由于PCS中不含水和氧，-100 ppm附近的Si—O结构峰应为Si—O—Hf或Si—O—Si结构峰。PHCS中的氧含量明显高于PCS，其主要来源于$Hf(acac)_4$和PHCS反应生成的Si—O结构。PHCS-a、PHCS-b、PHCS-c和PHCS-d核磁共振的Si谱中SiC_4与SiC_3H峰面积比分别为1.37、1.36、1.54、1.95，陶瓷先驱体中SiC_4/SiC_3H越接近1，表明该先驱体越适合制备SiC纤维，日本Nicalon纤维的先驱体PCS-470中SiC_4与SiC_3H的比值为1.04，PHCS的SiC_4与SiC_3H峰面积比有随Hf含量增加而增加的趋势，Hf的引入提高了PHCS中的SiC_4结构的比例，使其可纺性变差。

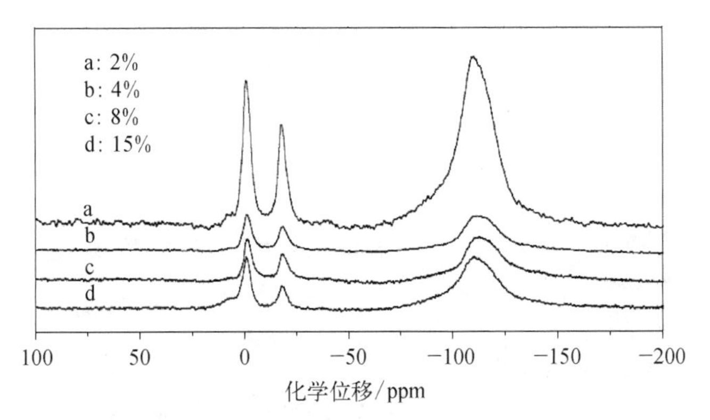

图6-23　不同$Hf(acac)_4$添加量合成的PHCS的^{29}Si-NMR谱图

图6-24是PHCS-4的X-射线光电子能谱图。除Si2s、Si2p、C1s和O1s外，在17.8 eV和214 eV处还分别出现了微弱的Hf4f和Hf4d的能谱峰。由于XPS具有高灵敏性定性元素的特点，从XPS能谱图可以认为PHCS中含有Si、C、O、Hf及未检测到的H。其中，PHCS-4中铪元素的含量为6.1%，与理论值相近。PHCS的XPS全扫描图谱上O1s峰的强度很高，同样证明了PHCS中的氧含量很高。先驱体中过高的氧含量会降低最终烧成纤维的力学性能，因此合成先驱体PHCS的反应物配比需要严格控制，$Hf(acac)_4$的引入量不宜过多。

图6-25是不同温度下PHCS陶瓷化产物的XRD谱图。PHCS在1 000℃下的陶瓷化产物为无定形态，没有出现明显的结晶峰。1 200℃的陶瓷化产物中可以明显地观察到归属于β-SiC晶体的3个特征衍射峰，即2θ分别为36.5°、60.1°和72°的(111)、(220)和(311)衍射峰，但PHCS 1 200℃陶瓷化产物在(220)和

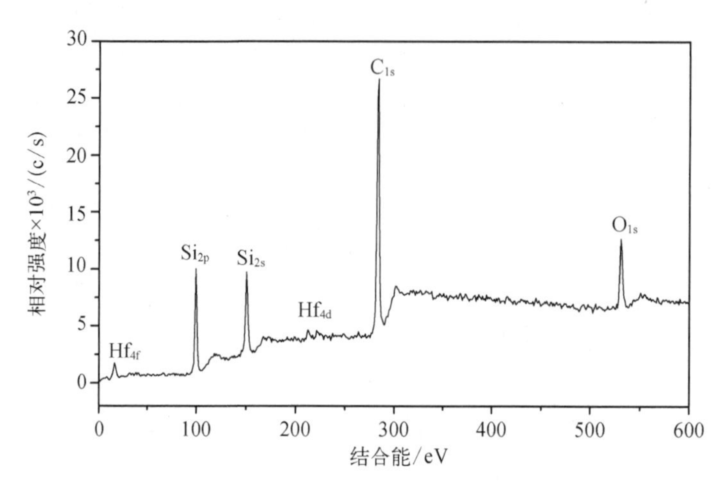

图 6-24　PHCS-4 的 X 射线光电子能谱图

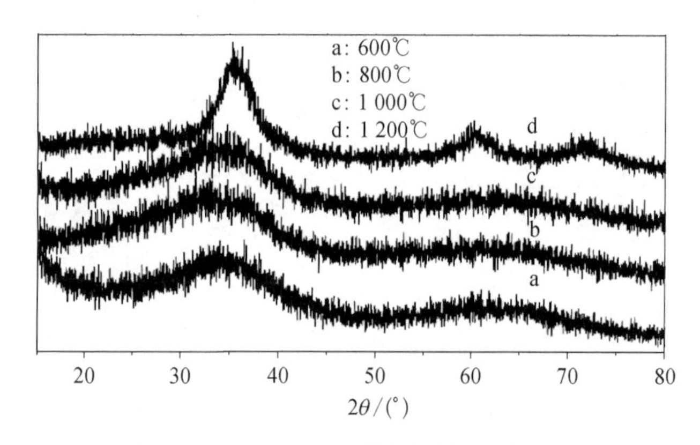

图 6-25　PHCS 在不同陶瓷化温度下的 XRD 图

(311)衍射峰的位置只存在较宽的鼓包,其平均晶粒尺寸只有 2.0 nm,表明 1 200℃的陶瓷化产物结晶性不高,其中含有大量 β-SiC 微晶。

图 6-26 为不同 $Hf(acac)_4$添加量合成的 PHCS 及 PCS 在 1 200℃陶瓷化产物 XRD 图。从图中可以看出,PHCS 在 1 200℃的陶瓷化产物的 XRD 谱图相似,只存在 β-SiC 的三个衍射峰,且都为较宽的鼓包。谱图中只在(111)面衍射峰的位置有一个非常宽的衍射峰,在(220)和(311)面衍射峰的位置没有明显 β-SiC 微晶的衍射峰,表明 1 200℃陶瓷化产物基本上是非晶态,结晶性不高。利用 PHCS 在 1 200℃的陶瓷化产物的 XRD 谱图,根据(111)峰的半高宽通过 Scherrer 公式求得 1 200℃的陶瓷化产物的晶粒尺寸 L_{111}大小,结果如表 6-10 所

示,不同铪含量的陶瓷化产物平均晶粒大小为2.0 nm,结晶较差,小于同样条件下PCS的晶粒大小。

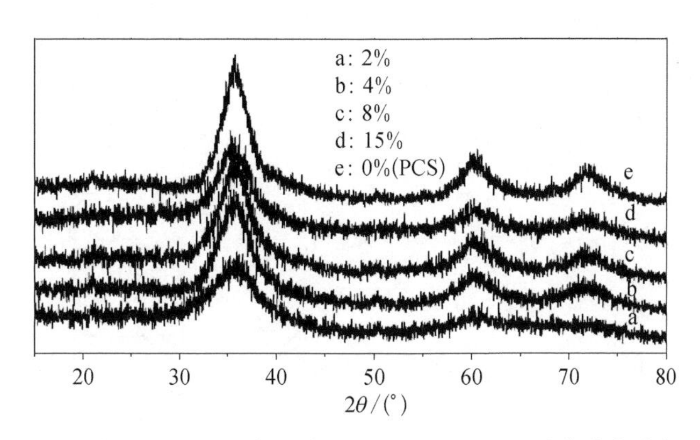

图6-26　不同Hf(acac)$_4$添加量合成的PHCS 1 200℃的陶瓷化产物XRD图

表6-10　不同Hf(acac)$_4$添加量合成的PHCS在1 200℃的陶瓷产率及晶粒大小

先 驱 体	w[Hf(acac)$_4$]/%	陶瓷产率/%	晶粒大小/nm
PHCS-1	2	73.8	1.7
PHCS-2	4	79.6	2.1
PHCS-3	8	67.0	2.2
PHCS-4	15	83.9	2.1
PCS	0	61.2	2.8

图6-27是不同Hf(acac)$_4$添加量合成的PHCS的TG曲线。PHCS在N_2中热解过程由于合成条件的不同热解过程有所差异。1 300℃时,PHCS-a、PHCS-b、PHCS-c、PHCS-d陶瓷产率分别为73.8%、79.6%、67.0%、83.9%。PHCS-d由于合成软化点较高,交联严重,在400℃以后失重不是很明显,陶瓷产率较高,相应的PHCS-c软化点较低,陶瓷产率也较低。PHCS的陶瓷产率明显高于同样条件下合成的PCS的陶瓷产率61%,且PCS在250℃时开始明显地失重,而PHCS到350℃左右才开始明显失重,表明PHCS中的大分子的含量多于PCS,Hf(acac)$_4$在PHCS合成过程中起交联助剂作用,铪的引入能明显提高PHCS的陶瓷产率。在300~800℃阶段,TG曲线表明此温度段PHCS有较大的失重,约为25%。热解产生的气体中含有H_2、CH_4。在700~1 000℃阶段,此温度段为深度无机化阶段,大部分有机基团断键,并产生H_2和CH_4等分子气体,失重率约为3%,由于小分子的逸出陶瓷中产生孔洞,PHCS在此阶段基本完成了无机陶瓷化。在1 000~1 300℃阶段,PHCS的热失重量很小,曲线趋于平行,此

温度段仅失重 2%左右,这是 PHCS 在 1 000℃热解后残存的少量 C—H 发生进一步的热解脱氢引起的。陶瓷化温度进一步提高,PHCS 的热解产物中产生含氧杂质和 SiC 晶粒,PHCS 真正完成无机化,转化为 SiC(Hf)陶瓷。

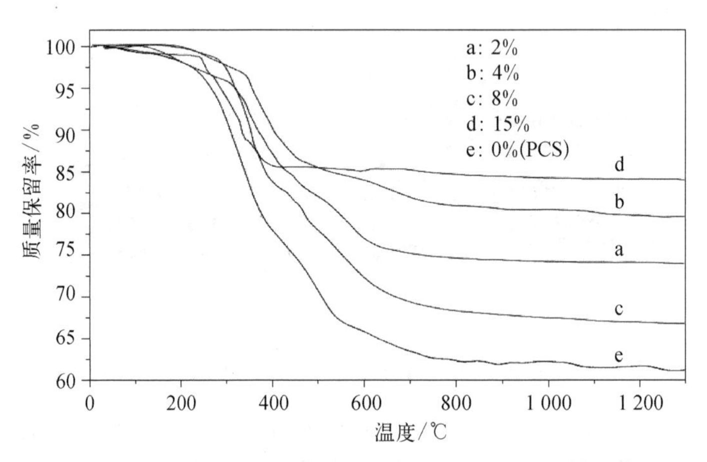

图 6-27　不同 $Hf(acac)_4$ 添加量合成的 PHCS 的 TG 曲线

6.4　聚铌碳硅烷的合成及性质

第ⅤB 族(Nb,Ta)、第ⅥB 族(Mo)及第ⅦB 族(Re)元素的碳化物和硅化物具有较高的熔点(3 000~4 000℃)、优异的高温韧性、抗侵蚀性和较高的硬度,是 SiC 陶瓷先驱体的良好添加剂。通过在聚碳硅烷先驱体中引入 Nb、Mo、Re 等异质元素与 Si 形成超高温硅化物或与 C 形成超高温碳化物,进一步提高 SiC 陶瓷及其纤维的耐温性、抗氧化性能。由于含 Nb、Ta、Mo、Re 元素具有相似的化学性质,含这些异质元素的聚碳硅烷可通过这些异质元素的氯化物与 LPS 反应来制备,本节以聚铌碳硅烷(polyniobiumcarbosilane, PNCS)为例,介绍含第ⅤB 族(Nb,Ta)、第ⅥB 族(Mo)以及第ⅦB 族(Re)元素的聚碳硅烷的合成与性质。

6.4.1　聚铌碳硅烷的合成

1. $NbCl_5$用量对 PNCS 组成结构的影响

按照正交实验的方法,为了研究 $NbCl_5$用量对 PNCS 组成结构的影响,按照聚碳硅烷通常的裂解温度(460~540℃),固定裂解温度为 500℃,合成温度为

460℃,反应时间为8 h。在此条件下,表6-11给出了不同$NbCl_5$添加量制备的PNCS的性质表。从表6-11可看出随着$NbCl_5$添加量的增加PNCS的数均和重均分子量都随之增大,宏观表现为软化点升高,尤其当$NbCl_5$添加量为12%时,先驱体部分交联,软化点高达251℃,先驱体已经不具有熔融可纺性。

表6-11　不同$NbCl_5$添加量合成PNCS的性质

先驱体	$w(NbCl_5)$/%	产率/%	$\overline{M}_n$	$\overline{M}_w$	熔点/℃	可纺性
PNCS-a	3	56.6	2 106	12 376	161	很好
PNCS-b	5	55.6	3 060	18 603	206	好
PNCS-c	7	54.8	2 214	27 140	218	好
PNCS-d	10	56.9	2 862	15 516	174	好
PNCS-e	12	部分交联	2 106	68 088	251	不能纺

图6-28是不同$NbCl_5$添加量合成PNCS的GPC曲线。随着$NbCl_5$添加量的增加,GPC曲线整体向高分子量部分移动。说明随着$NbCl_5$添加量的增加,反应程度加深,高分子量部分增多,PNCS分子量长大,分子结构发生着变化。当$NbCl_5$添加量大于5%时,PNCS的GPC曲线高分子量部分出现拖尾和凸起现象,如图6-28(c)、(d)所示。为了更好地分析不同$NbCl_5$添加量对PNCS分子量及其分布的影响,以$\log M_w = 3.0$(相应分子量为1 000)、$\log M_w = 4.0$(相应分子量为10 000)为界限,将PNCS分子量分为高(M_H)、中(M_M)、低(M_L)三部分,从积分面积可算出高、中、低各部分分子的含量。将不同$NbCl_5$添加量(3%、7%、12%)合成的PNCS分子量中高(M_H)、中(M_M)、低(M_L)三部分所占比例作图,如图6-29所示。

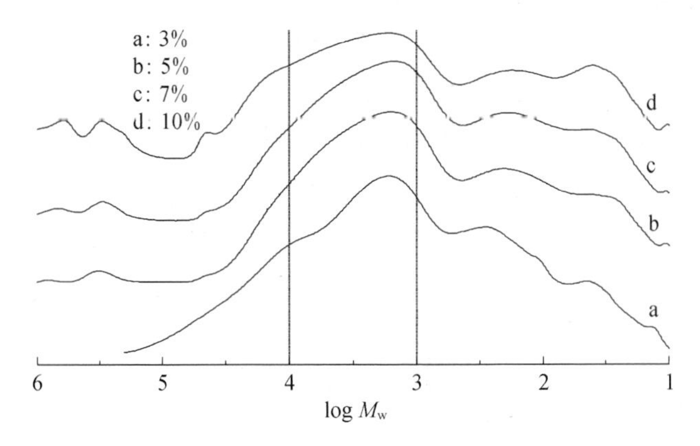

图6-28　不同$NbCl_5$添加量合成的PNCS的GPC谱图

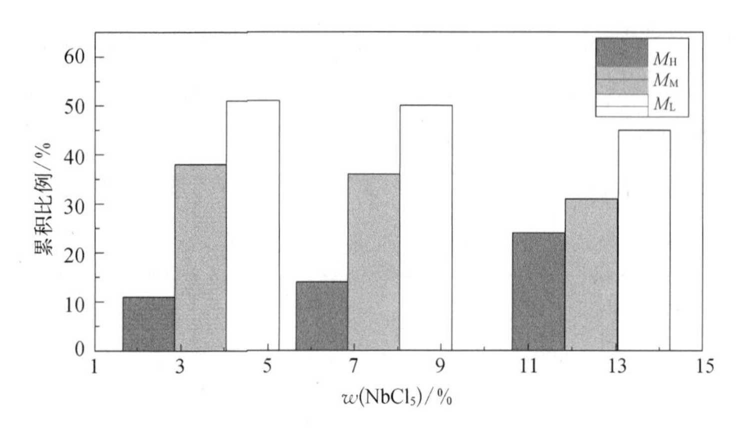

图 6-29　不同 $NbCl_5$ 添加量合成的 PNCS 中分子量高、中、低各部分含量

从上图 6-29 可以看出，随着 $NbCl_5$添加量的增加，先驱体高分子量部分含量增加，约为 11%～24%；中分子量部分含量减少，约为 38%～31%；低分子量部分含量减少，约为 51%～45%。这表明，随着 $NbCl_5$添加量的增加，PNCS 在高分子量部分增加和低分子量部分减少的共同作用下，PNCS 分子量长大。当 $NbCl_5$ 添加量为 12%时，高分子量部分占 24%，由于高分子量部分过多以至于在同样反应时间和合成温度下 PNCS 先驱体部分交联，分子量过大。为了提高分子量分布的均匀性，应适当抑制高分子量部分的生成，因为高分子量部分的增加使分子量分布变宽和分子量分布系数变大。为得到分子量分布均匀、可纺性好的先驱体，$NbCl_5$添加量应控制在 5%～10%。

2. 合成温度对 PNCS 组成结构的影响

在先驱体的合成工艺影响因素中，合成温度也是影响先驱体组成和结构的重要因素，合适的合成温度可得到分子量分布均匀的先驱体，并且为后续纤维的制备带来方便。表 6-12 是裂解温度为 500℃，反应时间为 8 h，$NbCl_5$添加量为 5%的条件下不同合成温度合成 PNCS 的性质表。随着合成温度提升，PNCS 的

表 6-12　不同合成温度合成 PNCS 的性质

先驱体	合成温度/℃	产率/%	$\overline{M}_n$	$\overline{M}_w$	熔点/℃
PNCS－a	420	58.6	1 566	4 950	85
PNCS－b	430	58.1	1 692	10 440	88
PNCS－c	440	57.8	1 782	7 893	90
PNCS－d	450	56.2	2 106	12 402	140
PNCS－e	460	55.6	3 060	18 603	206

数均分子量和软化点都逐渐提高。当合成温度低于450℃时，软化点仅140℃，软化点偏低，陶瓷产率低。当合成温度升高至460℃，PNCS的软化点达到206℃。因此，较为合适的合成温度为460℃。

为研究合成温度对PNCS分子量分布的影响，对不同合成温度制备的PNCS做GPC分析，如图6－30所示。从图中可以看出，随着合成温度的升高，PNCS的GPC曲线整体向中、高分子量部分移动，说明随着合成温度的升高，合成反应加剧，PNCS分子量长大。从表6－12可明显看出随合成温度的升高，PNCS数均分子量和重均分子量都相应增大，宏观表现为软化点升高。合成温度在460℃下时对先驱体高分子量部分的影响并没有像 $NbCl_5$ 添加量那样出现拖尾和凸起现象，直到合成温度为460℃时才出现，超高分子量部分不明显。

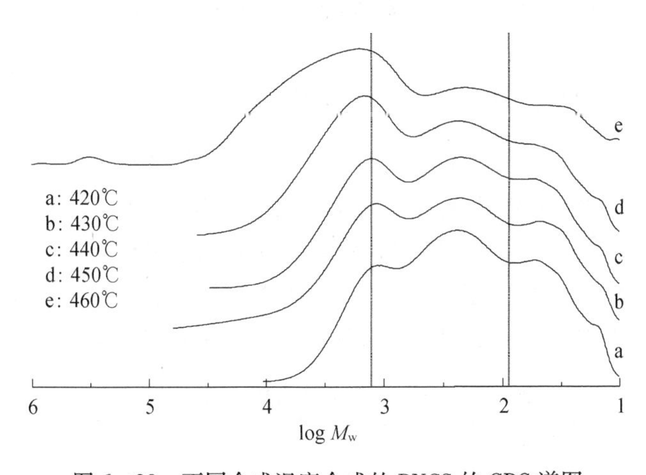

图6－30　不同合成温度合成的PNCS的GPC谱图

为了更好地分析不同合成温度对PNCS分子量及其分布的影响，将不同合成温度下合成的PNCS分子量中高（M_H）、中（M_M）、低（M_L）三部分所占比例作图，如图6－31所示。随着合成温度的升高，先驱体高分子量部分含量增加，为1%～15%；中分子量部分含量也增加，为18%～38%；低分子量部分含量减少，为81%～47%。这表明，随着合成温度的升高，PNCS在高、中分子量部分增加和低分子量部分减少的共同作用下分子量长大。当合成温度为420℃时，先驱体中低分子量部分较多，中、高分子量部分较少，分子量较小，软化点较低，此先驱体虽然纺丝性能良好，但由于低分子量部分过多，纤维在烧成与烧结过程中收缩严重，使得所制备纤维的性能较差。为了使合成的先驱体既有良好的可纺性又不至于分子量过低，合成温度应控制在440～460℃。

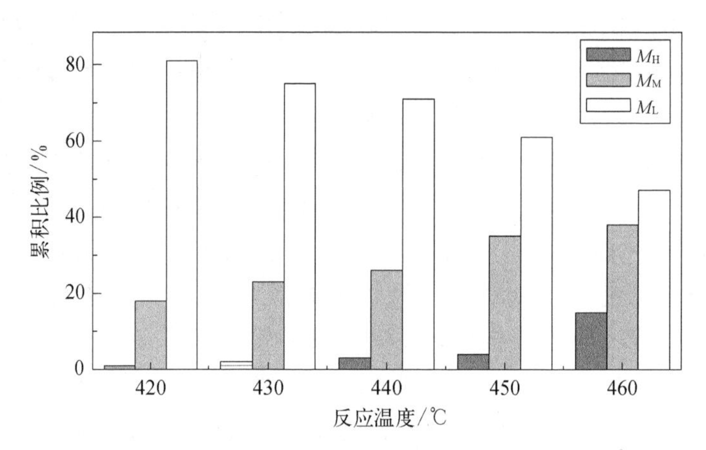

图 6-31　不同合成温度合成的 PNCS 中分子量高、中、低各部分含量

3. 裂解温度对 PNCS 组成结构的影响

裂解温度同样对先驱体的组成结构有很大的影响。表 6-13 为不同裂解温度制备的 PNCS 的基本性质表。当裂解温度从 460℃升至 500℃时，PNCS 的分子量和软化点逐渐上升，而当裂解温度超过 500℃时，PNCS 中低分子量部分迅速裂解重排转化为更高分子量的 PNCS，使得 PNCS 的软化点和分子量迅速增大，甚至部分 PNCS 发生交联发泡。因此，较为合适的裂解温度为 500℃。

表 6-13　不同裂解温度合成 PNCS 的性质

先驱体	裂解温度/℃	产率/%	$\overline{M}_n$	$\overline{M}_w$	熔点/℃
PNCS-a	460	48.3	1 836	44 396	172
PNCS-b	480	50.1	1 980	17 843	182
PNCS-c	500	55.6	3 060	18 603	206
PNCS-d	520	57.3	1 980	14 385	191
PNCS-e	540	部分交联	2 754	83 146	295

为了研究裂解温度对 PNCS 分子量分布的影响，将不同裂解温度制备的 PNCS 做 GPC 分析，如图 6-32 所示。随着裂解温度的升高，GPC 曲线整体向高分子量部分移动，致使分子量迅速长大，分子量分布宽化。说明随着裂解温度的升高，反应程度加剧，PNCS 分子量长大，分子结构发生着变化，高分子量部分增长明显，并且 GPC 曲线中高分子量部分出现明显的拖尾和凸起现象，尤其当裂解温度为 540℃时更加明显。结合表 6-13 与图 6-32 可看出，裂解温度升高，先驱体的数均和重均分子量都呈增加的趋势，软化点升高，先驱体产率也相应增加。当裂解

温度为540℃时,先驱体合成反应异常剧烈、高分子含量快速增加致使局部交联。为得到分子量分布均匀、可纺性好的先驱体,裂解温度以控制在500℃为宜。

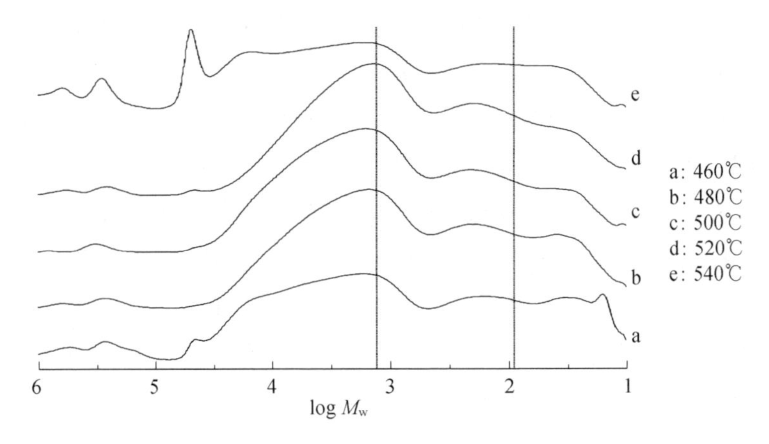

图6-32　不同裂解温度合成PNCS的GPC谱图

综合上述分析可得出:合成具有合适的分子量、合理的分子量分布以及有良好可纺性先驱体PNCS的适宜条件为:$NbCl_5$添加量与LPS的配比控制在5%~10%,合成温度在460℃左右,裂解温度500℃,反应时间以8 h为最佳。

6.4.2　PNCS先驱体的组成结构性能研究

采用化学分析法可对不同$NbCl_5$添加量合成的PNCS进行元素组成分析,分析结果如表6-14所示。$NbCl_5$添加量超过10%后,PNCS的Nb含量为0.55%左右,并且随着$NbCl_5$添加量的增加Nb的质量分数也呈增加的趋势。通过合成反应,Nb被有效地引入先驱体中。氧含量与同样条件下合成的PCS相近,这正是选用$NbCl_5$作为原料的其中一个原因:$NbCl_5$不含氧不会在合成的先驱体中引入过多的氧。PNCS中C/Si基本在1.9~2.2范围内,这与PCS种C/Si比相近,即Nb的引入没有造成PCS中C/Si的明显改变。

表6-14　不同$NbCl_5$添加量合成的PNCS的元素组成

先驱体	化学组成					化学式
	w(Si)/%	w(C)/%	w(O)/%	w(Nb)/%	w(H)/%	
PNCS-5%	47.64	43.25	0.72	0.27	8.12	$SiC_{2.118}H_{4.77}O_{0.026}Nb_{0.0017}$
PNCS-10%	44.78	42.43	0.9	0.55	11.34	$SiC_{2.211}H_{7.09}O_{0.035}Nb_{0.0037}$
PNCS-12%	46.71	39.82	1.05	0.58	11.84	$SiC_{1.989}H_{7.10}O_{0.039}Nb_{0.0037}$
PCS	47.31	38.87	0.63	—	13.19	$SiC_{1.92}H_{7.80}O_{0.023}$

通过红外光谱图(FTIR)光谱可对 PNCS 的成键情况进行定性分析。图 6 - 33 为 LPS、PCS 及不同 $NbCl_5$添加量合成 PNCS 的 FTIR 谱图。整体上,PNCS 的红外图谱与 LPS、PCS 的红外图谱除了峰强度不同外,其他特征峰的位置相近。具体而言,2 952 cm^{-1}为 C—H 伸缩振动峰,2 101 cm^{-1}为 Si—H 伸缩振动峰,1 410 cm^{-1}是 Si—CH_3结构中 C—H 变形振动峰,1 356 cm^{-1}为 Si—CH_2—Si 结构中的—CH_2—面外摇摆振动峰,1 253 cm^{-1}为 Si—CH_3结构中 CH_3变形振动峰,1 020 cm^{-1}为 Si—CH_2—Si 结构中 Si—C—Si 伸展振动峰,820 cm^{-1}为 Si—C 伸展振动峰。LPS 谱图中 1 350 cm^{-1}的 Si—CH_2—Si 结构中的—CH_2—面外摇摆振动峰的峰强度和 1 023 cm^{-1}Si—CH_2—Si 结构中 Si—C—Si 伸展振动峰的峰强度明显弱于 PCS、PNCS,说明 LPS 中大量的 Si—Si—Si 结构在合成 PNCS 过程中,经过 Kumada 重排反应后转变为 Si—CH_2—Si 结构。

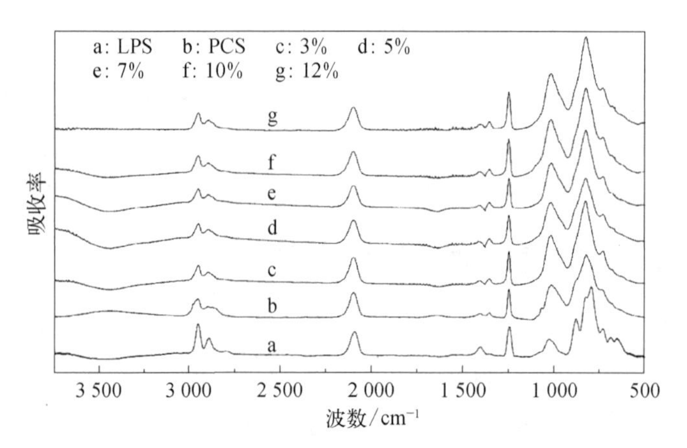

图 6 - 33 LPS、PCS 及不同 $NbCl_5$ 添加量合成 PNCS 的红外光谱图

图 6 - 34 为 PNCS 红外谱图中 $A_{Si—H}/A_{Si—CH_3}$吸光度比随 $NbCl_5$添加量的变化图。其中,$NbCl_5$添加量为零的先驱体为 PCS。PCS 的 $A_{Si—H}/A_{Si—CH_3}$吸光度比明显高于 PNCS,随着 $NbCl_5$添加量的增加,PNCS 中的 $A_{Si—H}/A_{Si—CH_3}$吸光度有逐渐降低的趋势,说明在合成 PNCS 反应中 Si—H 键是主反应基团,反应是通过消耗 Si—H 键与 $NbCl_5$反应生成 Si—Nb 键同时释放出 HCl 进行的,由于 $NbCl_5$的引入,使得 PNCS 中的 Si—H 键含量明显低于 PCS。

为了研究 PNCS 中 H 原子的周围环境,可采用^{1}H - NMR 方法对不同 $NbCl_5$添加量合成的 PNCS 进行分析。图 6 - 35 是 LPS 和不同 $NbCl_5$添加量合成 PNCS 的^{1}H - NMR 谱。$NbCl_5$添加量较低的 PNCS 与较高的 PNCS 谱图差别不大,C—H

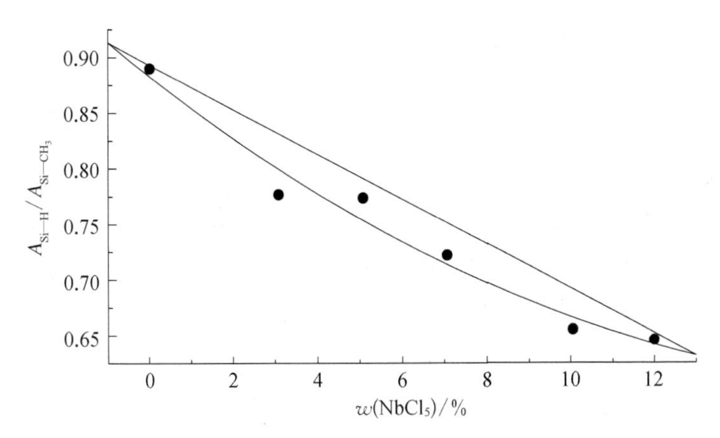

图 6-34　$NbCl_5$ 添加量对 PNCS 的 FTIR 中 $A_{Si—H}/A_{Si—CH_3}$ 的影响

键中的氢所产生的峰在化学位移 0 ppm 附近，并认为其中在 0.4 ppm 附近是 Si—CH_3单元产生的氢峰，在-0.1 ppm 附近是 Si—CH_2产生的氢峰，在-0.6 ppm 附近为 Si—CH 单元产生的氢峰。而中心位于 4.2 ppm 处的谱峰是 Si—H 的特征峰。LPS 中 Si—H 峰的化学位移位于 3.8 ppm 处。PNCS 与 LPS 中 Si—H 峰化学位移的不同是由它们的主链结构不同引起的，中心位于 3.8 ppm 左右的共振峰归属于 Si—Si 链上的 Si—H，中心位于 4.2 ppm 左右的共振峰归属于 C—Si 链上的 Si—H，Si 比 C 具有较小的电负性是导致两种 Si—H 的化学位移不同的原因。PNCS 与 LPS 的 C—H 共振峰的化学位移也有所不同，LPS 的 C—H 共振峰处于-0.2~0.3 ppm，中心位于 0.2 ppm；PNCS 的处于-1.0~1.0 ppm，中心位于 0 ppm。PNCS 的 Si—H 和 C—H 峰都比 LPS 的宽化，说明 PNCS 并不是 Si—C—Si 的线性链结构，而是存在分子支化的结构。

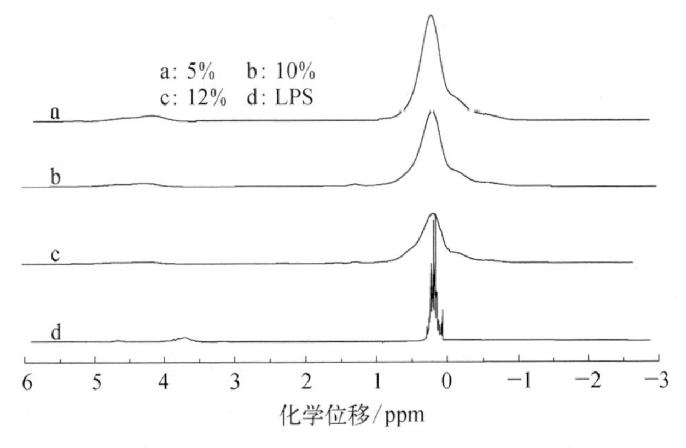

图 6-35　不同 $NbCl_5$ 添加量合成的 PNCS 及 LPS 的^{1}H-NMR 谱

在^{1}H－NMR谱图中，相同化学环境中的H原子的个数与其相应的共振峰的峰面积成正比，因此，根据各峰的峰面积可以确定PNCS中各相应含H基团的组成比。表6－15给出了LPS、PCS及不同$NbCl_5$添加量的PNCS的^{1}H－NMR中Si—H与C—H的积分面积比。LPS含有较高比例的Si—H，这正是选用LPS作为反应原料的重要原因。PNCS的Si—H含量比LPS低，并且随着$NbCl_5$添加量的增加Si—H含量减少，说明合成PNCS的反应消耗了LPS中一部分Si—H键。

表6－15　LPS、PCS和PNCS的^{1}H－NMR化学位移及Si—H/C—H

样　品	化学位移/ppm		积分比
	Si—H	C—H	Si—H/C—H
LPS	3.6~4.0	-0.2~0.3	0.132
PCS	3.8~5.8	-1.0~1.0	0.103
PNCS－5%	3.8~5.4	-1.0~1.0	0.082
PNCS－10%	3.7~5.4	-1.0~1.0	0.080
PNCS－12%	3.8~5.4	-1.0~1.0	0.068

为了确定PNCS中Si原子的周围环境，利用^{29}Si－NMR对PNCS进行了表征。图6－36为不同$NbCl_5$添加量合成PNCS的^{29}Si－NMR谱图。PNCS中硅的存在形式主要有两种：0 ppm附近的SiC_4结构，-16 ppm附近的SiC_3H结构。核磁共振对聚合物的分辨率一般不如小分子物质，所以图谱中两种结构单元的化学位移都表现为宽峰。图谱中没有在-35.75 ppm出现Si—Si键的吸收峰，表明LPS在合成PNCS反应中的裂解重排反应很完全，Si—Si键完全转化为Si—CH_2—Si结构。-16 ppm附近的SiC_3H结构验证了PNCS中Si—H、Si—CH_2—Si结构的存在。在^{29}Si－NMR中，用SiC_4与SiC_3H峰面积比来表征先驱体PNCS的线性度，因为SiC_3H结构中已经固定有一个氢原子，因此保持线性结构的概率要大，而SiC_4结构含量越高，则意味着分子支化的概率越大。因此从统计学上讲，SiC_4/SiC_3H越小，表明线性度越高。PNCS－a、PNCS－b和PNCS－c的Si核磁共振谱中SiC_4与SiC_3H峰面积比分别为1.14、1.28、1.31，随着$NbCl_5$添加量的增加峰面积比增大，说明先驱体PNCS支化度越大。一般来说陶瓷先驱体中SiC_4/SiC_3H（相对含量比值）越接近1，表明该先驱体越适合制备SiC纤维，日本Nicalon纤维的先驱体PCS－470中SiC_4与SiC_3H峰面积比为1.04。

由以上PNCS的分析结果可知，PNCS与PCS的官能团结构基本相似。PNCS中存在C—Si—C链上的Si—H，而不存在Si—Si—Si链上的Si—H。PNCS中硅原子周围存在两种结构环境，即SiC_4和SiC_3H。

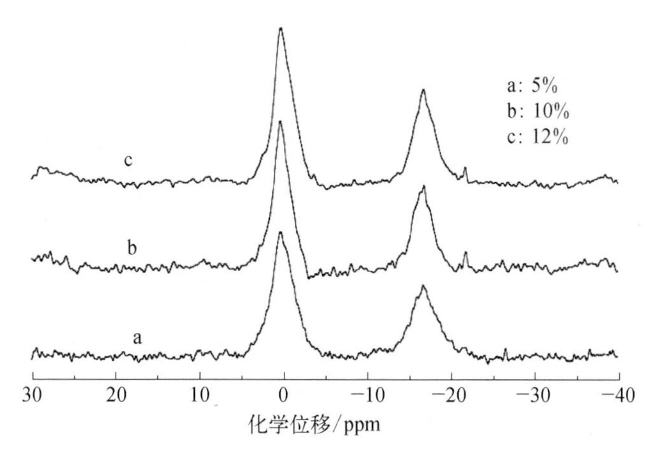

图 6－36　不同 $NbCl_5$ 添加量合成 PNCS 的 ^{29}Si－NMR 谱图

图 6－37 是 Si_{2p}、C_{1s}、O_{1s}和 Nb_{3d}的 X 射线光电子能谱的拟合图。从 C_{1s}能谱峰拟峰可知，C 主要的键合形式有 C—H(283.8 eV) 和 C—Si(284.7 eV)，由 XPS 的积分峰面积可半定量样品中的元素含量，因此根据它们的积分面积可知 C 主要和 Si 成键。O_{1s}能谱峰拟合成中心分别位于 532.8 eV 和 534.5 eV 两个峰，分别归属于 O—Si 键和 O—Nb 键。Si_{2p}的能谱峰可以拟合成中心分别位于 100.9 eV、101.4 eV 和 102.6 eV 三个峰，分别归属于 Si—H、Si—C 和 Si—O 三种键合形式，根据它们的积分面积比可知 Si 主要和 C、H 结合，和 O 结合的比重较少。Nb_{3d}能谱峰拟合成中心分别为 200.56 eV 和 201.78 eV 的两个峰，此两位置的峰应归属于 Si—Nb 键和 Si—O—Nb 键的能谱峰。

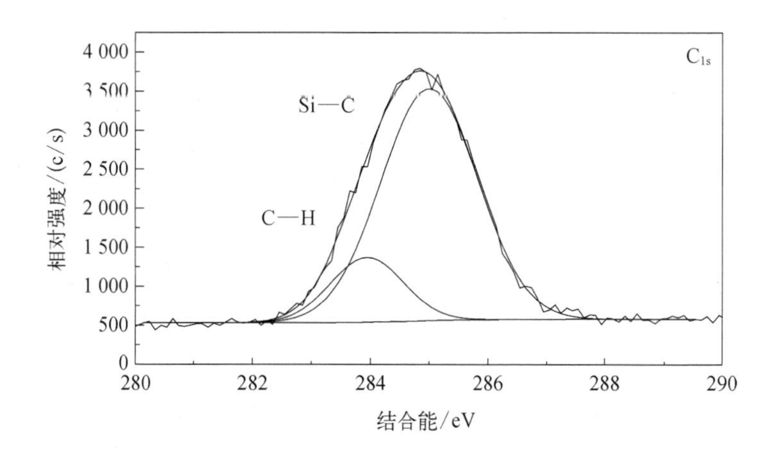

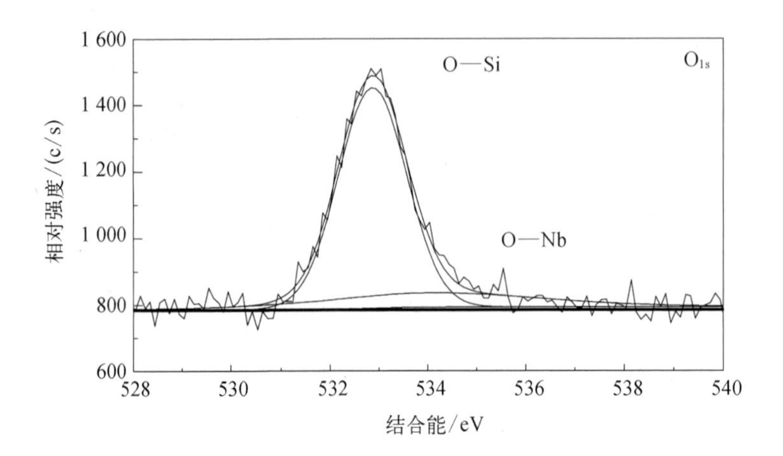

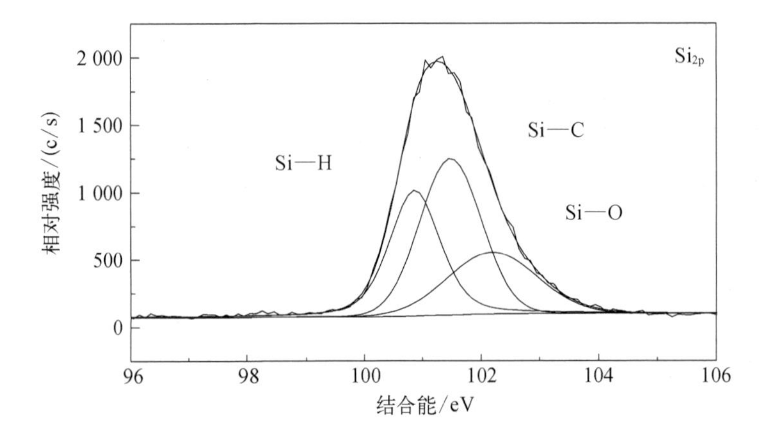

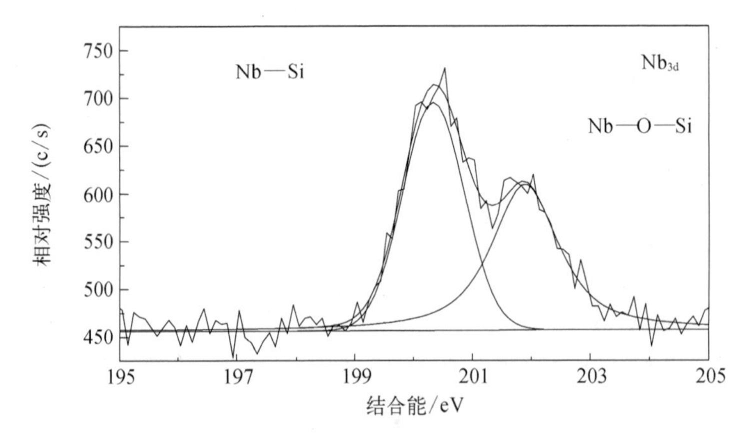

图 6-37　PNCS 的 X 射线光电子能谱图拟合图

综上所述，PNCS 主要由 SiC_4和 SC_3H 基团组成，分子链支化度较大，异质元素在 PMCS 中主要以 Si—Nb 和少量 Si—O—Nb 的形式存在，起到交联点的作用，使小部分分子链形成交联结构。因此，虽然 PNCS 的数均分子量约为 3 000，但重均分子量一般可高达数万。

6.4.3　PNCS 先驱体的合成机理

根据 PNCS 先驱体的组成结构分析可知：PNCS 主要由 SiC_4和 SC_3H 基团组成，分子链支化度较大，异质元素在 PNCS 中主要以 Si—Nb 和少量 Si—O—Nb 的形式存在，起到交联点的作用，使小部分分子链形成交联结构。依据先驱体的组成结构以及合成工艺研究，可推测 $NbCl_5$与 LPS 的反应机理。图 6－38 为 LPS 和 $NbCl_5$的反应机理示意图。

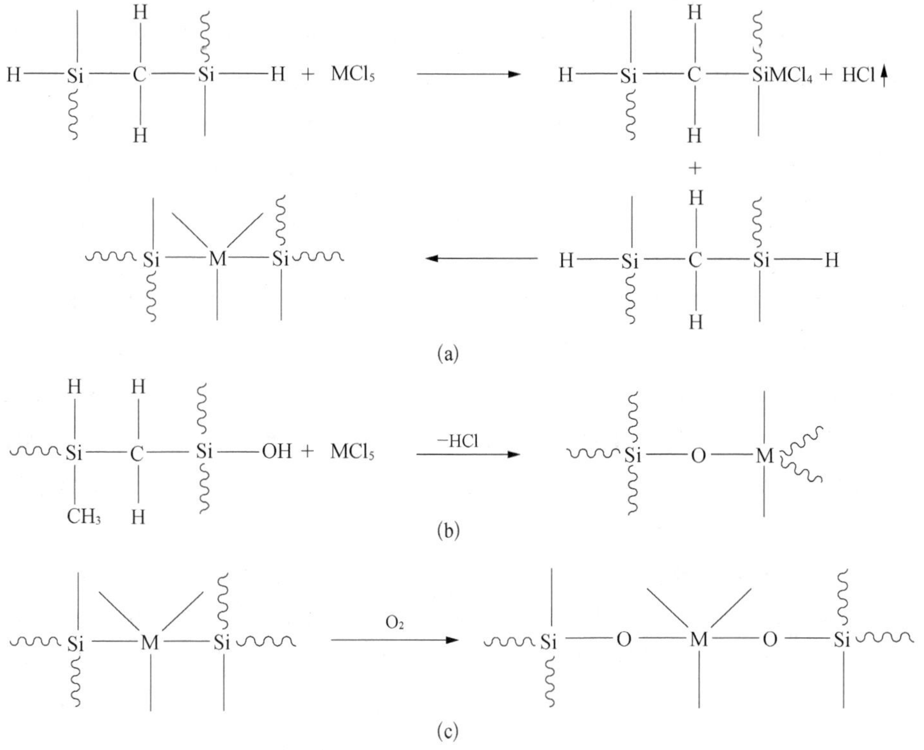

(a)

(b)

(c)

图 6－38　LPS 与 $NbCl_5$ 反应生成 PNCS 的机理示意图

LPS 中含有活性较高的 Si—H 键，并且 LPS 在裂解重排过程中又不断产生新的 Si—H 键，而 $NbCl_5$中的 Cl 极易夺取 Si—H 键上的 H 以 HCl 气体的形式脱除，从而使 Si 成为自由基,Si 自由基与异质元素结合成 Si—Nb 键,如图 6-38(a)所示。LPS 在储存或合成 PNCS 过程中容易部分水解,少量 Si—H 键水解为 Si—OH 键,与 $NbCl_5$反应生成 Si—O—Nb 键,如 6-38(b)所示。Si—O—Nb 键还有少量如 6-38(c)所示形成,先驱体中 Si—Nb 键由于热力学不稳定性,少量被氧化为 Si—O—Nb 键。在实际合成 PNCS 的反应中,除了上述的反应之外,最主要的反应是 LPS 的裂解重排反应,其反应机理是 Kumada 重排反应,少量 $NbCl_5$在反应中起到交联助剂作用。

6.4.4 PNCS 先驱体的高温热解特性

为了研究 PNCS 的热分解陶瓷产率、热分解过程,对不同 $NbCl_5$添加量合成的 PNCS 进行 TG 分析。如图 6-39 所示,不同 $NbCl_5$添加量合成的 PNCS 在 N_2中的热解过程由于合成条件的不同有所差异,1 200℃时,PNCS-7%的陶瓷产率为 76.8%,PNCS-12%陶瓷产率为 84.7%,高于 PCS 的陶瓷产率 61.2%,为高陶瓷产率先驱体。PNCS 开始失重的温度与高温裂解的陶瓷产率都随 $NbCl_5$添加量的增加而增大,说明随着 $NbCl_5$添加量的增加,PNCS 的交联程度也在增加,Nb 在 PNCS 高温裂解过程中起交联点的作用,Nb 的引入提高了 PNCS 的陶瓷产率。250~750℃温度段为 PNCS 主要无机化阶段,TG 曲线表明此温度段 PNCS 有较大的失重,约为 20%~30%,热解产生的气体中含有 H_2、CH_4。在此阶段,PNCS-7%和 PNCS-12%出现“台阶”式失重,主要是由于随着 $NbCl_5$添加量的增加 PNCS 分子量增大同时分子量分布变宽,低分子量部分和超高分子量部分分化明显,250~350℃之间,部分小分子以气体形式挥发逸出,PNCS 首次出现较大的失重;350~600℃之间,随着裂解温度的升高 PNCS 高分子量部分出现交联现象,以至于此温度段失重较少整体呈现平缓的趋势;600~750℃之间,PNCS 侧基热分解,脱 H_2、CH_4及部分含硅分子,少量端基分解,出现第二段失重。750~1 000℃,此温度段为深度无机化阶段,PNCS 失重率约为 3%,由于小分子逸出,在陶瓷中形成了孔洞。到 900℃时,PNCS 中大部分有机基团断键,并产生 H_2和 CH_4等分子气体,PNCS 在此阶段基本完成了无机陶瓷化。1 000~1 300℃时,PNCS 的热失重量很小,曲线趋于平行,此温度段仅失重 3%左右,这是 PNCS 在 1 000℃热解后残存的少量 C—H 发生进一步的热解脱氢引起的。裂解温度进一步提高,PNCS 裂解产物中产生含氧相和 SiC 晶粒,PNCS 真正完成无机化,转化为多孔 SiC(Nb)陶瓷。

通过 XRD 谱图分析,可以考察 PNCS 在不同温度下陶瓷化产物的相结构。

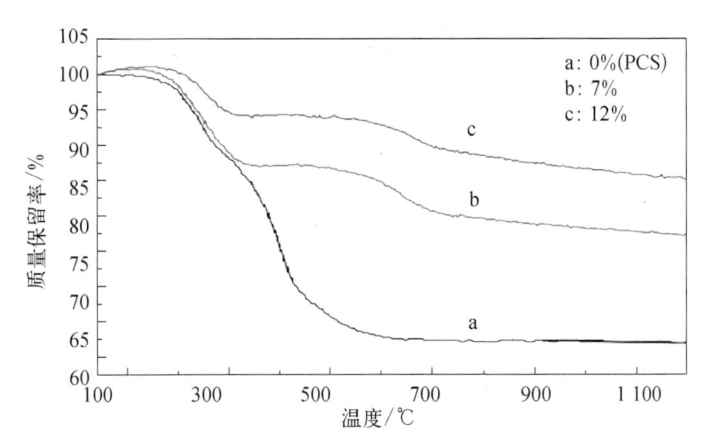

图 6 - 39　不同 $NbCl_5$添加量合成 PNCS 的热失重曲线

图 6 - 40 为 $NbCl_5$添加量为 5%合成的 PNCS 在不同温度下的陶瓷化产物进行 XRD 分析。PNCS 在 1 000℃下的裂解产物结晶度不高为无定形态,没有出现明显的结晶峰。1 200℃裂解产物的 XRD 谱图中可以明显地观察到归属于 β - SiC 的 3 个衍射峰,即 2θ 分别为 36.5°、60.1°和 72°的(111)、(220)和(311)衍射峰,说明 β - SiC 在 1 200℃时开始结晶,并且随着裂解温度的升高 β - SiC 结晶峰越来越尖锐,但 1 200℃的裂解产物在(220)和(311)衍射峰的位置只存在较宽的鼓包,根据(111)峰的半高宽通过 Scherrer 公式求得 β - SiC 晶粒尺寸只有 2.1 nm 左右,说明裂解产物结晶性不高,是非晶陶瓷。1 600℃处理后裂解产物的 XRD 图中还出现了归属于 NbC 的 2θ 分别为 34.72°、40.30°、58.31°、69.68°和 73.26°的

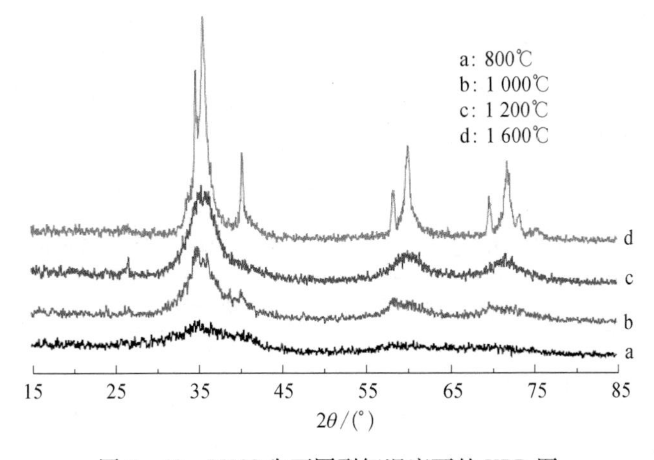

图 6 - 40　PNCS 在不同裂解温度下的 XRD 图

(111)、(200)、(220)、(311)和(222)衍射峰。NbC 晶粒均匀分布在 β－SiC 晶粒当中，与 β－SiC 晶体形成“混晶”，阻止 β－SiC 晶粒过度长大，根据(111)峰的半高宽通过 Scherrer 公式求得 1 600℃处理后裂解产物的 β－SiC 晶粒尺寸为 4 nm。

为研究铌含量对 PNCS1 200℃裂解产物相结构的影响，对不同 $NbCl_5$添加量合成 PNCS 的 1 200℃裂解产物进行 XRD 分析，结果如图 6－41 所示。不同 $NbCl_5$添加量合成 PNCS 的 1 200℃裂解产物的 XRD 谱图相似，只存在 β－SiC 的 3 个衍射峰，且都为较宽的鼓包。谱图中只在(111)面衍射峰的位置有一个宽化的衍射峰，在(220)和(311)面衍射峰的位置没有明显 β－SiC 微晶的衍射峰，说明不同 $NbCl_5$ 添加量合成的 PNCS 1 200℃裂解产物基本上是非晶态，结晶度不高。

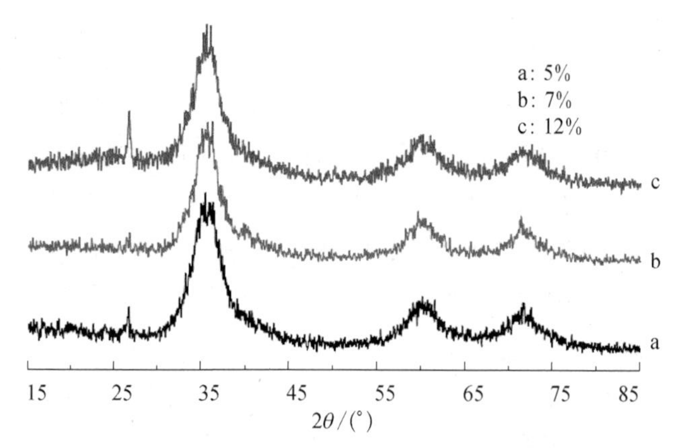

图 6－41　不同 $NbCl_5$添加量合成的 PNCS 在 1 200℃裂解产物 XRD 图

利用 PNCS 裂解产物的 XRD 谱图，根据(111)峰的半高宽通过 Scherrer 公式求得 1 200℃裂解产物的 β－SiC 晶粒尺寸 L_{111}，结果如表 6－16 所示，不同 $NbCl_5$添加量合成 PNCS 的裂解产物中 β－SiC 晶粒大小平均为 2.3 nm 左右，小于同样条件下 PCS 裂解产物的 β－SiC 晶粒大小。

表 6－16　不同 $NbCl_5$添加量的 PNCS 在 1 200℃的陶瓷产率及 β－SiC 晶粒大小

先 驱 体	$w(NbCl_5)$/%	陶瓷产率/%	晶粒尺寸/nm
PNCS－5%	5	65.1	2.1
PNCS－7%	7	76.8	2.3
PNCS－10%	12	84.7	2.3
PCS	0	61.2	2.8

采用元素分析可以准确地测定 SiC(Nb)陶瓷中的元素组成。表6-17是 $NbCl_5$添加量为5%合成的PNCS在1 200℃裂解陶瓷化产物采用化学法进行元素组成分析。SiC(Nb)陶瓷的化学式为 $SiC_{1.39}H_xO_{0.08}Nb_y$,C/Si比与SiC陶瓷接近,小于PNCS,主要是由于高温裂解陶瓷化过程中有机基团断键,产生大量 H_2 和 CH_4等小分子气体逸出陶瓷使碳含量降低。

表6-17 PNCS在1 200℃陶瓷化产物的元素组成

陶瓷样品	化学组成					化学式
	w(Si)/%	w(C)/%	w(O)/%	w(Nb)/%	w(H)/%	
PNCS	47.64	43.25	0.72	0.27	8.12	$SiC_{2.118}H_{4.77}O_{0.026}Nb_{0.0017}$
SiC(Nb)	58.32	34.84	3.99	—	—	$SiC_{1.39}H_xO_{0.08}Nb_y$
SiC	60.47	37.27	2.09	—	0.17	$SiC_{1.43}H_{0.079}O_{0.06}$

综上所述,PNCS的热解过程与PCS大体相似,可分为初步无机化(300~700℃)、深度无机化(700~1 000℃)和SiC微晶生成(1 000~1 300℃)三个阶段。PNCS在1 200℃的陶瓷产率大于75%,高于PCS的陶瓷产率。陶瓷化产物SiC(Nb)中β-SiC平均晶粒尺寸小于纯SiC陶瓷中β-SiC晶粒尺寸。PNCS在1 600℃无机化后,SiC(Nb)陶瓷中出现NbC的XRD衍射峰,异质元素Nb以化合物NbC的形式存在。$NbCl_5$添加量为5%时,PNCS在1 200℃陶瓷化产物SiC(Nb)的化学式为 $SiC_{1.39}H_xO_{0.08}Nb_y$。

6.5 聚铝碳硅烷的合成及性质

聚铝碳硅烷(polyaluminocarbosilane, PACS)是制备第三代SiC纤维(Tyranno SA和KD-SA型陶瓷纤维)的理想先驱体。通过引入烧结致密化元素Al,经高温烧结得到高结晶的SiC纤维,这一思路与陶瓷粉体加入烧结助剂进行高温烧结得到陶瓷部件的方法是相同的。但致密化元素不能通过共混的方法引入纤维中,需采用化学反应的方式(图6-42),通过含Al化合物[$Al(acac)_3$]与聚碳硅烷反应引入先驱体聚合物,进而引入纤维中。

反应通过聚碳硅烷中活泼的Si—H基团与[$Al(acac)_3$]的乙酰丙酮基反应,将Al引入聚合物中得到产物PACS。随[$Al(acac)_3$]中乙酰丙酮基反应程度的不同,产物中可能存在如图6-42中的A、B、C三种结构的分子。目前,PACS的

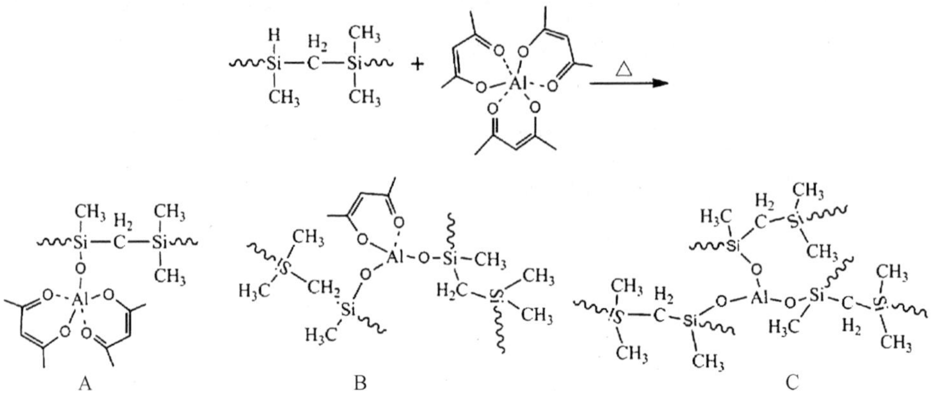

A　　B　　C

图 6-42　PACS 的合成反应机理

合成方法按原料不同可分为两类：① 以含有 Si—Si 和 Si—C 键的有机硅聚合物与[Al(acac)$_3$]在 420℃以上共热解聚合制备 PACS，这种方法为保证聚合物骨架中所有 Si—Si 骨架完全转化为 Si—C，合成温度需高于 420℃。例如曹峰[13]、余煜玺[14]、赵大方[15]、郑春满[16]等以 PDMS 热解制备 PCS 过程中的中间产物液态聚硅碳硅烷(polysilacarbosilane，PSCS，含有 Si—Si 和 Si—C 的混合有机硅聚合物)与[Al(acac)$_3$]为原料，采用常压高温循环法，在 420~450℃下共热解聚合制备 PACS；② 以仅含 Si—C 骨架结构的聚碳硅烷(polycarbosilane，PCS)为原料，如 Ishikawa 等[17]采用 PCS 与[Al(acac)$_3$]共溶于二甲苯后在 300℃反应制备了可纺的 PACS，并进行了单孔纺丝实验，并最终制备了耐温性达到 1 800℃以上的含铝 SiC 纤维，但具体合成过程和所得 PACS 各方面参数未见报道。

研究表明，第一类反应以含 Si—Si 的聚合物作为反应原料，为保证原料中 Si—Si 通过 Kammuda 结构重排完全转化为 Si—C 骨架结构，反应需要在 420℃以上完成。这虽然能保证 Si—Si 骨架的转化，但如此高的合成温度，也使 Si—H 与[Al(acac)$_3$]之间的反应充分进行。乙酰丙酮基基本完全参与反应，导致分子间形成过度支化，甚至交联结构，产物分子量呈不均匀的快速增长，分子量分布中产生超高分子量部分。杨大祥[18]以常压高温法制备的 PCS (T_s = 110 ~ 116，M_n = 993) 为原料，与不同投料比的[Al(acac)$_3$]在 300~350℃常压下反应，合成了可以进行单孔纺丝的 PACS。

6.5.1　PACS 的合成研究

为了使 Si—H 键与 Al(acac)$_3$的反应可以控制，必须降低合成温度。但降低合成温度后,尤其是合成温度低于400℃,则PDMS的热分解、LPS的重排缩聚形成聚碳硅烷的过程都不能完成。因此需首先在高温下完成PDMS的热分解、LPS的重排缩聚的过程之后,再在400℃以下进行与$Al(acac)_3$的反应。也就是首先进行PCS的合成,之后再与$Al(acac)_3$反应,由于后一反应会导致分子量提高,为使产物PACS分子量不致过高,因此所合成的PCS必须具有相对较低的分子量和均匀的分子量分布(以下这种PCS记为LPCS)。

根据这一思路,设计采用新的"LPCS热聚法"合成PACS,即首先采用成熟的常压高温法合成具有适当分子量的LPCS,再以LPCS为原料与$Al(acac)_3$共溶于二甲苯溶液后在低于400℃的温度下反应,通过控制合成温度以控制LPCS与$Al(acac)_3$的反应,得到具有适宜分子量和均匀分子量分布的先驱体PACS。

1. 原料LPCS的合成与组成结构表征

采用"LPCS热聚法"首先需要合成一种适当分子量与分子量分布的原料LPCS。采用常压高温法,以PDMS为原料,通过控制不同的合成温度和保温时间,合成了不同软化点和分子量的LPCS。其合成工艺条件和产物特性如表6-18所示。可以看出,随着合成温度的升高、合成时间的延长,LPCS软化点增高、分子量及分子量分布系数随之增大。但与通常常压高温法合成的NP-PCS比较,其软化点及分子量较低、分子量分布系数较小。因此,通过控制合成温度和保温反应时间可以控制产物LPCS的分子量、软化点和分子量分布在相对较低的水平。

表6-18 原料LPCS的合成工艺条件和特性

样品	合成条件		特性				
	合成温度/℃	保温时间/h	软化点/℃	M_n	PDI	A_{Si-H}/A_{Si-CH_3}	A_{Si-CH_2}/A_{Si-CH_3}
LPCS-1	420	5	25.0~27.0	549	1.39	0.844	0.573
LPCS-2	430	5	77.5~90.6	771	1.44	0.978	0.589
LPCS-3	440	5	110.4~116.9	993	1.56	0.955	—
LPCS-4	440	10	135.2~144.4	1 224	1.59	0.928	—
LPCS-5	460	5	160.5~190.0	1 484	1.63	0.917	0.654
NP-PCS[11]	460	16	185.3~204.7	1 430	2.78	0.907	0.790

通过GPC测试可以进一步分析LPCS的分子量及分子量分布特征,测定不同合成温度和保温时间下合成的LPCS的GPC曲线如图6-43所示。将合成温度低于440℃的LPCS的GPC曲线①、②归为一类,将合成温度等于或高于440℃的LPCS的GPC曲线③、④、⑤归为另一类,可以看出,随着合成温度的升

高、保温时间的延长，LPCS 的 GPC 曲线整体向高分子量方向移动，由主要分布于低分子部分的“单一峰”向主要分布于中、低分子量部分的“双峰”转变，低分子量部分减少，中分子量部分增多，分子量随之增大。由于上述合成条件较通常 PCS 的合成温度(460~470℃)低，因此，高温下分子间的缩聚反应被抑制，过高分子量部分的生成被阻止。所以产物 LPCS 中高分子量部分含量不超过 1.0%，其分子量分布系数都小于 2.0，表现出良好的分子量分布。

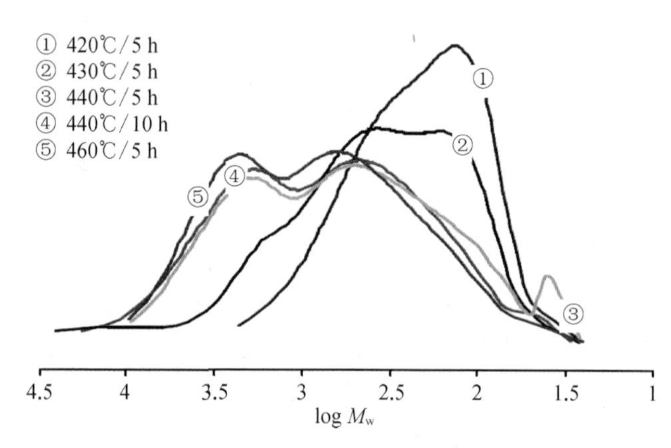

图 6-43　不同条件下合成 LPCS 的 GPC 曲线

2. 原料 LPCS 对 PACS 合成的影响

不同软化点和分子量的 LPCS 与 $Al(acac)_3$ 反应特征不同，采用上述五种不同的 LPCS 为原料，加入 6% 的 $Al(acac)_3$，分别在不同条件下合成软化点和分子量相当的 PACS。其合成工艺条件和部分特征如表 6-19 所示。可以看出，通过控制合成温度，以不同的 LPCS 与 $Al(acac)_3$ 反应都能制得纺丝级(软化点在 180~220℃之间)PACS。对比可知，PACS 的软化点、数均分子量较原料 LPCS 有较大的提高，其分子量分布系数相应增大。在合成目标为分子量相当、软化点在 180~220℃之间的 PACS 的条件下，可以看出，当原料 LPCS 的软化点偏低、即原料分子量较低时，则需要较高的合成温度，反之当 LPCS 软化点较高时，则所需合成温度较低。

在 LPCS 与 $Al(acac)_3$ 共溶解于二甲苯中并加热蒸馏出二甲苯后，继续升温过程中发生的反应与前述 PCS 与 $Al(acac)_3$ 的反应，其反应原理是相同的，即为 LPCS 结构中活泼的 Si—H 键与 $Al(acac)_3$ 的反应。LPCS-4、PACS-4、$Al(acac)_3$ 的 FT-IR 红外分析如图 6-44 所示。

表6-19　PACS的合成条件和特性

样　品	合成条件			特　性			
	LPCS	合成温度/℃	保温时间/h	软化点/℃	$\overline{M}_n$	PDI	$A_{Si—H}/A_{Si—CH_3}$
PACS-1	LPCS-1	420	3	177.5~195.1	1 355	4.57	0.701
PACS-2	LPCS-2	350	4	206.4~226.0	1 445	2.54	0.767
PACS-3	LPCS-3	320	3	189.9~218.3	1 347	2.28	0.832
PACS-4	LPCS-4	300	4	194.8~220.1	1 401	1.68	0.857
PACS-5	LPCS-5	300	2	205.6~245.4	1 635	1.85	0.882

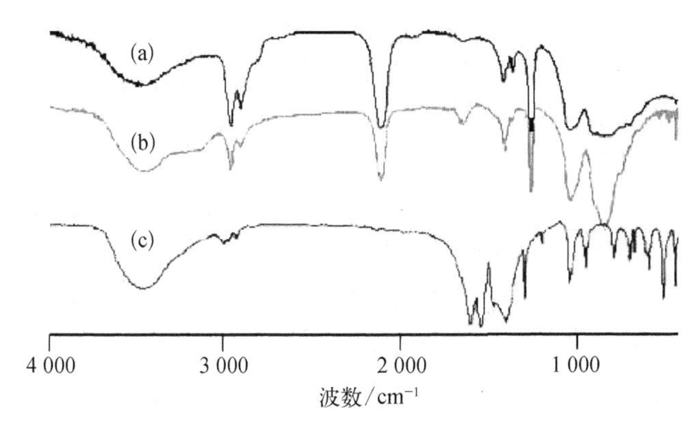

图6-44　LPCS-4(a)、PACS-4(b)和Al(acac)$_3$(c)的FT-IR谱图

LPCS-4与PACS-4两者的红外光谱图相似，主要吸收峰：2 950 cm^{-1}（C—H伸缩振动），2 100 cm^{-1}（Si—H伸缩振动），1 400 cm^{-1}（Si—CH$_3$结构中C—H变形振动），1 350 cm^{-1}（Si—CH$_2$—Si结构中的CH$_2$面外摇摆振动），1 250 cm^{-1}（Si—CH$_3$结构中CH$_3$变形振动），1 020 cm^{-1}（Si—CH$_2$—Si结构中Si—C—Si伸展振动），820 cm^{-1}（Si—C伸展振动）。Al(acac)$_3$可以观察到的特征峰：1 580 cm^{-1}（C＝O伸展振动），1 520 cm^{-1}（C＝C伸展振动）。比较LPCS-4与PACS-4，可以看出在产物中Si—H吸收峰减弱。测定$A_{Si—H}/A_{Si—CH_3}$值，如表6-18与表6-19所示，分别为0.928、0.857，表明反应主要是Si—H键与Al(acac)$_3$的反应。在PACS中1 500~1 600 cm^{-1}有一个宽峰，它应归属于乙酰丙酮基中的C＝O和C＝C双键峰。反映出在反应产物中还有部分乙酰丙酮基残留。这表明LPCS与Al(acac)$_3$的反应，虽然也主要是Si—H键与Al(acac)$_3$的反应，但显然其反应程度与已有文献中[12-14]所采用的高温反应方法不同。

从表 6 - 19 中可以看出在 PACS 合成中的另一个特点，即产物 PACS 的分子量分布系数比原料 LPCS 有不同程度的增大，且 LPCS 的分子量越低，其增大的幅度越大。结合表 6 - 18，可得出从 LPCS 到 PACS 分子量分布系数的变化和 $A_{Si—H}/A_{Si—CH_3}$值随合成温度的变化，如表 6 - 20 所示。

表 6 - 20　P_i 和 $A_{Si—H}/A_{Si—CH_3}$值随合成温度的改变

合成温度/℃	PDI			$A_{Si—H}/A_{Si—CH_3}$		
	LPCS	PACS	ΔPDI	LPCS	PACS	$P_{Si—H}$/%
420	1.39	4.57	3.18	0.844	0.701	16.9
350	1.44	2.54	1.10	0.978	0.767	21.6
320	1.56	2.28	0.72	0.955	0.832	12.9
300	1.59	1.68	0.09	0.928	0.857	7.6
300	1.63	1.85	0.22	0.917	0.882	3.8

可以看出，从 LPCS 到 PACS，随着合成温度升高，其分子量分布系数变大，并且分子量分布差值越大，表明在高温下，PACS 分子量宽化更严重。同时结合 $A_{Si—H}/A_{Si—CH_3}$值随合成温度的变化，可以看出 Si—H 反应程度随着合成温度升高而加深。说明 PACS 分子量分布加宽是由于高温下 Si—H 键与 $Al(acac)_3$的反应程度提高所致，这与上节中超临界流体合成 PACS 分子量宽化的结果一致。可以将 Si—H 反应程度与 $Al(acac)_3$的反应程度联系起来，若假设 350～420℃ $Al(acac)_3$已与 Si—H 键完全反应，则 Si—H 键的消耗量相当于全部乙酰丙酮基的量，则在 300℃时的 Si—H 键反应程度只是其 1/3 并且更低，表明在 300℃时只有约 1/3 以下的乙酰丙酮基反应，显然这时的产物中呈悬挂式结构或者有部分 $Al(acac)_3$并未反应，由此推测在不同温度下合成产物中 Al 的不同存在结构形式。同时，Si—H 反应程度加深导致了 PACS 的分子量长大和分子量分布的宽化。

不同温度下合成产物 LPCS 的分子量分布的 GPC 曲线如图 6 - 45 所示。可以看出，在 300℃下合成的 PACS - 4 和 PACS - 5 的 GPC 曲线只是较 LPCS - 4 和 LPCS - 5 的 GPC 曲线整体向高分子量部分平移了一段，即其分子量均匀长大，并没有导致分子量分布的过多宽化。而在 350℃下合成的 PACS - 2 的 GPC 曲线较 LPCS - 2 的 GPC 曲线从形状上就有较大变化，其 ΔPDI 较 PACS - 4 和 PACS - 5 大。可见，随着合成温度的升高，Si—H 反应程度加深，分子量长大。同时，分子量分布加宽。因此可以通过控制合成温度在 300～350℃，得到较好分子量分布的 PACS。

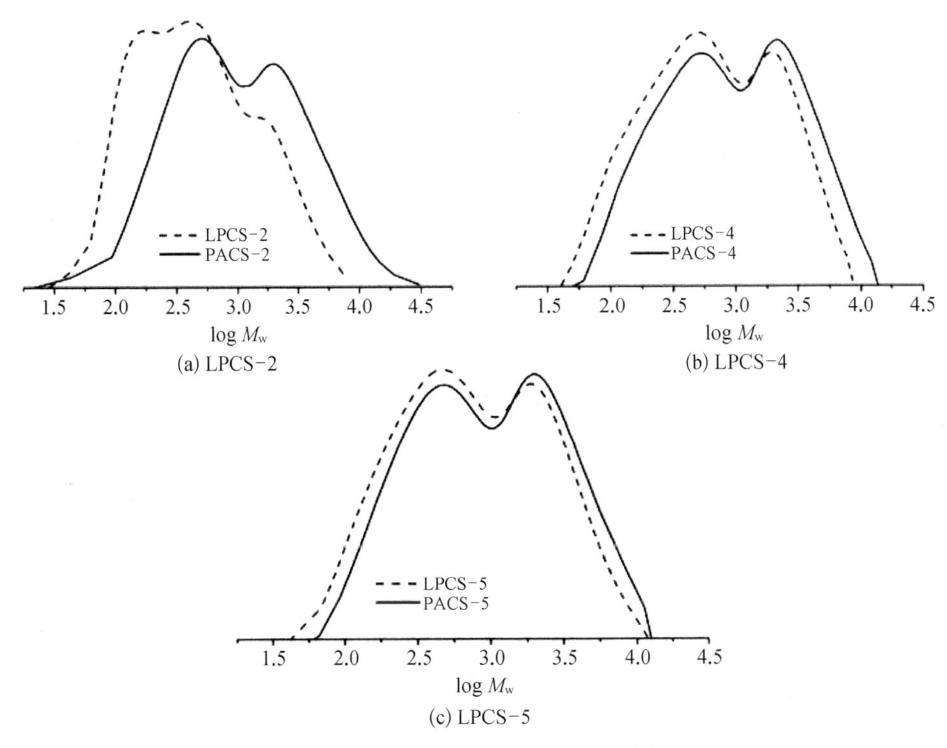

图6-45　LPCS及PACS的GPC曲线

3. Al(acac)$_3$与LPCS配比对PACS合成的影响

上节中，当LPCS分子量为1 000~1 200之间，软化点在100~120℃时，较为适合做“LPCS热聚法”合成PACS的原料。确定原料LPCS后，先驱体中Al含量的多少不仅影响先驱体的组成、结构和纺丝性能，而且还影响最终SiC纤维的烧结行为、力学性能和高温稳定性。Al含量太低不能起到烧结致密化作用，太高则会破坏SiC晶界，形成不利于纤维力学性能和高温稳定的杂质相。因此在PACS合成中，Al(acac)$_3$的用量需要精确确定。Al(acac)$_3$加入量对PACS合成的影响如表6-21所示。

从表6-21中可以看出，要得到软化点在180~220℃的纺丝级PACS先驱体，其Al(acac)$_3$的加入量为4.0%~8.0%，合成温度为300~350℃，合成时间为2.0~4.0 h较为适宜，合成产率基本都大于90%。随Al(acac)$_3$与LPCS配比增大，PACS的软化点、数均分子量和分子量分布系数都增大。说明Al(acac)$_3$反

表 6 - 21 不同条件下合成 PACS 产率和特性

样 品	合成条件			特 性			
	{m[Al(acac)]$_3$/m(LPCS)}/%	合成温度/℃	保温时间/h	产率/%	软化点/℃	M_n	PDI
PACS - 10	10	300	4	90.2	206.4~226.0	1 573	1.92
PACS - 11	10	350	4	88.7	221.1~245.4	1 972	4.31
PACS - 12	8	350	3	92.5	205.5~228.4	1 704	3.17
PACS - 13	6	300	2	95.0	177.1~185.6	1 281	1.87
PACS - 14	6	320	2	96.3	181.6~202.0	1 338	1.88
PACS - 15	6	330	2	95.4	181.8~197.1	1 347	1.91
PACS - 16	6	340	2	94.7	182.1~211.7	1 386	2.05
PACS - 17	6	350	2	91.2	189.9~218.3	1 476	2.14
PACS - 18	6	300	3	93.2	182.1~199.0	1 349	1.90
PACS - 19	6	380	4	90.1	206.0~222.1	1 728	2.96
PACS - 20	4	350	2	93.2	194.8~220.1	1 496	2.42
PACS - 21	4	350	2	94.5	194.5~206.1	1 453	2.53
PACS - 22	4	300	3	93.1	174.4~188.7	1 332	1.84
PACS - 23	4	300	3	92.7	177.0~194.7	1 392	1.90
PACS - 24	2	300	3	88.9	155.1~168.7	1 183	1.43

PACS 的产率是基于 LPCS 的质量计算的(从 PDMS 制备 LPCS 的产率为 60.2%)

应程度的加深,同样导致 PACS 分子量长大及分子量分布宽化。在合成纺丝级的 PACS(软化点为 180~220℃)过程中,不同的 Al(acac)$_3$与 LPCS 配比对合成温度和保温时间要求也不一样,Al(acac)$_3$与 LPCS 质量比越高,则要求合成温度更低,保温时间更短。当 Al(acac)$_3$与 LPCS 配比为 4.0%~8.0%时,在 350℃保温 2 h,可以合成软化点在 180~220℃,分子量在 1 300~1 700 的 PACS。

4. 合成温度和保温时间对 PACS 合成的影响

合成温度和保温时间对 PACS 合成有着较大影响。图 6 - 46 是原料为 LPCS - 3 时,在不同合成温度下保温为 2 h 后取样,合成产物 PACS 的初熔点(T_a)和数均分子量($\overline{M}_n$)变化情况。可以看出,随着合成温度的升高,PACS 初熔点和$\overline{M}_n$都随之升高。在不同的温度区间,PACS 初熔点升高的速率不同。以 340℃为界,初熔点先缓慢增加,后快速增加。PACS 的$\overline{M}_n$与初熔点有着相似的随温度的变化趋势,即先驱体的初熔温度与其$\overline{M}_n$存在着一定的对应关系。

图 6 - 47 所示是合成温度对 PACS 分子结构的影响。可以看出,不同温度下合成 PACS 主要特征峰的出峰位置和 PCS 没有太多差别,但是其吸光度相对强度随合成温度的变化而变化。如前所述,可以用 $A_{Si—CH_2}/A_{Si—CH_3}$值来表征 Si—H 反应程度。

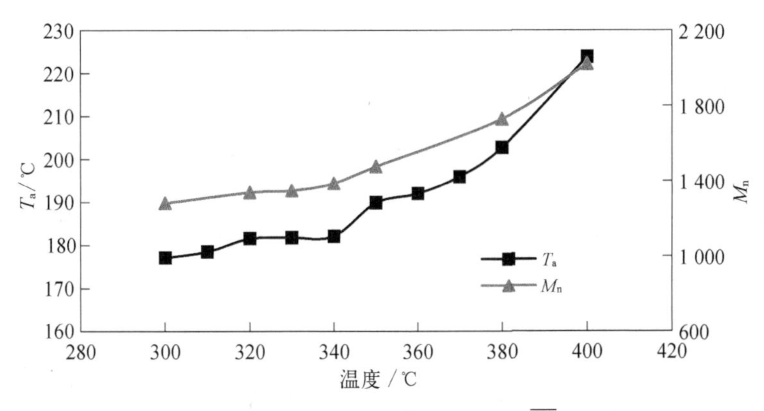

图 6-46　合成温度对 PACS 初熔点和$\overline{M}_n$的影响

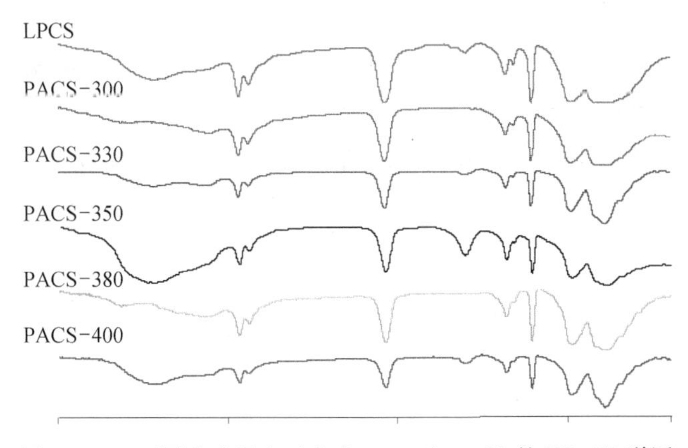

图 6-47　不同合成温度下合成 PACS 和 LPCS 的 FT-IR 谱图

确定反应物配比 Al(acac)$_3$/LPCS 为 6%，在 350℃下，研究了不同保温时间对 PACS 熔点与数均分子量的影响，如图 6-48 所示。可以看出，随保温时间的延长，PACS 初熔点升高，数均分子量增大。PACS 的初熔点和数均分子量随保温时间的延长几乎成线性增加。当保温时间大于 4 h 时，产物 PACS 发生交联反应，初熔点和分子量迅速增加。合理选择合成 PACS 的保温时间，不仅可以制得综合性能优异的 PACS，并且可以节约功耗，提高劳动效率，有利于实现 PACS 的规模化合成。制备含 Al 碳化硅纤维的先驱体 PACS 的最佳保温时间为 2~4 h。

延长保温时间在促使 PACS 软化点升高和分子量长大的同时，对其分子量分布也有较大影响。图 6-49 是不同保温时间下合成 PACS 的 GPC 曲线。可以

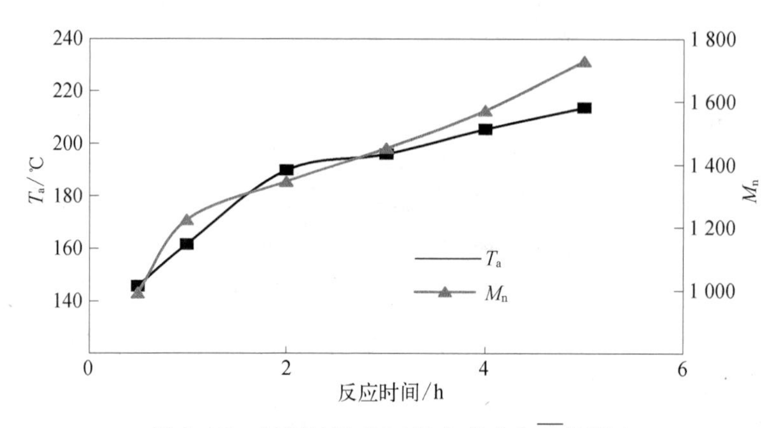

图 6-48 保温时间对 PACS 初熔点和$\overline{M_n}$的影响

看出,随着保温时间的延长,PACS 的 GPC 曲线整体向高分子量部分移动。中、高分子量部分含量逐步增多,低分子量部分含量逐步减少。当保温时间超过 4 h 时,在 PACS 的 GPC 曲线上出现了"凸起"和"鼓包"现象,呈"三峰"分布。这种"凸起"和"鼓包"导致先驱体分子量分布系数显著增大,后续纺丝性实验也证明,这种分子量部分的先驱体纺丝性较呈"双峰"分布的 PACS 差。

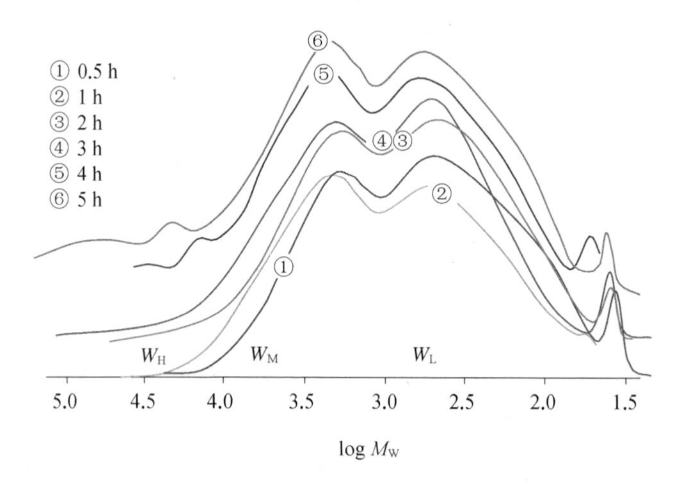

图 6-49 不同保温时间下合成 PACS 的 GPC 曲线

综上所述,通过"LPCS 热聚法"合成 PACS 的优化工艺条件为 LPCS 软化点为 110~120℃,分子量为 990~1 200;$Al(acac)_3$与 LPCS 的质量比为 4%~8%;320~350℃反应 2~4 h;制得了软化点在 180~220℃之间、数均分子量在 1 300~1 700,分子量呈"双峰"分布的 PACS。

6.5.2　PACS 的组成与结构

以 LPCS－3 为原料[图 6－50(a)],通过“LPCS 热聚法”合成 PACS[图 6－50(b)]。

(a) LPCS-3

(b) PACS

图 6－50　原料 LPCS－3(a)和产物 PACS(b)的光学照片

可以看出,原料 LPCS－3 为白色半透明的树脂状固体,产物 PACS 为橙红色半透明的树脂状固体,质地均匀。通过合成工艺的控制,已经制得了具有适宜的软化点、数均分子量及分子量分布的 PACS。PACS 组成和结构对 SiC 纤维的制备十分重要。为了进一步研究 PACS 的组成、结构与其性能的关系,选择典型 PACS 样品,通过元素分析等方法对其组成、结构进行分析讨论。

先驱体的元素组成将影响着 SiC 纤维的元素组成,尤其在 PACS 中是否引入了致密化元素 Al 将对高温烧结过程中 SiC 纤维的性能有着重要影响。为了确定 PACS 中元素的质量百分含量,采用化学法对 PACS 中的 Si、C、Al 元素进行了分析,结果见表 6－22,为对比列出了 KD－PCS 和 PCS－470 的数据。

表 6－22　PACS、PCS、$Al(acac)_3$ 的元素分析

样　品	化 学 组 成					化 学 式
	w(Si)/%	w(C)/%	w(O)/%	w(Al)/%	w(H)/%	
LPCS－4	48.84	38.30	1.21	—	11.65	$SiC_{1.83}H_{6.68}O_{0.04}$
PACS－4%	47.17	41.55	1.71	0.32	9.25	$SiC_{2.06}H_{5.49}O_{0.06}Al_{0.007}$
PACS－6%	47.95	40.39	2.05	0.70	8.91	$SiC_{1.97}H_{5.20}O_{0.07}Al_{0.015}$
PACS－8%	47.96	39.65	2.27	0.96	9.16	$SiC_{1.93}H_{5.35}O_{0.08}Al_{0.021}$
$Al(acac)_3$	0	55.5	29.7	6.5	8.3	$CH_{1.4}O_{0.4}Al_{0.07}$
KD－PCS	52.00	41.00	1.00	—	6.00	$SiC_{1.80}H_{3.20}O_{0.03}$
PCS－470	50.57	37.24	1.20	—	6.70	$SiC_{1.71}H_{3.70}O_{0.04}$

可以看出，PACS 是由 Si、C、Al、O、H 元素组成的，由如表 6－22 可知，PACS 中碳与硅的原子比基本上是 1.9～2.0，KD－PCS 与 PCS－470 中碳与硅的原子比小于 2，合成 PCS 时体系中多发生脱 CH_3反应，因此使得 PCS 中的碳与硅的原子比小于 2。而 PACS 合成体系中发生了脱氢反应，同时 $Al(acac)_3$的参与反应，部分乙酰丙酮基保留在 PACS 中引入了一部分碳。LPCS 中 C/Si 为 1.8，PACS 中碳与硅的原子比基本上是 1.9～2.0，在 400 以下合成中只有 Si—H 与 $Al(acac)_3$的反应，因此碳含量增高只与这一反应有关。这一反应若完全进行，没有乙酰丙酮基残留，则碳含量会相对降低。PACS 中 C/Si 明显高于其他 PCS，显然是反应不完全进行，导致乙酰丙酮基残留所致。从表 6－22 中明显看出 PACS 中的氧含量高于 PCS，主要原因就是 PACS 的合成反应物 $Al(acac)_3$中含有氧，其中大部分来源于 $Al(acac)_3$中的氧，$Al(acac)_3$用量增加，PACS 中的氧含量也增加。而 PCS 合成没有采用含氧的反应物。

反应物 $Al(acac)_3$/LPCS 配比不同，PACS 中各元素含量也不同。随着 $Al(acac)_3$的加入量从 4.0%～8.0%，Al 含量和 O 含量都随之增大。当控制 $Al(acac)_3$与 LPCS 的配比，可以控制 PACS 的组成，尤其是 Al 含量。PACS 与 PCS 的最大区别是含有元素 Al，说明 Al 元素已成功地引入 PACS 中，Al 含量随反应物 $Al(acac)_3$用量的增加而增加。$Al(acac)_3$的加入，在引入致密化元素 Al 的同时，也带入了部分 O。对不同 $Al(acac)_3$与 LPCS 配比下合成 PACS 的 Al、O 含量进行分析，如图 6－51 所示。

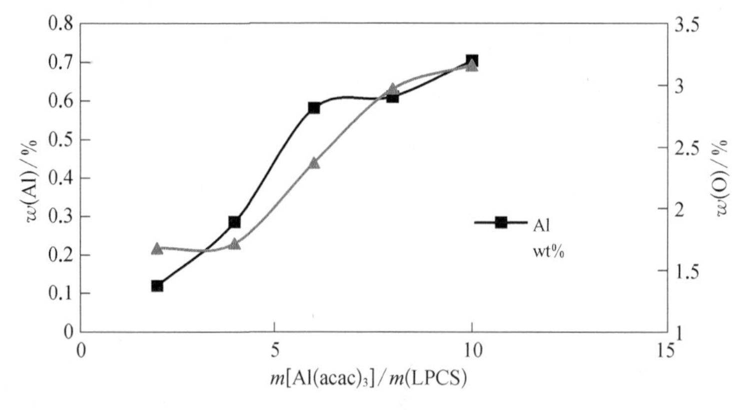

图 6－51　PACS 中氧、铝含量与反应物配比 $Al(acac)_3$/LPCS 的关系

随着 $Al(acac)_3$与 LPCS 的反应配比增加，PACS 中 Al、O 含量都升高。在引入 Al 元素的同时，势必也会在 PACS 中引入部分的氧。如果 PACS 中 Al 含量太

低,在高耐温性纤维制备过程中,Al 发挥不到应有的作用。作为高耐温性 SiC 纤维的先驱体,PACS 中的 Al 含量有一个最佳范围值,使得合成 PACS 的反应物 $Al(acac)_3$与 LPCS 有一个最佳配比。实验证明,PACS 中的 Al 含量大于 0.4 小于 0.7%,氧含量小于 3.0%时,制备的纤维具有较好的力学性能和高温稳定性,则对应的 $Al(acac)_3$与 LPCS 的配比为 4.0%~8.0%。

通过 ICP－AES 分析可进一步合成的 PACS 中金属元素的含量,其结果如表 6－23 所示。可以看出,ICP－AES 分析出的 PACS 的 Al 含量随着 $Al(acac)_3$与 LPCS 比值的增大而增大,与元素分析基本一致。当 $Al(acac)_3$与 LPCS 的配比为 6%时,ICP－AES 测出的 Al 含量值比元素分析测出值低 9.8%。PACS 中还含有微量的 Na、K 和 Ca,这些微量元素是天然存在,其值变化不大。

表 6－23　不同反应物 $Al(acac)_3$/LPCS 质量比的 PACS 的 ICP－AES 分析

样　品	$\{m[Al(acac)_3]/m(LPCS)\}/\%$	$w(Al)/\%$	$w(Na)/\%$	$w(K)/\%$	$w(Ca)/\%$
PACS－4%	4	0.437 8	0.052 02	0.038 68	0.098 61
PACS－6%	6	0.635 2	0.021 77	0.038 64	0.045 62
PACS－8%	8	0.805 8	0.050 71	0.013 33	0.098 67

X 射线表面能谱分析(XPS)是一种表面分析技术,但通过元素特征光电子峰和结合能仍可以推断物质的元素组成及其存在形式和变化情况。为进一步研究 PACS 的元素组成,对 PACS 进行了 XPS 分析。图 6－52 是 PACS－4 的 XPS 全扫描图谱。

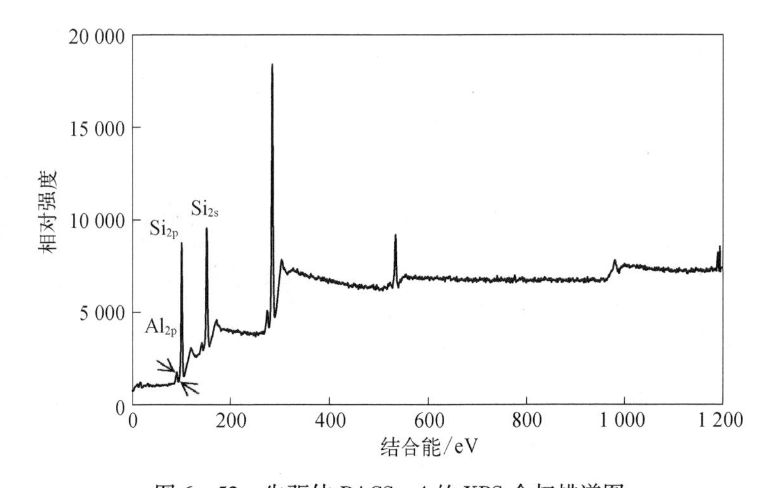

图 6－52　先驱体 PACS－4 的 XPS 全扫描谱图

谱图中除了 Si_{2p}(101.2 eV)、Si_{2s}(153 eV)、C_{1s}(285 eV)和 O_{1s}(533.1 eV)的峰外，在 75.4 eV 和 123 eV 处还分别出现了微弱的 Al_{2p}和 Al_{2s}的能谱峰以及微弱的 Na_{1s}(1 072.8 eV)和 Ca_{2p}(348.2 eV)能谱峰。由于 XPS 可以鉴定周期表上除 H 以外的所有元素，通过对样品进行全扫描，一次测定可检出全部或大部分元素，并且定性分析的绝对灵敏度高达 10^{-18} g。因此可以认为 PACS 中含有 Si、C、O、Al 和未检测到的 H 以及微量的 Na、Ca 等金属元素。PACS 的 XPS 全扫描图谱与 PCS 的 XPS 全扫描图谱相比较，发现 PACS 上 O_{1s}峰的强度明显高于 PCS 上 O_{1s}峰的强度，表明 PACS 中的氧含量高于 PCS，这与元素分析结果一致。

图 6-53 是 PACS-4 中 Si_{2p}、O_{1s}、C_{1s}和 Al_{2p}的 X 射线光电子能谱拟合图。可以看出，Si_{2p}能谱峰可以拟合成中心分别位于 103.6 eV、101.6 eV 和 100.9 eV 三个峰，分别归属于 Si—O、Si—C 和 Si—H 三种键合形式。根据它们的积分面积比可知 Si 主要和 C、H 结合，和 O 结合的比重较少。O_{1s}能谱峰拟合成中心分别位于 534.3 eV、530.1 eV 和 532.6 eV 三个峰，前两个峰分别归属于 O—Al 键和

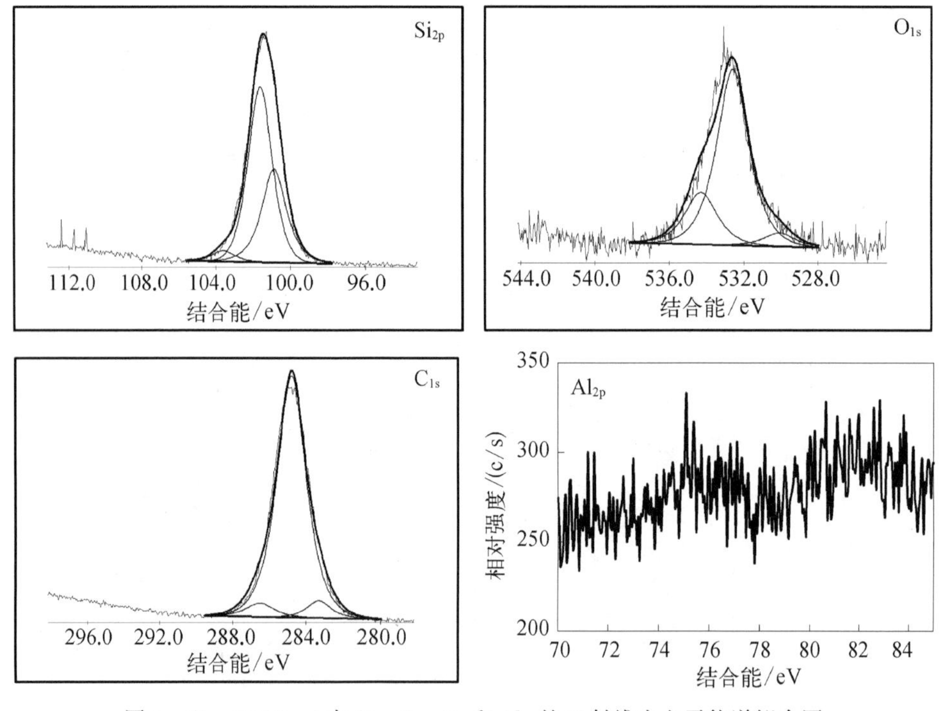

图 6-53　PACS-4 中 Si_{2p}、O_{1s}、C_{1s}和 Al_{2p}的 X 射线光电子能谱拟合图

O—C 键,后一个峰归属于 O—Si 键和 O—H 键,由于两者比较接近而不易分开。从 C_{1s}能谱峰拟峰可知,C 主要的键合形式有 C—H(283.3 eV)、C—Si(284.8 eV)和 C—O、C ═O(286.5 eV)由于 C—O 和 C ═O 的结合能比较接近而没有分开。由于 Al_{2p}含量较低,噪声较大,在 75 eV 和 82 eV 附近有两个小峰,没有拟合出归属于 Si—Al 键的峰。

综上可知,由"LPCS 热聚法"合成的 PACS 由 Si、C、Al、O、H 元素组成,较 KD－PCS 和 PCS－470 除了有效地引入了致密化元素 Al 外,其 O 和 C 元素含量偏高,这是由于部分乙酰丙酮基残留在 PACS 中造成的。通过 XPS 分析,在 PACS 中,除了 PCS 中存在的 Si—CH_3,Si—CH_4外。Si 形式存在有 Si—O,Si—C,Si—H;C 的存在形式有 C—H,C—Si,C—O,C ═O;O 的存在形式有 O—Al,O—C,O—Si,O—H;Al 在 PACS 中主要是以 Si—O—Al 的结构存在。

为进一步研究 PACS 的结构,利用 NMR 对 PACS－6%进行了分析。图 6－54 是 LPCS－4、PACS－6%的^{1}H－NMR 谱。从图谱上看,化学位移在0 ppm 附近的谱峰是 C—H 在 Si—CH_3和 Si—CH_2中的特征峰,中心位于4.0~5.0 ppm 处的谱峰是 Si—H 峰。PACS－6%与 LPCS－4 的^{1}H－NMR 谱结果基本一致。只是 C—H 和 Si—H 共振峰的化学位移略有不同,LPCS 的 C—H 处于－0.2~0.3 ppm,中心位于 0.2 ppm;PACS 的处于－1.0~1.0 ppm,中心位于 0 ppm。根据相同化学环境中 H 原子各峰的面积可以确定相应含 H 基团的组成比。PACS－6%的 Si—H 与 C—H 的积分面积比为 0.087,比 LPCS－4 的 0.110 小。说明合成 PACS 的反应消耗了 LPCS 中的 Si—H。与前面红外分析结果一致。

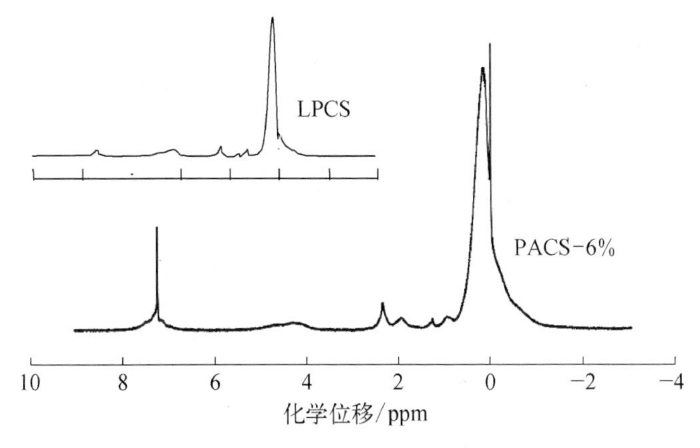

图 6－54　LPCS－4 和 PACS－6%的^{1}H－NMR 谱图

PACS－6%和 NP－PCS 的^{13}C CP MAS 核磁共振谱图如图 6－55 所示。可以看出，PACS－6%和 NP－PCS 的^{13}C CP MAS 核磁共振谱图差别不大，图谱中除 76 ppm 处溶剂 $CDCl_3$的核磁振动吸收外，只能观察到 5 ppm 附近的饱和碳吸收峰，此位置的碳与硅相连，为 Si—CH_3和 Si—CH_2—Si 结构的重叠峰，因为这两种结构在碳谱中的化学偏移差别很小，所以二者形成重叠峰。

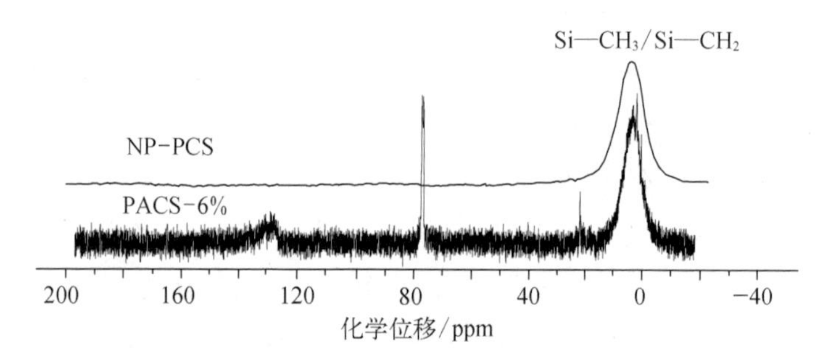

图 6－55 NP－PCS 和 PACS－6%的^{13}C CP MAS 核磁共振谱图

为确定 PACS－6%中 Si 原子的周围环境，利用^{29}Si－NMR 对 PACS－6%进行了表征，如图 6－56 所示，并与 NP－PCS 的 Si 核磁共振谱图比较。可以看出，NP－PCS 中 Si 有两种形式：化学位移为 0 ppm 附近的 SiC_4结构，化学位移为－16 ppm 附近的 SiC_3H 结构。与之相比，PACS－6%中 Si 有三种形式，除前两种结构外，在化学位移为－100 ppm 附近存在 Si—O 结构，该 Si—O 结构主要为 Si—O—Al 结构峰。但与其他两种结构相比，Si—O 结构峰的强度十分微弱，表明 PACS 中的这种结构含量很少，这也与红外、紫外光谱分析的结果一致。化学位移-16 ppm 附近的 SiC_3H 结构印证了 PACS－6%中 Si—H、Si—CH_2—Si 结构的存在。另外，PACS－6%的^{29}Si CP MAS 核磁共振图谱中没有发现 Si—Al 键信息。

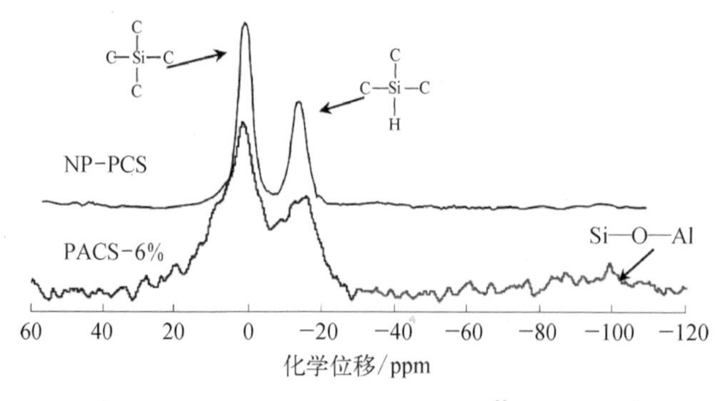

图 6－56 PACS－6%和 NP－PCS 的^{29}Si－NMR 谱

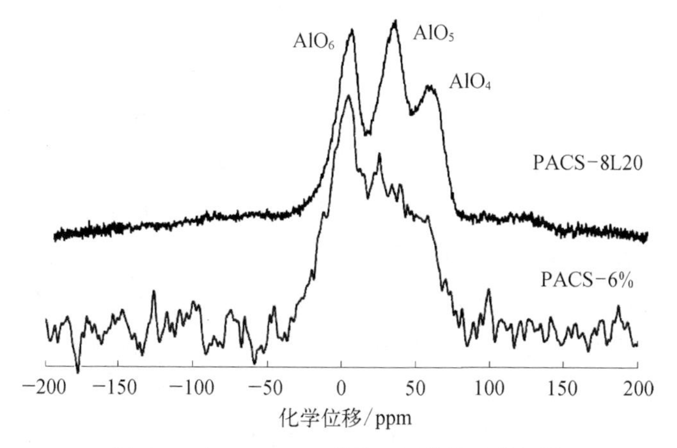

图 6-57　PACS-6%的^{27}Al 固体核磁共振谱

由于 Al 在 PACS-6%中含量较低,利用液相^{27}Al-NMR 表征时分辨率不高,我们采用^{27}Al 固体核磁共振来分析 Al 的存在状态。图 6-57 是 PACS-6%的^{27}Al 固体核磁共振图谱,并与 PACS-8L20 比较。图中 PACS-8L20 表示 Al(acac)$_3$与 LPS 的质量比为 8∶100,在 450~500℃的裂解温度下反应 20 h[15]。可以看出,PACS-8L20 的 Al 固体核磁共振谱在化学位移-40~70 ppm 的宽峰,该宽峰可分为化学位移在 0 ppm、30 ppm 和 50 ppm 附近的三个特征峰。化学位移 0 ppm 附近的共振峰是八面体结构中六配位 Al 的谱峰[15],该峰与 Al(acac)$_3$中的 Al 峰类似,化学位移 30 ppm 附近的共振峰是 Al 原子五配位的共振峰;化学位移 50~60 ppm 的峰是四面体结构中四配位 Al 的谱峰。PACS-8L20 中的这三种结构都是 Al 与周围的氧原子形成 Al—O 键的配位结构,即 AlO_6、AlO_5、AlO_4结构。在文献的研究中,认为 Al 元素在先驱体 PACS 中有三种结构单元,如图 6-58 所示。

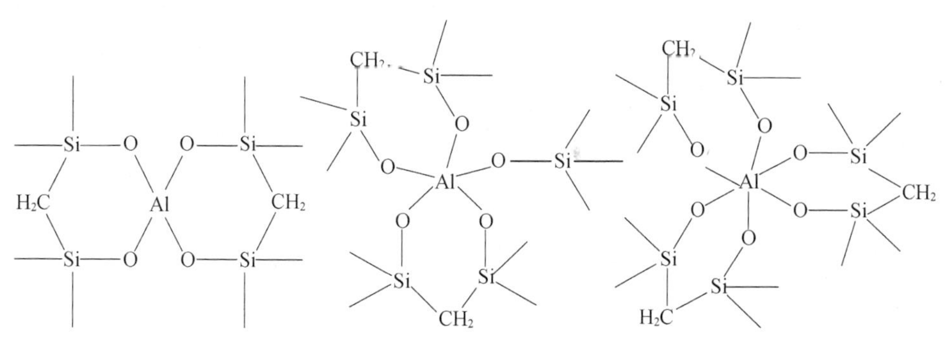

图 6-58　Al 元素在先驱体 PACS-8L20 中的存在方式[15]

而 PACS－8L20 在这三个位移处明显出现三个尖峰，其 AlO_5、AlO_4结构的峰较强。PACS－8L20 的^{27}Al－NMR 图谱中没有提供 Al 周围有硅原子的信息，即 Al—Si 成键的信息。可见 PACS－6%和 PACS－8L20 中都含有 AlO_6、AlO_5、AlO_4结构，只是它们的相对比例和化学环境不同。这是由于反应物 $Al(acac)_3$是配位化合物，其中的 Al 是六配位结构，与 LPCS 反应时，高温下部分 Al 由六配位结构逐渐向四配位结构转化。因此在^{27}Al 核磁共振图谱上表现为 0 ppm 的六配位峰向 50～60 ppm 的四配位谱峰偏移。而 30 ppm 附近的 AlO_5结构是个中间态，不稳定，容易转化为四配位和六配位的结构。PACS 的合成温度越高，保温时间越长，越容易破坏 $Al(acac)_3$中 Al 的六配位结构，使 Al 周围的环境越复杂。合成 PACS－8L20 的热解温度为 450～500℃，可见在高温下 $Al(acac)_3$完全分解，Al 已经完全进入到 Al—O—Si 结构中。Al 起到交联点的作用，并成为高度交联中心，Al 由六配位结构逐渐向四配位结构转化更为完全。它将两个及两个以上的 PCS 分子交联在一起，引起结构的复杂化，并使 PACS 分子量分布宽化，形成了 PACS 分子量分布中的高分子量部分。

相比较而言，“LPCS 热聚法”合成 PACS 的合成温度低，PACS－6%以六配位结构为主，其五配位和四配位结构的 Al 固体核磁峰强度不高。这是由于在 PACS－6%中 Al 元素的化学环境不同造成的。其化学环境显然不完全是 Al—O—Si 结构，而还有 Al—O—C 结构。根据“LPCS 热聚法”合成 PACS 的反应过程，可以推测 PACS－6%中可能的结构单元如图 6－59 所示。

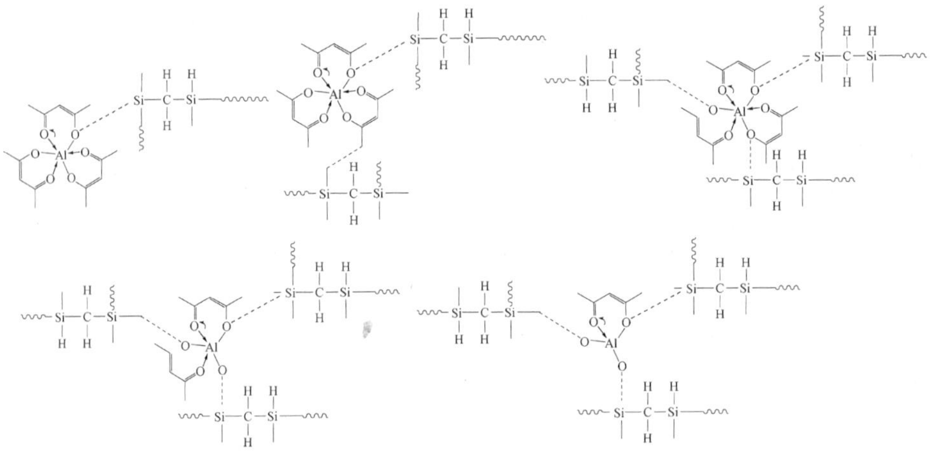

图 6－59　Al 元素在先驱体 PACS 中的存在方式

根据合成反应程度不同，以 Al 原子为中心，可以结合一个或多个 LPCS 分子，并保留部分的乙酰丙酮基。由表 6－18 和表 6－19 可以看出,从 LPCS 的数均分子量由 900～1 200 经过“LPCS 热聚法”合成 PACS 后,数均分子量长大为 1 300～1 700,因此可以推测大部分的 LPCS 分子只结合了一个或两个 $Al(acac)_3$分子,并保留部分的乙酰丙酮基在 PACS 结构中。可见,由于“LPCS 热聚法”合成 PACS 压低了合成温度,控制了 $Al(acac)_3$的反应程度,根据前面 Si—H 反应程度的分析,可以认为当合成温度低于 350℃时,PACS 中更多地保留了 $Al(acac)_3$中 Al 的六配位结构。当合成温度升高,随着反应的进一步进行,可以认为 Al 的配位数发生变化主要原因是与 Al 相连的配体发生了变化,乙酰丙酮基进入了体积庞大的以 Si—C 键为主链聚合物,Al 的配位数降低,形成五配位和四配位结构。

根据以上研究,可以看出 $Al(acac)_3$与 LPCS 在较低的温度下反应,形成了乙酰丙酮基部分悬挂的方式使 Al 元素引入到 PACS 中去,可以推测 LPCS 热聚法合成 PACS 的反应如图 6－60 所示。

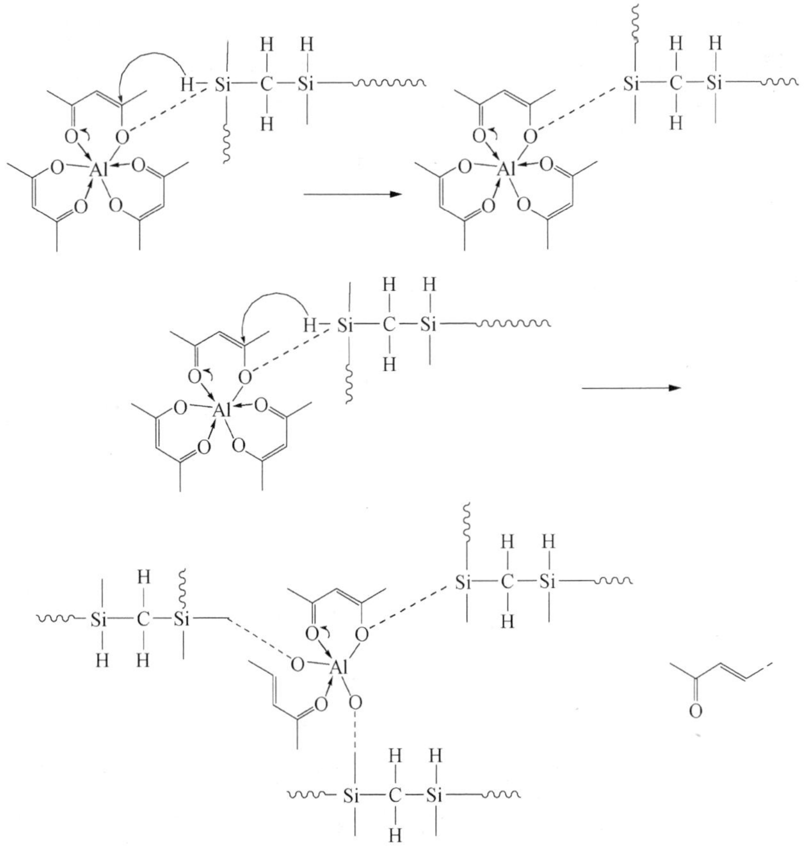

图 6－60　LPCS 热聚法合成 PACS 的反应图

LPCS 中的 Si—H 进攻 $Al(acac)_3$ 中═CH—O—上的碳，Si 与═CH—O—上的氧形成 Si—O 键的同时，═CH—O—中的 C—O 键发生断裂，从而形成了 Si—O—Al 键。而由于压低了合成温度，使得部分的乙酰丙酮基仍然保留在先驱体中，使得 Al 元素周围的化学环境有较多的 Al—O—C 形式。

6.5.3 PACS 的热解性质

含铝碳化硅纤维的先驱体 PACS 与普通 SiC 纤维的先驱体 PCS 相比，具有一些相似的特性，如高温下经过裂解都可以转化为 SiC 陶瓷。但 PACS 中含有铝元素，使得 PACS 与 PCS 在相似特性下存在一些细微差别。

为研究 PACS 的热分解陶瓷产率、热分解过程，对不同铝含量的 PACS 进行了 TG 分析，并与 PCS 的 TG 曲线相比较。图 6－61 是 PACS、PCS 的 TG 曲线。从图中看出，不同铝含量的 PACS 在 N_2 中热解过程的失重情况相似，1 000℃时，PACS－4L10 的陶瓷产率为 66%，PACS－8L20 的陶瓷产率为 70%。PACS－8L20 的陶瓷产率大于 PACS－4L10，说明随着 $Al(acac)_3$ 用量的增加，PACS 的交联程度也在增加。同样条件下 PCS 的陶瓷产率为 58%。

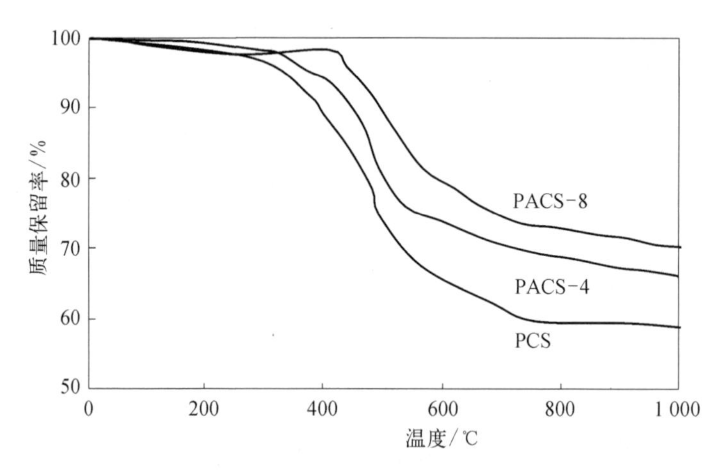

图 6－61 PACS、PCS 的 TG 曲线

图 6－62 是 PACS 在 N_2 中不同温度下裂解产物的红外图谱，结合 PACS 的 TG 曲线，将 PACS 热解过程分为初步无机化(300～600℃)、深度无机化(600～1 000℃)和 SiC 微晶生成(1 000～1 300℃)三个阶段。

1）在 300～600℃，TG 曲线表明此温度段 PACS 有较大的失重，约为 20%。热解产生的气体中含有 H_2、CH_4，图 6－62 中 2 100 cm^{-1} 处的 Si—H 吸收峰强度

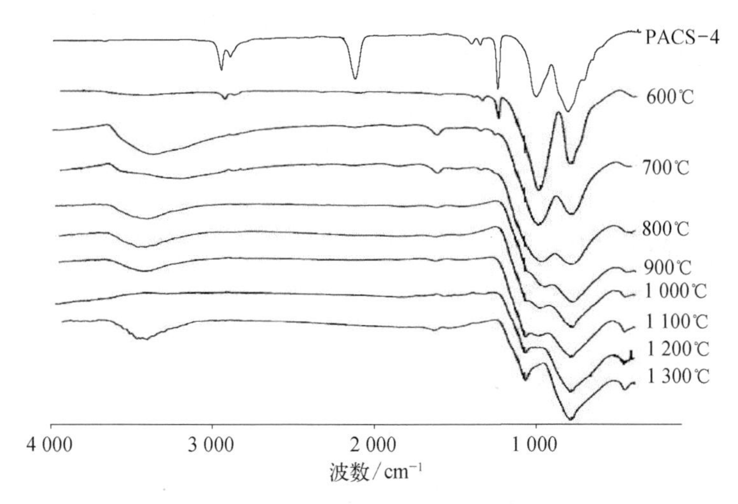

图6－62　PACS不同温度裂解产物的红外光谱图

明显减弱，说明PACS发生了脱氢交联反应。然而，600℃时还可明显观察到C—H键，说明在600℃以下PACS还是有机状态，600℃时无机化速度最快，是PACS从有机到无机的转折点。

2）在600~1 000℃，此温度段为深度无机化阶段，失重率约为5%。图6－62看到，热解温度的升高，PACS中的Si—CH_3、Si—H、C—H、Si—CH_2—Si等基团的吸收峰迅速减弱。700℃时，出现了C＝C峰和较强的水的吸收峰，这是因为—CH_2—CH_2—上的H脱除后形成了C＝C双键，并且还因为小分子逸出形成了孔洞，导致陶瓷产物容易吸潮而含有大量水分，此时2 100 cm^{-1}处的Si—H吸收峰已完全消失。到900℃时，C—H、Si—CH_3吸收峰消失，大部分有机基团断键，并产生大量H_2和CH_4等分子气体，是重要的有机-无机转化阶段。PACS在此阶段基本完成了无机化，但是还有少量的H存在于1 010 cm^{-1}处的Si—CH_2—Si结构中。

3）在1 000~1 300℃时，此温度段仅失重2%左右，这是PACS在1 000℃热解后残存的少量C—H发生进一步的热解脱氢引起的。热重分析受测试设备限制只给出了1 000℃以前的TG曲线，但从图6－62的红外图谱可以看出，裂解温度进一步提高，Si—CH_2—Si变弱，1 080 cm^{-1}处的Si—O—Si吸收峰和830 cm^{-1}处的Si—C吸收峰凸显出来，说明PACS热解产物中含有氧杂质和SiC晶粒。1 300℃时PACS生成的碳化硅比PCS生成的碳化硅具有更高的结晶度，PACS真正完成无机化，转化为SiC陶瓷。

PACS 与同样条件下制备的 PCS 相比，具有较高的分子量，数均分子量约为 2 000 以下，但重均分子量一般可达数万，热解可以制备 SiC 陶瓷，1 000℃ 时，陶瓷产率约为 70%，具有可溶熔特性，有良好的可塑性。PACS 主要用来制备含铝碳化硅纤维，这是本章的研究内容。另一用途是制备复合材料，以 PACS 为先驱体，采用化学气相渗透和先驱体浸渍裂解工艺制备的 C_f/SiC 复合材料，其常温力学性能明显高于 PCS 为先驱体制备的复合材料。因此 PACS 与 PCS 相比，作为陶瓷先驱体具有更多的特点。

参 考 文 献

[1] Stanley R L, Elizabeth J O, Michael C H, et al. Evaluation of ultra-high temperature ceramics for aeropropulsion use. Journal of the European Ceramic Society, 2002, 22: 2757 - 2767.

[2] 王军，宋永才，王浩，等.先驱体转化法制备碳化硅纤维，北京：科学出版社，2018.

[3] Samanta A K, Dhargupta K K, Ghatak S. Decomposition reactions in the SiC-Al-Y-O system during gas pressure sintering. Ceramics International, 2001, 27: 123 - 133.

[4] Yajima S. Special heat-resisting materials from organometallic polymers. Journal of the American Ceramic Society, 1983, 62: 893 - 898.

[5] 王军.含过渡金属的碳化硅纤维的制备及其电磁性能.长沙：国防科技大学，1997.

[6] Chollon G, Aldacourrou B, Capes L, et al. Thermal behaviour of a polytitanocarbosilane-derived fibre with a low oxygen content: The tyranno lox-E fibre. Journal of Materials Science, 1998, 33: 901 - 911.

[7] Yamamura T, Hurushima T. Development of a new continuous Si-Ti-C-O fiber with high mechanical strength and heat-resistance. High-tech Ceramic, 1987: 737 - 746.

[8] Yamamura T, Ishikawa T, Shibuya M, et al. Development of a new continuous Si-Ti-C-O fibre using an organometallic polymer precursor. Journal of Materials Science, 1988, 23: 2589 - 2594.

[9] Ishikawa T, Kohtoku Y, Kumagaea K. Production mechanism of polyzirconocarbosilane using zirconium (IV) acetylacetonate and its conversion of the polymer into inorganic materials. Journal of Materials Science, 1998, 33: 161 - 166.

[10] Yamaoka H, Ishikawa T, Kumagawa K. Excellent heat resistance of Si-Zr-C-O fibre. Journal of Materials Science, 1999, 34: 1333 - 1339.

[11] Tsirlin A M, Shcherbakova G I, Florina E K, et al. Nano-structured metal-containing polymer precursors for high temperature non-oxide ceramics and ceramic fibers — syntheses, pyrolyses and properties. Journal of the European Ceramic Society, 2002, 22: 2577 - 2585.

[12] 曹淑伟，谢征芳，王军，等.聚锆碳硅烷陶瓷先驱体的制备与表征，高分子学报，2008，6：621 - 625.

[13] 曹峰.耐超高温碳化硅纤维新型先驱体研究及纤维制备.长沙：国防科技大学,2002.
[14] 余煜玺.含铝碳化硅纤维的连续化制备与研究.长沙：国防科技大学,2005.
[15] 赵大方.SA 型碳化硅纤维的连续化技术研究.长沙：国防科技大学,2008.
[16] 郑春满.聚铝碳硅烷纤维的无机化及生成碳化硅纤维的连续化过程研究.长沙：国防科技大学,2006.
[17] Ishikawa T, Kohtoku Y, Kumagawa K, et al. High-strength alkali-resistant sintered SiC fiber stable to 2200℃. Nature, 391: 773 - 775.
[18] 杨大祥.PCS 和 PMCS 的新合成方法及高耐温性 SiC 纤维的制备研究.长沙：国防科技大学,2008.

第 7 章　高软化点聚碳硅烷

由于聚碳硅烷(PCS)的原材料和合成工艺等成本因素,规模应用对低成本、高性能 PCS 提出了迫切要求。一方面提高 PCS 合成产率以降低自身成本,另一方面提高 PCS 陶瓷产率以减少用量也可以实现 PCS 转化 SiC 陶瓷的成本控制。前三章中,使用催化剂或采用密闭高压反应釜等对提高合成产率发挥了重要作用。另外,高合成产率、高陶瓷产率、高软化点的 PCS,对制备高性能 SiC 纤维也有积极意义。提高 PCS 的陶瓷产率,又不能显著降低 PCS 的溶解应用等工艺性能,则需要制备既具有高软化点又不含有过高分子量的 PCS。本章首先分析了 PCS 的分子量增长模式,然后分别从常压高温法和桥联法两个方面探讨了高软化点 PCS 的合成工艺及其组成结构特征,并通过单孔纺丝对其加工成型性进行了初步研究。

7.1　PCS 的分子量增长方式

PDMS 是一种以 Si—Si 键为主链的聚合物,其红外谱图如图 7 - 1 所示。可以看出以下特征峰: 2 950 cm^{-1}、2 900 cm^{-1}处的吸收峰为 Si—CH_3中 C—H 伸缩振动峰,1 400 cm^{-1}处为 Si—CH_3中 C—H 变形振动峰,1 250 cm^{-1}处为 Si—CH_3变形振动峰,820 cm^{-1}、740 cm^{-1}、690 cm^{-1}、635 cm^{-1}处为 Si—CH_3摆动和 Si—C 伸缩振动峰。

PDMS 中的 Si—Si 键键能较低(仅为 222 kJ/mol),显著低于 Si—C(318 kJ/mol)键、Si—H(314 kJ/mol)键及 C—H(414 kJ/mol)键,在受热条件下极易分解。PDMS 在不同温度下的热解产物表观状态不同,400℃时为透明液体与白色粉末(未分解的 PDMS)的混合物,420℃时为透明液体,460℃反应后冷至室温为淡黄色树脂状固体,对不同温度下的热解产物进行红外分析,见图 7 - 1。可以看出,400℃液体产物的红外谱图与 PDMS 已经有明显不同,分别在 2 100 cm^{-1}、1 360 cm^{-1}和 1 020 cm^{-1}处出现了归属于 Si—H、Si—CH_2—Si 中 C—H 和 Si—CH_2—Si 中 Si—C—Si 的特征峰,这说明在此温度下 PDMS 中的—Si—Si—链已分解并部分

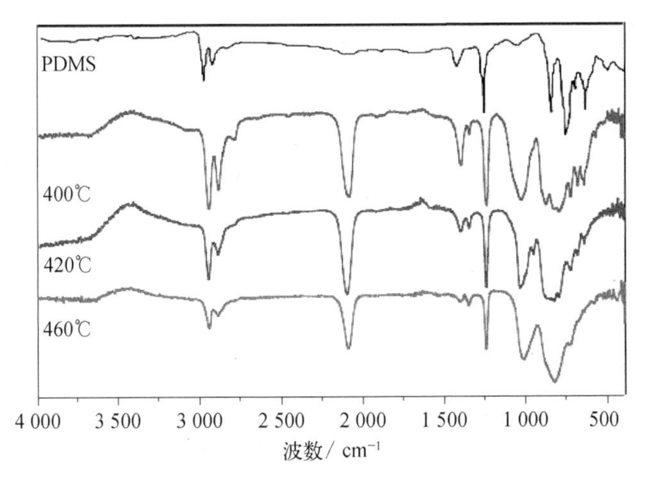

图7-1　PDMS及其不同温度下热解产物的FT-IR谱图

转化为Si—C—Si结构。420℃与460℃反应产物的红外谱图与400℃相比，1 400 cm^{-1}处$Si—CH_3$的C—H变形振动峰明显减弱，1 360 cm^{-1}处$Si—CH_2—Si$的C—H面外振动峰明显增强，表明随着合成温度提高，原来PDMS中的Si—Si结构进一步转化为Si—C—Si结构，逐渐完成分子结构的重排转化过程。

为了更好地分析PDMS的热解过程，对其进行热重-气相色谱-质谱联用分析。TG结果如图7-2所示。

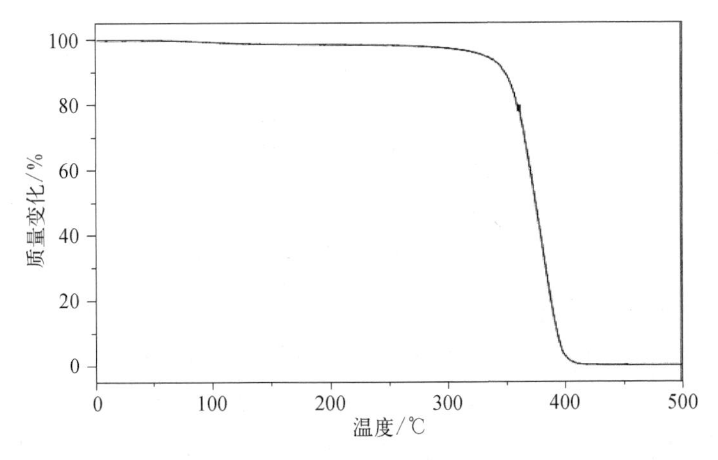

图7-2　PDMS在N_2中的热重分析

由图7-2可知，PDMS约从280℃开始出现明显失重，当温度升高到360℃以上，分解失重迅速增大，至400℃时，剩余质量仅为原来的21.42%，说明PDMS在280℃开始分解，在360~400℃剧烈分解。当温度进一步升高到420℃时，剩余质量仅有原质量的 0.74%，说明在 420℃时，PDMS 的热分解转化过程基本完成。根据文献[1]报道，PDMS 中的 Si—Si 会在温度升高时发生断裂、重排，生成小分子逸出，取不同温度段的逸出气体测定其气相色谱如图 7－3。

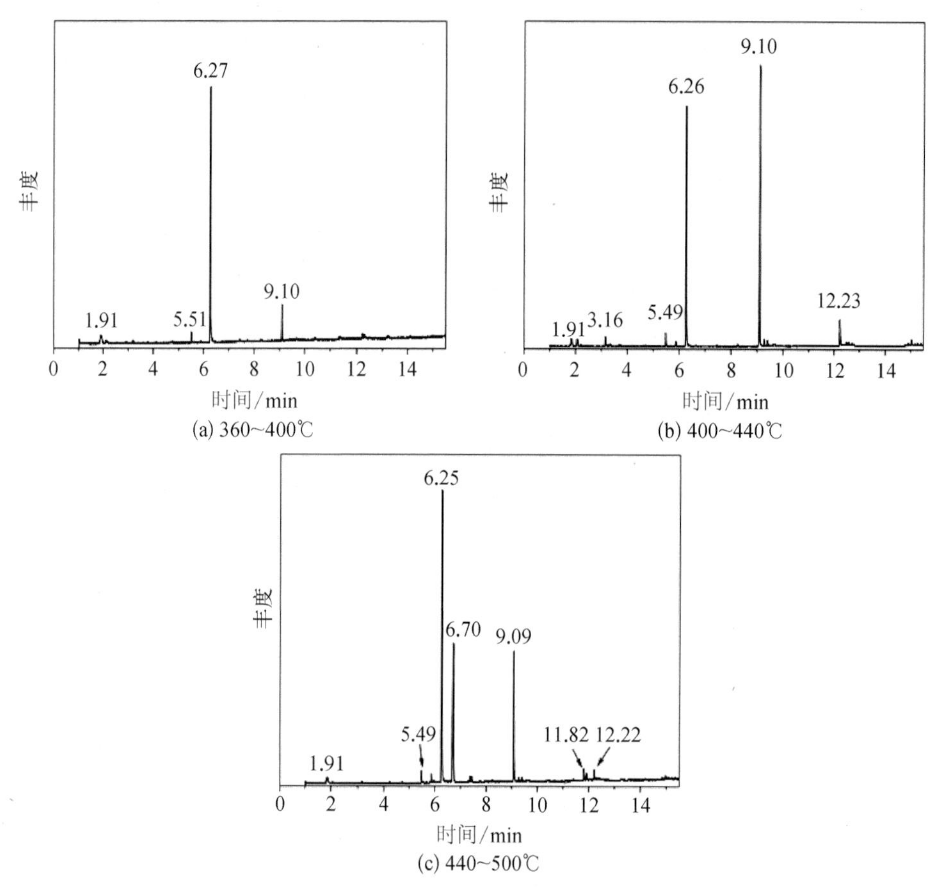

图 7－3　PDMS 不同温度段的气相色谱图

从图 7－3 可以看出，在 360℃以上时，PDMS 在不同时间均有多种组分逸出，说明 PDMS 已分解并生成了多种物质。根据气相色谱的原理[2]，不同组分对应的析出时间不同，PDMS 在不同温度段析出的既有相同组分，如析出时间为 1.91 min、5.49 min、6.27 min 和 9.09 min 等，也有不同组分，如 400～440℃温度段的 $t = 3.16$ min、440～500℃温度段的 $t = 6.70$ min 等。同时还可看出，高温段分解产物的析出时间更长，至 12.22 min 仍有组分析出，而 360～400℃温度段的在 $t = 10$ min 之后就已经没有析出物了，这说明高温段分解产物的分子量水平要高于低温段。将 PDMS 各温度段产物的质谱示于图 7－4 中。

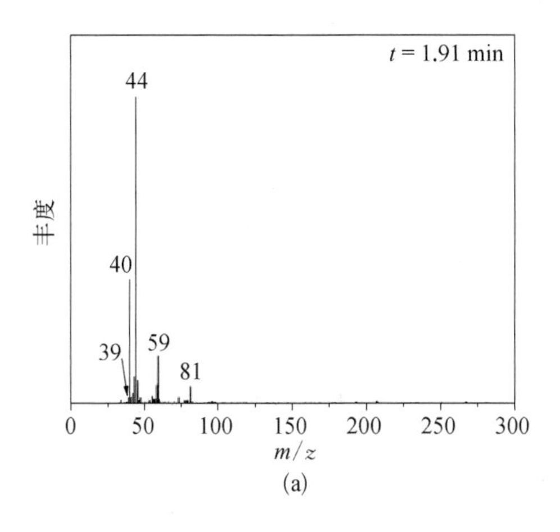
t = 1.91 min
44
40
39
59
81
丰度
0
50
100
150
200
250
300
m/z
(a)

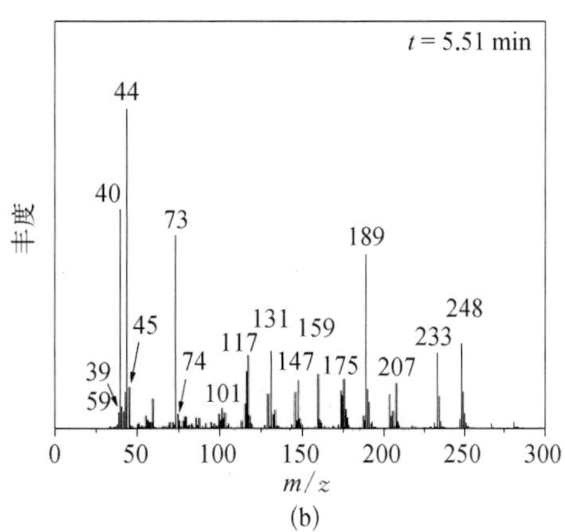
t = 5.51 min
44
40
73
189
248
233
131
159
45
117
147
175
207
39
74
101
59
丰度
0
50
100
150
200
250
300
m/z
(b)

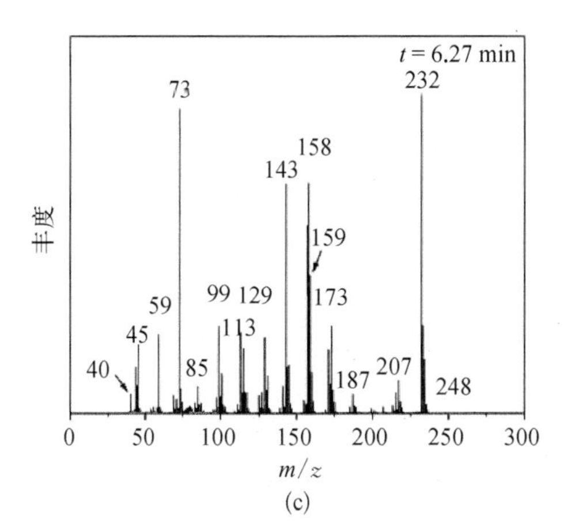
t = 6.27 min
232
73
158
143
159
99
129
173
59
113
45
85
40
187
207
248
丰度
0
50
100
150
200
250
300
m/z
(c)

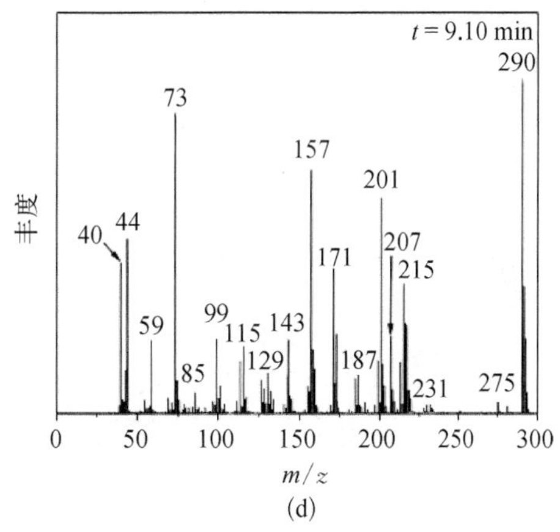
t = 9.10 min
290
73
157
201
44
40
207
171
215
99
115
143
59
129
187
85
231
275
丰度
0
50
100
150
200
250
300
m/z
(d)

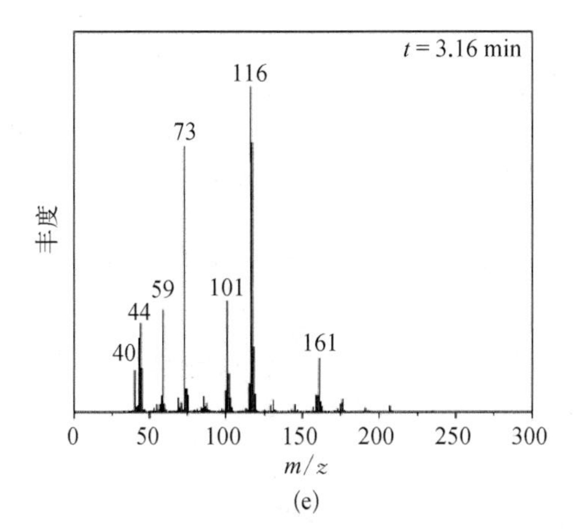
t = 3.16 min
116
73
101
59
44
161
40
丰度
0
50
100
150
200
250
300
m/z
(e)

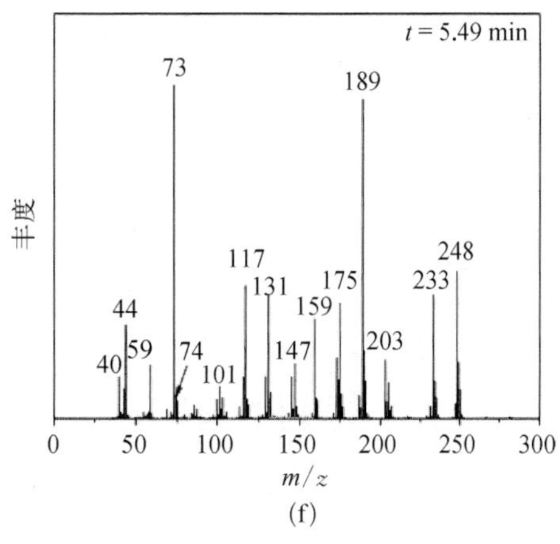
t = 5.49 min
73
189
248
117
131
175
233
159
44
203
147
59
74
40
101
丰度
0
50
100
150
200
250
300
m/z
(f)

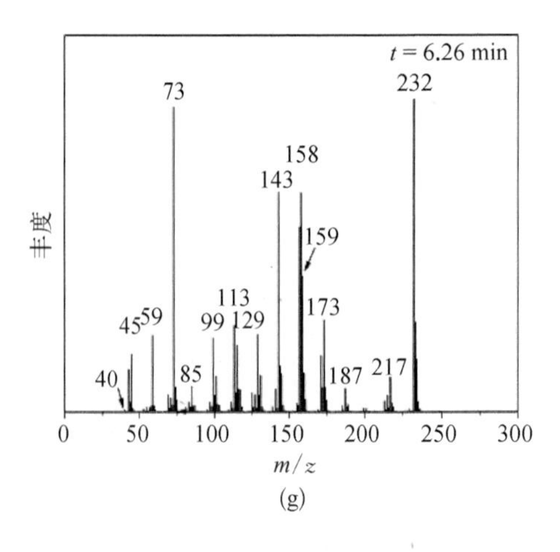
t = 6.26 min
丰度
m/z
73
232
158
143
159
173
113
99
129
45
59
40
85
187
217
(g)

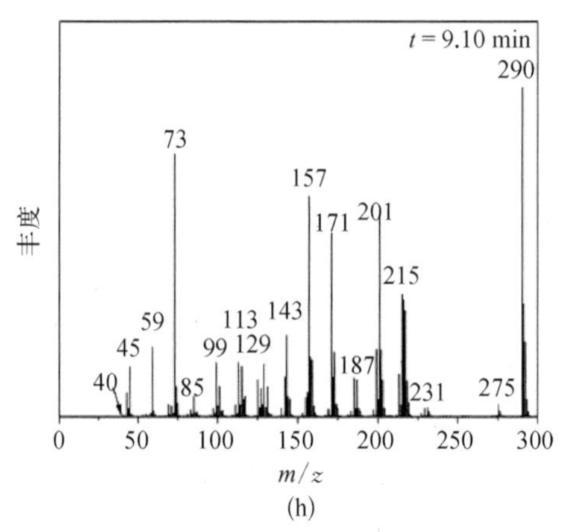
t = 9.10 min
丰度
m/z
290
73
157
171
201
215
59
45
113
143
99
129
40
85
187
231
275
(h)

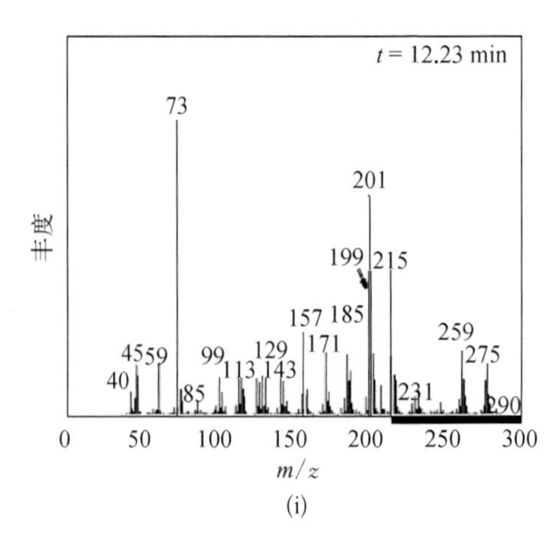
t = 12.23 min
丰度
m/z
73
201
199
215
157
185
171
259
275
45
59
99
129
113
143
40
85
231
290
(i)

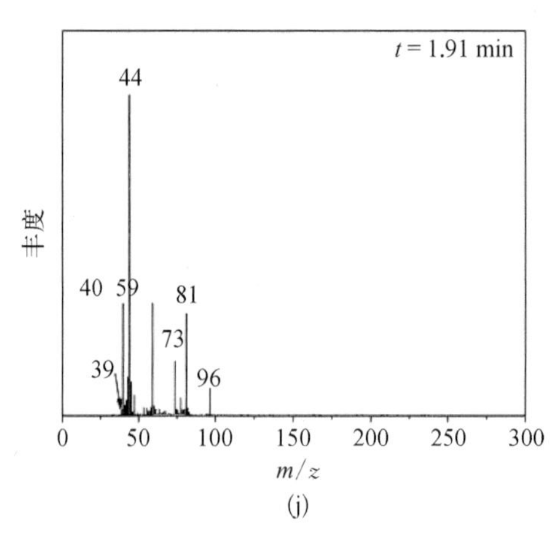
t = 1.91 min
丰度
m/z
44
40
59
81
73
39
96
(j)

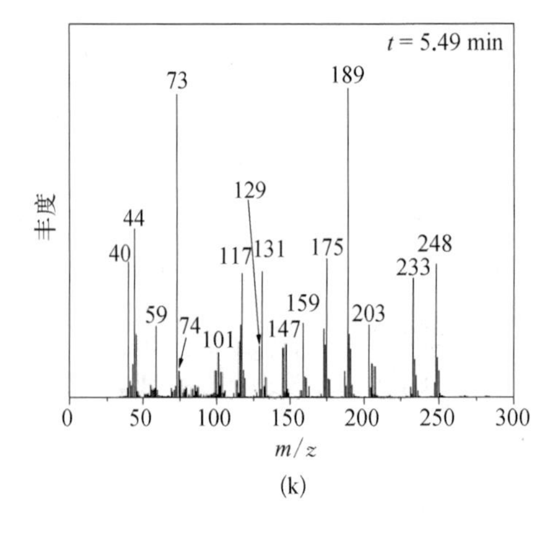
t = 5.49 min
丰度
m/z
73
189
129
44
40
117
131
175
248
233
159
59
74
101
147
203
(k)

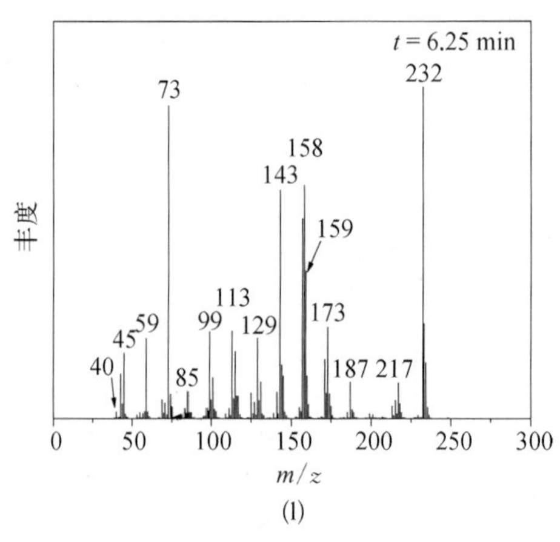
t = 6.25 min
丰度
m/z
73
232
158
143
159
113
99
129
173
45
59
40
85
187
217
(l)

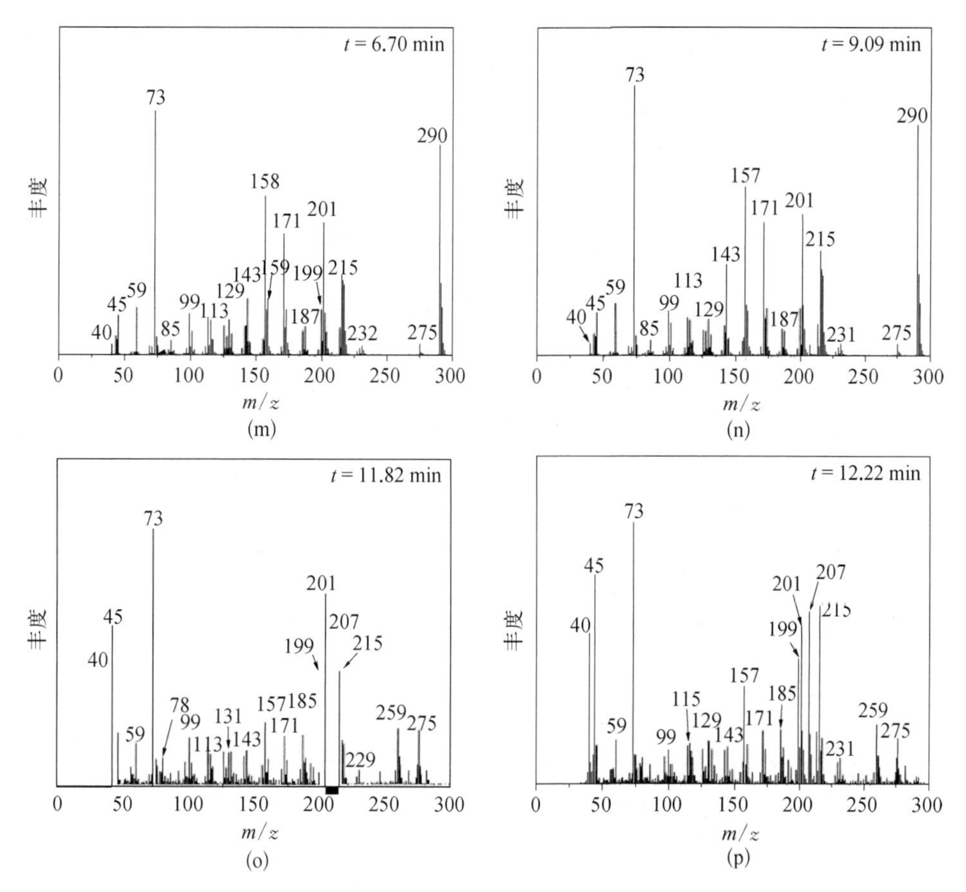

图 7－4　PDMS 热解过程中的部分组分质谱图

(a)、(b)、(c)、(d)：360~400℃；(e)、(f)、(g)、(h)、(i)：400~440℃；(j)、(k)、(l)、(m)、(n)、(o)、(p)：440~500℃

从图 7－4 可以看出，PDMS 在各温度段均有大量不同质量的质量片段出现，且这些质量片段不属于一种化合物[3-5]，说明 PDMS 在热解各阶段均是多种物质的混合物。另外，随着热解温度的上升，组分析出时间逐渐增大，且析出组分中高质量片段增加，说明随着温度的升高，热解产物的分子量在逐渐长大，这与前文的气相色谱分析是一致的。

根据质谱图中的质量数片段 59、73、85、116、117，而反应物中主要含有的元素为 Si、C、H 和极少量的氧，由此可预测其部分分子结构如图 7－5 所示。

从图 7－5 可以看出，预测出的主要分子为低分子碳硅烷结构，其中存在少量 Si—O—Si 结构的原因是 PDMS 合成 PCS 时有极少量水和氧参与反应。从 IR 分析结果来看，产物中 Si—O—Si 结构的含量很少。结合图 7－4 的数据可预测，

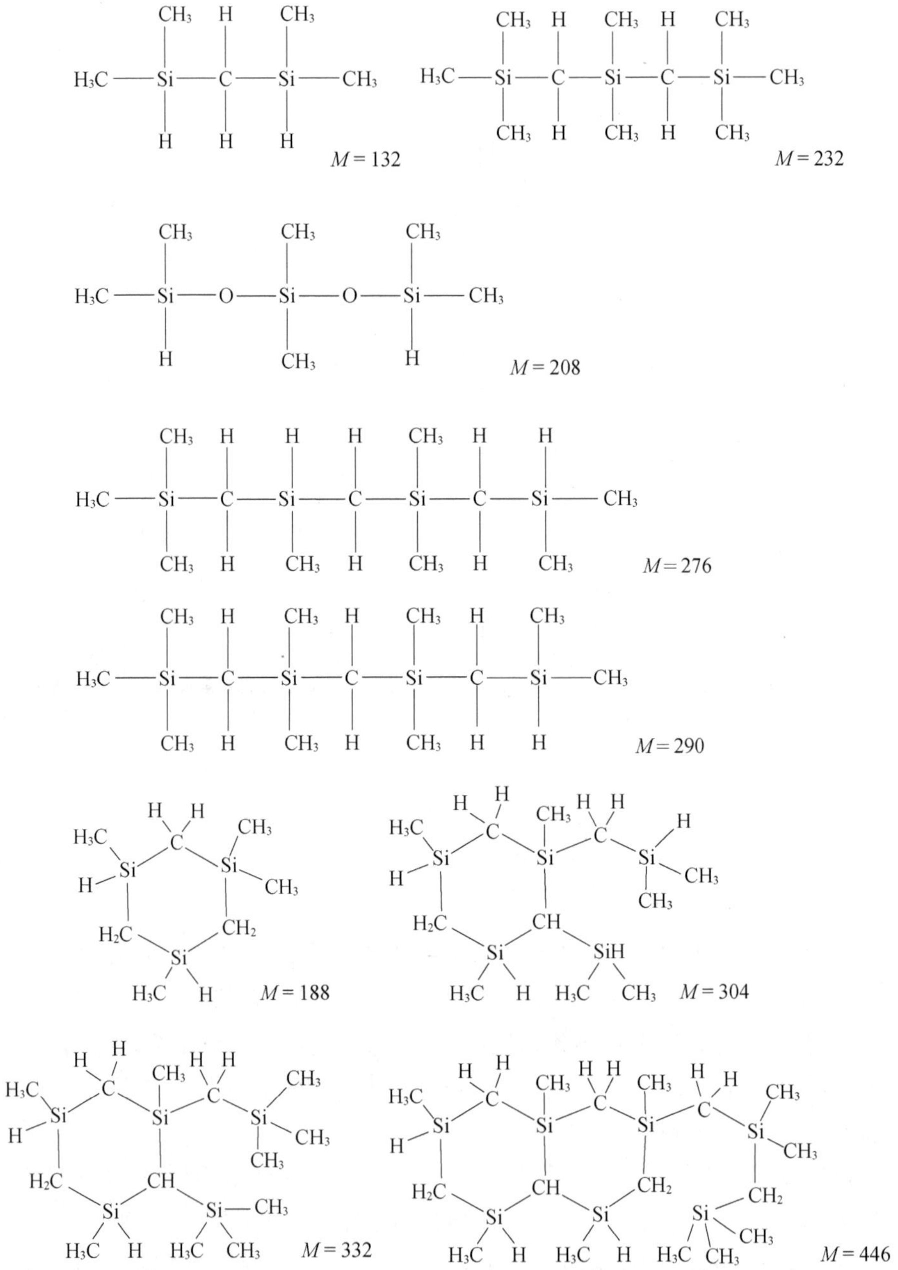

$M = 132$

$M = 232$

$M = 208$

$M = 276$

$M = 290$

$M = 188$

$M = 304$

$M = 332$

$M = 446$

图 7 - 5　预测反应物中的部分分子结构

在较高温下高质量片段的增加是因为产物中的分子量趋于增大。为了验证这一推断，对不同温度下的产物进行 GPC 分析，如图 7－6 所示。

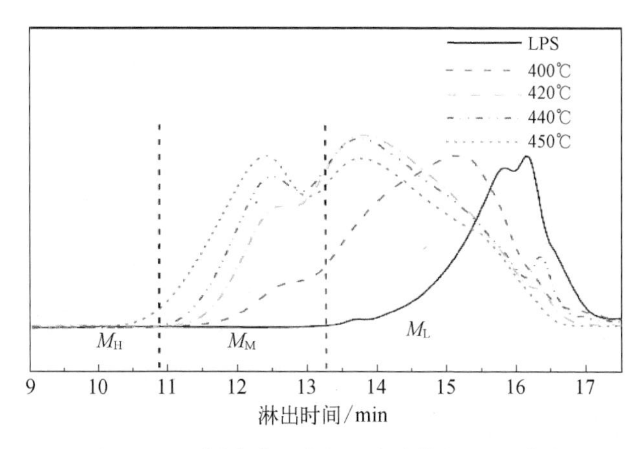

图 7－6　不同合成温度的反应产物的 GPC 曲线

从图 7－6 可以看出，LPS 基本为低分子量分子，无中、高分子量分子，而随着合成温度的升高，产物的 GPC 曲线中逐渐产生了中分子量峰，且低分子量峰有逐渐降低并向中分子量方向移动的趋势，合成温度越高，低、中分子量峰的变化越明显，说明随着合成温度的升高，产物的分子量逐渐长大。

综合上述分析及国内外对 PDMS 热解重排转化法合成 PCS 的研究文献[6-8]可知，在惰性气氛中，PDMS 热解重排缩聚转化为 PCS 的过程大致可以分为三个阶段：① PDMS 加热到 400℃时，主要发生主链 Si—Si 键热分解，生成 Si 自由基，并夺取邻近分子上的—CH_3或—CH_3上的 H，在放出 CH_4、H_2的同时，形成液态硅烷低聚体如式(7－1)所示；② 在 400～440℃时，主要发生分子结构的重排反应，即硅烷低聚体中的 Si—Si 链重排转化为 Si—C 链，由硅烷化合物转化为聚碳硅烷，同时伴有少量分子间缩合、自由基再结合等反应，分子量缓慢增长，如式(7－2)所示；③ 在 440℃以上时，主要发生已形成的 Si—C 链分子间脱氢、脱甲烷的缩聚反应，如式(7－3)所示。反应促进产物的分子量加速增长，生成具有较完全的 Si—C—Si 骨架与一定分子量的 PCS。

$$\left[\begin{array}{c}CH_3\\|\\—Si—\\|\\CH_3\end{array}\right]_n \xrightarrow{\triangle} —\underset{CH_3}{\overset{CH_3}{Si}}—\underset{CH_3}{\overset{CH_3}{Si}}—\underset{CH_3}{\overset{CH_3}{Si}}\cdot \longrightarrow \cdot\underset{CH_3}{\overset{CH_3}{Si}}—\left[\underset{CH_3}{\overset{CH_3}{Si}}\right]_k—\underset{CH_3}{\overset{CH_3}{Si}}\cdot \qquad (7-1)$$

$$—\mathrm{Si(CH_3)_2}\cdot + \mathrm{H_3C}—\mathrm{Si}\!\equiv \longrightarrow \begin{cases} —\mathrm{Si(CH_3)_2}—\mathrm{CH_3} + \cdot\mathrm{Si}\!\equiv \\ —\mathrm{Si(CH_3)_2}—\mathrm{H} + \mathrm{H_2\dot{C}}—\mathrm{Si}\!\equiv \end{cases}$$

（7－1 续）

$$—\mathrm{Si(\dot{C}H_2)(CH_3)}—\mathrm{Si(CH_3)_2}— \xrightarrow{\triangle} —\mathrm{\dot{S}i(CH_3)}—\mathrm{CH_2}—\mathrm{Si(CH_3)_2}— \xrightarrow{\equiv\mathrm{Si}—\mathrm{CH_3}} —\mathrm{SiH(CH_3)}—\mathrm{CH_2}—\mathrm{Si(CH_3)_2}—$$

（7－2）

$$\begin{array}{c} —\mathrm{Si(CH_3)_2}—\mathrm{CH_2}—\mathrm{Si(CH_3)_2}— \\ + \\ —\mathrm{SiH(CH_3)}—\mathrm{CH_2}—\mathrm{Si(CH_3)_2}— \end{array} \xrightarrow{\triangle} \begin{cases} \xrightarrow{-\mathrm{H_2}} \begin{array}{c} —\mathrm{Si(CH_3)}—\mathrm{CH_2}—\mathrm{Si(CH_3)_2}— \\ |\ \mathrm{CH_2} \\ —\mathrm{Si(CH_3)}—\mathrm{CH_2}—\mathrm{Si(CH_3)_2}— \end{array} \\ \xrightarrow{-\mathrm{CH_4}} \begin{array}{c} —\mathrm{SiH(CH_3)}—\mathrm{CH_2}—\mathrm{Si(CH_3)}— \\ \mathrm{CH_2}\ | \\ —\mathrm{Si(CH_3)_2}—\mathrm{CH_2}—\mathrm{Si(CH_3)}— \end{array} \end{cases}$$

（7－3）

根据以上分析可知，分子间的缩聚反应主要发生在 440℃以上，这也是 PCS 分子量增长的主要反应阶段，采用 PDMS 热解重排转化法制备 PCS 的合成温度一般在此温度之上。而根据文献[9-11]可知，采用常压高温法合成 PCS 时，影响

PCS 特性的主要因素除了合成温度（T_R）外，还包含反应时间（t_H）、升温速率（V_H）和裂解柱温度（T_P），而在其中起主要作用的是合成温度（T_R）和反应时间（t_H），其次是升温速率（V_H）和裂解柱温度（T_P）。纺丝级 PCS 一般是在常压高温合成装置中将 PDMS 在 420℃裂解成液态 LPS 后在 450℃下保温回流反应，冷却至室温后经溶解、过滤、蒸馏后得到。典型产物 PCS 的软化点为 222～241℃，数均分子量为 1 820。按上述聚碳硅烷合成中分子量增长的基本原理，要合成软化点和数均分子量较纺丝级 PCS 更高的产物，其合成条件必然要在纺丝级 PCS 的合成条件的基础上进一步强化。从上述讨论可知，在 440℃以上是分子间缩聚的主要阶段，也是聚碳硅烷分子量迅速增长的阶段，因此提高 PCS 的分子量与软化点必须着眼于这一阶段。目前的文献中，对更高温度下聚碳硅烷结构与分子量的变化的研究较少，因此必须首先研究更强的反应条件[更高合成温度（T_R）和更长反应时间（t_H）]下聚碳硅烷的分子量增长与结构变化的基本规律，在此基础上才能找到合成高软化点聚碳硅烷的适宜条件。

7.2　常压高温法制备高软化点聚碳硅烷

如前所述，通过常压高温法合成的纺丝级 PCS 的软化点一般为 220～240℃，为提高聚碳硅烷的软化点，必须研究更高合成温度下聚碳硅烷分子量与结构的演变规律，本节对常压高温法 PCS 的合成过程进行研究，探讨合成温度和反应时间对产物产率、特性、组成结构和性能的影响。

7.2.1　合成温度和保温时间对 PCS 分子量的影响

为了研究合成温度和反应时间对 PCS 特性的影响，分别设定在不同的合成温度（440～480℃）和反应时间（2～24 h）下进行 PCS 的合成实验，研究合成温度和保温时间对产物分子量、软化点及活性基团等特性参数的影响。测定不同合成条件下产物的特性参数如表 7－1 所示。

表 7－1　不同条件下合成的 PCS 的特性及产率

样　品	合成温度/℃	保温时间/h	软化点/℃	$\overline{M}_n$	PDI	$A_{Si—H}/A_{Si—CH_3}$	不溶物含量/%	产率/%
PCS－1	440	2	156～173	1 482	2.02	0.974	2.63	31.82
PCS－2	440	4	165～186	1 509	2.47	0.965	2.53	33.24
PCS－3	440	6	177～201	1 633	2.48	0.956	2.48	37.91

续表

样　品	合成温度/℃	保温时间/h	软化点/℃	$\overline{M}_n$	PDI	$A_{Si—H}/A_{Si—CH_3}$	不溶物含量/%	产率/%
PCS－4	440	8	183～210	1 680	2.63	0.951	2.56	39.83
PCS－5	450	2	179～203	1 609	2.26	0.965	2.58	34.37
PCS－6	450	4	186～211	1 660	2.71	0.955	2.44	39.33
PCS－7	450	6	194～224	1 795	2.96	0.951	2.39	41.75
PCS－8	450	8	209～242	1 928	3.22	0.947	2.40	42.03
PCS－9	450	12	229～263	2 100	3.70	0.927	2.43	46.76
PCS－10	450	16	256～287	2 275	4.09	0.906	2.42	48.68
PCS－11	450	24	>300	2 661	5.30	0.854	2.64	51.83
PCS－12	460	2	196～207	1 740	2.37	0.961	2.45	36.27
PCS－13	460	4	205～237	1 909	2.84	0.953	2.17	40.93
PCS－14	460	6	225～257	2 111	3.40	0.946	2.54	42.15
PCS－15	460	8	235～273	2 129	3.54	0.941	2.43	43.98
PCS－16	460	12	270～	2 443	4.82	0.893	2.51	48.73
PCS－17	470	2	249～281	2 192	3.61	0.934	2.44	38.07
PCS－18	470	4	265～	2 349	4.24	0.918	2.38	41.93
PCS－19	470	6	>300	3 963	5.48	0.864	32.53	20.77
PCS－20	480	4	>300	4 825	6.02	0.816	41.82	15.24

PCS 的产率是基于 PDMS 的质量计算的;PDI 指 PCS 的分子量分散系数,即 M_w/M_n

从表 7－1 可以看出,合成条件的改变对产物的特性有明显的影响。随着合成温度的升高和反应时间的延长,PCS 的软化点、数均分子量和分子量多分散性指数、产率都随之增大,而红外光谱吸光度比值 $A_{Si—H}/A_{Si—CH_3}$ 的降低则表明分子中活性基团 Si—H 含量的降低,这两方面的变化都反映了高温条件下分子间缩聚反应的进行。为了更直观地看出这种影响,以合成温度和反应时间对产物分子量、初熔点、分子量分布作图。图 7－7、图 7－8 反映了不同合成温度对产物

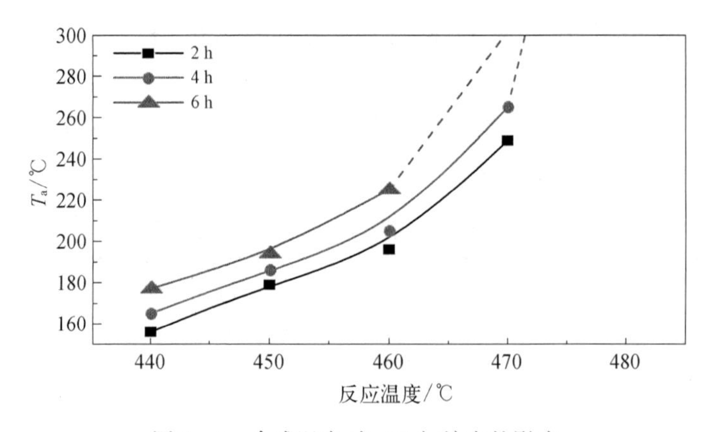

图 7－7　合成温度对 PCS 初熔点的影响

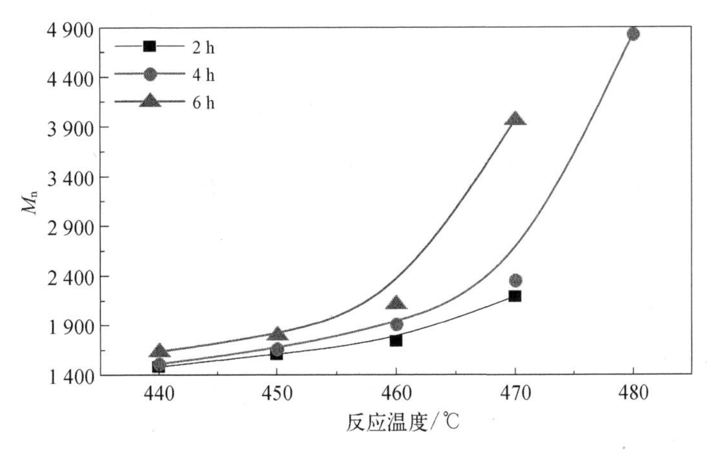

图7-8　合成温度对PCS数均分子量的影响

PCS初熔点和分子量的影响。聚碳硅烷由于是一种非晶态低聚体,其软化点是开始融化的温度(初熔点 T_a)与完全熔化的温度(终熔点)组成的一个温度范围。为方便起见,以初熔点代替PCS的软化点进行研究。

从图7-7和图7-8可以看出,随着合成温度升高,PCS的初熔点和数均分子量都增大,且增长趋势基本一致。PCS的初熔点与其分子量存在对应关系,初熔点越高,分子量越大[12]。这些合成条件下产物PCS的初熔点与其数均分子量的关系,如图7-9所示,可以看出PCS的初熔点随分子量的增大而升高,通过数据拟合可知两者近似呈线性关系。这说明通过控制合成条件控制产物PCS的数均分子量,就可以控制PCS的初熔点或软化点。更仔细的划分,可以看出,在合成条件为460℃且保温反应6 h以内,或470℃且保温反应4 h以内,所得产物的初熔点和分子量增长较慢,且呈匀速增长。而当合成温度为460℃时保温反应6 h以上或470℃且保温反应4 h以上或480℃以上,产物PCS的软化点与分子量增长加快,呈加速增长状态。在这种状态下产物表现出以下特征: ① 产物分子量迅速增加但可以正常测得,但产物的软化点迅速增大至不能测出,即产物处于"可溶不熔"状态。一般化合物可以溶解就可以熔融,是"可溶可熔"的,但在上述产物的情况下,由于分子量已经足够高,且分子内还保留反应活性,因此在加热测试过程中,只要发生少量反应便迅速交联以至不熔融,造成"可溶不熔"状态;② 由于同样原因,产物的初熔点与数均分子量不再满足前述正比关系;③ 在更强的合成条件下,这种分子量的迅速增长,极容易造成部分PCS分子的过度反应,从而生成不溶物。从表7-1可看出,在470℃保温反应6 h,或

480℃反应 4 h，产物中已出现大量不溶物，可溶物产率显著降低，产物软化点已不能正常测出。显然，在所述反应条件下，已经发生了聚碳硅烷分子量的迅速增长，并带来软化点的不可控的“疯长”。综上所述，在提高合成温度与延长反应时间的条件下，产物聚碳硅烷的初熔点与数均分子量呈现两种不同的增长模式，即较温和反应条件下的匀速增长模式与较强反应条件下的加速增长模式。

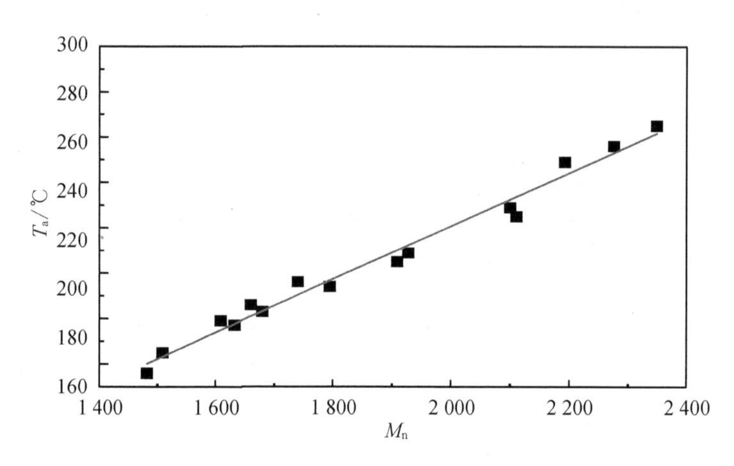

图 7-9　产物 PCS 的初熔点与其数均分子量的关系

对不同合成温度下反应 4 h 合成的 PCS 进行 GPC 分析，可以看出合成温度对分子量分布的影响，结果如图 7-10 所示。可以看出，随着合成温度升高，GPC 曲线整体从低分子量部分向高分子量部分移动。表明合成温度升高，分子间的反应程度逐渐加深，PCS 分子量逐渐长大。440~460℃反应产物的分子量呈双峰分布，而 470~480℃反应产物的分子量则呈多峰分布。在 440℃反应产物的 GPC 曲线中，低分子量峰（峰顶位于 t = 13.73 min 处，数均分子量为 1 059）较高，中分子量峰（峰顶位于 t = 12.44 min 处，数均分子量为 5 456）较低，表明这时产物分子中低分子量部分含量较高。而随着合成温度逐渐升高到 460℃，产物的低分子量峰逐渐减弱，中分子量峰逐渐增强且向高分子量一侧移动，其峰顶位置由 t = 12.44 min 移动到 t = 12.29 min 处，对应数均分子量从 5 456 增大到 6 455，但仍保持双峰分布。但 470℃反应产物则出现了高分子量鼓包和超高分子量肩峰，而在 480℃合成产物可溶部分的 GPC 图上，则出现了明显的高分子量峰（峰顶位于 t = 10.95 min 处，对应数均分子量 77 080）与超高分子量尖峰（峰顶位于 t = 9.86 min 处，对应数均分子量 198 000）。表明进一步的缩聚反应导致新生成了分子量为数万至数十万的两类高分子。这两类分子的生成，可认为是低分子量 PCS 与中分子量 PCS 或中分子量 PCS 之间甚至是高分子量 PCS 之间产生缩聚反应的结果。较高分子量 PCS 之间的缩聚反应,必然导致分子量的急速增长,同时分子量分布也迅速加宽。

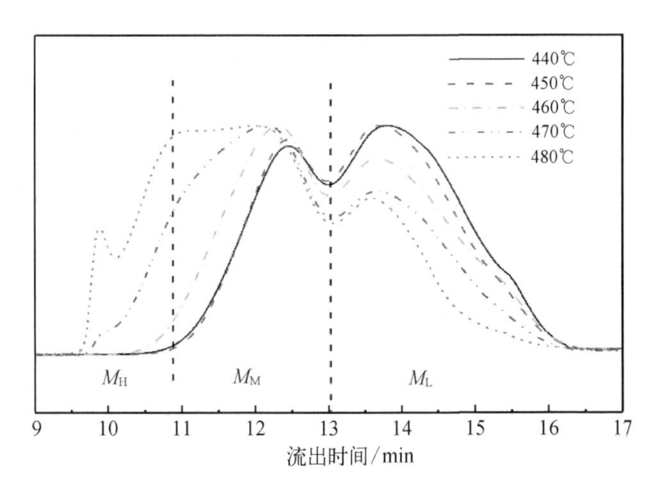

图 7-10　不同合成温度下合成 PCS 的 GPC 曲线(4 h)

为了更好地分析合成温度对 PCS 分子量分布的影响,在 GPC 曲线上,以双峰之间的峰谷处(流出时间 t = 13.01 min)及 440℃反应产物的 GPC 曲线的起点处(t = 10.86 min)为界限,将 PCS 分子量分布分为高分子量(M_H)、中分子量(M_M)、低分子量(M_L)三部分,如图 7-10 所示。分别对三部分的面积进行积分可算出 M_H、M_M、M_L 三部分分子的含量。将不同合成温度合成 PCS 分子量中高(M_H)、中(M_M)、低(M_L)三部分所占比例作图,如图 7-11 所示。可以看出,随着合成温度升高,产物中低分子量部分含量减少且加速减少,所占百分比从 64%降至 25%;中分子量部分含量增加并最终趋于稳定,所占百分比从 36%提高到 49%;高分子量部分含量在 460℃以上才产生并迅速增加到 26%。这表明,随着合成温度升高,PCS 在中、高分子量部分增加和低分子量部分减少的共同作用下,平均分子量增高。当合成温度低于 460℃时,产物中高分子量部分少于 1%;当合成温度为 470℃时,高分子量部分提高到 11.8%;当合成温度进一步升到 480℃时,可溶部分的高分子量含量迅速增大到 26.1%。低分子量部分和高分子量部分的变化均呈现出加速的趋势。而为了降低分子量分布的不均匀性,应尽量抑制高分子量部分的生成。因为高分子量部分的增加使分子量分布变宽,这可以从合成温度对分子量多分散性指数 PDI 的影响中得到证明。

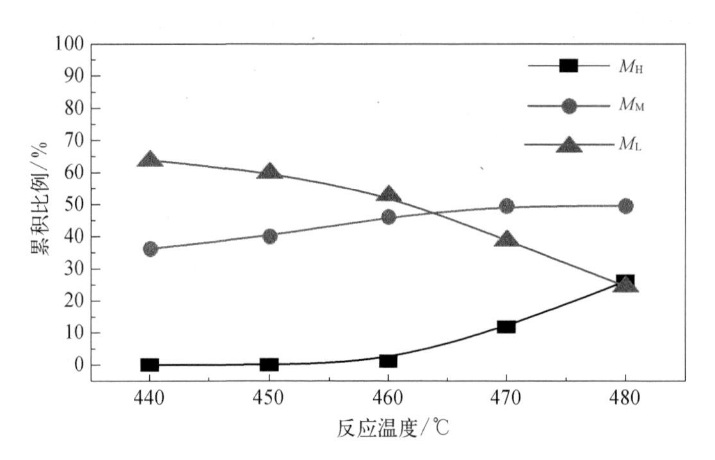

图 7-11　合成温度对 PCS 中高、中、低分子量含量的影响(4 h)

图 7-12 为合成温度对 PCS 分子量多分散性指数的影响。可以看出,随着合成温度升高,PCS 的分子量多分散性指数逐渐增大。但在合成温度≤460℃时,PDI 增长缓慢,而当合成温度>460℃时,PDI 呈快速增长趋势。如前所述,高温加速了 PCS 分子间的缩聚反应,使其分子量迅速增加。在 GPC 曲线上即表现为低分子量部分的降低与中、高分子量部分的增加。但当合成温度升高到 470℃以上时,产物的 GPC 曲线则出现了高分子拖尾,甚至出现超高分子量峰。这与 PDI 随合成温度的变化趋势是一致的。由文献[13]可知,PCS 分子中的高分子量含量越高,分子量多分散性指数越大,则其分子量分布均匀性越差,其纺丝性能也越差,因此在合成 PCS 的过程中必须对高分子量部分和分子量多分散性

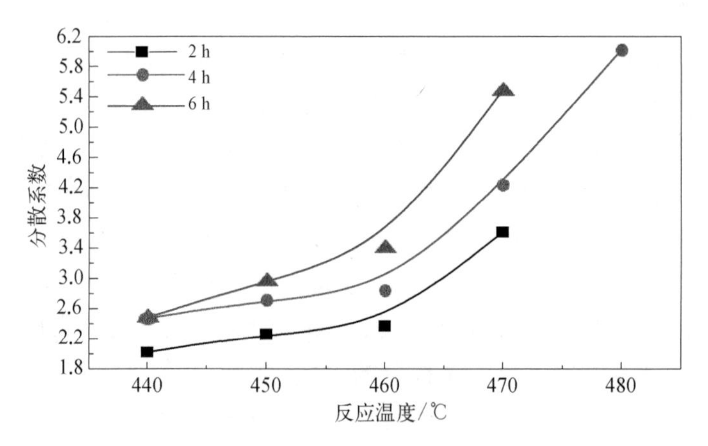

图 7-12　合成温度对 PCS 分子量多分散性指数 PDI 的影响

指数加以控制。从图 7－12 可以看出，在不同合成温度下合成的 PCS 的分子量多分散性指数的变化也表现出两种不同形式：在 460℃以下的匀速增长与 460℃以上的加速增长。而再联系到图 7－11，可以找到原因：在 460℃以下 PDI 的匀速增长，来自低分子量分子的均匀减少与中分子量分子的均匀增加，而 460℃以上 PDI 的加速增长，则来自低分子量分子的加速减少与高分子量分子的生成并迅速增加，由于低分子量分子的减少但并没有完全消失而高分子量分子迅速形成，必然产生分子量分布宽化，从而导致 PDI 的激增。

以上分析表明在提高温度条件下合成 PCS 时，其分子量增长呈两种模式，合成温度≤460℃时为匀速增长模式，合成温度>460℃时为加速增长模式。而分子量的加速增长来源于 460℃以上反应时，由于分子间缩聚反应加剧，体系中高分子量分子甚至超高分子量分子的快速形成。在采用常压高温法制备 PCS 时，应尽量避免进入分子量的加速增长模式，所以合成温度应控制在 460℃以下（包含 460℃）。考虑到反应效率，合成温度应在 450℃以上（包含 450℃），所以合成温度最终的选择区间为 450℃ $\leqslant T_R \leqslant$ 460℃。

当合成温度确定后，影响 PCS 特性的另一因素是反应时间的变化。不同反应时间下 PCS 初熔点和数均分子量的变化情况如图 7－13、图 7－14 所示。

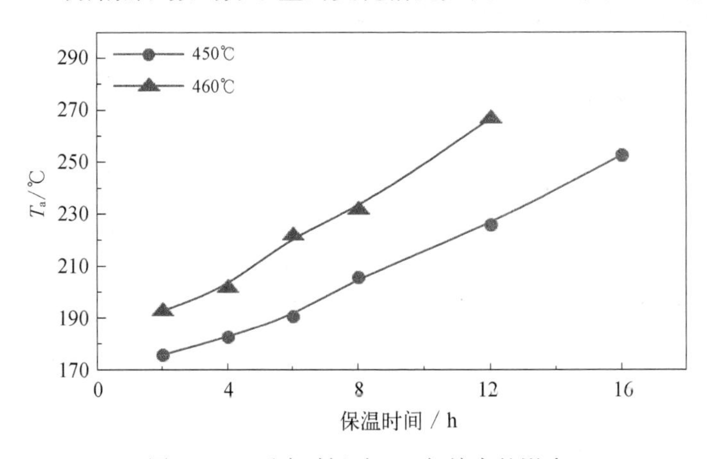

图 7－13　反应时间对 PCS 初熔点的影响

从图 7－13 和图 7－14 可以看出，随着反应时间延长，PCS 的初熔点和数均分子量均增大，且增长趋势一致。同时还可看出，PCS 的数均分子量和初熔点随反应时间呈近似线性增长，也即匀速增长，说明在合成温度一定时，延长反应时间，分子量呈匀速增长模式。另外，合成温度不同，数均分子量的增长速率并不相同，从图中可以看出，460℃的变化趋势线的斜率大于 450℃，说明温度越高，

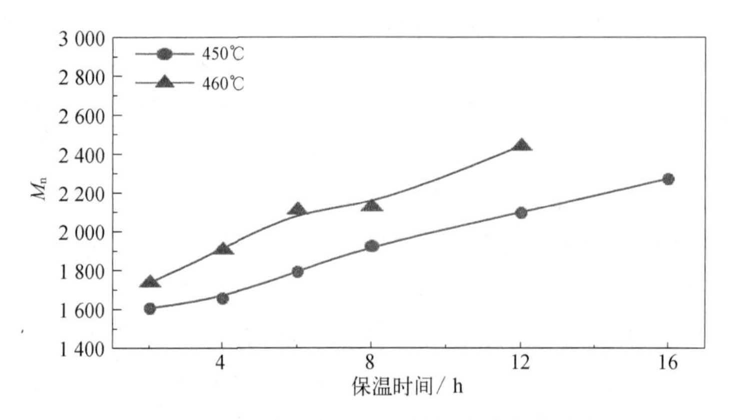

图 7-14　反应时间对 PCS 数均分子量的影响

分子量随反应时间的增长速率越大。当合成温度为 450℃，反应时间为 24 h 时，产物的软化点同样>300℃，超出仪器量程，所以在合成温度为 450℃时，合成高软化点 PCS，其反应时间应控制在 12~24 h。而当合成温度为 460℃时，反应时间则控制在 6~12 h。

反应时间的改变对 PCS 的分子量分布也有着明显影响。图 7-15 为 450℃下不同反应时间合成的 PCS 的 GPC 曲线。

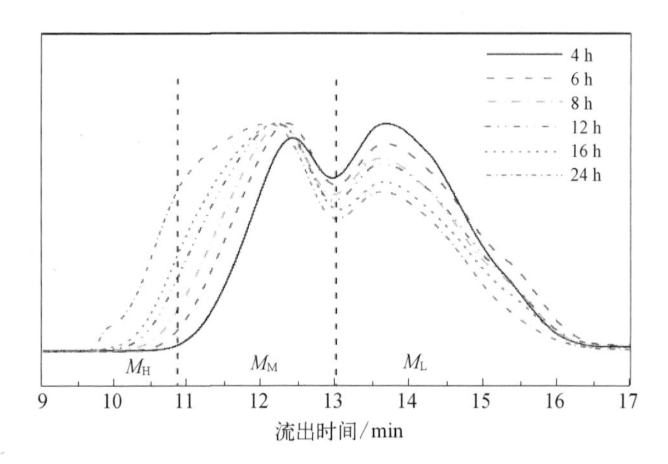

图 7-15　不同反应时间合成的 PCS 的 GPC 曲线(450℃)

从图 7-15 可以看出，在 450℃随着反应时间延长，PCS 的分子量峰从低分子量部分向高分子量部分移动。对比图 7-10 可知，随着反应时间延长，同样发生低分子量峰逐渐减弱，中分子量峰逐渐增强且向高分子量一侧移动，但不同的是，合成温度高于 470℃的产物呈多峰分布，出现了高分子量鼓包和超高分子量肩峰，而不同反应时间合成的 PCS 中除反应时间为 24 h 的产物出现了微弱的超高分子量肩峰外，其他样品均呈“双峰”分布，分子量分布整体上较为均匀。

同样将 450℃ 不同反应时间合成的 PCS 分子量中高（M_H）、中（M_M）、低（M_L）三部分所占比例作图，如图 7－16 所示。

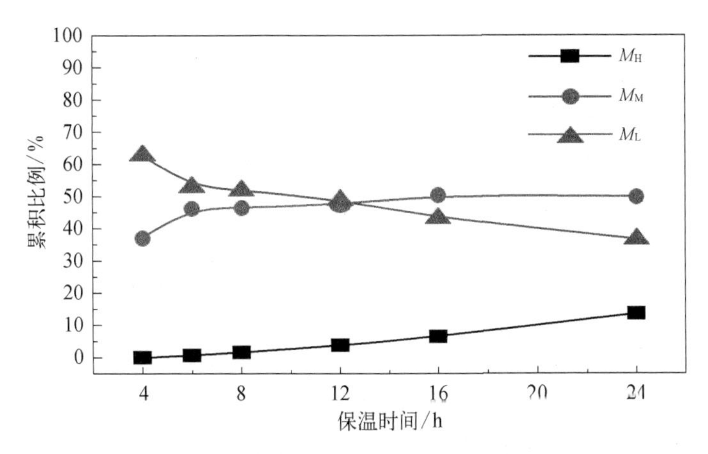

图 7－16　不同保温时间下 PCS 分子量高、中、低各部分含量（450℃）

从图 7－16 可以看出，随着反应时间延长，产物中低分子量部分含量逐渐减少，从 63%降低到 37%，中分子量部分含量从 37%缓慢增加到 50%并最终趋于稳定，高分子量部分含量同样从 0 缓慢增加到 14%。这表明，PCS 在中、高分子量部分增加和低分子量部分减少的共同作用下造成平均分子量增高。延长反应时间与提高合成温度对 PCS 分子量分布的影响不同，随着反应时间延长，中分子量部分在反应 6 h 后趋于稳定，而低分子量部分与高分子量部分则发生对应的此消彼长，同时变化趋势较为缓慢，呈匀速增长模式，未出现图 7－11 中的加速增长模式。说明此时低分子量部分向中分子量部分的转化与中分子量部分向高分子量部分的转化基本呈平衡状态，在一定程度上抑制了过高分子量部分的产生，保持了分子量分布的均匀性。

图 7－17 为反应时间对 PCS 分子量多分散性指数的影响情况。可以看出，随着反应时间延长，PCS 的分子量多分散性指数增大。在 460℃ 条件下相比 450℃，PCS 的 PDI 增大速率更快。但在这两个温度下分子量多分散性指数均随反应时间的延长呈近似线性增长。表明在所示条件下采用延长反应时间的方法，在提高 PCS 的分子量与软化点的同时，能够抑制过高分子量分子的形成，由此保证分子量以匀速模式增长，保证 PCS 的分子量分布的均匀性。

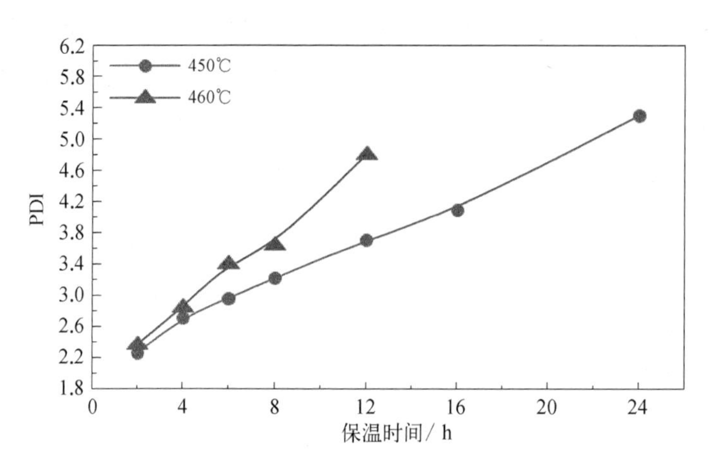

图 7-17 保温时间对 PCS 分子量多分散性指数的影响

从上述实验结果可以看出，提高合成温度和延长反应时间虽然都能提高 PCS 的分子量与软化点，但其分子量增长模式并不完全相同，在 440~460℃ 温度区间反应时，PCS 的分子量呈匀速增长模式，主要反应为低分子量 PCS 之间缩聚形成中分子量 PCS；而在 460℃ 以上的反应，PCS 的分子量呈加速增长模式，主要是由于中、高分子量 PCS 也参与缩聚反应，造成分子量的快速增长。如上节所述，在 PDMS 热解重排转化合成 PCS 的过程中，反应初期 PDMS 迅速受热分解，生成大量硅烷低聚体，这时产物的分子量分布在 GPC 图上表现为一单峰。在 400~420℃ 间，主要发生分子结构中 Si—Si 主链结构向 Si—C 主链结构的重排转化，伴随着少量分子间脱氢、脱甲烷的缩聚反应，产物的分子量分布表现为以低分子量峰为主的双峰。而当温度提高到 440℃ 以上，则分子间的缩聚反应成为主要反应[式(7-2)]，而不同分子之间的缩聚反应会表现出不同的结果。低分子量 PCS 之间通过缩聚反应形成中分子量 PCS，产生分子量的匀速增长，而低分子量 PCS 与中分子量 PCS 或中分子量 PCS 之间甚至是高分子量 PCS 之间产生缩聚反应将导致分子量的加速增长，形成极高分子量和超高分子量分子，也使产物的分子量分布转化为双峰型或多峰型分布。

根据上述对高温、延长时间条件下产物 PCS 的分子量及分子量分布演变的规律，可以看出，若反应条件使体系处于分子量加速增长模式，虽然能够得到高软化点产物，但也会导致分子量分布过度宽化，且极容易产生“可溶不熔”的 PCS，这种高软化点 PCS 是不能进行熔融纺丝的。因此要合成高软化点且分子量分布均匀的聚碳硅烷，必须控制反应条件使体系处于分子量匀速增长模式下。

具体来说，应该控制反应条件在 450～460℃温度区间内，并且使保温时间不超过 12 h(460℃)或 16(450℃)h。

在不同的分子量增长模式下，产物的软化点与其中各部分分子量的关系是合成高软化点 PCS 时需要考虑的问题。结合图 7－11 和图 7－16 可知，在不同温度或不同反应时间条件下发生较大幅度变化的是高、低分子量部分，而中分子量部分的变化曾相对较平缓，所以为对比高、低分子量对 PCS 软化点的影响，将产物初熔点分别对高、低分子量含量作图，如图 7－18、图 7－19 所示。

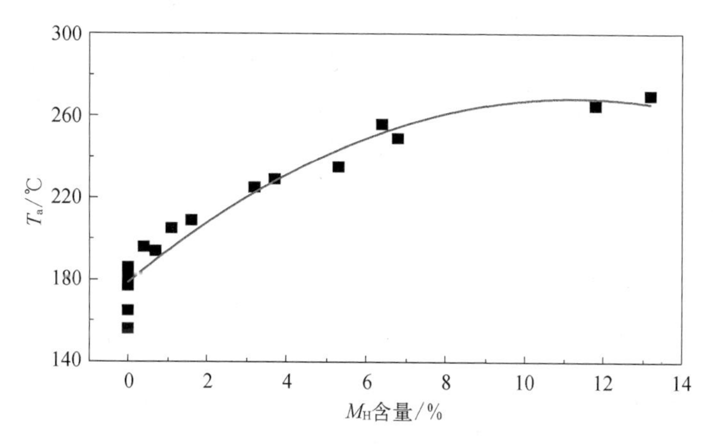

图 7－18　PCS 的初熔点与高分子量部分含量的关系

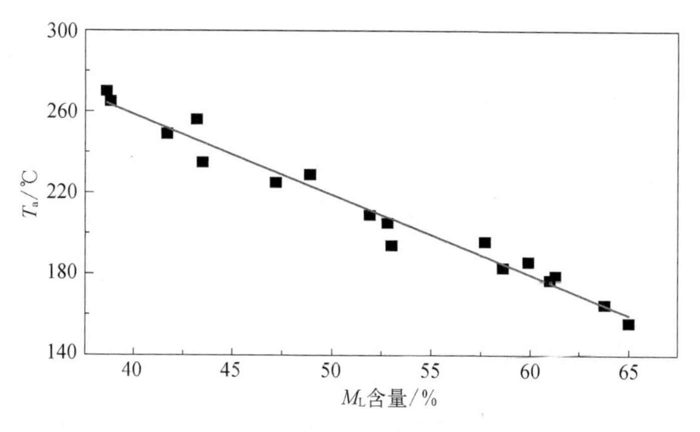

图 7－19　初熔点与低分子量部分含量的关系

从图 7－18 和图 7－19 可以看出，随着 PCS 中高分子量部分的增加和低分子量部分的减少，PCS 的初熔点逐渐增大。通过数据拟合曲线可以看出，初熔点增加与低分子量含量减少呈近似线性关系，而与高分子量含量的增加则不呈线性关系。具体来讲,在 190℃ < T_a < 248℃ 范围内,T_a 随着高分子含量的增加与低分子含量的减少而增加,但 M_H − T_a 拟合曲线的斜率大于 M_L − T_a 曲线,表明此时应是高分子量含量对初熔点的变化起主导作用,而在 T_a > 248℃ 时,高分子量含量的增加趋缓而低分子量含量仍保持线性降低,表明此时是低分子量含量起主导作用,或者说在初熔点较低时软化点对高分子量含量的变化更敏感,而在软化点较高时则对低分子量含量的变化更敏感。而由于增加高分子量含量来提高软化点易导致 PCS 分子间过度反应,生成交联产物,因此应尽量采取减少低分子量含量的方式来提高软化点。

如前所述,合成高软化点的合适合成温度为 450~460℃之间,并应控制在该合成温度下,通过延长反应时间以增加分子间的缩合反应概率,从而达提高产物软化点和分子量的目的。通过对比 450℃和 460℃两个温度的高、低分子量含量的变化情况(图 7 − 20)则可进一步确定合适的合成温度。

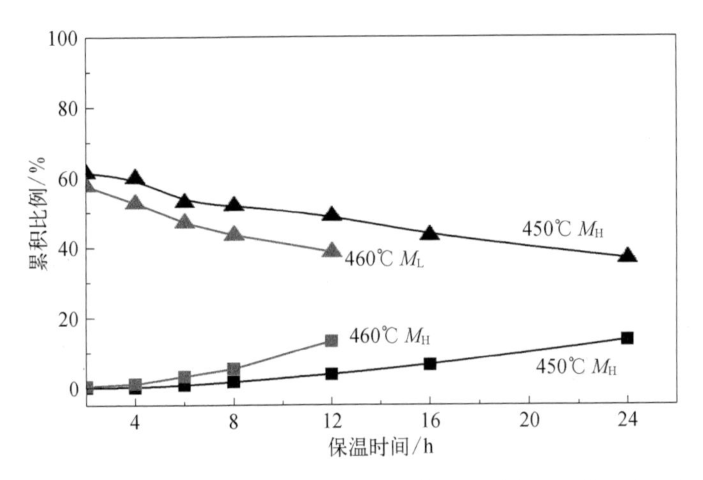

图 7 − 20　高、低分子量含量随保温时间的变化情况(450℃,460℃)

从图 7 − 20 可以看出,产物中的高、低分子量含量在合成温度分别为 450℃和 460℃时的变化趋势是一致的,但两者的变化速率不同,在 460℃时产物的低分子量含量的减小速率高于 450℃时,其高分子量含量的增大速率高于 450℃时,究其原因则是不同温度下 PCS 分子间的反应速率不同,合成温度越高,PCS 分子间的反应速率越高,则低分子量部分消耗越快,高分子量部分增长越快。因此,从降低高分子量增长速率的角度考虑,最佳的合成温度应选择在 450℃。

综上所述,提高合成温度和延长反应时间,会使 PCS 中的低分子量部分减少,中、高分子量部分增加,进而使 PCS 的软化点、数均分子量增大,但也会使分子量多分散性指数增大，分布变宽，分子中活性基团 Si—H 含量降低。在提高合成温度与延长反应时间条件下，产物聚碳硅烷的初熔点与数均分子量呈现两种不同的增长模式：较温和反应条件下的匀速增长模式与较强反应条件下的加速增长模式。合成温度≤460℃时或延长反应时间时为匀速增长模式，合成温度>460℃时为加速增长模式。在加速增长模式下，分子间缩聚反应加剧，体系中高分子量分子甚至超高分子量分子快速大量形成，而这对产物的可纺性是不利的。所以在采用常压高温法制备 PCS 时，应尽量避免进入分子量的加速增长模式，合成温度应控制在 460℃以下（包含 460℃）。考虑到反应效率，合成温度应在 450℃以上（包含 450℃）。所以合成温度的选择区间为 450℃ $\leqslant T_R \leqslant$ 460℃。结合图 7-20 中高、低分子量部分的变化情况，为尽量降低高分子量增长带来的影响，合成温度应优先选择高分子量增长相对较慢的 450℃，所以该反应的最终合成温度应在控制 450℃。而反应时间则结合产物 PCS 的特性选择在 12~16 h 之间。

7.2.2　提高合成温度和延长保温时间对 PCS 组成结构的影响

如前所述，采用提高合成温度和延长反应时间的方法制备了高软化点的 PCS，其中部分 PCS 的元素组成如表 7-2 所示。

表 7-2　不同反应条件下合成产物 PCS 的元素组成

样　品	合成条件		元素组成				化学式
	合成温度/℃	保温时间/h	w(Si)/%	w(C)/%	w(O)/%	w(H)/%	
PCS-2	440	4	46.75	39.71	0.92	12.62	$SiC_{1.98}O_{0.03}H_{7.56}$
PCS-6	450	4	47.76	39.45	0.71	12.08	$SiC_{1.93}O_{0.03}H_{7.08}$
PCS-7	450	6	48.18	39.22	0.87	11.73	$SiC_{1.90}O_{0.03}H_{6.82}$
PCS-8	450	8	48.62	39.03	0.86	11.49	$SiC_{1.87}O_{0.03}H_{6.62}$
PCS-9	450	12	49.53	38.39	0.66	11.42	$SiC_{1.81}O_{0.02}H_{6.46}$
PCS-10	450	16	50.66	38.42	0.58	10.34	$SiC_{1.77}O_{0.02}H_{5.71}$
PCS-11	450	24	51.91	37.10	0.79	10.20	$SiC_{1.67}O_{0.03}H_{5.50}$
PCS-13	460	4	48.86	39.13	0.64	11.37	$SiC_{1.87}O_{0.02}H_{.52}$
PCS-18	470	4	50.29	38.54	0.58	10.59	$SiC_{1.79}O_{0.02}H_{5.90}$
PCS-20	480	4	52.26	36.97	0.68	10.09	$SiC_{1.65}O_{0.02}H_{5.41}$

从表 7-2 可以看出，产物 PCS 由 Si、C、O 和 H 元素组成，且随着合成温度的升高及保温时间的延长，产物中的 Si 含量上升，C、H 含量下降，因此，产物中 C、Si 原子比和 H、Si 原子比逐渐降低。作 450℃合成产物的元素组成与保温反

应时间的关系图(图 7－21),可以看出,随着反应时间延长,产物中的硅含量显著增加而碳含量、氢含量随之降低,而 C/Si(原子比)则随之显著降低。产物组成的这种变化,反映了 440℃以上高温条件下发生了 PCS 分子间脱氢、脱甲烷的缩聚反应[9],从而引起产物分子量的提高。

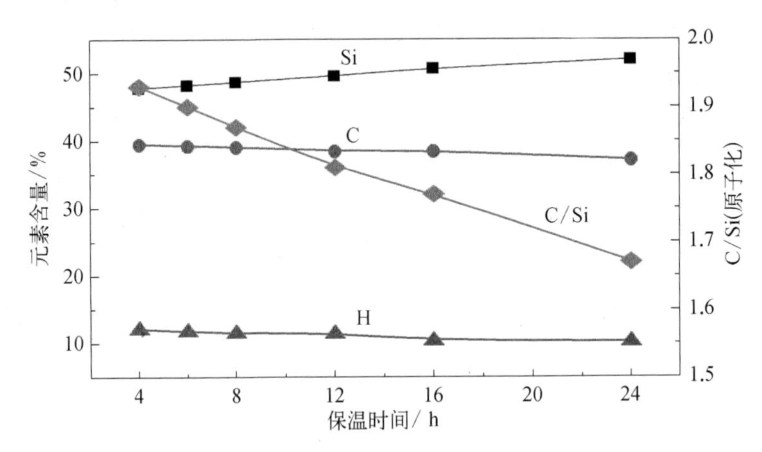

图 7－21　产物 PCS 的 Si、C、H 含量和 C/Si(原子比)随保温时间的变化情况(450℃)

对高软化点聚碳硅烷 PCS－18(大于 265℃)与 PCS－10(256～287℃)及通常纺丝级聚碳硅烷 KD－PCS(合成条件: 450℃反应 8 h)进行核磁共振^{1}H－NMR 和^{29}Si－NMR 光谱分析,结果如图 7－22、图 7－23 所示。

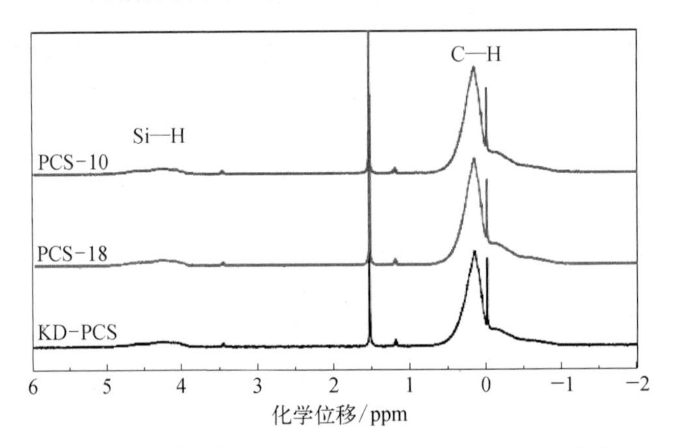

图 7－22　高软化点 PCS 与 KD－PCS 的^{1}H－NMR 谱图

从图 7－22 和图 7－23 可以看出,在 PCS 的^{1}H－NMR 谱图中,在化学位移 $\delta = 0$ 附近出现 Si—CH_3和 Si—CH_2中的 C—H 特征峰,在 $\delta = 4.0 \sim 5.0$ 处出现 Si—H 特征峰。由相应特征峰的峰面积积分可求出 C—H 和 Si—H 的比值,其

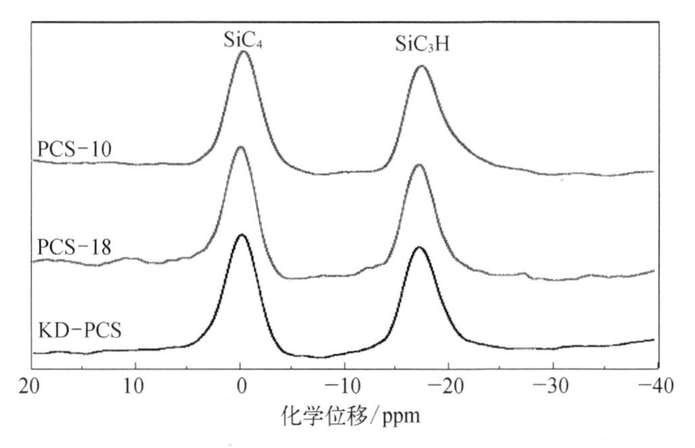

图7-23　高软化点PCS与KD-PCS的^{29}Si-NMR谱图

中,KD-PCS的C—H/Si—H比为9.85,而PCS-18与PCS-10的该比值分别为11.70和10.80。后两种PCS中Si—H键含量较低,是分子间进一步脱氢缩合反应所致。在PCS的^{29}Si-NMR谱图中,化学位移$\delta=0$和$\delta=-17.2$附近的两个特征峰分别为SiC_4和SiC_3H结构中Si的共振峰。通过计算SiC_3H和SiC_4的峰面积之比,可以求出这两种结构的比值,其中KD-PCS的比值为0.92,PCS-18与PCS-10的比值分别为0.81和0.85。该结果同样说明了分子间进一步的脱氢缩合导致了后两种PCS的Si—H含量较低。

由PDMS热解重排缩聚得到的PCS具有较为复杂的分子结构,但从^{29}Si-NMR谱图可看出,构成其结构的基本单元如图7-24所示。

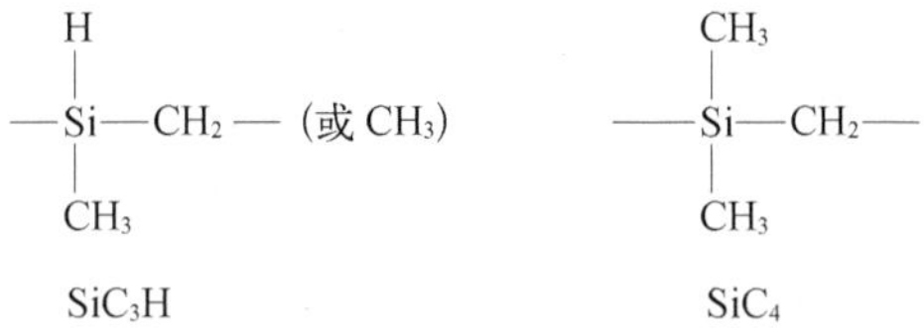

H
|
—Si—CH_2—(或CH_3)
|
CH_3

SiC_3H

CH_3
|
—Si—CH_2—
|
CH_3

SiC_4

图7-24　PDMS热解重排缩聚得到的PCS的分子结构单元

通过这两种结构单元的组合构成聚碳硅烷的分子结构。以高压高温条件下合成的PC-470为例,其数均分子量为1 750,含有Si—H、Si—CH_3、Si—CH_2—Si等基团,文献中提出的PC-470的结构模型如图7-25所示。

从图7-25可以看出这样的聚碳硅烷是一种含有Si—C—Si环和链的平面梯形结构的聚合物,结构中含有硅碳六环结构与部分支链。通常条件下合成的KD-PCS其数均分子量一般为1 600~1 800,与之相近,可以认为具有相似结构。

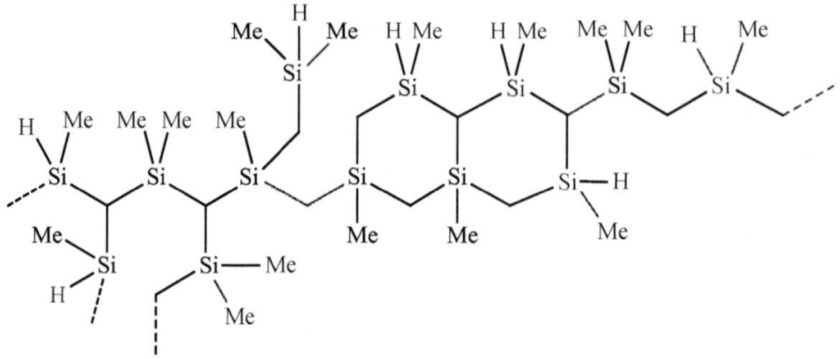

图 7－25　PC－470 的结构模型

而在提高合成温度和延长反应时间条件下,上述结构将经历进一步的脱氢、脱甲烷缩聚反应,结构中的硅碳环与链上的—$HSiCH_3$—侧基及部分端链—$SiH(CH_3)_2$,会与邻近分子发生缩合而消耗,并带来分子量的成倍增长。因此造成高软化点 PCS－10 与 PCS－18 的 C—H/Si—H 比值降低。而分子间缩合反应的结果,引起两种结构单元的此消彼长,如前述反应式 7－2 所示,反应前 SiC_3H 结构单元在反应后转变为 SiC_4结构,并引起分子量的显著增长。由此产生的 PCS 的分子结构模型如图 7－26 所示。

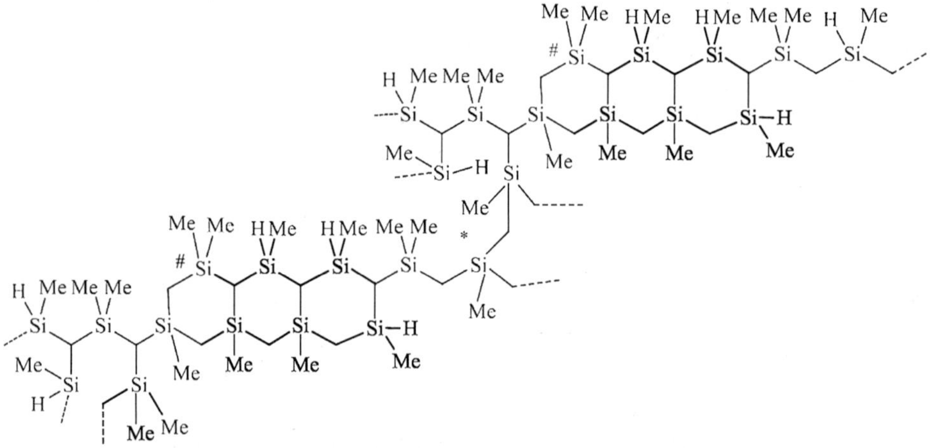

图 7－26　PCS 的分子结构模型

其中,#部分为引起环扩展的 SiC_4结构,*部分为引起分子量增长的 SiC_4结构,显然,分子内的缩合形成的 SiC_4结构不引起分子量的显著变化,但分子间的缩合反应产生的 SiC_4结构,将作为分子间的连接键,使产物分子量增长。

为了探讨产物聚碳硅烷的分子结构的演变过程,对不同条件下合成产物进行 FT－IR 分析，其中高软化点 PCS 与通常纺丝级聚碳硅烷 KD－PCS 的红外光谱如图 7－27 所示。

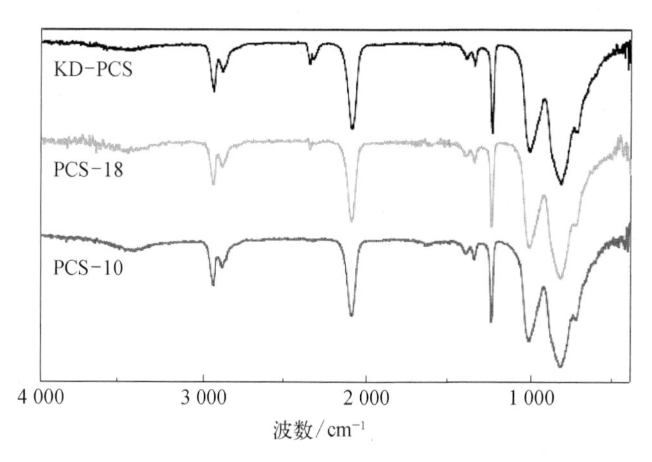

图 7－27　高软化点 PCS 与 KD－PCS 的红外谱图

在三种 PCS 的红外谱图上，2 950 cm^{-1}和 2 900 cm^{-1}左右为 C—H 伸缩振动峰，2 100 cm^{-1}处为 Si—H 伸缩振动峰，1 400 cm^{-1}和 1 350 cm^{-1}处的小峰分别为 Si—CH_3结构中 C—H 变形振动和 Si—CH_2—Si 结构中的 CH_2 面外摇摆振动，1 250 cm^{-1}处为 Si—CH_3结构中 CH_3变形振动，1 020 cm^{-1}处为 Si—CH_2—Si 结构中 Si—C—Si 伸缩振动，820 cm^{-1}处为 Si—C 伸缩振动。

以 IR 图中 2 100 cm^{-1}和 1 250 cm^{-1}处 PCS 的 Si—H 与 Si—CH_3特征吸收峰吸光度之比 $A_{Si—H}/A_{Si—CH_3}$来表征 PCS 中的 Si—H 结构含量。以 1 350 cm^{-1}和 1 400 cm^{-1}处 PCS 的 Si—CH_2—Si 与 Si—CH_3 特征吸收峰吸光度之比 $A_{Si—CH_2—Si}/A_{Si—CH_3}$来表征 PCS 中的 Si—$CH_2$—Si 结构含量。可以得出合成温度和保温时间对产物中的 Si—H 结构和 Si—CH_2—Si 结构的影响，如图 7－28、图 7－29 所示。

从图 7－28 和图 7－29 可以看出，随着合成温度升高或保温时间的延长，产物中 $A_{Si—H}/A_{Si—CH_3}$降低，$A_{Si—CH_2—Si}/A_{Si—CH_3}$随之提高，显示 PCS 分子中 Si—H 含量降低的同时 Si—CH_2—Si 结构含量提高，这表明 PCS 分子间发生脱氢、脱甲烷的缩聚反应，消耗 Si—H 键而在分子间形成 Si—CH_2—Si 连接键。并且当合成温度高于 460℃时，$A_{Si—H}/A_{Si—CH_3}$的降低与 $A_{Si—CH_2—Si}/A_{Si—CH_3}$的提高同时加速，这反映了高温加速了分子间的缩聚反应。与图 7－11 和图 7－16 相比，其变化趋势的吻合表明正是分子间的缩聚反应导致了 PCS 分子量的迅速增长。将图 7－28

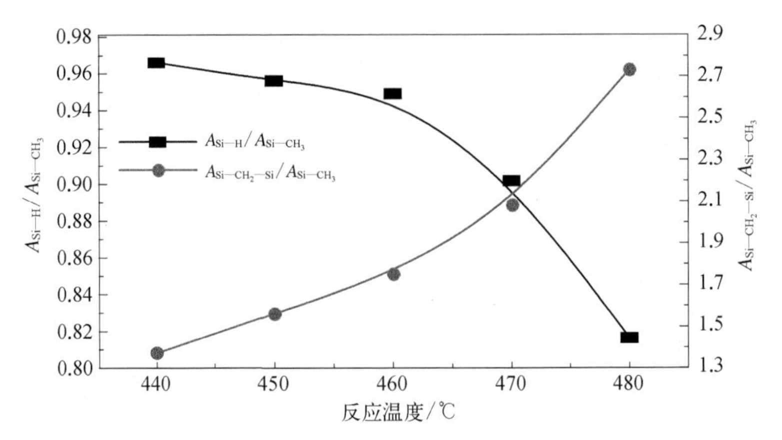

图 7-28 合成温度对 PCS 的 A_{Si-H}/A_{Si-CH_3}和 A_{SiH_2Si}/A_{Si-CH_3}的影响(4 h)

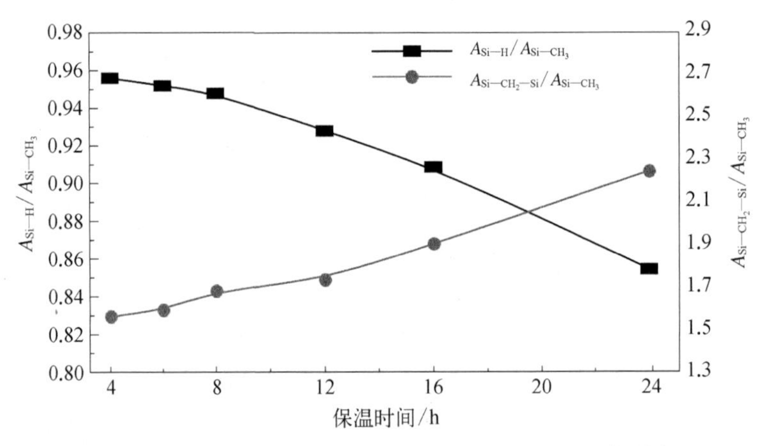

图 7-29 保温时间对 PCS 的 A_{Si-H}/A_{Si-CH_3}和 A_{SiH_2Si}/A_{Si-CH_3}的影响(450℃)

和图 7-11 联系起来,可以清楚地看出,在 440~460℃之间,产物中 A_{Si-H}/A_{Si-CH_3}降低而 $A_{Si-CH_2-Si}/A_{Si-CH_3}$随之提高,对应于低分子量 PCS 的减少与中分子量 PCS 的增多,而在合成温度高于 460℃ 时,A_{Si-H}/A_{Si-CH_3} 的加速降低与 $A_{Si-CH_2-Si}/A_{Si-CH_3}$的加速升高,对应于低分子量 PCS 的加速减少、中分子量 PCS 的先增加后维持而高分子量 PCS 的加速增长。这清楚地表明在 440~460℃ 间为低分子量 PCS 分子间的缩聚形成中分子量 PCS,而在 460℃ 以上,则主要是低分子量 PCS 与中分子量 PCS 之间或者中分子量 PCS 之间缩聚形成高分子量 PCS。支持了前述分步缩聚反应的观点。同样将图 7-29 和图 7-16 联系起来,可以看出在 450℃保温反应时随着时间的延长,主要发生低分子量 PCS 间消耗 Si—H 而在分子间形成 Si—CH_2—Si 结合键的缩聚反应形成中分子量 PCS,而在延长反应时间到 16 h 以上时，也表现出低分子量 PCS 与中分子量 PCS 之间反应生成高分子量 PCS 的倾向。

从前述缩聚反应式 7－3 可以看出，反应前分子结构上的 SiC_3H 结构单元通过缩合反应与另一分子以 Si—CH_2—Si 桥键连接，同时转化为 SiC_4结构单元，换言之，Si—CH_2—Si 键就对应于 SiC_4结构。上述 PCS 的结构模型，只是前述低分子量 PCS 发生两个分子之间缩聚的情形，但当多个 PCS 分子间缩聚，或者一个 PCS 分子上多个 SiC_3H 发生缩聚反应后，在分子间形成的 Si—CH_2—Si 桥键所对应的 SiC_4结构，就成了 PCS 分子中连接反应前不同 PCS 分子链的支化点了。由于 Si—CH_2—Si 键就对应于 SiC_4 结构，因此，Si—CH_2—Si 键增加就对应于 SiC_4支化点的增加即分子内支化结构的增加。而当 Si—CH_2—Si 键进一步发生急剧增加时，连接多个分子链的 SiC_4结构，将更进一步转化为连接不同 PCS 分子链的交联点，并反映了产物分子内的交联结构。联系上述实验结果，可以看出，在高温缩聚反应中，在 440～460℃ 间低分子量 PCS 分子间的缩聚形成的中分子量 PCS 结构中，随着其数均分子量在数千范围内的稳定增长，其 $A_{Si—CH_2—Si}/A_{Si—CH_3}$比值在 1.37～1.75 间增长，表明其结构的支化程度在提高。而在 460℃ 以上，产物的 $A_{Si—CH_2—Si}/A_{Si—CH_3}$ 比值由 1.75 急速地提高到 2.73，Si—CH_2—Si 结构含量急剧增长，相应地产物数均分子量向数万至数十万的跃升，表明在产物结构中除了支化结构，还产生了相当量的交联结构。在表 7－1 中合成的 PCS－19 和 PCS－20 中大量不溶物的出现说明了这一点，PCS－11 虽然可溶，但其中包含的高分子量部分（在中分子量峰上的鼓包对应的分子）也属于这种情况，因此在继续受热时，很容易转化为完全交联的不溶不熔结构，不能测出其软化点。

为了进一步分析合成温度和反应时间对 PCS 结构的影响，对表 7－1 中的部分样品进行^{29}Si－NMR 分析，并对其 SiC_3H 和 SiC_4特征峰进行积分，求出 SiC_3H/SiC_4，并根据其对应的数均分子量，可以求出每摩尔 PCS 分子中这两种结构单元的摩尔含量，结果如表 7－3 所示。

表 7－3　合成温度和时间对 PCS 结构的影响

样品	合成温度/℃	保温时间/h	软化点/℃	$\overline{M}_n$	SiC_3H/SiC_4	SiC_3H/mol	SiC_4/mol
PCS－2	440	4	165～186	1 509	1.03	11.80	11.45
PCS－6	450	4	186～211	1 660	0.99	12.70	12.83
PCS－7	450	6	194～224	1 795	0.98	13.65	13.93
PCS－8	450	8	209～242	1 928	0.96	14.50	15.10
PCS－9	450	12	229～263	2 100	0.91	15.41	16.75

续表

样品	合成温度/℃	保温时间/h	软化点/℃	$\overline{M}_n$	SiC_3H/SiC_4	SiC_3H/mol	SiC_4/mol
PCS－10	450	16	256～287	2 275	0.89	16.38	18.40
PCS－11	450	24	>300	2 661	0.82	18.25	22.26
PCS－13	460	4	205～237	1 909	0.94	14.18	15.09
PCS－18	470	4	265～	2 349	0.85	16.46	19.37

从表 7－3 可以看出,随着合成温度的升高和反应时间的延长,每摩尔 PCS 中的 SiC_3H 和 SiC_4结构单元的含量均增大,SiC_3H/SiC_4 比值则减小。将 SiC_3H/SiC_4比值及 SiC_3H 和 SiC_4结构含量与合成温度、反应时间分别作图,如图 7－30、图 7－31 所示。

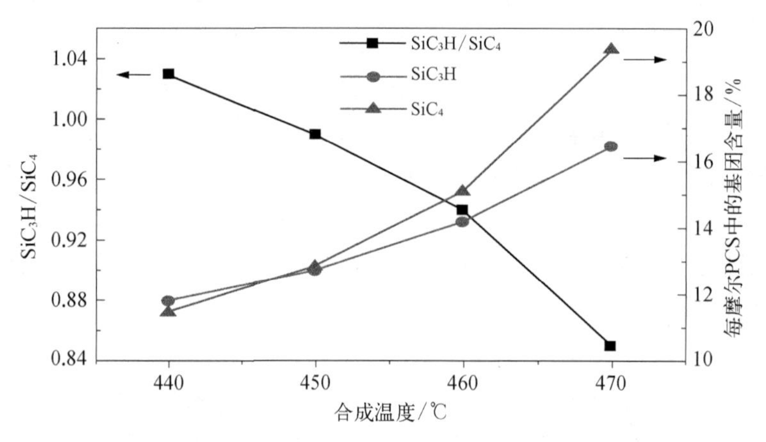

图 7－30　合成温度对 SiC_3H/SiC_4和 SiC_3H 与 SiC_4结构含量的影响(4 h)

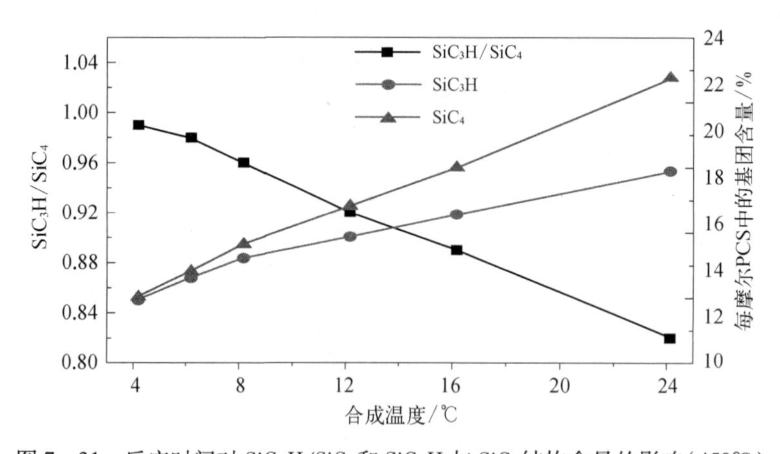

图 7－31　反应时间对 SiC_3H/SiC_4和 SiC_3H 与 SiC_4结构含量的影响(450℃)

从图7－30、图7－31可以看出，随着合成温度的增高和反应时间的延长，每摩尔PCS中的SiC_3H和SiC_4结构含量均增加，但显然SiC_3H结构的增加速度低于SiC_4结构，因此导致SiC_3H/SiC_4比值降低。如前所述，PCS分子结构中的Si—CH_2—Si键对应于SiC_4结构，可以看出，上两图中的SiC_4结构的变化趋势与图7－28、图7－29中$A_{Si—CH_2—Si}/A_{Si—CH_3}$的变化趋势相同。这反映了在PCS的高温热缩聚反应中，分子间除了脱氢缩聚，还存在相当量的脱甲烷缩聚，由于两者均导致产生SiC_4结构，因此SiC_4结构的产生速度必然高于SiC_3H的消耗速度，故SiC_3H/SiC_4比值随之降低。但图中每摩尔PCS中的SiC_3H结构单元的含量变化与图7－28、图7－29中$A_{Si—H}/A_{Si—CH_3}$的变化趋势相反，虽然相对于SiC_4结构的增加，SiC_3H结构在降低，由于随着反应的进行，PCS的分子量在迅速提高，因此每摩尔PCS分子中SiC_3H结构的含量实际上是在增加的，由此出现了图中所示每摩尔PCS中的SiC_3H结构含量增加的状况。

图7－30、图7－31还可以看出，在升温和延长时间两种情况下SiC_3H/SiC_4比值和SiC_3H、SiC_4结构变化趋势同样存在两种模式，在温度升高时，SiC_3H/SiC_4比值呈加速降低，而SiC_3H和SiC_4结构的含量则呈加速增长，而在延长反应时间反应时，这三个数据的变化基本呈线性，也即匀速变化模式。因此，前述在PCS合成过程中PCS分子量的两种增长模式，从本质上看，是由其分子间发生缩聚反应的这种反应模式所决定的。

综上所述，在常压高温法合成聚碳硅烷的过程中，在440℃以上提高合成温度或延长反应时间，将促进PCS分子间的缩聚反应，提高PCS的数均分子量与软化点。缩聚反应的进行，将使产物组成中的C、H含量降低并使C/Si显著降低。此外，由于脱氢、脱甲烷缩合，产物PCS中的SiC_3H结构减少而生成更多的SiC_4结构。而在升温和延长时间两种情况下SiC_3H/SiC_4比值和SiC_3H、SiC_4结构的变化同样存在匀速与加速两种变化模式，正是PCS分子间缩聚的这一特点，决定了在PCS合成过程中分子量的两种增长模式。

采用常压高温法合成聚碳硅烷时，提高合成温度和延长反应时间均能促进分子间的缩聚反应，从而提高聚碳硅烷的分子量与软化点，但分子量和软化点在不同条件下的增长模式并不相同，合成温度≤460℃时或延长反应时间时为匀速增长模式，合成温度>460℃时为加速增长模式。匀速增长模式下，PCS分子量与软化点呈匀速增长，主要反应为低分子量PCS缩聚形成中分子量PCS，得到的PCS分子量分布基本呈双峰；加速增长模式下，缩聚反应中有大量中、高分子量PCS参与，PCS分子量与软化点呈加速增长，PCS的高分子量部分快速增长，甚至出现超高和极高分子量分子,分子量呈多峰分布。控制反应处于分子量匀速增长模式,合成了数均分子量高于 2 200、软化点高于 250℃ 的 PCS。高温缩聚反应的进行,使产物的 C、H 含量降低并使 C/Si 比值显著降低,同时产物分子中的 SiC_3H 结构减少而生成 SiC_4结构。提高合成温度和延长时间两种情况下 SiC_3H/SiC_4比值和 SiC_3H、SiC_4结构的变化同样存在匀速与加速两种变化模式,正是 PCS 分子间缩聚过程中两种结构单元的变化模式,决定了 PCS 分子量的两种增长模式。

7.3 桥联法制备高软化点聚碳硅烷

如前所述,在通过常压高温法合成高软化点聚碳硅烷的过程中发现,在高温下聚碳硅烷的分子量增长呈现出两种模式——匀速模式和加速模式,控制反应处于匀速增长模式下,合成了高软化点且具有良好分子量分布与可纺性的聚碳硅烷,但也可以看出,能够制备软化点>240℃ 的聚碳硅烷的合成条件处于一个极为狭窄的区间内——450℃ 14 h 以上和 460℃ 10 h 以上,而要使得到的聚碳硅烷同时具有良好的可纺性,其可选区间则更为狭窄。低于这一区间,产物软化点<240℃,而稍微高于这一区间,就很快进入分子量加速增长模式,产物终熔点难以测出并很快出现极高分子量部分,究其根本原因就是常压高温法合成 PCS 的过程中高温下的分子间缩聚反应不完全可控,因此找到具有良好可控性的合成方法是十分必要的。在此基础上采用新的方法合成高软化点 PCS,即在较低温度下(400℃以下),用多乙烯基小分子物质与低软化点聚碳硅烷反应制备高软化点聚碳硅烷,采用此方法有两个优点: ① 合成温度低,可以避免 PCS 分子间缩聚反应的发生;② 可以 PCS 分子与多乙烯基小分子物质的反应代替 PCS 分子间的缩聚反应,进而可以通过调控小分子物质的官能度和用量来实现 PCS 分子间的可控聚合。因该多官能团小分子物质在本反应中主要起到类似“桥梁”的作用,故命名为桥联剂。

在已有研究基础上,对可供选择的桥联剂进行了筛选,得到了两种桥联剂,系统研究了桥联剂与 PCS 的反应过程,桥联剂用量、合成温度、时间等对产物 PCS 软化点、分子量分布及结构组成和性能的影响。

7.3.1 桥联剂的选择

PCS 中的活性反应基团是 Si—H,而能够与 Si—H 发生反应的基团主要有乙烯基(—CH ═CH_2)、乙炔键(—C ≡ CH)、氮氢键(—N—H)和硼氢键(—B—H)

等。桥联剂选择主要考虑四个方面因素：① 反应活性，即所选的桥联剂与 PCS 有较高的反应活性，不需要过分苛刻的反应条件；② 反应的可控性，桥联剂与 PCS 的不发生剧烈反应，反应过程应具有可控性；③ 方便易得，所选择的桥联剂为工业产品，以便后续放大合成；④ 反应活性基团不宜过多，以免反应过程中发生交联，生成不溶不熔物质。根据上面四个条件主要筛选了三种含乙烯基的多官能团物质：二乙烯基苯（DVB）、四甲基二乙烯基二硅氮烷（TMDS）和二甲基二乙烯基硅烷（DVS）。考虑到 PCS 与桥联剂反应将引起其分子量的增加，故采用 450℃反应 2 h 所合成的低软化点聚碳硅烷（low softening-point polycarbosilane, LPCS）为原料，其软化点为 151～165℃，数均分子量为 1 196。

实验过程：取相同质量的 LPCS 与不同的桥联剂混溶（按相同物质的量 Si—H/—CH ═CH_2配比）后，在 N_2保护下按一定的程序升温反应，最终反应至 350℃并保温 2 h，减压蒸馏 0.5 h。将分别与 DVB、TMDS、DVS 反应的产物命名为 PCS－B1、PCS－B2 和 PCS－B3。作为对比，将 LPCS 不加入桥联剂同样条件处理制得的产物命名为 PCS－B0。其中，LPCS 与 DVB 在 185℃反应时出现了胶状不溶物，故终止实验，其相关实验数据均为对此条件下产物进行测定。产物的光学照片如图 7－32 所示，实验结果列于表 7－4 中。

(a)　(b)

(c)　(d)　(e)

图 7－32　LPCS 及添加不同桥联剂合成的聚碳硅烷的光学照片

从图中可以看出，原料 LPCS、对比样 PCS－B0、添加 TMDS 的样品 PCS－B2 和添加 DVS 的样品 PCS－B3 均为浅黄色半透明的树脂状固体，质地均匀，而添加 DVB 的样品 PCS－B1 则呈淡黄色多孔固体。

表 7－4　使用不同桥联剂合成的 PCS 的特性

样　品	质 量 比	T_s/℃	$\overline{M}_n$	PDI	$A_{Si—H}/A_{Si—CH_3}$
LPCS	—	151～165	1 196	2.27	0.972
PCS－B0	—	176～189	1 519	2.93	0.971
PCS－B1	DVB：LPCS＝0.07	—	—	—	0.926
PCS－B2	TMDS：LPCS＝0.1	≥268	2 959	6.27	0.736
PCS－B3	DVS：LPCS＝0.06	≥260	2 972	7.68	0.807

从表 7－4 可以看出，对比原料 LPCS，样品 PCS－B0 的软化点有微弱的上升，这主要因为在 350℃减压蒸馏时，LPCS 中的部分小分子被蒸出导致的，而其 $A_{Si—H}/A_{Si—CH_3}$值基本不变，表明 LPCS 在该条件下没有反应发生。而添加桥联剂的样品 PCS－B2 与 PCS－B3 的 $A_{Si—H}/A_{Si—CH_3}$值明显下降，说明桥联剂在该条件以下均与 LPCS 发生了反应，消耗了 LCPS 中的 Si—H 键。对应地 PCS－B2 和 PCS－B3 的软化点均大幅度升高，同时数均分子量也大幅度提高，表明桥联剂与 LPCS 的反应可以大幅提高产物的软化点，获得高软化点聚碳硅烷。对于样品 PCS－B1 在较低温度下就生成不溶物，而其 $A_{Si—H}/A_{Si—CH_3}$值降低不大，可以认为是 DVB 自聚形成凝胶，与 LPCS 反应较少所致。

为了更清楚地说明桥联剂在 PCS 合成中所起到的作用，图 7－33 列出了原料 LPCS、对比样 PCS－B0 和样品 PCS－B2 和 PCS－B3 的 GPC 曲线。

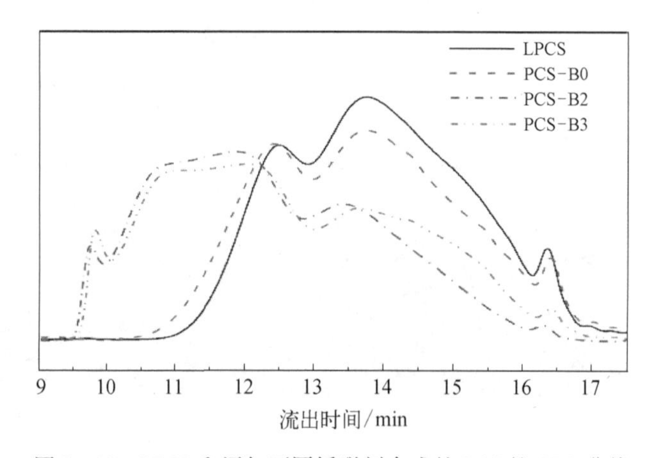

图 7－33　LPCS 和添加不同桥联剂合成的 PCS 的 GPC 曲线

从图7－33可以看出，对比样PCS－B0与原料LPCS的GPC曲线非常接近，但其低分子量峰有所降低。这说明LPCS在350℃自身不发生反应，其分子量分布的变化主要源于减压蒸馏脱除的部分较低分子量分子所致。样品PCS－B2和PCS－B3的GPC曲线和对比样PCS－B0相比差别较大，GPC曲线整体向高分子量方向移动，产物中的中分子量部分与低分子量部分明显减少，高分子量部分明显增多，并且出现了超高分子量部分（流出时间$t = 9.91$ min左右）。表明加入桥联剂可以大幅度提高PCS的分子量。另外还可从图中看出，PCS－B2和PCS－B3的GPC曲线非常相近，说明TMDS和DVS在与LPCS的反应中所起的作用应该是相似的。添加桥联剂的产物分子量分布比原料LPCS和对比样PCS－B0的明显宽化，这可能对PCS的纺丝性能造成一定影响。

为考察添加桥联剂是否会对PCS的结构造成影响，从而影响其熔融纺丝、不熔化等后续处理过程，对添加不同桥联剂的产物进行FT－IR分析，结果如图7－34所示。

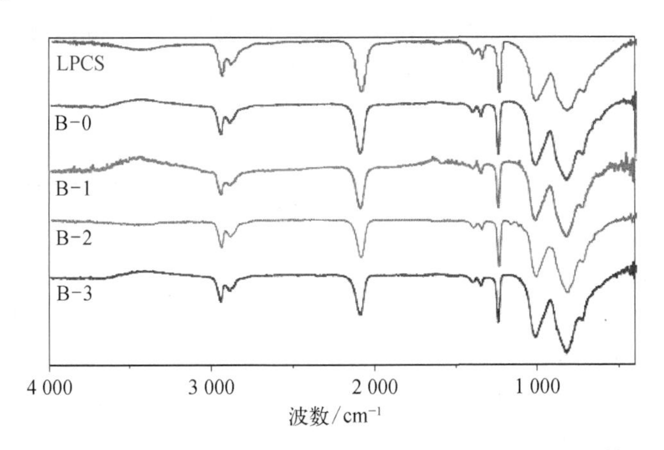

图7－34 LPCS和添加不同桥联剂合成的PCS的FT－IR谱图

从图7－34可以看出，添加不同桥联剂合成的PCS的结构与原料LPCS的红外谱图基本一致，均包含以下特征峰：2 950 cm^{-1}、2 900 cm^{-1}处的Si—CH_3结构中C—H伸缩振动，2 100 cm^{-1}处的Si—H伸缩振动峰，1 400 cm^{-1}处的Si—CH_3结构中C—H变形振动，1 350 cm^{-1}处的Si—CH_2—Si结构中的CH_2面外摇摆振动，1 250 cm^{-1}处的Si—CH_3结构中CH_3变形振动，1 020 cm^{-1}处的Si—CH_2—Si结构中Si—C—Si伸展振动，820 cm^{-1}处的Si—C伸展振动。而与LPCS相比，样品PCS－B2、PCS－B3的主要变化就是Si—H键的特征峰明显变弱，这和前文的分析是一致的。另外，样品PCS－B2、PCS－B3中添加的桥联剂的质量虽然不同,但它们所含的乙烯基的摩尔量基本相同,而从红外谱图和表 7-4 中的数据可知,它们的 A_{Si-H}/A_{Si-CH_3}并不相等,反而有较大差别,这主要是由两个原因造成的,其一是 TMDS 与 DVS 结构中均有不同数量的 Si—CH_3结构,影响对 A_{Si-H}/A_{Si-CH_3}的研判,其二是两者与 LPCS 的反应方式并不一定相同,有待进一步研究。

综合评价三种引发剂的作用,DVB 容易发生自聚生成不溶物,因而不适宜用作桥联剂,而 TMDS 和 DVS 对提高 PCS 的软化点均有明显效果,因此确定以这两种桥联剂进行高软化点聚碳硅烷的合成研究。

7.3.2 以 TMDS 为桥联剂合成高软化点聚碳硅烷

如前所述,通过 LPCS 与 TMDS 反应能够显著提高 PCS 的软化点,同时会对 PCS 的组成、结构及可纺性带来影响,本文下面对 LPCS 和 TMDS 的反应过程、合成工艺、组成与结构变化及其对可纺性的影响进行系统研究。

为研究 LPCS 与 TMDS 的反应,首先将 LPCS 与 TMDS 的混合物[m(TMDS):m(LPCS)=0.1]在高纯氮气保护下进行 DSC 分析,并同原料 LPCS 对比,结果如图 7-35 所示。

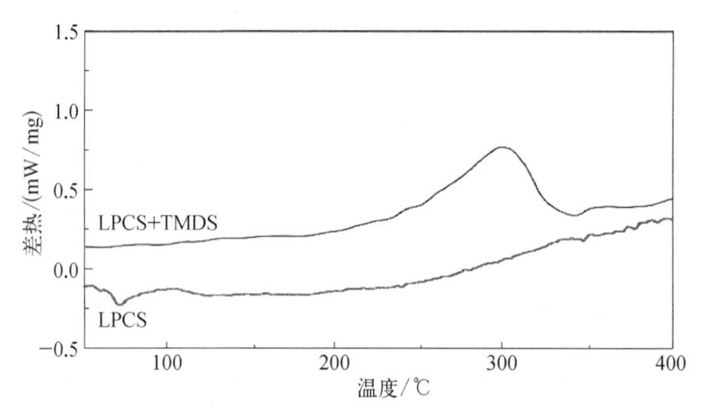

图 7-35 LPCS+TMDS 和 LPCS 的 DSC 曲线(N_2气氛)

从图 7-35 可以看出,在升温过程中,100℃以上 LPCS 无明显吸放热过程发生。而 LPCS 与 TMDS 的混合物在升温过程中有较强的放热峰,该放热峰始于 150℃附近,终止于 350℃左右,峰顶温度在 300℃,表明 LPCS 与 TMDS 在 150℃以上开始反应,而在温度超过 190℃时开始加速,在 300℃时最剧烈,在 350℃左右结束。由此可知,LPCS 与 TMDS 反应主要发生在 150~350℃温度区间。

将反应物按 $m(\text{TMDS})/m(\text{LPCS}) = 0.1$ 投料，在该温度区间不同温度和350℃不同时间进行反应，反应产物的基本特性如表7－5所示。

表7－5　不同反应条件下合成的PCS的特性

样　品	合成温度/℃	保温时间/h	软化点/℃	$\overline{M}_n$	PDI
LPCS－150	—	—	151～167	1 196	2.27
PCS－T1	155	4	176～185	1 299	3.15
PCS－T2	185	12	182～193	1 695	4.15
PCS－T3	225	0.5	192～211	1 838	4.52
PCS－T4	265	0.5	207～231	1 987	5.02
PCS－T5	305	0.5	216～249	2 232	5.60
PCS－T6	350	0.5	245～287	2 725	5.96
PCS－T7	350	1	>260	2 836	6.18
PCS－T8	350	2	>268	2 959	6.27
PCS－T9	350	3	>266	2 940	6.19
PCS－T10	350	4	>269	2 978	6.21

从表7－5中可以看出，产物PCS－T1的数均分子量和软化点较LPCS明显增高，表明LPCS与TMDS在155℃已发生反应。而随着合成温度的提高与反应时间的延长，产物的数均分子量和软化点持续增加，当合成温度提高到350℃时，产物的数均分子量提高到2 725，软化点提高到240℃以上，进一步延长反应时间至1 h，产物的分子量和初熔点略有增加，但终熔点超出仪器量程（25～300℃）而不能测出，在该温度下延长反应时间到2 h以上时，产物的数均分子量和软化点达到最高值并趋于稳定，表明在该条件下LPCS与TMDS的反应基本完成，反映出该反应在上述条件下的良好可控性。

对反应原料TMDS，LPCS及部分反应产物进行FT－IR分析，如图7－36所示。

从图7－36可以看出，波数2 950 cm^{-1}和2 900 cm^{-1}处为C—H伸缩振动峰，2 100 cm^{-1}处为Si—H伸缩振动峰，1 400 cm^{-1}和1 350 cm^{-1}处分别为Si—CH_3结构中C—H变形振动和Si—CH_2—Si结构中的CH_2面外摇摆振动，1 250 cm^{-1}处为Si—CH_3结构中CH_3变形振动，1 020 cm^{-1}处为Si—CH_2—Si结构中Si—C—Si伸缩振动，820 cm^{-1}处为Si—C伸缩振动。TMDS的红外谱图中除部分相同结构的特征峰外，还有3 375 cm^{-1}处N—H的伸缩振动峰，3 050 cm^{-1}、3 010 cm^{-1}处$=CH_2$与=CH的伸缩振动峰，1 594 cm^{-1}处C=C的伸缩振动峰，1 180 cm^{-1}处Si—NH—Si中的N—H的伸缩振动峰，1 008 cm^{-1}、933 cm^{-1}处的SiCH$=CH_2$面外变形振动

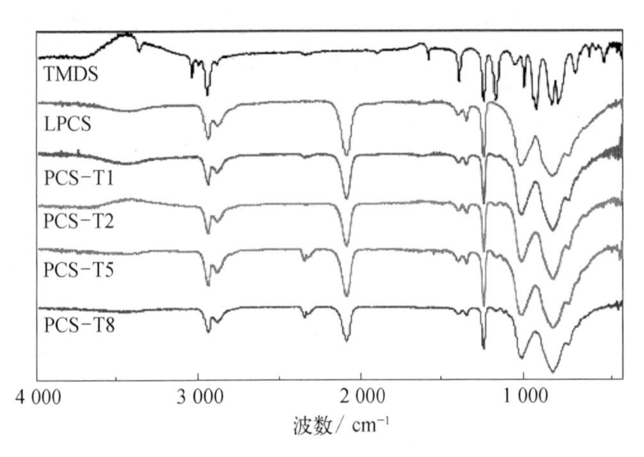

图 7-36　TMDS、LPCS 和不同条件合成产物 PCS 的红外谱图

峰。产物 PCS-T1、PCS-T2 在 1 594 cm^{-1}附近发现微弱的乙烯基特征峰，而产物 PCS-T5、PCS-T8 中未发现乙烯基特征峰，但以上产物在 1 180 cm^{-1}处存在微弱的吸收峰，表明产物中已经引入了 Si—NH—Si 结构。从图中还可以看出产物的红外谱图中 2 100 cm^{-1}处 Si—H 特征峰有减弱的趋势。由于 LPCS 结构中的 Si—CH_3不参与反应，可以 2 100 cm^{-1}和 1 250 cm^{-1}处 Si—H 与 Si—CH_3特征吸收峰吸光度之比 $A_{Si—H}/A_{Si—CH_3}$来表征 PCS 中的 Si—H 键含量的变化。将不同反应条件下产物的数均分子量的变化与相应 $A_{Si—H}/A_{Si—CH_3}$作图，如图 7-37 所示。

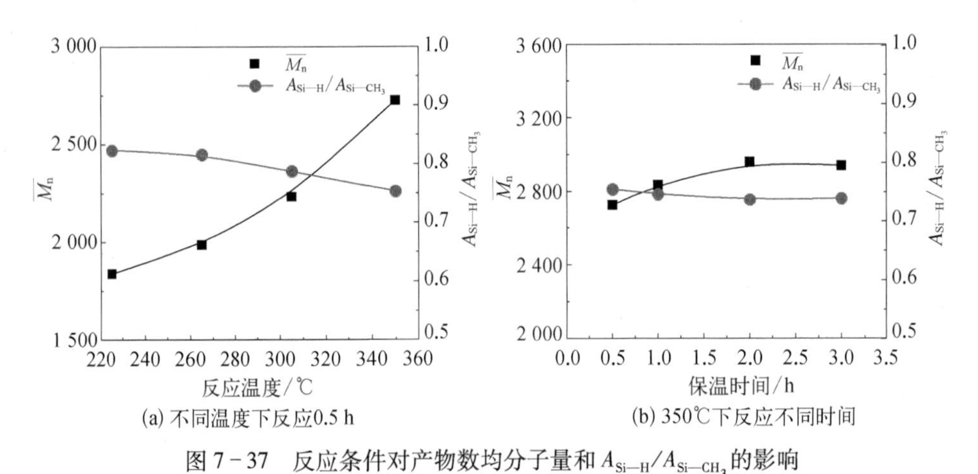

图 7-37　反应条件对产物数均分子量和 $A_{Si—H}/A_{Si—CH_3}$ 的影响

从图 7-37 可以看出，在 185℃长时间保温后，随着合成温度的进一步升高，产物的数均分子量逐渐升高，并呈加速增长趋势，对应的 $A_{Si—H}/A_{Si—CH_3}$ 值则逐渐

降低，表明分子量的增长反应消耗了Si—H。在350℃保温时，数均分子量先增加并在2 h后趋于稳定，相应地A_{Si-H}/A_{Si-CH_3}值也先减弱后趋于稳定，表明此时反应基本结束。结合表7-5可知，产物的数均分子量和Si—H变化情况反映了LPCS与TMDS在150~350℃间的反应进行情况，其分析结果和DSC结果相吻合。

为进一步研究产物结构变化，对TMDS、LPCS及部分反应产物进行^{29}Si-NMR和^{1}H-NMR分析，分别如图7-38和7-39所示。

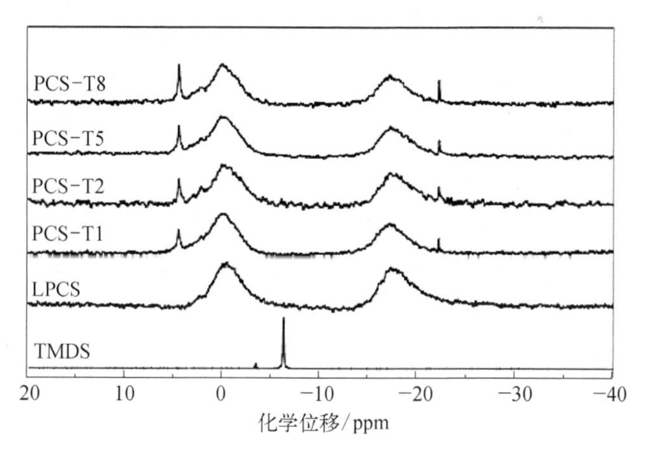

图7-38　TMDS、LPCS和不同条件下合成的PCS的^{29}Si-NMR谱图

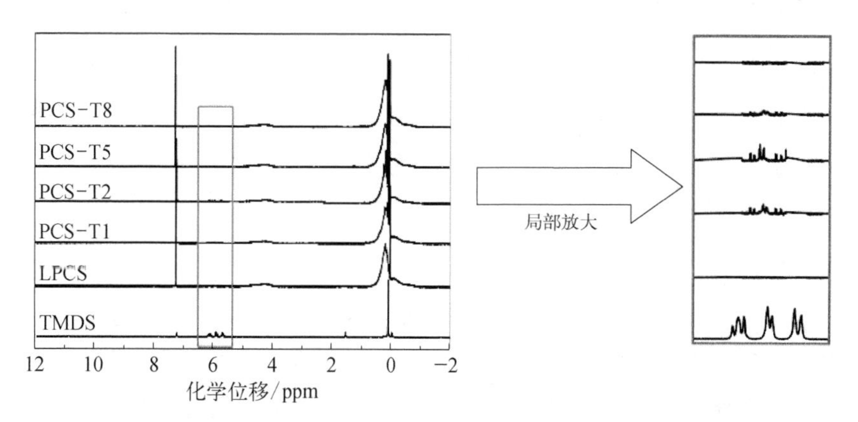

图7-39　TMDS、LPCS和不同条件下合成的PCS的^{1}H-NMR谱图

从图7-38可以看出，TMDS在$\delta = -6.65$ ppm出现归属于$(CH_3)_2Si(CH═CH_2)N$的特征峰。LPCS在$\delta = 0$ ppm处出现归属于SiC_4的特征峰，在$\delta = -17.2$ ppm附近出现归属于SiC_3H的特征峰，这是通常聚碳硅烷中含有的两种结构单元。而

在反应产物中除了有归属于 SiC_4 和 SiC_3H 的两个特征峰外，在 $\delta=4.6$ 处出现一个新的特征峰，结合文献分析，归属于 $(CH_3)_2Si(CH_2CH_2)N$（以下记为 SiC_3N），表明 Si—H 加成反应完成后形成了相应的新结构。$\delta=-22$ 附近的特征峰归属于 $(CH_3)_2Si(CH_2CH_2)O$，是 TMDS 中含有的少量的四甲基二乙烯基硅氧烷杂质与 LPCS 反应产生。

从图 7－39 看出，LPCS 在 $\delta=0$ 处出现了归属于与 Si 相连的饱和 C—H 的特征峰，在 $\delta=4.0\sim5.0$ 处出现了归属于 Si—H 的特征峰。在产物的谱图上，同样存在这两类特征峰，但产物 PCS－T1 在 $\delta=5.5\sim6.2$ 处还出现了三组新的特征峰，这与 TMDS 的谱图中同化学位移处归属于—CH ═CH_2 基团中 H 的特征峰一致，说明该产物中含有—CH ═CH_2 基团。在产物 PCS－T2 与 PCS－T5 中该组特征峰同样存在，但 PCS－T5 中已显著减弱，而在 PCS－T8 中未观察到该组特征峰。这表明在 LPCS 中的活泼 Si—H 与 TMDS 中的—CH ═CH_2 的硅氢加成反应是逐步进行的，在 300℃以下反应后，仍残留未反应的—CH ═CH_2 基团，但在 350℃反应后，双键已完全反应。即反应是按下述方式进行的，在反应初期，TMDS 上的一个乙烯基先与 LPCS 发生硅氢加成反应，如式（7－4）所示：

$$\sim Si(H)(CH_3)-CH_2-Si(CH_3)_2-CH_2-Si(H)(CH_3)\sim \;+\; CH_2{=}CH-Si(CH_3)_2-NH-Si(CH_3)_2-CH{=}CH_2 \;\Longrightarrow\; \sim Si(H)(CH_3)-CH_2-Si(CH_3)_2-CH_2-Si(CH_3)[CH_2CH_2-Si(CH_3)_2-NH-Si(CH_3)_2-CH{=}CH_2]\sim \qquad (7-4)$$

这一反应在 LPCS 结构中引入了 Si—N—Si 结构，但由于存在未反应的乙烯基，Si—N—Si 结构呈悬挂式结合在 LPCS 分子上，不会引起分子量的显著增加。而随着合成温度提高，含乙烯基的产物会与相邻的 LPCS 分子进一步反应，如式（7－5）所示，直至乙烯基消耗完毕。反应将两个 LPCS 分子通过 Si—N—Si 结构桥联在一起，引起分子量的迅速增长。当所有的乙烯基反应完全后，反应结束，分子量将不再增长。

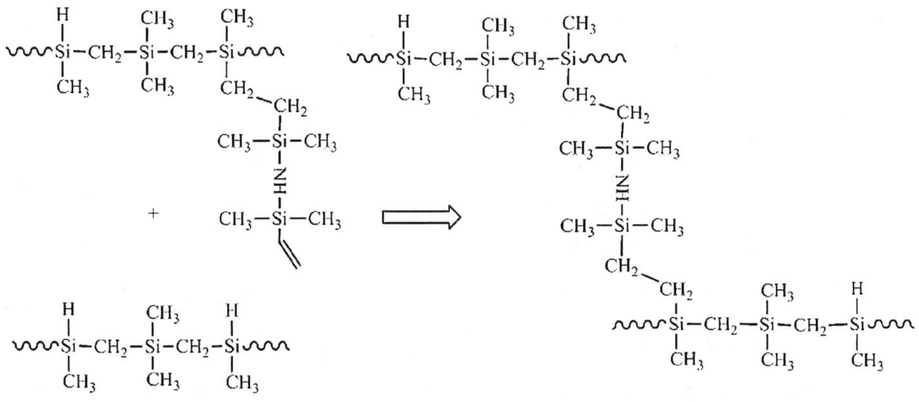

(7 - 5)

利用外标法可以定量计算出 LPCS 与产物 PCS 的 Si—H 键含量,由此求出 Si—H 反应程度($P_{Si—H}$)。—CH ═CH_2含量难以准确测出,而反应中—CH ═CH_2只与 Si—H 键发生硅氢加成反应,因此可通过消耗的 Si—H 摩尔量计算出消耗的—CH ═CH_2摩尔量,由此可以计算出—CH ═CH_2的反应程度($P_{—CH═CH_2}$),结果列于表 7 - 6 中。

表 7 - 6　不同反应条件下产物中的 Si—H 摩尔浓度及 Si—H 和—CH ═CH_2反应程度

样　品	合成温度/℃	保温时间/h	Si—H 含量/(mol/100 g PCS)	$P_{Si—H}$/%	参与反应的—CH ═CH_2/mol	$P_{—CH═CH_2}$/%
LPCS - 150	—	—	0.695	—	—	—
PCS - T1	155	4	0.668	3.9	0.027	25.0
PCS - T2	185	12	0.629	9.5	0.066	61.1
PCS - T6	305	0.5	0.602	13.4	0.093	86.1
PCS - T8	350	2	0.589	15.3	0.106	98.1

从表 7 - 6 中可以看出,随着合成温度提高,硅氢加成反应是逐步进行的,产物中的 Si—H 键含量降低,而 Si—H 反应程度提高,相应的—CH ═CH_2反应程度也随之上升。产物 PCS - T1 的数均分子量和软化点虽有所增加,但双键反应程度较低,反应基本按式(7 - 4)进行,产物 PCS - T2 的—CH ═CH_2反应程度略高于 50%,表明此时反应体系中的 TMDS 已全部参与反应。而随着合成温度进一步提高,Si—H 与双键的反应程度均进一步提高,表明含乙烯基的 LPCS 分子继续与邻近分子发生加成反应,在 350℃ 反应 2 h 后的—CH ═CH_2反应程度接

近 100%，表明乙烯基已经全部按式(7－5)反应完毕，通过 Si—N—Si 桥键将 LPCS 分子结合形成更大分子量分子。由于反应的完成，之后再继续延长时间，产物的软化点与数均分子量均不再增加。

以上研究表明，LPCS 中的 Si—H 键与 TMDS 中的—CH ═CH_2发生热硅氢加成反应，且该反应是逐步进行的。在 185℃反应后，剩余双键以悬挂式结构结合到 LPCS 分子中，随合成温度提高，含双键的 LPCS 分子与邻近分子的加成反应继续进行，在 350℃反应后，随着硅氢加成反应的完成，形成 Si—N—Si 桥联式结构，引起产物聚碳硅烷分子量的显著增长与软化点的升高。

PCS 和 TMDS 逐步发生硅氢加成反应的特点也可以从反应产物的分子量分布的变化看出，不同温度下反应产物的 GPC 曲线如图 7－40 所示。可以看出，LPCS 及反应产物的分子量基本呈双峰分布，在不同温度反应后双峰呈此消彼长的趋势。为了更好地分析分子量分布的变化情况，以 GPC 曲线上双峰之间的峰谷处(流出时间 $t = 13.01$ min)及 LPCS 的 GPC 曲线的起点处($t = 10.86$ min)为界限，将 LPCS 的分子量分布分为高(M_H)、中(M_M)、低(M_L)三部分，如图 7－40 所示。LPCS 的低分子量峰远大于中分子量峰，表明低分子量分子占主要部分。在 TMDS 的沸点以下反应后的产物 PCS－T1，其低分子量峰与中分子量峰发生轻微的此消彼长，结合^{29}Si－NMR 和^{1}H－NMR 谱图及乙烯基的反应程度看，反应仍然以式(7－4)为主。进一步提高合成温度，低分子量峰迅速降低，中分子量迅速升高并开始生成更高分子量分子。中分子量峰的峰顶也随着分子量的增加由 $t = 12.62$ min 移动到 $t = 12.16$ min 处，并且当 300℃以上反应后，在中分子量峰左侧 $t = 10.86$ min(对应数均分子量为 $2.80 \times 10_4$)出现了高分子量肩峰，在

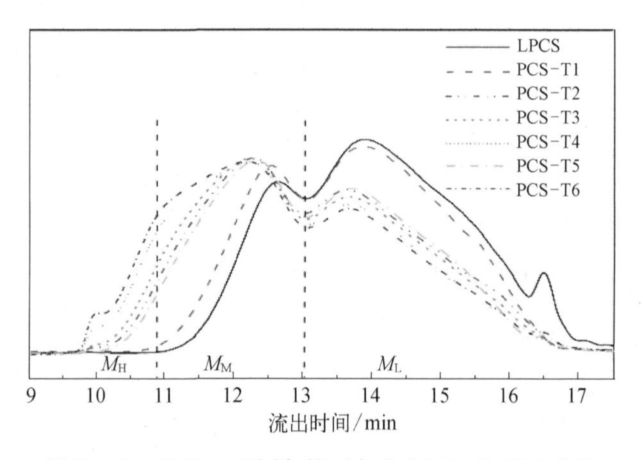

图 7－40　LPCS 和不同条件下合成的 PCS 的 GPC 曲线

$t = 9.91$ min（对应数均分子量为 $9.80 \times 10_4$）出现了超高分子量峰，表明硅氢加成反应转变为以式(7－5)为主且随着反应的完成，生成了更高分子量分子。

硅氢加成反应完成后，生成的高分子量分子，使产物数均分子量迅速提高，软化点也迅速提高到240℃以上，但过高分子量的生成也导致产物分子量分布迅速宽化，分子量多分散性指数PDI迅速提高，表明这种反应条件(质量比为0.10，350℃反应)下已经产生了部分分子量的过度增长。

LPCS与TMDS的反应为Si—H与—CH ═CH_2的热硅氢加成反应，该反应主要发生在150~350℃，在300℃时最剧烈，放出大量的热。该反应随着反应条件的变化表现出分步反应的特性，在185℃以下时反应以悬挂式(7－4)为主，当温度进一步升高，反应以桥联式(7－5)为主，至350℃ 2 h全部乙烯基反应完毕。Si—N—Si桥联式结构引起产物聚碳硅烷分子量的显著增长与软化点的升高。LPCS与TMDS的反应是逐步进行的，而要使TMDS完全反应只需控制反应条件在350℃反应2 h后即可，在此基础上产物的结构与分子量也基本确定，而调控产物结构与分子量的另一个主要的方法就是调控原料配比。

在硅氢加成反应完成后，产物的分子量增长随之停止，因此通过控制原料配比中乙烯基的量也即控制TMDS的加入比例可以控制产物PCS的分子量及其分布。如前文所述，反应配比为0.10，反应条件为350℃时产物已经产生了部分分子量的过度增长。根据这一情况，设计不同的TMDS/LPCS反应配比，按同样的反应升温程序在350℃反应2 h后得到产物TPCS－x，测定产物特性，结果列于表7－7。

表 7－7　LPCS 和 TPCS－x 的特性

样　品	TMDS/LPCS *	TMDS/LPCS **	软化点/℃	$\overline{M}_n$	PDI	$A_{Si—H}/A_{Si—CH_3}$
LPCS－150	—	—	151~167	1 196	2.27	0.978
TPCS－1	0.04	0.25	207~226	1 891	4.22	0.807
TPCS－2	0.06	0.38	229~259	2 184	5.49	0.778
TPCS－3	0.08	0.51	244~278	2 544	5.75	0.758
TPCS－4	0.10	0.63	268~	2 959	6.27	0.736
TPCS－5	0.12	0.76	>300	3 522	7.73	0.715

* 基于质量比进行计算
** 基于摩尔比进行计算

从表7－7可以看出，随着TMDS加入比例的增加，产物的数均分子量明显提高，软化点随之增高。当TMDS/LPCS质量比为0.08时，对应TMDS与LPCS的摩尔比略高于1∶2，即平均有两个LPCS分子与TMDS反应，在完成硅氢加成反应后，分子量应有成倍地增加。比较LPCS与TPCS－3的分子量可以看出这一结果。表中 TPCS－4 的软化点测定时，终熔点不能测出，而 TPCS－5 的软化点因超出仪器量程不能测出。当控制原料 TMDS 与 LPCS 的质量比≥0.08，即其摩尔比>0.5 时，产物 $\overline{M_n}$ > 2 500，软化点>240℃，可以合成得到高软化点聚碳硅烷。上述结果表明，在保证引入的乙烯基充分反应的条件下，通过调控投料比例，可以控制产物的分子量与软化点。为了更清楚地说明 TMDS 用量对 PCS 软化点和数均分子量的影响，作 TMDS 和 LPCS 的质量比与对应的 PCS 的软化点和数均分子量的关系图 7－41。从图中可以看出，随着 TMDS 加入比例的增加，TPCS 的数均分子量和软化点增大，且与 TMDS 加入比例近似呈线性关系，表明 TPCS 的数均分子量随配比增加匀速增大，反映了该反应良好的可控性。

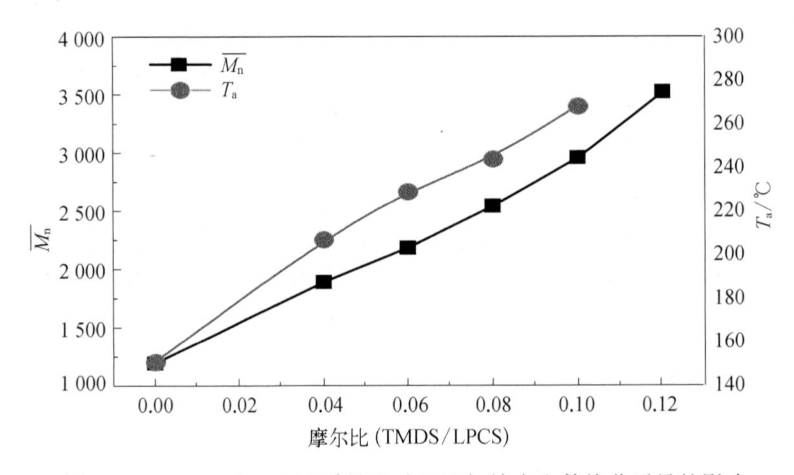

图 7－41　TMDS 与 LPCS 质量比对 PCS 初熔点和数均分子量的影响

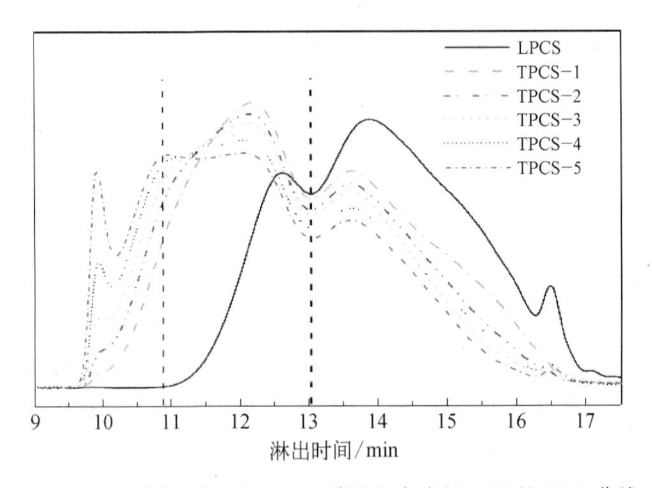

图 7－42　不同 TMDS 与 LPCS 质量比合成的 PCS 的 GPC 曲线

同样按前述方法将各样品的分子量分为高(M_H)、中(M_M)、低(M_L)三部分，从图7－42可以看出，原料LPCS只包含中、低两部分，呈双峰分布，并且低分子量峰远大于中分子量峰，表明原料中低分子量PCS含量远高于中分子量PCS。相比原料LPCS，TPCS包含高、中、低三部分，其中低分子量峰随投料比提高而显著降低，当TMDS加入比例≤0.04时，TPCS的分子量也呈双峰分布，但已生成部分高分子量PCS，当TMDS加入比例为0.06时，在中分子量峰左侧 t = 10.86 min出现了高分子量肩峰，当TMDS加入比例进一步提高时，甚至在 t = 9.90 min出现了超高分子量尖峰，并且随着TMDS加入比例的增大，TPCS的低分子量峰逐渐降低，而中分子量峰逐渐增高并向高分子量方向移动，峰顶由 t = 12.58 min移动到 t = 12.12 min处。对这三部分分别积分得到高、中、低分子量的百分含量，各部分含量与原料质量比的关系如图7－43所示。

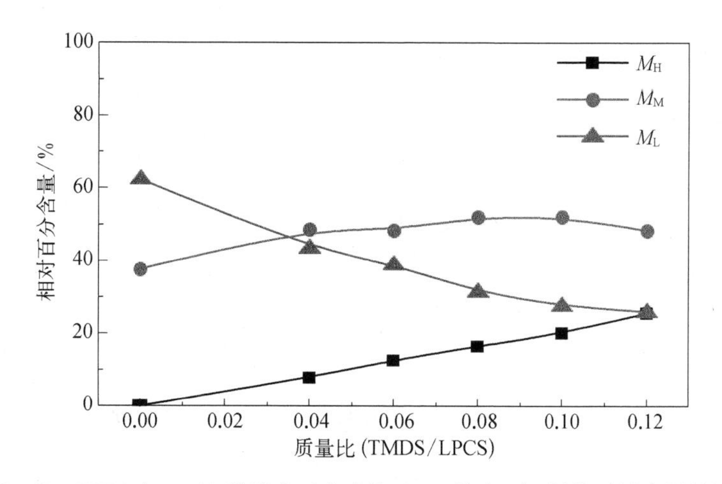

图7－43　TMDS与LPCS质量比对合成的TPCS的高、中、低分子量含量的影响

可以看出，随着TMDS加入比例的提高，低分子量部分含量逐渐降低，中分子量部分含量先缓慢增加而后降低，而高分子量部分含量基本呈线性增加。结合前文结果可知，在较低温度下的反应前期，TMDS与LPCS主要按式(7－4)反应形成带有乙烯基侧基的悬挂式结构。因此，随着反应配比提高，带乙烯基侧基的低分子量分子随之增多。上图数据表明，这种带有乙烯基的低分子量分子与相邻低分子量分子之间的反应，形成了中分子量分子与高分子量分子。而当质量比高于0.08以后，中分子量部分因每个PCS分子所包含的Si—H基团更多，所以会生成更多带有乙烯基的中分子量分子，这些分子在反应初期因位阻效应等原因，参与反应较少，在反应后期则会大量参与反应，这也是为什么低分子量

含量的降低趋势减缓，中分子量含量从增长转为降低的原因，也因此导致极高分子量的迅速生成与增长。由于在所设定反应条件下乙烯基已完全反应，因此提高 TMDS 投料比，实际上是提高了反应初期生成的带乙烯基分子的数量或分子中乙烯基的个数，并由此影响了最终反应产物的分子量与软化点。

PCS 的组成结构是判定 TMDS 的桥联效果的重要指标，图 7－44 列出了添加不同比例 TMDS 合成的 TPCS 的红外谱图。可以看出，TPCS－1～TPCS－5 与原料 LPCS 的主要特征峰基本一致。而其差别主要有两点：其一，TPCS－1～TPCS－5 在 1 180 cm^{-1}处出现了微弱特征峰，应该归属于 Si—NH—Si；其二，Si—H 特征峰的吸收强度降低。这表明随配比的提高，生成了更多的桥联结构。Si—H 含量的降低可由 Si—H 与 Si—CH_3的吸光度之比 $A_{Si—H}/A_{Si—CH_3}$来表征，它与质量比的关系如图 7－45。

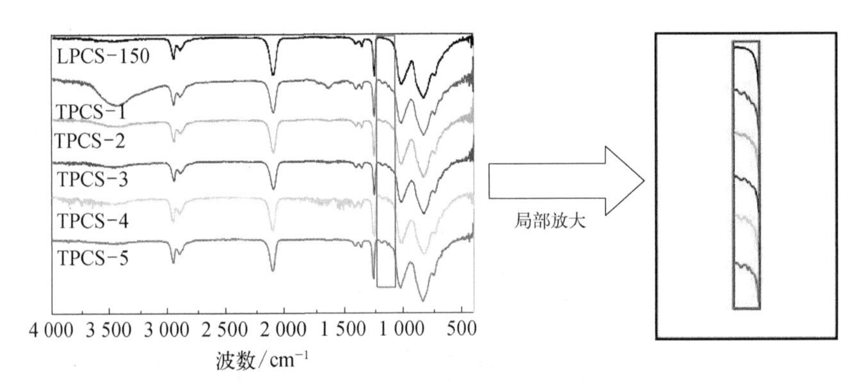

图 7－44　不同 TMDS 与 LPCS 质量比合成的 TPCS 的红外光谱图

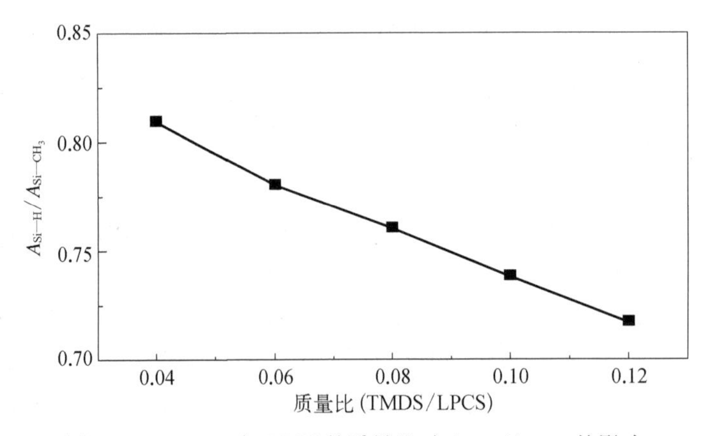

图 7－45　TMDS 与 LPCS 的质量比对 $A_{Si—H}/A_{Si—CH_3}$的影响

从图 7 - 45 可以看出,随着 TMDS 与 LPCS 的质量比的增加,$A_{Si—H}/A_{Si—CH_3}$逐渐减小。这说明随着 TMDS 加入比例的升高,Si—H 键的消耗逐渐增大,这和前文的分析一致。结合式 7 - 4、式 7 - 5 可知,TMDS 与 PCS 的反应主要是与其 Si—H 基团的反应,加入的 TMDS 量增加,相当于增加了参与反应的乙烯基的量,也就需要更多的 Si—H 基团参与反应,会生成更多的桥联键 Si—N—Si,而桥联键的生成则是本反应中提高产物 PCS 分子量与软化点的关键。调控 TMDS 的加入比例能够很好地调控产物的分子量与软化点。

由 PDMS 热解得到的 PCS 具有较为复杂的分子结构,在其^{29}Si - NMR 谱图上可看出存在 SiC_3H 与 SiC_4两种基本结构单元,通过这两种结构单元的组合构成含有 Si—C—Si 环和链的复杂分子结构。在 LPCS 与 TMDS 按式(7 - 4)反应形成带乙烯基端基或侧基的分子后,与相邻分子中活泼的 Si—H 的按式(7 - 5)进行进一步反应,将两分子 LPCS 通过 Si—N—Si 结构桥联在一起。在引起分子量的迅速增长的同时,原来作为侧基或端基的 SiC_3H 转变为 SiC_4结构并新产生 SiC_3N 结构。将不同质量比条件下合成产物 TPCS 进行^{29}Si - NMR 分析,结果如图 7 - 46 所示。

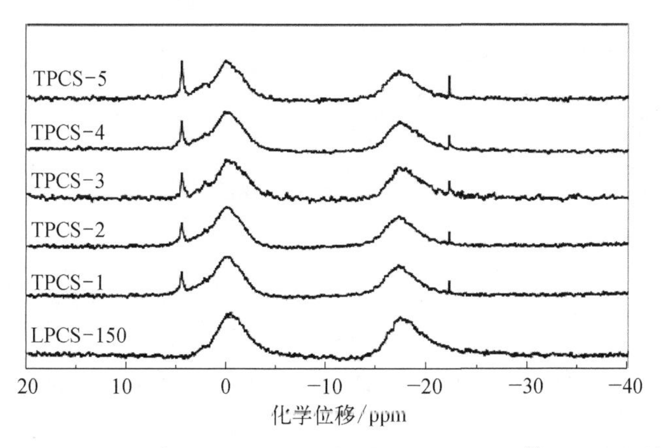

图 7 - 46　不同 TMDS 与 LPCS 质量比合成的 TPCS 的^{29}Si - NMR 谱图

从^{29}Si - NMR 谱图可以看出,TPCS 与 LPCS - 150 在 δ = 0 ppm 与 δ = - 17.2 ppm 有相同的特征峰,分别归属于 SiC_4和 SiC_3H,还在 δ = 4.6 ppm 处有一个归属于$(CH_3)_2Si(CH_2CH_2)N$ 的特征峰,且该特征峰随着 TMDS 加入比例的提高而逐渐增强。为了更好地看出 TPCS 的结构随 TMDS 加入比例的变化情况,对 TPCS 的 SiC_3H、SiC_4和 SiC_3N 峰面积进行积分,可求出这三种结构单元的相对比例,再依据 TMDS 加入比例和其对应的数均分子量,可以求出每摩尔 TPCS - x

分子中这三种结构单元的摩尔含量,结果如表 7－8 所示。

表 7－8　TMDS 与 LPCS 的质量比对 TPCS 结构的影响

样　品	质量比 (TMDS/LPCS)	SiC_3H/SiC_4	SiC_3N/SiC_3H	SiC_3H/mol	SiC_4/mol	SiC_3N/mol	增加的支化点
LPCS－150	—	1.05	—	9.45	9.00	0	—
TPCS－1	0.04	0.92	0.07	13.34	14.50	0.93	0.47
TPCS－2	0.06	0.87	0.10	14.69	16.89	1.47	0.73
TPCS－3	0.08	0.81	0.14	16.11	19.88	2.25	1.13
TPCS－4	0.10	0.76	0.18	17.72	23.32	3.19	1.60
TPCS－5	0.12	0.71	0.23	19.83	27.93	4.56	2.28

从表 7－8 可以看出,随着 TMDS 加入比例的增大,每摩尔 TPCS 中的 SiC_3H、SiC_4和 SiC_3N 结构单元的含量均增大,SiC_3H/SiC_4 比值减小,而 SiC_3N/SiC_3H 比值则增大。为了更好地分析 TMDS 加入比例对 TPCS 结构的影响,将 SiC_3H/SiC_4 比值及 SiC_3N 结构含量对投料比作图,如图 7－47 所示。

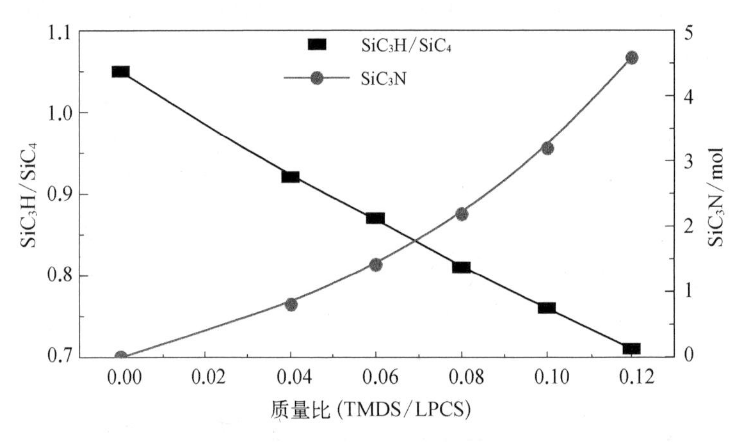

图 7－47　TMDS 与 LPCS 的质量比对 SiC_3H/SiC_4和 SiC_3N 含量的影响

从图 7－47 可以看出,随着 TMDS 加入比例的增大,SiC_3H/SiC_4比值迅速降低,说明 TPCS 中 SiC_3H 结构单元在减少,SiC_4结构单元在增加。SiC_3N 结构含量的变化情况则说明该结构为反应新生成的结构,且随 TMDS 加入比例增大而迅速增加。加入的 TMDS 比例越高,消耗的 Si—H(也即 SiC_3H)结构越多,生成的 SiC_3N 结构含量越高,通过 Si—N—Si 桥联的 LPCS 分子越多,分子量增长越明显。而当 TMDS 加入比例过高时,则会出现多个 LPCS 分子通过 Si—N—Si 结构桥联在一起,导致分子量的迅速增大,甚至出现了超高分子量分子,这和前述

GPC 曲线的变化是吻合的。

由于聚碳硅烷不是线性结构分子，分子中活泼的 Si—H 键主要作为侧基存在。因此，在 LPCS 先与 TMDS 反应形成悬挂式结构再与相邻分子反应以 Si—N—Si 桥键结合后，可以看成 LPCS 以支化的方式连接了另一个 LPCS 分子，相应生成的 Si—N—Si 桥键可以视作支化点。反应后新生成的 Si—N—Si 桥键是由两个 SiC_3N 结构单元组成，因此由 SiC_3N 结构单元含量可以求出每摩尔 TPCS 中 Si—N—Si 桥键的摩尔数，也就是相对于原 LPCS 分子，每摩尔 TPCS 分子中新增加的支化点数。随反应配比提高，产物中增加的支化点数随之增多，在 TPCS - 5 情况下，相对于原料 LPCS，平均每摩尔增加 2.29 个支化点，即每个 LPCS 分子，平均与两分子以上的 LPCS 聚合形成 TPCS，即约有 3 个 LPCS 分子通过硅氢加成反应后形成 TPCS - 5，其数均分子量将从约 1 200 提高到约 3 600。

通过对 TPCS 的 IR 和 ^{29}Si - NMR 进行分析，对 TPCS 的结构有了初步的判断，为了更准确地分析 TPCS 的结构，对 LCPS 及典型样品 TPCS - 3 进行 ^{13}C - NMR 核磁共振分析，如图 7 - 48 所示。

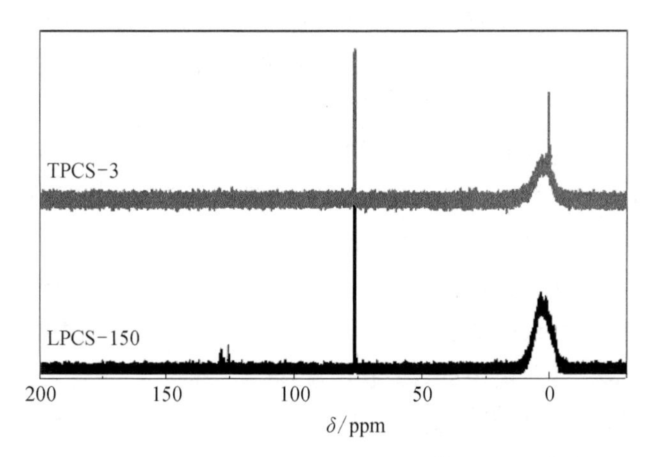

图 7 - 48　LPCS - 150 及 TPCS - 3 的 ^{13}C - NMR 谱图

从图 7 - 48 可以看出，LPCS 与 TPCS - 3 的 C 谱中都出现了 $\delta = 0$ ppm 附近的饱和碳吸收峰和 $\delta = 76$ ppm 处的溶剂 $CDCl_3$ 的核磁振动吸收峰。不同的是 TPCS - 3 在 $\delta = 0.87$ ppm 出现了非常尖锐的吸收峰，应该是属于 TMDS 与 LCPS 反应形成的 $SiCH_2—CH_2Si$ 键的吸收峰，这与前述关于反应过程的分析一致。

对不同配比合成的 TPCS 进行元素组成分析，结果如表 7 - 9 所示。

表 7-9　不同反应条件下合成的 PCS 的元素组成

样　品	元素组成					化学式
	$w(\mathrm{Si})/\%$	$w(\mathrm{C})/\%$	$w(\mathrm{O})/\%$	$w(\mathrm{N})/\%$	$w(\mathrm{H})/\%$	
LPCS - 150	48.32	38.29	0.62	—	12.77	$SiC_{1.85}H_{7.40}O_{0.02}$
TPCS - 1	48.67	38.85	0.68	0.35	11.45	$SiC_{1.86}H_{6.58}O_{0.02}N_{0.01}$
TPCS - 2	48.92	39.22	0.69	0.46	10.71	$SiC_{1.87}H_{6.13}O_{0.02}N_{0.02}$
TPCS - 3	48.35	39.78	0.73	0.51	10.63	$SiC_{1.91}H_{6.16}O_{0.03}N_{0.02}$
TPCS - 4	47.98	40.08	0.57	0.79	10.58	$SiC_{1.94}H_{6.17}O_{0.02}N_{0.03}$
TPCS - 5	47.87	41.42	0.78	0.92	9.01	$SiC_{2.01}H_{5.27}O_{0.03}N_{0.03}$

从表 7-9 可以看出,与原料 LPCS-150 相比,随着反应配比提高,反应产物 TPCS-1~TPCS-5 中,N 含量随之增高,且与配比的提高相一致。如前所述,这是由于产物结构中引入了 SiC_3N 结构所致。但产物中的 C 含量同样随原料配比的提高而有所增加,计算其 C/Si,可以看出该比值随着配比提高而从 1.85 提高到 2.01。这是由于 TMDS 中的 C/Si 远高于 LPCS,两者反应后,产物的 C/Si 自然较 LPCS 要高。

以上研究表明,LPCS 与 TMDS 的反应,初期主要是 LPCS 中的低分子量部分反应形成含乙烯基侧基的分子,提高 TMDS 的引入比例,可以提高这部分含乙烯基的 LPCS 分子的含量或 LPCS 分子中乙烯基的含量,从而在完成硅氢加成反应后,提高产物中中、高分子量部分含量,因此可以通过提高原料配比中乙烯基的量也即提高 TMDS 的加入比例获得高分子量与高软化点的聚碳硅烷。这样合成的高软化点聚碳硅烷是通过 Si—N—Si 桥键将原 LPCS 桥接而成,在分子量及软化点提高的同时,支化结构也随之增加,产物 Si—H 含量降低。从以上数据还可以看出,在以 TMDS 为桥联剂合成 TPCS 时,随配比的提高,产物分子量的增长包括其中的高、中、低分子量的变化均是均匀的,不存在急剧加速反应的现象,这是这一反应的特性所决定的,因此由 LPCS 与 TMDS 经过硅氢加成反应是一个可控热聚反应,更适合于合成高软化点聚碳硅烷。当控制原料 TMDS 与 LPCS 的原料质量比≥0.08,即其摩尔比大于 0.5 时,可以合成得到 $\overline{M}_n > 2500$,软化点大于 240℃的高软化点聚碳硅烷。

7.3.3　以 DVS 为桥联剂制备高软化点聚碳硅烷

以 TMDS 为桥联剂与 LPCS 反应制备聚碳硅烷,能够显著提高 PCS 的软化点,但产物 TPCS 在 400℃以上温度条件下存在不稳定现象。研究表明这是由于 TPCS 结构中存在活性 N—H 基团所致,而这一结构又是由桥联剂 TMDS 引入的,显然,采用不含 N—H 基团的桥联剂二甲基二乙烯基硅烷(DVS)能够避免这一问题。DVS 仅有两个活性双键,不含其他活性键,不存在高温下发生进一步剧烈反应可能。为研究 LPCS 与 DVS 的反应,首先将 LPCS 与 DVS 的混合物在高纯氮气保护下进行 DSC 分析,并同原料 LPCS 对比,结果如图 7-49 所示。

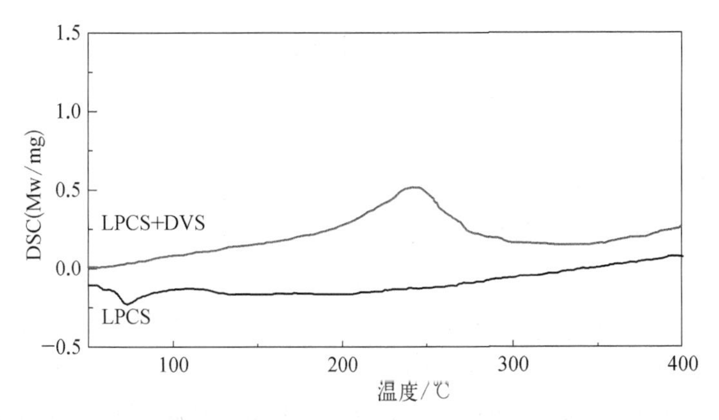

图 7-49　LPCS 与 DVS 混合物和 LPCS 的 DSC 曲线(N_2气氛)

在升温过程中,100℃以上 LPCS 无明显吸放热过程发生。而 LPCS 与 DVS 的混合物在升温过程中有较强的放热峰,该放热峰始于 70℃附近,终止于 350℃左右,峰顶温度在 250℃,表明 LPCS 与 DVS 在 70℃以上开始反应,而在温度超过 140℃时开始加速,在 250℃时最剧烈,在 350℃左右结束。由此可知,LPCS 与 DVS 反应主要发生在 70~350℃温度区间。相比 TMDS,DVS 与 LPCS 的反应起始温度更低,但反应最剧烈的温度与反应结束的温度是相近的。根据 DSC 测定结果,将反应物按 DVS/LPCS=0.06(质量比)投料,在上述温度区间内进行反应,取样测定不同温度下反应产物(记为 PCS-D_x)的基本特性,结果如表 7-10 所示。

表 7-10　不同反应条件合成的 PCS 的特性

样　品	合成温度/℃	保温时间/h	软化点/℃	$\overline{M}_n$	PDI
LPCS-150	—	—	151~167	1 196	2.27
PCS-D1	80	10	—	1 401	2.68
PCS-D2	110	10	—	1 453	2.86
PCS-D3	140	10	187~204	1 594	3.60
PCS-D4	180	0.5	192~209	1 634	3.86
PCS-D5	220	0.5	199~227	1 799	4.18
PCS-D6	260	0.5	213~239	1 928	5.12
PCS-D7	300	0.5	227~256	2 172	6.13

续表

样　品	合成温度/℃	保温时间/h	软化点/℃	$\overline{M}_n$	PDI
PCS－D8	350	0.5	239～261	2 529	7.19
PCS－D9	350	1	254～287	2 636	8.21
PCS－D10	350	2	263～	2 776	10.85
PCS－D11	350	4	265～	2 765	10.67

由于 DVS 的沸点较低(79℃),因此首先在较低温度下进行长时间保温反应以将其引入 LPCS 结构中,避免其在合成温度下挥发逸出。从表 7－10 中可以看出,产物 PCS－D1 的数均分子量和软化点较 LPCS 明显增高,表明 LPCS 与 DVS 在 80℃已发生反应。这反映了 DVS 与 LPCS 的起始合成温度显著低于 TMDS,这与 DSC 的分析结果是相吻合的。而随着合成温度的提高与反应时间的延长,产物的数均分子量和软化点持续升高,当合成温度提高到 350℃并保温反应 1 h,产物的数均分子量提高到 2 600 以上,软化点提高到 250℃以上,但在该温度下延长反应时间到 2 h 以后,产物的数均分子量和软化点达到最高值并趋于稳定,表明在该条件下 LPCS 的分子量增长反应基本完成。这同样反映了这种合成方法对产物分子量与软化点的可控性。

对反应原料 DVS、LPCS 及部分反应产物进行 FT－IR 分析,如图 7－50 所示。

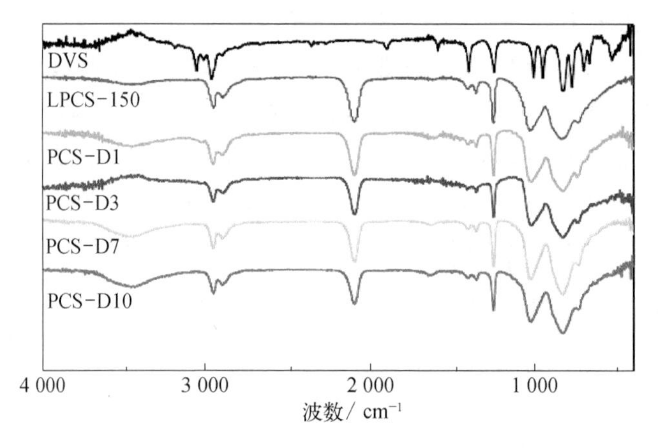

图 7－50　DVS、LPCS 和不同条件下的反应产物的红外谱图

图 7－50 中波数 2 950 cm^{-1}和 2 900 cm^{-1}处为 C—H 伸缩振动峰,2 100 cm^{-1}处为 Si—H 伸缩振动峰,1 400 cm^{-1}和 1 350 cm^{-1}处分别为 Si—CH_3结构中 C—H 变形振动和 Si—CH_2—Si 结构中的 CH_2面外摇摆振动,1 250 cm^{-1}处为 Si—CH_3结构中 CH_3变形振动,1 020 cm^{-1}处为 Si—CH_2—Si 结构中 Si—C—Si 伸缩振动,820 cm^{-1}

处为 Si—C 伸缩振动。DVS 的红外谱图中除部分相同结构的特征峰外，还有 3 050 cm^{-1}、3 010 cm^{-1}处═CH_2与═CH 的伸缩振动峰，1 594 cm^{-1}处 C ═C 的伸缩振动峰，1 008 cm^{-1}、933 cm^{-1}处的 SiCH ═CH_2面外变形振动峰。产物 PCS-D1、PCS-D3 和 PCS-D7 在 1 594 cm^{-1}附近发现微弱的乙烯基特征峰，而产物 PCS-D10 中未发现乙烯基特征峰，说明前三个产物中存在乙烯基基团。从图中还可以看出产物的红外谱图中 2 100 cm^{-1}处 Si—H 特征峰有减弱的趋势。由于 LPCS 结构中的 Si—CH_3不参与反应，可以 2 100 cm^{-1}和 1 250 cm^{-1}处 Si—H 与 Si—CH_3特征吸收峰吸光度之比 $A_{Si—H}/A_{Si—CH_3}$来表征 PCS 中的 Si—H 键含量的变化。将不同反应条件下产物的数均分子量的变化与相应 $A_{Si—H}/A_{Si—CH_3}$作图，如图 7-51 所示。

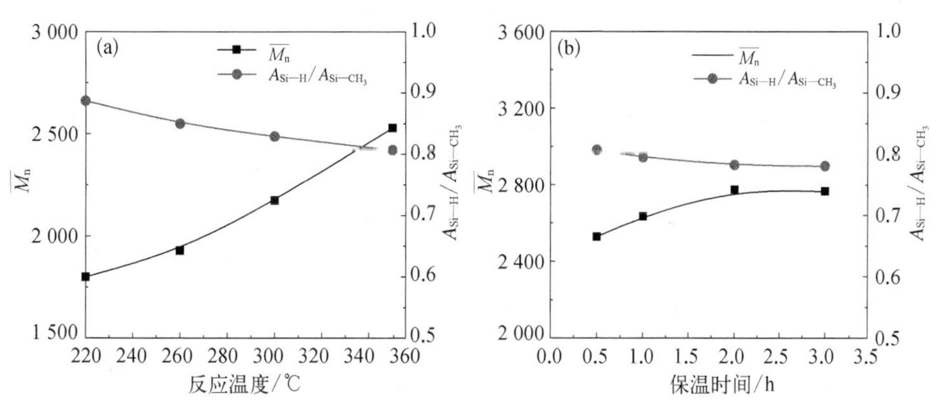

图 7-51 反应条件对产物数均分子量和 $A_{Si—H}/A_{Si—CH_3}$的影响

(a) 不同温度下反应 0.5 h；(b) 350℃下反应不同时间

从图 7-51 中可以看出，在 140℃长时间保温后，随着合成温度的进一步升高，产物的数均分子量逐渐升高，并呈加速增长趋势，对应的 $A_{Si—H}/A_{Si—CH_3}$值则逐渐降低，表明分子量的增长反应消耗了 Si—H。在 350℃保温时，数均分子量先增加并在 2 h 后趋于稳定，相应地 $A_{Si—H}/A_{Si—CH_3}$值也先减弱后趋于稳定，表明此时反应基本结束。在 80~350℃间，由产物的数均分子量和 Si—H 变化所反映出的 LPCS 与 DVS 的状况与 DSC 结果相吻合。

为进一步研究产物结构变化，对 DVS、LPCS 及部分反应产物进行^{29}Si-NMR 分析如图 7-52 所示。

从图 7-52 可以看出，DVS 在 δ =- 13.77 ppm 出现归属于(CH_3)$_2$Si(CH ═CH_2)$_2$的特征峰。LPCS 在 δ = 0 处出现归属于 SiC_4的特征峰，在 δ =- 17.2 ppm 附近出现归属于 SiC_3H 的特征峰，这是通常聚碳硅烷中含有的两种结构单元。

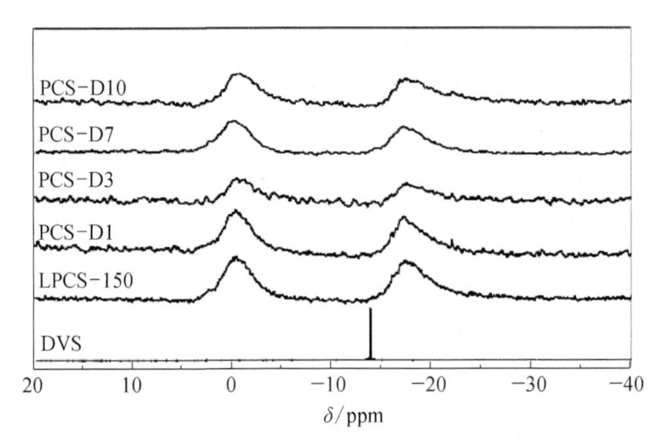

图 7-52　DVS、LPCS 和不同条件下反应产物的^{29}Si-NMR 谱图

在反应产物中并没有出现如与 TMDS 反应后所产生的新的特征峰，只有归属于 SiC_4和 SiC_3H 的两个特征峰，但 SiC_4和 SiC_3H 的峰面积有所变化。通过峰面积积分可以求出这两种结构单元的比值（SiC_3H/SiC_4）如表 7-11，可以看出，相比原料 LPCS-150，随着合成温度提高，产物 PCS-Dx 的 SiC_3H/SiC_4比值逐渐降低，这表明在反应过程中消耗了 SiC_3H 而生成了 SiC_4，这与前文 IR 分析结果吻合。

表 7-11　LPCS 和不同条件下反应产物的 SiC_3H/SiC_4值

样　品	LPCS-150	PCS-D1	PCS-D3	PCS-D7	PCS-D10
SiC_3H/SiC_4	1.06	0.98	0.94	0.91	0.88

对 DVS、LPCS 及反应产物进行^{1}H-NMR 分析如图 7-53 所示。

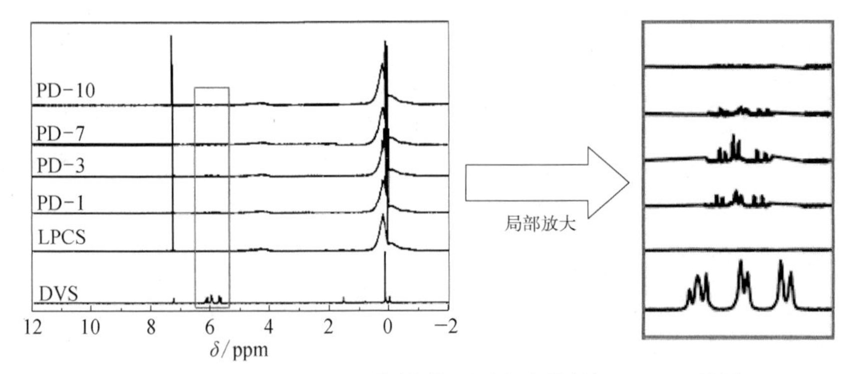

图 7-53　DVS、LPCS 和不同条件下反应产物的^{1}H-NMR 谱图

从图 7-53 看出，LPCS 在 $\delta=0$ ppm 处出现了归属于与 Si 相连的饱和 C—H 的特征峰，在 $\delta=4.0\sim5.0$ ppm 处出现了归属于 Si—H 的特征峰。在产物的谱图

上，同样存在这两类特征峰，但产物 PCS - D1 在 $\delta = 5.5 \sim 6.2$ 处还出现了三组新的特征峰，这与 DVS 的谱图中同化学位移处归属于—CH ═CH_2基团中 H 的特征峰一致，说明该产物中含有—CH ═CH_2基团。在产物 PCS - D3 与 PCS - D7 中该组特征峰同样存在，但 PCS - D7 中已显著减弱，而在 PCS - D10 中未观察到该组特征峰。这表明在 LPCS 中的活泼 Si—H 与 DVS 中的—CH ═CH_2的硅氢加成反应是逐步进行的，在低于 300℃ 温度反应后，仍残留未反应的—CH ═CH_2基团，但在 350℃ 反应后，双键已完全反应。即反应是按下述方式进行的，在反应初期，DVS 上的一个乙烯基先与 LPCS 发生硅氢加成反应，如式 7 - 6 所示。

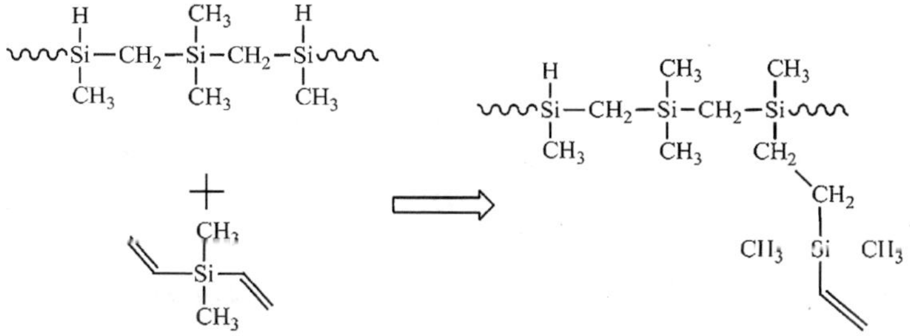

(7 - 6)

这一反应在 LPCS 结构中新形成两个 SiC_4结构，由于该结构与原有 SiC_4结构在 ^{29}Si - NMR 谱图上不能区分所以看不出新峰生成，但由于消耗了 SiC_3H，必然引起 SiC_3H 与 SiC_4结构的此消彼长，导致如式 7 - 11 所示的 SiC_3H/SiC_4随合成温度的升高而降低的现象。此外，该反应同时引入了—$(CH_3)_2$Si—CH ═CH_2结构，呈悬挂式结合在 LPCS 分子上，不会引起分子量的显著增加。而随着合成温度提高，含乙烯基的产物会与相邻的 LPCS 分子进一步反应，如式（7 - 7）所示，直至乙烯基消耗完毕。反应将两个 LPCS 分子通过 C—Si—C 结构桥联在一起，引起分子量的迅速增长。当所有的乙烯基反应完全后，反应结束，分子量将不再增长。

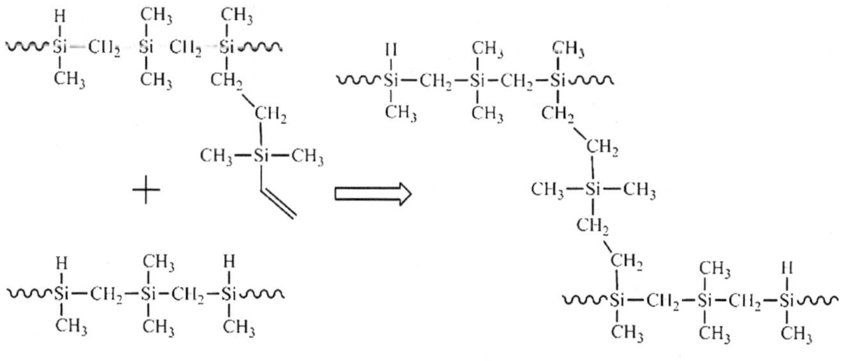

(7 - 7)

利用外标法可以定量计算出 LPCS 与产物 PCS 的 Si—H 键含量,由此求出 Si—H 反应程度($P_{Si—H}$)。考虑到反应中—CH ═CH$_2$只与 Si—H 键发生硅氢加成反应,因此可通过消耗的 Si—H 摩尔量计算出消耗的—CH ═CH$_2$摩尔量,就可以计算出—CH ═CH$_2$的反应程度($P_{—CH═CH_2}$),结果列于表 7-12 中。

表 7-12 不同反应条件下产物中的 Si—H 摩尔浓度及 Si—H 和—CH ═CH$_2$反应程度

样　品	合成温度/℃	保温时间/h	Si—H 含量/(mol/100 g PCS)	$P_{Si—H}$/%	参与反应的—CH ═CH$_2$/mol	$P_{—CH═CH_2}$/%
LPCS-150	—	—	0.695	—	—	—
PCS-D1	80	10	0.674	3.0	0.021	19.2
PCS-D3	140	10	0.634	8.8	0.061	57.1
PCS-D7	300	0.5	0.600	13.6	0.095	88.5
PCS-D10	350	2	0.590	15.1	0.105	97.9

从表 7-12 中可以看出,随着合成温度提高,硅氢加成反应是逐步进行的,产物中的 Si—H 键含量降低,而 Si—H 反应程度提高,相应的—CH ═CH$_2$反应程度也随之上升。产物 PCS-D1 的数均分子量和软化点虽有所增加,但双键反应程度较低,反应基本按式(7-6)进行,产物 PCS-D3 的—CH ═CH$_2$反应程度略高于 50%,表明此时反应体系中的 DVS 已全部参与反应。而随着合成温度进一步提高,Si—H 与双键的反应程度均进一步提高,表明含乙烯基的 LPCS 分子继续与邻近分子发生加成反应,在 350℃ 反应 2 h 后的—CH ═CH$_2$反应程度接近 100%,表明乙烯基已经基本按式(7-7)反应完毕,通过 C—Si—C 桥键将 LPCS 分子结合形成更大分子量分子。

以上研究表明,LPCS 中的 Si—H 键与 DVS 中的—CH ═CH$_2$发生热硅氢加成反应,且该反应是逐步进行的。在 140℃ 反应后,剩余双键以悬挂式结构结合到 LPCS 分子中,随合成温度提高,含双键的 LPCS 分子与邻近分子的加成反应继续进行,在 350℃ 反应后,随着硅氢加成反应的完成,形成 C—Si—C 桥联式结构,引起产物聚碳硅烷分子量的显著增长与软化点的升高。

PCS 和 DVS 逐步发生硅氢加成反应的特点也可以从反应产物的分子量分布的变化看出,不同温度下反应产物的 GPC 曲线如图 7-54 所示。

从图 7-54 可以看出,LPCS 及反应产物 PCS-D1~5 的分子量分布基本呈双峰形式,而 PCS-D6~7 的分子量分布则呈多峰形式,同时反应产物的 GPC 曲线随着合成温度的升高呈现出规律性的变化。同前文一样,为了更好地分析分

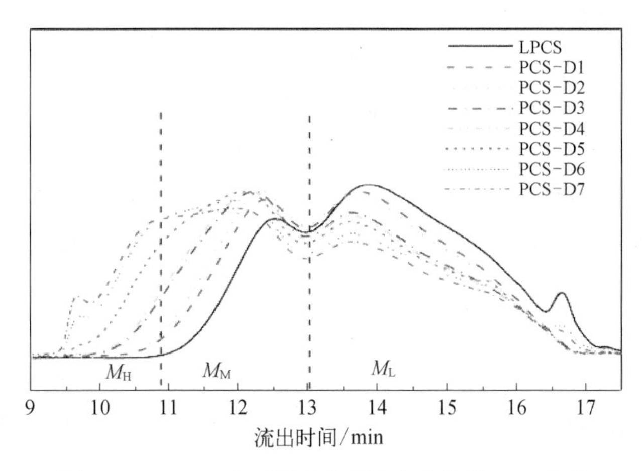

图 7-54 LPCS 和不同条件下反应产物的 GPC 曲线

子量分布的变化情况，分别以流出时间 t = 13.01 min 和 t = 10.86 min 为界限，将 LPCS 的分子量分布分为高(M_H)、中(M_M)、低(M_L)三部分，如图 7-54 所示。由此可知，产物中的低分子量部分随着合成温度的升高而减少，而中、高分子量部分则随着合成温度的升高而增多。同时还可知，LPCS 的低分子量峰远大于中分子量峰，表明低分子量分子占主要部分。在 80℃ 下反应后的产物 PCS-D1，其低分子量峰与中分子量峰发生了轻微的变化，结合 ^{29}Si-NMR 和 ^{1}H-NMR 谱图及乙烯基的反应程度看，说明反应仍然以式 7-6 为主。进一步提高合成温度，低分子量峰迅速降低，中分子量迅速升高并开始生成更高分子量分子。中分子量峰的峰顶也随着分子量的增加由 t = 12.54 min 移动到 t = 12.03 min 处，并且当 300℃ 以上反应后，在中分子量峰左侧 t = 10.86 min（对应数均分子量 $2.80 \times 10_4$）出现了高分子量肩峰，在 t = 9.65 min（对应数均分子量 $9.80 \times 10_4$）出现了超高分子量峰，表明硅氢加成反应转变为以式 7-7 为主且随着反应的完成，生成了更高分子量分子。

硅氢加成反应完成后，伴随着高分子量分子的生成，产物数均分子量迅速提高，软化点也迅速提高到 250℃ 以上，但过高分子量分子的生成也导致产物分子量分布迅速宽化，分子量多分散性指数 PDI 迅速提高(如式 7-14 所示)。

综上所述，LPCS 与 DVS 发生硅氢加成反应，反应从 70℃ 开始，至 350℃ 结束，在 250℃ 最剧烈。同 TMDS 与 LPCS 的反应一样，该反应也具有分步反应的特征，在初期反应以悬挂式为主，进一步升温后，反应转为以桥联式为主，并在此过程中形成 Si—C—Si 桥联结构，从而促进了分子量的长大和软化点的提高，同时分子量分布也发生宽化。

由于 DVS 沸点较低,在研究 LPCS 与 DVS 的反应过程中,为了避免 DVS 因剧烈沸腾而逸出反应系统,在上述反应中采用了较低的初始合成温度与较长的保温反应时间(10 h)。为了提高反应效率将该反应置于密封高压反应釜中进行。从前述研究结果可以将 LPCS 与 DVS 的完全反应的条件确定为合成温度350℃,反应时间为 4 h,则影响产物特性的因素就包含高压釜中的预充压力、原料 LPCS 的软化点及反应原料配比。本节将就这三个因素对产物特性的影响进行研究。

原料 LPCS 本身的软化点、分子量的高低必然对产物的软化点、分子量产生影响,选定合适的低软化点聚碳硅烷作为原料才能获得性能最佳的产物。因此,选取了 4 种不同软化点范围的 LPCS 作为原料,在相同的实验条件(350℃×4 h,预充压力 5 MPa,反应原料配比根据 LPCS 软化点控制在 0.02~0.06)下,进行合成试验,原料特性如表 7-13 所示,实验条件与产物 PCS 的特性如表 7-14 所示。

表 7-13　原料 LPCS 的特性

样　品	T_s/℃	$\overline{M}_n$	PDI	$A_{Si—H}/A_{Si—CH_3}$
LPCS-130	134~149	1 002	2.39	0.967
LPCS-150	151~167	1 196	2.23	0.973
LPCS-180	185~198	1 527	2.90	0.969
LPCS-200	197~229	1 769	3.10	0.963

表 7-14　反应条件及产物 PCS 的特性

样　品	LPCS	DVS/LPCS	T_s/℃	$\overline{M}_n$	PDI	$A_{Si—H}/A_{Si—CH_3}$
PCS-L1	LPCS-130	0.04	183~215	1 612	3.93	0.819
PCS-L2	LPCS-150	0.04	211~245	1 992	4.72	0.823
PCS-L3	LPCS-150	0.06	⩾253	2 354	7.36	0.765
PCS-L4	LPCS-180	0.04	⩾262	2 454	6.65	0.816
PCS-L5	LPCS-200	0.02	—	—	—	—

反应条件: 350℃,4 h,预充压力 5 MPa

从表 7-14 可以看出,4 种 LPCS 的 $A_{Si—H}/A_{Si—CH_3}$ 相近,说明其分子中 Si—H 含量相当,但由于其数均分子量不同而表现出不同的软化点范围,将其中软化点较低的 3 种 LPCS(LPCS-130、LPCS-150、LPCS-180)按相同的反应配比与 DVS 反应后得到产物 PCS-L1、PCS-L2、PCS-L4,可以明显看出,随着原料

LPCS 的软化点提高，产物 PCS 的软化点也迅速提高。将原料 LPCS 与相应产物 PCS 的软化点与分子量的数据作图如图 7－55 所示。

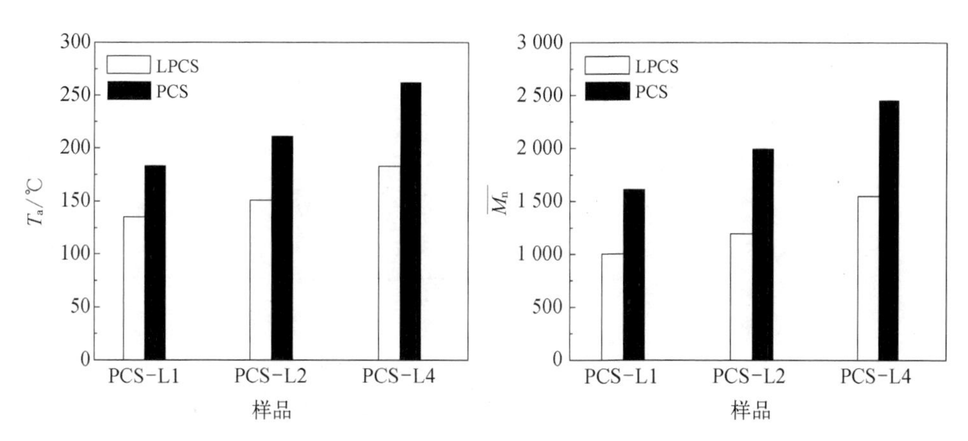

图 7－55　LPCS 的初熔点与分子量对产物的初熔点与分子量的影响

从图 7－55 可以看出，在原料配比相同的情况下，原料 LPCS 的软化点和分子量越高，合成产物 PCS 的软化点与分子量也越高。而且，3 种 LPCS 与其对应产物 PCS 的软化点与分子量的差值按 LPCS 的软化点从低到高的顺序分别为：软化点（按初熔点计算）差值：49，60，77；分子量差值：610，796，927。显然，原料 LPCS 的分子量与软化点越高，反应后产物 PCS 的数均分子量与软化点提高的幅度越大。而在使用最高软化点的原料 LPCS－200 时，即使将其与 DVS 的配比降低到 0.02 的条件下，得到的产物 PCS－L5 仍含有大量不溶不熔物质。即当 LPCS 分子量和软化点足够高时，即使只加入很少的 DVS 也会使产物发生过度反应，形成交联物。从这些实验数据可以看出，原料 LPCS 的分子量与软化点水平是对产物分子量与软化点具有至关重要的影响。

原料 LPCS 的特性对产物 PCS 的影响，也表现在产物的分子量分布的变化上。原料 LPCS 与相应产物 PCS 的分子量分布情况如图 7－56 所示。

从图 7－56 首先可以看出，三种原料 LPCS 的分布都比较均匀。按前述方法划分为高、中、低分子量三部分区域，可以看出软化点较高的情况下如 LPCS－180，中分子量峰较高，说明其中中分子量部分分子较多。而在由这三种原料在相同配比下反应所得产物 PCS－L1、PCS－L2、PCS－L4 的 GPC 图上，可以看出，随着原料 LPCS 的软化点提高，反应产物中低分子量部分减少明显，中分子量部分增长迅速，甚至在高分子量区域出现超高分子量峰。中分子量部分分子的增加与高分子量部分分子的形成，自然导致分子量分布的宽化，比较原料与产物的

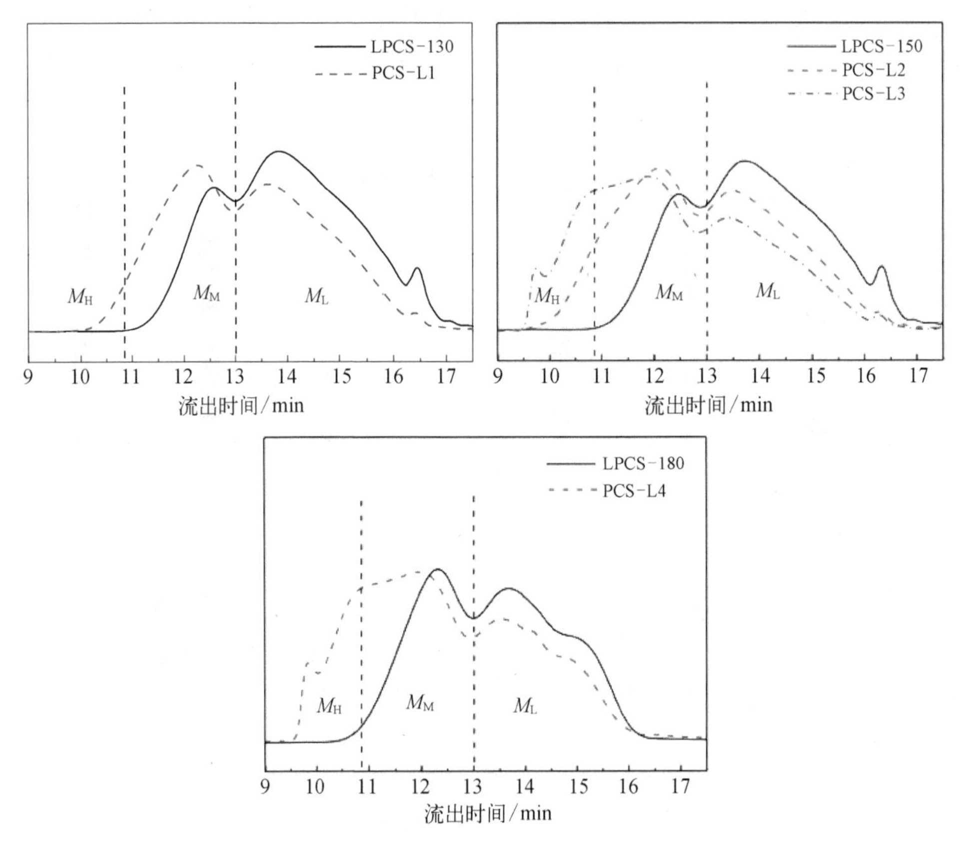

图 7－56　不同 LPCS 及其产物 PCS 的 GPC 曲线

分子量多分散性指数 PDI 值，可求出 PCS－L1、PCS－L2、PCS－L4 相比原料，其增加值△PDI 分别为 1.54、2.49、3.75，表明产物分子量分布随所用 LPCS 的软化点和数均分子量增大而迅速宽化。

对图 7－56 所划分的不同分子量区域面积进行积分可以求出高、中、低分子量含量数值，将原料 LPCS 与相应产物 PCS 的三种不同分子量部分含量数据作图如图 7－57。

从图 7－57 可以看出，当原料软化点较低时，相对于原料，产物的低分子量分子减少，中、高分子量分子增加，其中中分子量分子增加，说明此时反应消耗低分子量分子，生成中、高分子量分子，推测此时反应以低分子量分子为主，少量中分子量分子参加，即低分子量分子之间反应生成中分子量分子，低、中分子量分子或中分子量分子之间反应生成高分子量分子。而随着原料软化点的升高，可以看出，低分子量消耗的更多了，但中分子量的增长反而变缓甚至出现了负增

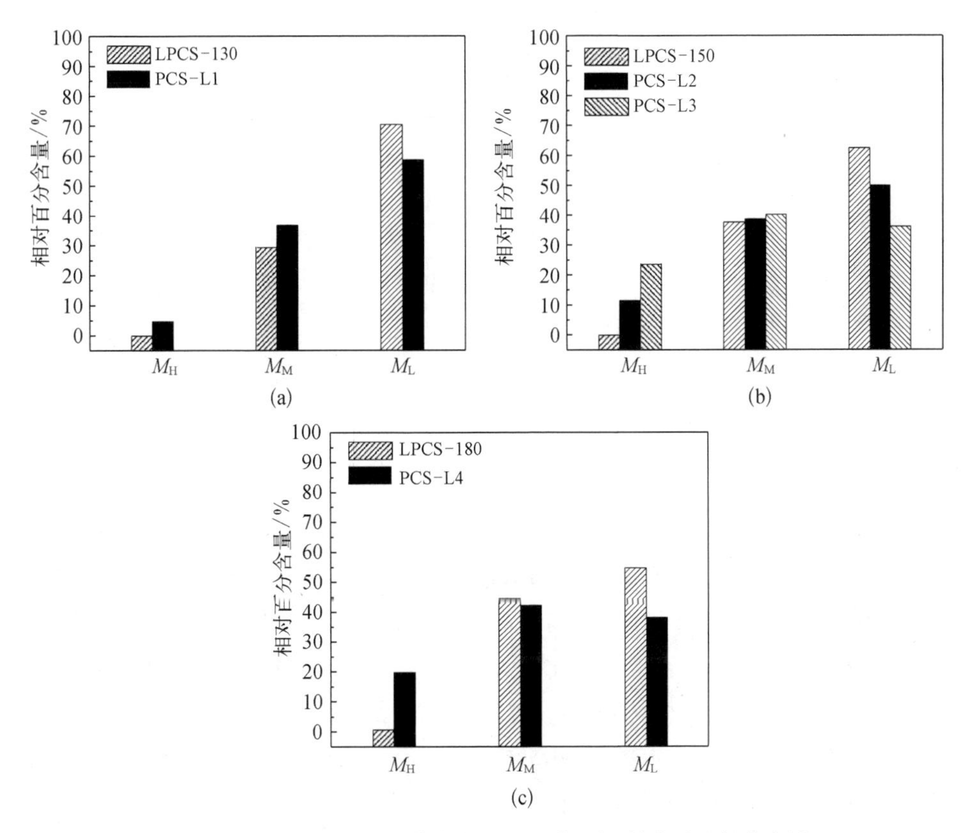

图 7-57　不同 LPCS 及其产物 PCS 的高、中、低分子量部分含量

长，说明此时原料中参与反应的中分子量分子增多了，也即低、中或中分子量之间的反应增多了，这也就造成产物中的高分子量部分迅速增多，甚至出现了超高分子量分子。这主要是因为随着软化点的升高，原料自身所含的中分子量分子比例增大了，低分子量分子减少了，从而增大了中分子量分子参与反应的概率。由此可以认为，原料中不同分子量的分子与桥联剂发生反应的概率是与该分子量分子所占比例成正比的，所占比例越大，与桥联剂发生反应的概率越大。

由图 7-58 可知，LPCS-200 中的中分子量分子含量要高于 LPCS-180，如前所述，中分子量分子含量越高，参与反应的中分子量分子越多，越容易生成高分子量分子，甚至中分子量分子之间的反应成为主要反应，此时产物中的高分子量部分将急剧增长，甚至生成超高分子量部分，导致产物的分子量分布宽化，更重要的是改变了产物的结构，使分子结构中支化与交联结构增多，更在某一个点上迅速形成全面交联。因此应控制原料中中分子量含量不能高于 44.55%。

综上所述，在 LPCS 与 DVS 反应制备高软化点聚碳硅烷的反应中，原料

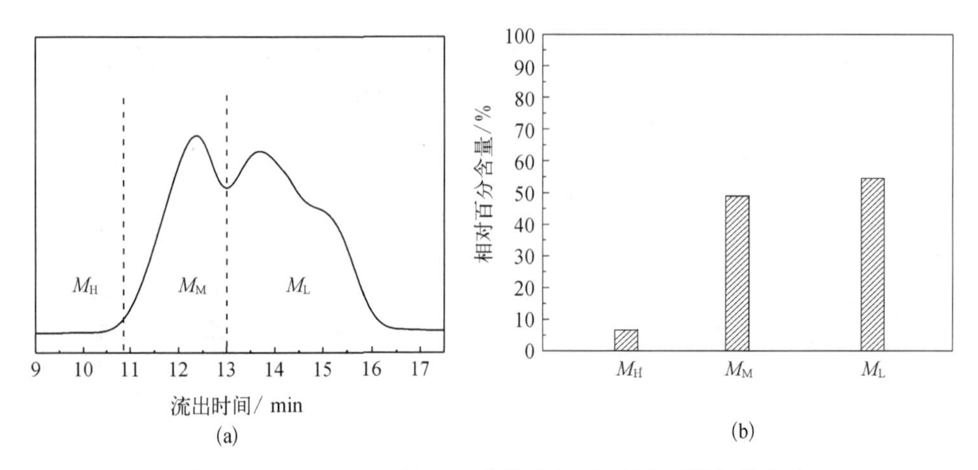

图 7-58　LPCS-200 的 GPC 曲线及高、中、低分子量部分含量

LPCS 的分子量与软化点对产物分子量软化点有重要影响。原料的分子量和软化点越高,产物的分子量和软化点提升越明显。这主要是因为原料的软化点越高,所含的中分子量分子越多,参与反应的概率越大,越容易生成高分子量分子,从而迅速提高产物的分子量与软化点。但过高的中分子量分子含量也会导致产物的分子量分布宽化甚至交联,如 LPCS-200。因此应控制原料中的中分子量分子含量在合适的范围,不高于 44.55%。根据以上分析,原料 LPCS-180 较为合适,后续实验均以此为原料进行。

将反应置于高压反应釜中进行可以减少反应时间,提高反应效率,而为了避免 DVS 在其沸点温度下或高于沸点温度时汽化而脱离反应液,需在反应釜中预加压力。但在多高的预加压力下可以保证 DVS 在反应条件下能维持在液相体系中完全参与反应是需要实验确定的。以下主要研究初始预加压力对产物特性的影响。采用 LPCS-180 为原料,DVS 与 LPCS 的反应配比为 0.04,最高合成温度为 350℃,反应时间为 4 h,粗产物经二甲苯溶解过滤后在 350℃减压蒸馏 0.5 h 得到产物 PCS。反应条件及 PCS 的特性列于表 7-15 中。

表 7-15　不同初始压力合成的 DPCS 的特性

样　品	初始压力/MPa	最终压力/MPa	T_s/℃	$\overline{M}_n$	PDI
PCS-P1	0.1	0.2	252~283	2 479	15.87
PCS-P2	1	1.9	260~294	2 612	10.03
PCS-P3	2.5	4.8	≥265	2 551	8.76
PCS-P4	5	9.7	≥262	2 454	6.65
PCS-P5	7.5	14.9	≥264	2 484	6.29

部分样品的终熔点超出仪器量程,未测到

从表 7-15 可以看出，反应的最终压力约为初始压力的两倍。PCS 的软化点和数均分子量并无明显的规律，而产物的分子量多分散性指数则表现出明显的规律性变化，随着初始压力的增大而减小，且在 2.5 MPa 以上减小趋势逐渐平缓。这一点从产物的 GPC 曲线上能够更直观地观察到，见图 7-59。

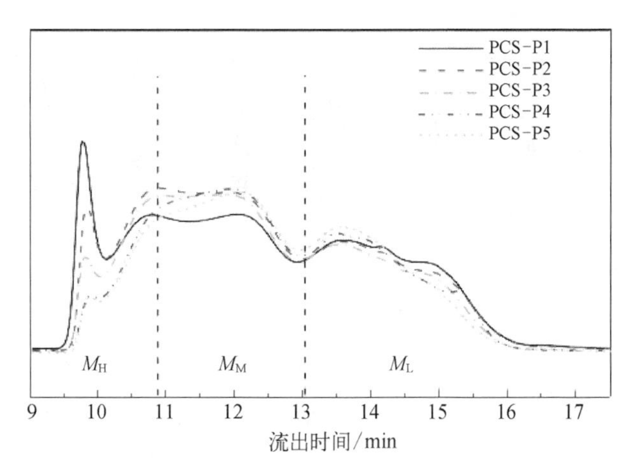

图 7-59　不同初始压力合成的 PCS 的 GPC 曲线

同样按前述方法将各样品的分子量分为高(M_H)、中(M_M)、低(M_L)三部分，从图 7-59 看出，原料 LPCS 中只包含中分子量与低分子量分子，呈双峰分布。相比原料 LPCS，产物 DPCS 中包含高、中、低分子量三部分分子，且 DPCS 的中、高分子量峰均随初始压力提高而显著降低，尤其是位于 t = 9.77 min 处的极高分子量峰，随着初始压力增高，大幅度减弱。这说明提高预充压力可以有效抑制过高分子量分子的形成。为了更清楚地看出初始压力对 LPCS 各部分分子量的影响，对这三部分分别积分得到高、中、低分子量的百分含量，各部分含量与预充初始压力的关系如图 7-60 所示。

从图 7-60 可以看出，随着初始压力的增大，高分子量部分的增量逐渐减小，而中分子量的增量逐渐增大，低分子量的变化不明显。由此可知，增大初始压力能够有效地抑制产物中极高分子量分子的形成。如前文所述，预加压力的主要作用就是抑制 DVS 的蒸发，保证反应的均匀性，当初始压力较大时，DVS 基本呈液态，在液相中与 LPCS 反应，此时两者均匀反应，分子量均匀增长，很少生成极高分子量分子。当初始压力较小时，DVS 以气、液两种形态存在，分别在气相与液相中，液相中的 DVS 与 LPCS 反应进行的较快，而气相中 DVS 则只能通过气-液界面与其产物发生反应，导致少量产物的分子量进一步激增，造成反应

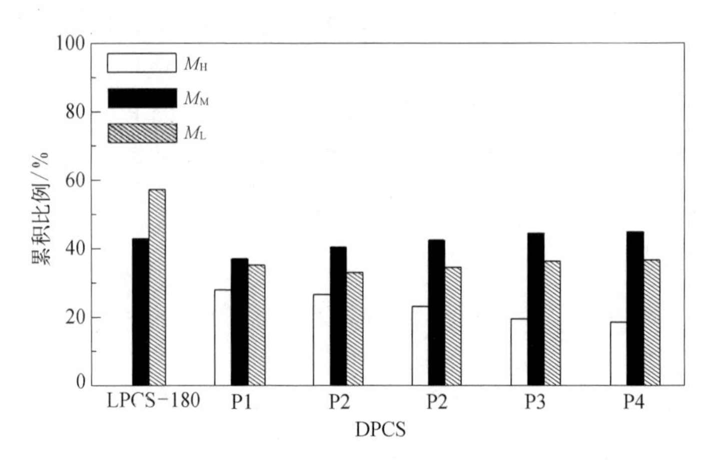

图 7-60　初始压力对合成的 DPCS 的高、中、低分子量含量的影响

不均匀,且压力越小气相中 DVS 越多,生成的极高分子量分子也越多。而反应釜的安全使用压力为 16 MPa 以下,结合前文的分析,考虑到安全问题,我们将预加压力值设定在 5 MPa。

在硅氢加成反应完成后,产物的分子量增长随之停止,因此通过控制原料配比中乙烯基的量也即控制 DVS 的加入比例可以控制产物 PCS 的分子量及其分布。采用 LPCS-180 为原料,在预加压力为 5 MPa 的条件下,设计不同的 DVS/LPCS 反应配比,按同样的反应升温制度在 350℃反应 4 h 后得到产物,经处理后得到 DPCS,测定产物特性,结果列于表 7-16。

表 7-16　LPCS 和 DPCS 的特性

样　品	质量比 (DVS/LPCS)	摩尔比 (DVS/LPCS)	软化点/℃	$\overline{M}_n$	$A_{Si—H}/A_{Si—CH_3}$	PDI
LPCS-180	—	—	185~198	1 527	0.987	2.90
DPCS-1	0.01	0.14	227~256	2 087	0.954	3.79
DPCS-2	0.02	0.27	240~275	2 262	0.893	4.58
DPCS-3	0.03	0.41	250~287	2 337	0.852	5.44
DPCS-4	0.04	0.55	262~	2 454	0.816	6.65
DPCS-5	0.05	0.68	283~	2 932	0.758	8.89

从表 7-16 可以看出,随着 DVS 加入比例的增加,产物的数均分子量明显提高,软化点随之增高。当 DVS/LPCS 为 0.04 时,对应 DVS 与 LPCS 的摩尔比略高于 1∶2,即平均有一个 DVS 与两个 LPCS 分子反应,在完成硅氢加成反应

后,分子量应增加 1 倍,从表中数据可以看出基本吻合。表中 DPCS－4、5 的软化点测定时,终熔点不能测出。当控制 DVS 与 LPCS 的反应配比≥0.03,即其摩尔比>0.41 时,产物 $M_n > 2\,337$,软化点>240℃,可以合成得到高软化点聚碳硅烷。上述结果表明,在保证引入的乙烯基充分反应的条件下,通过调控投料比例,可以控制产物的分子量与软化点。为了更清楚地说明 DVS 用量对 PCS 软化点和数均分子量的影响,作 DVS 和 LPCS 的质量比与对应的产物 PCS 的初熔点和数均分子量的关系图 7－61。

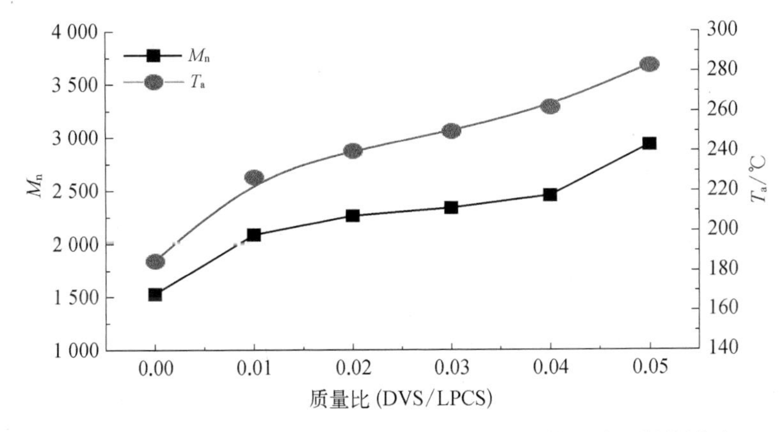

图 7－61 DVS 与 LPCS 质量比对 PCS 初熔点和数均分子量的影响

从图 7－61 中可以看出,当 DVS 加入比例为 0.01～0.04 时,随着 DVS 加入比例的增加,DPCS 的数均分子量和软化点增大,且与 DVS 加入比例呈近似线性关系,表明此时 DPCS 的数均分子量匀速增大,当 DVS 加入比例>0.04 时,DPCS 的数均分子量在图中出现转折,分子量呈加速增长趋势。

不同配比下产物 DPCS 的 GPC 曲线如图 7－62 所示,同样按前述方法将各样品的分子量分为高(M_H)、中(M_M)、低(M_L)三部分。

从图 7－62 可以看出,原料 LPCS 主要包含中、低两部分,呈双峰分布,并且低分子量峰远大于中分子量峰,表明原料中低分子量 PCS 含量远高于中分子量 PCS。相比原料 LPCS,产物 DPCS 中则明显包含高、中、低分子量三部分,且随着 DVS 加入比例的增大,DPCS 的低分子量峰逐渐降低,而中分子量峰逐渐增高并向高分子量方向移动,峰顶由 t = 12.58 min 移动到 t = 12.07 min 处。当 DVS 加入比例≤0.03 时,DPCS 的分子量也呈双峰分布,但已有相当含量的高分子量 PCS,当 DVS 加入比例为 0.04 时,在中分子量峰左侧 t = 10.86 min 出现了高分子量肩峰,当 DVS 加入比例进一步提高时,甚至在 t = 9.90 min 出现了超高分子量

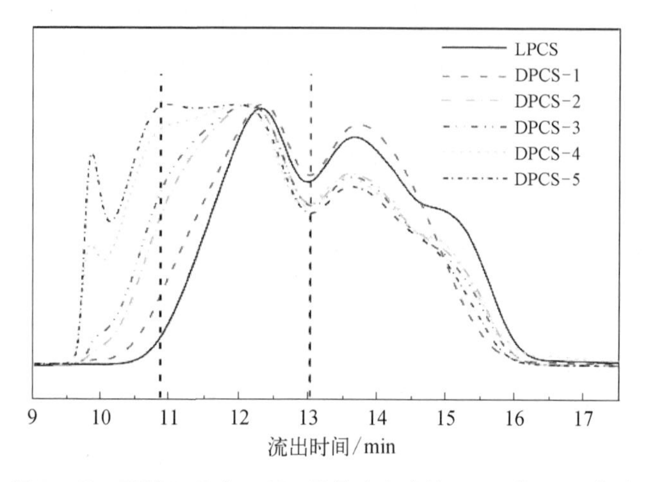

图 7-62　不同 DVS 与 LPCS 质量比合成的 DPCS 的 GPC 曲线

峰。对 DPCS 中高、中、低三部分分别积分得到其百分含量，各部分含量与反应配比的关系如图 7-63 所示。

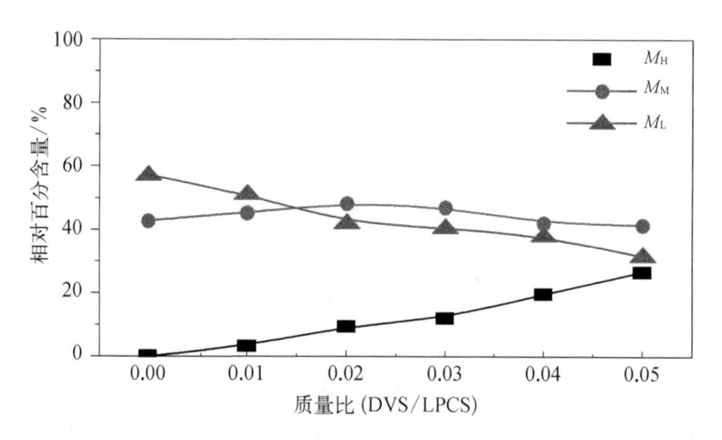

图 7-63　DVS 与 LPCS 质量比对合成的 DPCS 的高、中、低分子量含量的影响

从图 7-63 中可以看出，随着 DVS 加入比例的提高，低分子量部分含量逐渐降低，中分子量部分含量先缓慢增加而后降低，而高分子量部分含量基本呈线性增加。结合前文分析结果可知，在较低温度下的反应前期，DVS 与 LPCS 主要按式(7-6)反应形成带有乙烯基侧基的悬挂式结构。因此，随着反应配比提高，带乙烯基侧基的低分子量分子随之增多。图中数据表明，这种带有乙烯基的低分子量分子与相邻低分子量分子之间的反应，形成了中分子量分子或高分子量分子。而当配比高于 0.02 以后，低分子量含量的降

低趋势减缓，中分子量含量从增长转为降低，则表明带乙烯基的低分子量分子与相邻中分子量分子之间产生反应，也因此导致极高分子量的迅速生成与增长。由于在所设定反应条件下乙烯基已完全反应，因此提高DVS投料比，实际上是提高了反应初期生成的带乙烯基分子的数量或分子中乙烯基的个数，并由此决定了最终反应产物的分子量与软化点。另外，从图中还可看出，高分子量部分增长与DVS加入比例间基本呈线性关系，说明该反应的高分子量部分是可以通过DVS的加入比例进行调控的，也即说明该反应具有很好的可控性。

PCS的结构是判定DVS的桥联效果的重要指标，图7－64列出了添加不同比例DVS合成的DPCS的红外谱图。

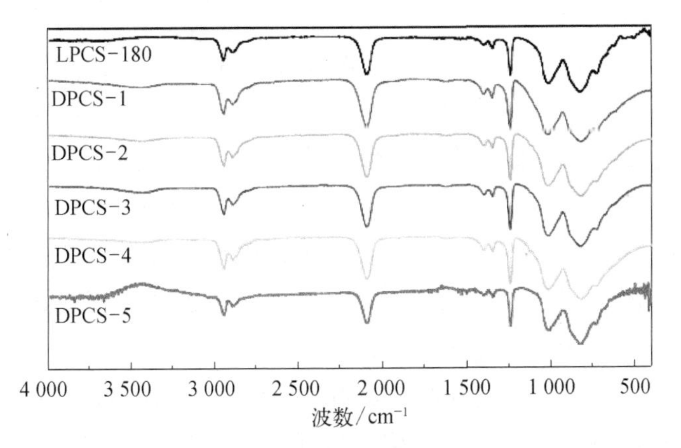

图7－64　不同DVS与LPCS质量比合成的DPCS的红外光谱图

从图7－64可以看出，DPCS－1～DPCS－5与原料LPCS的主要特征峰基本一致。而其差别主要是Si—H特征峰的吸收强度有所变化，这说明与DVS反应对PCS主要结构的影响较小。而Si—H含量的变化则由特征峰吸光度之比$A_{Si—H}/A_{Si—CH_3}$与DVS与LPCS的质量比作图进行表征，如图7－65所示。

从图7－65可以看出，随着DVS与LPCS的质量比的增加，$A_{Si—H}/A_{Si—CH_3}$逐渐减小。这说明随着DVS加入比例的升高，Si—H键的消耗逐渐增大，这和前文的分析一致。结合图7－65可知，通过DVS与Si—H的反应能够提高软化点与数均分子量。但是，DVS用量过高，消耗的Si—H键过多，也会导致PCS的反应活性大幅降低，对PCS纤维的不熔化处理也会有一定影响。所以必须控制DVS的用量，在保证PCS的可纺性及一定的反应活性的前提下，提高PCS软化点与分子量。

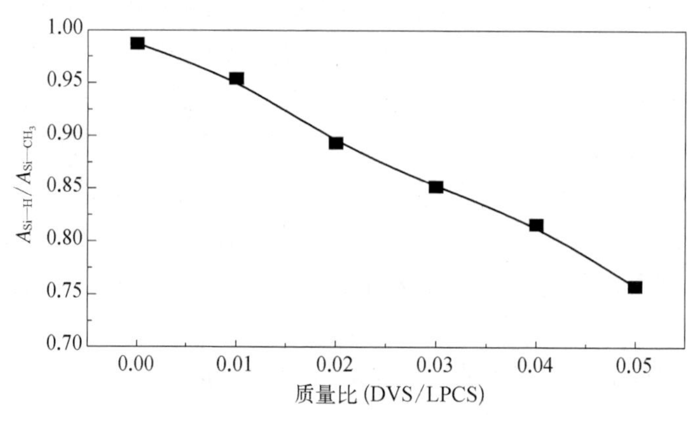

图 7－65　DVS 与 LPCS 的质量比对 $A_{Si—H}/A_{Si—CH_3}$ 的影响

在 LPCS 与 DVS 按式(7－6)反应形成带乙烯基端基或侧基的分子后，与相邻分子中活泼的 Si—H 的按式(7－7)进行进一步反应，将两分子 LPCS 通过 C—Si—C 结构桥联在一起。在引起分子量的迅速增长的同时，原来作为侧基或端基的 SiC_3H 转变为 SiC_4 结构。将不同配比条件下合成产物 TPCS 进行^{29}Si－NMR 分析，结果如图 7－66。从图可以看出，DPCS 和 LPCS 的特征峰是一致的，未产生新的特征峰，主要变化是 SiC_3H 和 SiC_4 的峰面积有所变化，随着 DVS 加入比例的升高，SiC_3H 峰面积减小，SiC_4 峰面积增大。对 DPCS－x 的 SiC_3H 和 SiC_4 峰面积进行积分，可求出这两种结构单元的相对比例，再依据 DVS 加入比例和其对应的数均分子量，可以求出每摩尔 DPCS－x 分子中这两种结构单元的摩尔含量，结果如表 7－17 所示。

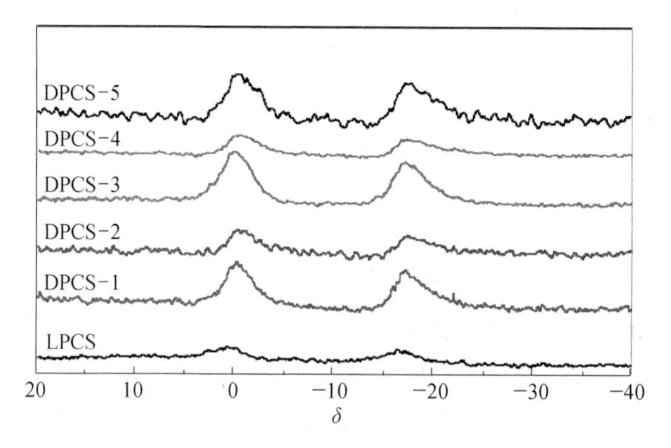

图 7－66　不同 DVS 与 LPCS 质量比合成的 TPCS 的^{29}Si－NMR 谱图

表 7-17 DVS 与 LPCS 的质量比对 TPCS 结构的影响

样品	质量比 (DVS/LPCS)	SiC_3H/SiC_4	SiC_3H/mol	SiC_4/mol	SiC_3H/(mol/100 g PCS)	SiC_4/(mol/100 g PCS)	增加的支化点
LPCS	—	0.99	11.68	11.80	0.76	0.77	0
DPCS-1	0.01	0.94	15.51	16.50	0.74	0.79	0.17
DPCS-2	0.02	0.88	16.18	18.38	0.72	0.81	0.41
DPCS-3	0.03	0.81	15.91	19.64	0.68	0.84	0.71
DPCS-4	0.04	0.74	15.80	21.35	0.64	0.87	1.07
DPCS-5	0.05	0.68	17.89	26.31	0.61	0.90	1.64

从表 7-17 可以看出，随着 DVS 加入比例的增大，每摩尔 DPCS 中的 SiC_3H 和 SiC_4结构单元的含量均增大，SiC_3H/SiC_4 比值减小。为了更好地分析 DVS 加入比例对 DPCS 结构的影响，将 SiC_3H/SiC_4 比值及 SiC_3H 和 SiC_4结构含量对投料比作图，如图 7-67 所示。从图中可以看出，随着 DVS 加入比例的增大，SiC_3H/SiC_4 比值迅速降低，SiC_4 结构增加，而 SiC_3H 结构减少。由前文反应式 7-3、7-4 可知，LPCS 与 DVS 之间反应为硅氢加成反应，该反应消耗 Si—H(也即 SiC_3H)结构，生成 SiC_4结构。因此加入的 DVS 比例越高，消耗的 Si—H(也即 SiC_3H)结构越多，生成的 SiC_4结构含量越高，这与图中数据是一致的。而生成的 SiC_4结构越多，通过 C—Si—C 桥联的 LPCS 分子越多，分子量增长越明显。而当 DVS 加入比例过高时，则会出现多个 LPCS 分子通过 C—Si—C 结构桥联在一起，导致分子量的迅速增大，甚至出现了超高分子量分子，这和 GPC 曲线是相吻合的。所以，通过控制 DVS 的加入比例可以控制产物 DPCS 的结构，进而控制其

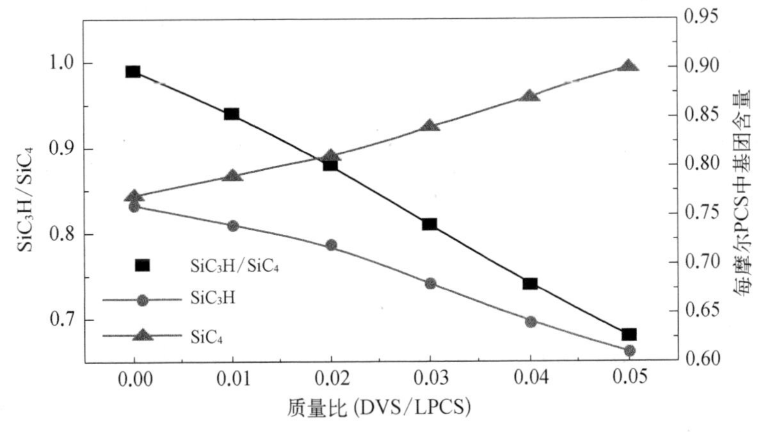

图 7-67 DVS 与 LPCS 的质量比对 SiC_3H/SiC_4及 SiC_3H 和 SiC_4结构含量的影响

分子量的增长与分布情况,说明该反应具有良好的可控性。

由于聚碳硅烷不是线性结构分子,分子中活泼的 Si—H 键主要作为侧基存在。因此,在 LPCS 先与 DVS 反应形成悬挂式结构再与相邻分子反应以 C—Si—C 桥键结合后,可以看成 LPCS 以支化的方式连接了另一个 LPCS 分子,相应生成的 C—Si—C 桥键可以视作支化点。由反应式(7-7)可知,反应后新生成的 C—Si—C 桥键是由两个 SiC_4结构单元组成,因此由 SiC_4结构单元含量可以求出每摩尔 DPCS 中 C—Si—C 桥键的摩尔数,也就是相对于原 LPCS 分子,每摩尔 DPCS 分子中新增加的支化点数。随反应配比提高,产物中增加的支化点数随之增多,在 DPCS-5 情况下,相对于原料 LPCS,平均每摩尔增加 1.64 个支化点,即每个 LPCS 分子,平均与接近两个以上的 LPCS 聚合形成 DPCS。

以上研究表明,LPCS 与 DVS 的反应,初期主要是 LPCS 中的低分子量部分反应形成含乙烯基侧基的分子,提高 DVS 的引入比例,可以提高这部分含乙烯基的 LPCS 分子的含量或 LPCS 分子中乙烯基的含量,从而在完成硅氢加成反应后,提高产物中中、高分子量部分含量,因此可以通过提高原料配比中乙烯基的量也即提高 DVS 的加入比例获得高分子量与高软化点的聚碳硅烷。这样合成的高软化点聚碳硅烷是通过 C—Si—C 桥键将原 LPCS 结合而成,在分子量及软化点提高的同时,支化结构也随之增加。

为了研究 DVS 的加入对产物组成的影响,对不同条件下合成的 DPCS 进行了元素组成分析,如表 7-18 所示。

表 7-18　不同反应条件下合成的 DPCS 的元素组成

样　品	元素组成				化学式
	w(Si)/%	w(C)/%	w(O)/%	w(H)/%	
LPCS-180	48.54	37.99	0.68	12.79	$SiC_{1.83}H_{7.38}O_{0.02}$
DPCS-1	48.32	38.45	0.74	12.49	$SiC_{1.86}H_{7.24}O_{0.03}$
DPCS-2	48.17	38.76	0.59	12.49	$SiC_{1.88}H_{7.25}O_{0.02}$
DPCS-3	48.02	38.92	0.69	12.37	$SiC_{1.89}H_{7.21}O_{0.03}$
DPCS-4	47.87	39.28	0.73	12.12	$SiC_{1.91}H_{7.08}O_{0.03}$
DPCS-5	47.76	39.58	0.77	11.77	$SiC_{1.93}H_{6.97}O_{0.03}$

可以看出,与 LPCS-180 相比,DPCS-1~DPCS-5 的 C 含量明显增高,Si、O 含量变化并不明显。当升温制度不变时,C/Si 随着 DVS 加入比例的增大而逐步提高。这主要是因为 DVS 中的 C/Si 比达到 6∶1,与 LPCS 反应后,每反应 1 mol 的 DVS,需要消耗 2 mol SiC_3H 而增加 3 mol SiC_4结构同时增加 6 mol 的 C,

因此在产物 DPCS 中引入过多的 C 元素。当然从上述数据看出,在所采用反应配比下,相比原料的 C/Si,在最高配比下,产物 DPCS－5 的 C/Si 仅从 1.83 提高到 1.93,还是在可以接受的范围内。

常压高温法合成高软化点 PCS 时存在分子间缩聚不可控的问题,采用加入多官能团小分子物质作为桥联剂与低分子量聚碳硅烷反应,在较低温度下使桥联剂与 LPCS 的反应代替 LPCS 分子间的缩聚反应,实现聚碳硅烷分子量的可控长大,并且有效控制参与反应的 LPCS 分子数量,保证产物分子的线性程度,从而达到合成既有高软化点又有良好加工性的聚碳硅烷的目的。

对比研究了不同桥联剂方法合成的高软化点聚碳硅烷。LPCS 与桥联剂(TMDS 和 DVS)的反应是逐步进行的,反应初期主要是 LPCS 中的低分子量部分分子反应形成含乙烯基侧基的悬挂式结构,随着合成温度的升高,硅氢加成反应进行直至 350℃反应完成,使 LPCS 分子间通过桥键(Si—N—Si 键和 C—Si—C 键)形成桥联式结构,由此引起产物聚碳硅烷分子量的显著增长与软化点的升高。提高反应物中桥联剂的比例,可以提高反应初期生成的含乙烯基侧基的 LPCS 分子的含量。因此通过控制桥联剂的加入比例,可以调控产物中桥键的含量即分子间的桥联反应程度,从而提高产物中中、高分子量部分含量,获得高软化点的聚碳硅烷。但桥联剂的加入比例过高,会生成高分子量及超高分子量分子,产物中支化结构也随之增加,使产物的可加工性劣化。在合成高软化点 PCS 时,原料应尽量选用选取软化点高的 LPCS,能减轻分子量分布宽化和 Si—H 含量降低。在使用高压釜合成时,需预充一定压力的氮气以抑制桥联分子的逸出,确保反应的均匀性。采用 DVS 桥联法使分子间反应具有良好的可控性,且具有反应效率高,工艺简单的特点。

参 考 文 献

[1] Lipowitz J. Polymer-derived ceramic fibers. American Ceramic Society Bulletin, 1991, 70: 1888－1894.

[2] 赵藻藩,周性尧,张悟铭,等.仪器分析.北京: 高等教育出版社,1990.

[3] 程祥珍,宋永才,谢征芳,等.液态聚硅烷高温高压合成聚碳硅烷工艺研究.国防科技大学学报,2004,4: 62－67.

[4] 程祥珍,谢征芳,宋永才,等.合成温度对聚二甲基硅烷高压合成聚碳硅烷性能的影响.高分子学报,2005,6: 851－855.

[5] 程祥珍,谢征芳,宋永才,等.聚碳硅烷的高温高压生成机理研究.高分子学报,2007,1:

1 - 7.

[6] Ishikawa T, Shibuya M, Yamamura T. The conversion process from polydimethylsilane to polycarbosilane in the presence of polyborodiphenlysiloxane. Journal of Materials Science, 1990, 25: 2809 - 2814.

[7] 宋永才,商瑶,冯春祥等.聚二甲基硅烷的热分解研究.高分子学报,1995,12: 753 - 757.

[8] 程祥珍,宋永才,谢征芳等.聚二甲基硅烷高温高压合成聚碳硅烷工艺研究.材料工程,2004,8: 39 - 45.

[9] 章颖.聚碳硅烷改性合成研究.长沙: 国防科学技术大学,2005.

[10] 宋永才,王岭,冯春祥.聚碳硅烷的合成与特性研究.高分子材料科学与工程,1997,4: 30 - 33.

[11] 薛金根,楚增勇,冯春祥,等.PDMS 直接裂解重排合成 PCS.国防科技大学学报,2001,23: 36 - 39.

[12] 杨大祥.PCS 和 PMCS 的新合成方法及高耐温性 SiC 纤维的制备研究.长沙: 国防科技大学,2008.

[13] 宋永才,王玲,冯春祥.聚碳硅烷的分子量分布与纺丝性研究.高技术通讯,1996,1: 6 - 10.

[14] Hasegawa Y, Okamura K. Synthesis of continuous silicon carbide fibre. IV. The structure of polycarbosilane as the precursor. Journal of Materials Science, 1986, 21: 321 - 328.